Hugo Steinhaus . Erinnerungen und Aufzeichnungen I

Hugo Steinhaus
Erinnerungen und Aufzeichnungen
I

Aus dem Polnischen von
Alfred Müßiggang

Vorwort: Marek Zybura

Neisse
Verlag

INSTYTUT KSIĄŻKI

©POLAND

Diese Publikation wurde gefördert durch das Buchinstitut – das Übersetzungsprogramm ©POLAND

Der Verlag dankt Frau Ruta Czaplińska
für die freundliche Erteilung der Lizenz zur Veröffentlichung
sowie dem Hugo-Steinhaus-Zentrum Wrocław
für die wohlwollende Begleitung des Projektes.

Originaltitel
Hugo Steinhaus: Wspomnienia i Zapiski
Oficyna Wydawnicza ATUT – Wrocławskie Wydawnictwo Oświatowe
Wrocław 2010

Hugo Steinhaus
Erinnerungen und Aufzeichnungen

Aus dem Polnischen von Alfred Müßiggang (Alfred Měškank, 1928–2016)
Vorwort: Prof. Dr. habil. Marek Zybura, Wrocław
Anmerkungen: Roman Duda (R.D.), Redaktion, Hugo Steinhaus

Neisse Verlag, 2., überarbeitete Auflage, Dresden 2020

ISBN 978-3-86276-060-2
(Bd. 1, Erinnerungen bis 1944, Personenregister Band 1/2)

ISBN 978-3-86276-061-9
(Bd. 2, Aufzeichnungen 1944–1968, Personenregister Band 1/2)

www.neisseverlag.de

Redaktion: Detlef Krell
Redaktionelle Mitarbeit 1. Auflage: Adina Böhme, Martina Kisza
Einband: Detlef Krell

Druck: KN Digital Printforce GmbH | 99095 Erfurt, Ferdinand-Jühlke-Straße 7

Inhalt

Vorwort

In Stein gemeißelt stehen diese Worte auf einer Grabplatte des Breslauer Lutherfriedhofs im Stadtteil Zimpel (Sępolno): „Zwischen Geist und Materie vermittelt die Mathematik“. Ihr Autor, der darunter begraben liegt, ist der polnische Mathematiker Hugo Steinhaus (1887–1972). In die Odermetropole hatte ihn ein sehr bewegtes Leben verschlagen, wie es im verflossenen „Jahrhundert der Extreme“ (E. Hobsbawm) vielen Menschen in Mitteleuropa zuteil wurde, die durchaus gern ruhiger gelebt hätten, wäre es ihnen vergönnt gewesen, ihr Schicksal eigenmächtig gestalten zu können. Sarkastisch-bitter quittierte einmal Steinhaus diese existentielle Erfahrung, als er, aufgefordert, in einem Personalbogen anzugeben, ob er schon die polnisch-sowjetische Grenze überquert hätte, schrieb: „Nicht ich – diese Grenze hat mich überquert, sogar schon zweimal.“ Dabei meinte der eingewohnte Lemberger (geboren wurde er in Jasło im Krakauer Land) den sowjetischen Überfall auf Polen im Jahr 1939 und den erneuten Einmarsch der Roten Armee 1944.

Nachfahre einer jüdisch-ungarischen, um 1830 nach Galizien eingewanderten und schnell im Polentum aufgegangenen einflußreichen Kaufmannsfamilie (sein Oheim Ignacy war Mitglied des Polnischen Klubs im Wiener k.u.k. Parlament), begann Steinhaus 1905 in Lemberg Philosophie und Mathematik zu studieren, um nach einem Jahr das Studium in Göttingen fortzusetzen. Diese Stadt war damals das Mekka der Mathematiker aus aller Herren Länder. Bei den Gurus der damaligen Mathematik wie D. Hilbert, F. Klein, C. Runge, E. Landau, H. Weyl, E. Zermelo studierten auch viele Polen, die später bedeutende Gelehrte werden sollten (etwa W. Sierpiński, T. Banachiewicz oder Z. Janiszewski). Nach einem ergänzenden Zwischenstudium in München promovierte Steinhaus 1911 summa cum laude bei Hilbert mit einer Arbeit über „Neue Anwendungen des Dirichlet’schen Prinzips“. Überzeugt davon, sein neu erworbenes Wissen in der Heimat verwerten zu sollen, schlug er das Angebot des damals in Göttingen weilenden amerikanischen Nobelpreisträgers für Physik Albert Michelson (der übrigens einer jüdisch-polnischen Familie aus Kujawien entstammte), ihm als mathematischer Assistent nach Chicago zu folgen, aus – und kehrte nach Galizien zurück. „Ich mußte zurück, weil doch einer zurück mußte“, erklärte er danach seine Entscheidung. Bis zum Ausbruch des Ersten Weltkrieges privatisierte er, publizierte und unternahm Studienreisen nach Italien und Frankreich (in Paris besuchte er 1913 die Vorlesungen von H. Lebesgue, E. Borel und Ch. Picard). Im Großen Krieg kämpfte er als Artillerist in den Polnischen Legionen.

1916 vom Kriegsdienst suspendiert, habilitierte er sich im Jahre danach über die Fournierreihen an der Lemberger Universität und erhielt dort die Dozentur. 1920 zum Professor befördert, übernahm er die Leitung des Lehrstuhls für Mathematik. In den darauffolgenden Jahren entwickelte er eine rege wissenschaftliche Tätigkeit von internationalem Rang und Ausmaß. Ausgedehnte Kontakte (voran die deutschen) mit L. Lichtenstein in Leipzig, O. Toeplitz und F. Hausdorff in Bonn, mit P. Montel, J. Hadamard und S. Mandelbrojt in Paris und europaweite Forschungsreisen (außer nach Deutschland und Frankreich auch nach Italien, Österreich und in die Tschechoslowakei) festigten seinen wachsenden Ruhm.

Mit dem genialen Mathematiker, einem Autodidakten, Stefan Banach (dem er zur Universitätskarriere verhalf und zeitlebens seine „größte mathematische Entdeckung" nannte), gründete er die „Lemberger Schule der Funktionalanalysis", deren Organ, die seit 1929 erscheinenden „Studia Mathematica" (mit Publikationssprachen Französisch, Deutsch, Englisch und Italienisch), sogleich zu den weltführenden mathematischen Periodika avancierte.

Nach dem Krieg, den er unter einem Decknamen in der westgalizischen Provinz überlebte, wo er an seinen „Erinnerungen" zu schreiben begann, ließ er sich anfangs in Krakau nieder, aber schon Ende 1945 folgte er der Einladung des Gründungsrektors der polnischen Universität Breslau, Stanisław Kulczyński, nach Schlesien, in dessen Hauptstadt er dann bis zu seinem Tod leben und wirken sollte. Hier trug er maßgeblich zur Begründung, zum Aufbau und zur Entfaltung des universitären mathematischen Milieus bei, wobei er konsequent an die Lemberger Vorbilder und Ressourcen, auch in kadermäßiger Hinsicht, anknüpfte. So nahm er 1948 die Herausgabe der „Studia Mathematica" wieder auf und sicherte der Zeitschrift schnell das Weltniveau aus der Vorkriegszeit. Ja, er gründete neue mathematische Fora wie die Zeitschrift „Zastosowania Matematyki" (Mathematik und ihre Anwendungen) im Jahre 1953. Die angewandte Mathematik, deren bahnbrechender Vorreiter in Polen er war, wurde denn mit der Zeit sein bevorzugtes Forschungsobjekt. Auf diesem Betätigungsfeld drang er in die Gebiete vor, die der Mathematik als sehr entlegen erscheinen können, und leistete im Überschneidungsbereich der mathematischen mit den Natur-, Medizin- und Gesellschaftswissenschaften Bleibendes. 1960 pensioniert, nahm er Gastprofessuren in den USA (University of Notre Dame, Indiana) und England (University of Sussex, Brighton) wahr. Mit wacher Aufmerksamkeit verfolgte er die Entwicklung der mathematischen Wissenschaften in Polen und publizierte unvermindert bis 1970.

Hugo Steinhaus war ein weltbekannter Mathematiker und – selten in dieser Zunft – ein begnadeter Popularisator dieser Kunst, denn die Mathematik war ihm Kunst („die Mathematiker wissen gut, daß ihrem und dem Dichterhandwerk das gleiche Geheimnis zugrunde liegt"). Zu internationalen Longsellern (bis nach Japan) wurden seine Bücher, wie „Kaleidoskop der Mathematik" (dt. 1959) oder „100 Aufgaben" (dt. 1968). Zum Mythos freilich, in dem er heute noch fortlebt – und zwar auch für Menschen, denen sein intellektueller „Wald der Mathematik" zu labyrinthisch ist („Es ist leicht, aus dem Hause der Realität in den Wald der Mathematik zu finden, aber nur Wenige können daraus zurückfinden.") – wurde er durch seine legendäre Persönlichkeit und die Fülle seines reichen Lebens, an dem er andere so großzügig teilhaben ließ. Philosophisch gebildet, literarisch hochbegabt, ein letzter Grandseigneur der geselligen (auch vielsprachigen) Konversationskunst, wie sie noch das 19. Jahrhundert sehr wohl kannte und das 20. verlernte, strahlte er das Charisma eines renaissanceartigen Menschen aus, dem weltfremde Schreibstubengelehrsamkeit eben fremd war, der das Leben in seinem rabelaisschen Frohsinn prinzipiell bejahte, dem Forschungsarbeit und Kommunikation gleichermaßen Freude bereiteten und der für messerscharfen und tiefgründigen Humor durchaus empfänglich war und Sinn hatte, ja jenen auch literarisch verarbeiten konnte. Posthum wurden seine berühmten, verstreut publizierten oder nur mündlich überlieferten Aphorismen, Apercus und Bonmots im „Słownik racjonalny Hugona Steinhausa" (Rationales Wörterbuch des Hugo Steinhaus) gesammelt und 1980 in Breslau publiziert.

Ein Altmeister der polnischen Sprache, spielte er gerne mit den nur ihr eigenen Bildern und Redewendungen, weshalb viele seiner „Hugonötchen" (wie die Studenten seine Sprachanekdoten nannten) nicht oder nur schwer übersetzbar sind: den Umstand nutzend, daß die Redewendung „sich die Hände waschen" im Polnischen sowohl konkret als auch figurativ funktioniert, leistete sich Steinhaus die Bemerkung: „Vor der Operation waschen sich die

Ärzte immer die Hände" [in Unschuld]. Weil für das Bild „Klotz am Bein" im Polnischen „Kugel am Bein" steht, erläuterte er diese Metapher in wahrlich Lec'scher Manier wie folgt: „Kugel am Bein = Erdkugel". Als Julian Tuwim, einer der größten und sprachgewaltigsten polnischen Dichter des 20. Jahrhunderts, diesen Aphorismus vom Mund des Gelehrten vernommen hatte, warf er sich vor diesem in Verehrung auf die Knie.

Die Leser seiner auf Polnisch in Buchform zum ersten Mal 1992 in London erschienenen „Erinnerungen und Aufzeichnungen" konnten indes nicht nur die geistsprühenden Blitze seines aphoristischen Intellekts genießen, sondern auch seine literarische Begabung kennen- und schätzenlernen: die artifizielle Sprache, die Prägnanz des Ausdrucks mit der Eleganz der Satzkadenz wohltuend paart und dabei auch einen hintergründigen Sprachwitz nicht scheut.

Insbesondere für deutsche Leser mag es zu einer Entdeckung werden, daß dieser leidenschaftliche Pole „von der Scheitel bis zur Sohle" (gerade auch in Deutschland kennt man aus der Geschichte jenen Typus des assimilierten Juden, der glühender Patriot seines Landes war) in seinem weltoffenen Europäertum auch für die deutsche Literatur und Kultur sehr empfänglich war. Von dieser Empfänglichkeit – dies wollen wir nicht vergessen – legt er Zeugnis in der denkbar ungünstigsten Zeit für derlei Offenbarungen ab, nämlich in den finsteren Jahren des Zweiten Weltkrieges. Nach alledem, was hier schon über Steinhaus gesagt und von ihm zitiert wurde, kann es nicht überraschen, daß Karl Kraus zu seinen bevorzugten Autoren zählte und dessen „Fackel" – eines „der vielen Wunder an der Donau in Wien" – seine Lieblingslektüre war. Warum?

> Die Sprache. Jeder Artikel, jede Glosse, jede Antwort war wie in Stein gemeißelt. Die Sprache der Journalisten, der Händler, die dem Jüdischen entlehnten Spracheigentümlichkeiten der gerühmten Zeitung „Neue Freie Presse", die Solezismen der Offiziere, der Berliner Dialekt, waren aus der „Fackel" verbannt. Die vom Zierrat des 19. Jahrhunderts, der Pedanterie und Ungeschicklichkeit der Professoren, aber auch von Nietzsches Pathos und dem Telegrammstil der literarischen Agenten des 20. Jahrhunderts befreite deutsche Sprache präsentierte sich schlank und muskulös, leicht und kräftig. Die Syntax, Interpunktion, der Rhythmus und sogar das graphische Textbild waren unfehlbar.

Hier finden wir in nuce Steinhaus' Vorstellung von seinem Stilideal vor, das er bestrebt war, auch in seinen polnischen Texten zu realisieren und auf welches er auch bei anderen peinlich bedacht war, was ihm den weitverbreiteten Ruf eines gefürchteten Puristen in Sachen der polnischen Sprache einbrachte. Ebenso kurz und prägnant waren auch seine Dichtercharakteristiken: Kraus „möchte man für einen Literaten halten, etwa in der Art von Peter Altenberg, einem Dichter von Gottes Gnaden, mit ein wenig Harden, des Herausgebers der Berliner ‚Zukunft' als Beimischung". Die Beiläufigkeit, mit der er solche Urteile fällt, kann uns nicht über die profunden Kenntnisse des Metiers hinwegtäuschen, die sich dahinter verbergen.

Steinhaus war allerdings nicht nur ein versierter Literaturkenner. Er war auch ein großer Menschenkenner, ausgestattet mit feiner psychologischer Beobachtungsgabe. An seinen Vater Bogusław und dessen Bruder Ignacy erinnert er sich folgendermaßen:

> Es lohnte sich, diese zwei so unterschiedlichen Brüder zu beobachten. Vater war voller Humor, liebte das Leben, sein Haus und seine Familie, gutes Essen und einen guten Trank, Geselligkeit, seine Felder und den Garten, seine Ziegelei und die Pferde im Stall. Er wußte, daß Habsucht und Ehrgeiz, übertriebene Geschäftigkeit und Snobismus in gleicher Weise das Glücklichsein behindern wie Faulenzerei, Verschwendung, Tölpelei und das sich Abgeben mit Jedermann. Er erfreute sich lieber am schönen Tag, einem gelungenen Bau, einem schönen Apfelbaum im Garten als am hohen Kontostand auf der Bank. Der Onkel war ein vollkommen anderer Typ. Ihn zog der Ehrgeiz in die großen Städte, wo über Krieg und Frieden entschieden wird, wo eine wohlüberlegte Transaktion Hunderttausende bringt und wo man mit einflußreichen, hochrangigen Menschen zusammenkommt. Vater hatte seinen Bruder gern, aber seiner Begeisterung für die große Welt begegnete er mit einem Lächeln. Der Onkel konnte gut reden, hatte logische Argumente und besaß eine suggestive Beredsamkeit. Die Welt hatte für ihn einen anderen Aspekt als für den Vater. Für ihn hatte der Begriff „Haus" den Inhalt: Hypothek, Summe der Mieteinnahmen, Vertrag über Kauf und Verkauf. Für den Vater bestand das „Haus" aus Fundamenten und Mauern, aus dem Dachverbund und aus den Menschen, die in seinen Zimmern wohnen. […] Durch seine ständigen Fahrten nach Krakau, Wien und Lemberg verlor der Onkel Nerven und Gesundheit. Manchmal sprach er unbewußt zum Vater wie mit den Worten des Wucherers aus Horaz' Ode: „Wie glücklich du doch bist, daß du im eigenen Hause wohnst und nicht im Hotel, daß du im eigenen Bett schläfst und nicht im Schlafwagen, daß du aus eigener Küche ißt und nicht

> in einem Restaurant!“ Aber schon nach einer Woche Aufenthalt in Jasło wurde er von Unruhe ergriffen, daß dort, in Lemberg oder Wien, große Dinge geschehen ohne ihn … Und wieder fuhr er ab, und wieder ruinierte er sich den Magen und kehrte zurück.

Von solchen saftigen, mit Würze und gedämpften Sarkasmus gemalten Porträts findet sich in Steinhaus' „Erinnerungen“ eine ganze Galerie. Beobachtungsgabe und Freude am Detail verraten auch seine, dem das Berg- und Waldwandern ein natürliches Bedürfnis war, prächtigen Naturschilderungen:

> Damals sah ich die Hohe Tatra zum ersten Mal. Wir gingen über den Goryczkapaß, dann das Stille Tal entlang um den Kriwan herum bis nach Podbańsko, wo wir übernachteten. Wenn man angestrengt durch den Hochwald, dann über die Almen, am Ende durch das Knieholz wandert, um plötzlich auf dem Kamm einen anderen Wind zu spüren, das von der Sonne erhitzte üppige Gras auf den südlichen Hängen und die fern im hellblauen Dunst flimmernde ungarische Ebene zu erblicken, vor der der Kriwan wie ein ausgestreckter Lowe liegend Wache hält, um dem leisen Rauschen von Millionen Fichten im Stillen Tal zu lauschen … also, wenn man auf diese Art wandert, muß man schon zu einem erbitterten Gegner von Seilbahnen werden.

Der breite, epische Fluß von Steinhaus' „Erinnerungen“, der seine Wellen gemächlich durch die Täler und Windungen der Jahre und Jahrzehnte dahintreibt, trocknet unversehens Ende 1944 aus. Mit der Verdrängung der deutschen Besatzer aus Ostpolen war die aufgezwungene Muße, die ihm der Krieg beschert und den Gedanken, an die Niederschrift der Erinnerungen zu gehen, nahegelegt hatte, vorbei. Der Nazispuk, vor dem er sich instinktiv aus existentieller Not in die Sicherheit seiner bisherigen Lebensgeschichte flüchtete, war verflogen. Neu erwachter Lebensmut, neue Aufgaben, die seiner harren, lassen keine Zeit, an der Materie der jetzt werdenden Geschichte literarisch zu weben.

Fortan, bis zum Jahre 1968, bedient sich der Gelehrte der Form der „Aufzeichnungen“: mehr oder minder rasch hingeworfener, mal ausführlicherer, mal lakonischer „laufender Notizen“ (wie er sie nennt). Sichtlich erholt nach dem Abzug der Deutschen, macht er sich keine Illusionen hinsichtlich des von den ‚Befreiern‘ zu Erwartenden. Als er im November 1945 von der Frau eines befreundeten Wissenschaftlers aus Camdridge einen Brief bekommt, in dem sie ihn „about the amount of freedom" fragt, die er genieße, antwortet Steinhaus, „daß wir nur eine Hälfte jener freedom haben, denn über die andere Hälfte dürfen wir nicht schreiben". Zu souveränen politischen Urteilen fähig, aber durchaus unpolitischer Natur, pragmatisch und vor allem ein Mann der Tat, hat er bei allen Bedenken nicht im mindesten vor, den neuen Staat zu boykottieren. Sein Wissen und Können, seine internationale Autorität spannt er in das Aufbauwerk. Daß dieses Aufbauwerk im Westen, in den bisher deutschen Gebieten, unter ganz besonderen Bedingungen verläuft, entgeht nicht seiner Aufmerksamkeit:

> Breslau – auch auf dem Grunwaldzki-Platz herrscht eine unaufhörliche Schlacht wie einst bei Grunwald. Auf der einen Seite tausende Strolche in langschaftigen Stiefeln mit Rucksack, Betrüger, Diebe, umherziehende Soldaten, Sowjets, Juden-Faktotums, bescheiden spekulierende junge Männer und gewöhnliche Spitzbuben – auf der anderen Deutsche mit weisen Armbinden, deutsche Frauen, die kleine Wagen ziehen mit ihren Habseligkeiten und Reisebündeln. Sie sprechen Volapük, schachern, beschauen, geben wieder ab, kehren zurück, packen und drängeln sich, der größte Haufen Bettler auf dem größten Haufen von Ziegelsteinen und Bauschutt in Europa.

Seinen darauf bezogenen Aufzeichnungen ist zu entnehmen, daß er damals schon das Bewußtsein dafür hatte, daß „wer einen einzigen Ort sucht, an dem sich das Drama Europas im 20. Jahrhundert verdichtet erfahren läßt, der findet ihn in dieser Stadt", wie Gregor Thum diesen Befund in seinem Buch „Die fremde Stadt Breslau 1945" eindringlich illustriert. Die Breslau-Schilderungen gehören denn auch zu den fesselndsten Partien der „Aufzeichnungen" und werden ohne Zweifel interessierte deutsche Leser finden.

Prof. Dr. habil. Marek Zybura
Willy-Brandt-Zentrum für Deutschland- und Europastudien
der Universität Wrocław

TEIL I

JASŁO

Die Stadt liegt am Zusammenfluß dreier Ströme in einem ebenen Talkessel, der von sanften Anhöhen umgeben ist; die nächstgelegene, von Norden her, „über dem Steinbruch", schenkte für die Mühe eines halbstündigen Spaziergangs den Blick auf weiße Häuser, auf die blauen Karpaten, die silbrige Wisłoka und grüne „Ebenen". Nach Westen hin lag Podzamcze. Der klassische Spaziergang zu den Ruinen der Firlejerburg endete in der am Weg gelegenen Gaststätte. Andere Gaststätten der Umgebung trugen die schönen Namen „Łapiguz" [Beulenfang], „Młynek" [Kleine Mühle], „Lichtarz" [Leuchter] und „Pohulanka" [Vergnügungsort], aber die Straße über Podzamcze an der Wisłoka nach Kołaczyce und Tarnów war die wichtigste. So haben sicher auch jene gedacht, die dort eine Festung bauten. Und so dachte auch ich, denn über diese Straße fuhr jede Woche ein Wagen mit drei vorgespannten Hengsten, der mit Tabak aus dem Hauptlager in Tarnów beladen war. Er war für den Monopoltabakladen bestimmt, den Vater pachtete. Der mit einer Segeltuchplane bedeckte Wagen hatte seinen Halteplatz auf dem Hof vor dem Warenlager. Den Hengsten gab man Futter, und der Fuhrmann Lewandowski setzte sich auf die Schwelle des Wagenschuppens und aß sein Mittagsbrot, das heißt, ein Laib Brot, zu dem er einen Krug saure, dicke Milch trank. Die Hengste, die Größe des Wagens und das reichhaltige Mittagessen bewirkten, daß die Ankunft des Fuhrwerks für uns Kinder ein imposantes Ereignis war. Lewandowski besaß die Kraft, um den Transport über die sieben Meilen lange Trasse durchzustehen: Als eines Nachts ein Dieb in den Tabak einsteigen wollte, band er ihn mit einer Kette am Wagen fest und befahl ihm, eine Meile den Pferden nachzulaufen. Manchmal wurde ihm erlaubt, den Tabak in die Regale zu legen: voneinander getrennt die quadratischen Schachteln „Dames", die länglichen braunen „Drama" und in Kreisen angeordnet die Päckchen „Hercegowina". Die von den Pferden verstreuten Körner wurden von zufliegenden Tauben aufgesammelt; es waren mehr als fünfzig, und sie wurden nicht weniger, denn wir Kinder wollten keine Tauben essen, für uns waren das heilige Vögel wie für die Ägypter die Ibisse.

Neben dem inneren lag der äußere Hof zwischen dem Haus und der Starostei; in unserer Sprache hieß er „dort, wo die Pferde fahren". Der erstere war von Lagerbauten, dem Wagenschuppen, dem Pferdestall und der Wohnung eines Schnittwarenhändlers namens Menasse umgeben. Auf ihn schaute man durch zwei Fenster des sog. „Saals“, der zum Gewürzladen gehörte, den mein Großvater Józef gegründet hatte. Im Saal stand ein Billard, in ihm wurden Bankette der örtlichen goldenen Jugend und der Honoratioren veranstaltet. Das Gebäude selbst war früher wahrscheinlich ein Kloster gewesen; sicher war es nach der zu Jozefs Zeiten erfolgten Auflösung des Klosters in die Hände des österreichischen Beamten Praxmayer gelangt. Aus dieser Zeit, d.h. dem Ende des 18. Jahrhunderts, stammte seine spezielle Schätzung auf viertausend Florinen. Die Erdgeschoßmauern waren einen Meter dick, der Laden hatte eine Gewölbedecke und die kleineren Räume im Erdgeschoß ebenfalls. Das Haus gehörte uns seit 1853; aus diesen Jahren stammt die Versicherungspolice, die erste überhaupt, die von der Krakauer „Florianka“* ausgestellt wurde.

Zum Hause gehörte ein Garten; vom Hof war er durch den Wagenschuppen getrennt, von den Nachbarn durch hohe Mauern. Gegenüber der Straße, dem sog. Marktplatz, lag er eine Etage höher, war also ideal abgetrennt. In diesem Garten lernte ich das Reiten auf einem grauen Pony, das im Vergleich zu anderen Pferden sanft und geduldig war.

Der wichtigste Teil des Hauses war der Laden. Es war ein „Kolonialwarenhandel mit Wein-, Weinbrand-, Rossolis- und Likörlager“. Die Ladenhelfer hatten ihren gewöhnlichen Platz zwischen dem Garten und dem Wagenschuppen, wo sie die Flaschen mit Wasser und Sand wuschen und die gefüllten mit einer speziellen Maschine verkorkten. Sie konnten stehend auf leeren Fässern laufen, stiegen über die Dächer und kämpften von da aus mit Kastanien gegen die Gehilfen unseres Nachbarn, des Herrn Tytus Brąglewicz. Der Laden selbst war im Sommer kühl dank seiner niedrigen Decke, trotz der zum Markt geöffneten und im weißen Sonnenlicht gleißenden Tür. In den Regalen standen hunderte blaue, kirschrote, weiße, tönerne und steinerne Flaschen, auf dem Ladentisch lag Schinken in Zangen, und das Schaufenster schmückte eine Champagnerflasche von übernatürlicher Größe. Das waren noch die Zeiten, als man den Leuten mit solchen Flaschen drohte, ohne je-

* Galizische Versicherungsgesellschaft.

den Gedanken an die Möglichkeit, sie mit Lydit, Phosgen oder auch Trinitrotoluol füllen zu können ... Das ganze Leben lang weckten weder Alkohol noch Tabak in mir irgendwelches Interesse, vielleicht deshalb, weil mir ganze Lager dieser Köstlichkeiten zur Verfügung standen und Vater mir versicherte, daß ich von ihm nach Beendigung des 10. Lebensjahres auf meinen Wunsch so viele Zigarren und Wein erhalte, wie ich haben möchte.

Der wichtigste Anziehungspunkt für mich war immer der Pferdestall. Gewöhnlich standen in ihm zwei Pferde, aber da diese oft verkauft und dafür dann andere gekauft wurden, standen da manchmal zwei Paare. An einige erinnere ich mich. Einmal waren das herrliche graue Ponys, ein andermal war es ein kastanienbraunes mit einem Falben, dann ein Paar schwarzer, sehr flinker, aber bissiger Ponys. Die großen Pferde arbeiteten auf dem Feld, fuhren auch Ziegelsteine, Steine und Bretter zum Bau, denn zur Zeit meiner vorschulischen Kindheit übertrug Vater den Laden dem ältesten Gehilfen, und er selbst widmete sich dem Hausbau. Einer seiner ersten Bauten war die Post. Als der Grundstein gelegt werden sollte, lud Vater Bekannte, Freunde und bedeutendere Bürger von Jasło zur Weihe ein. Das Frühstück war im Bauschuppen vorbereitet und Weine und Branntweine standen *à discretion** auf den Tischen. Ich bewegte mich inmitten der Gäste, und meine Augen als die eines Siebenjährigen sahen jedes in Höhe des Tisches vergessene oder nicht ausgetrunkene Glas genauer als die in wesentlich größerer Höhe befindlichen Augen der Erwachsenen. Ich trank alle der Reihe nach aus. Zu Hause stellte Mutter bei mir Fieber fest, aber Doktor Józef Kadyj erkannte leicht eine „akute Alkoholvergiftung". Auf diese Weise lernte ich früh den heimtückischen Freund Alkohol kennen.

Die Ponys wurden für Ausfahrten mit der Britschka benötigt, und diese wurden im Sommer in Richtung Wisłoka durchgeführt. Solche Ausfahrten fanden am Morgen statt, manchmal wurde die Mittagsverpflegung mitgenommen und die Rückkehr erfolgte am Nachmittag. Das Familienlager wurde im ufernahen Weidengebüsch aufgeschlagen, gewöhnlich auf der Insel, zu der man mit der Britschka durchs Wasser fuhr. So war der Ablauf der Veranstaltung, wenn meine Mutter und die Schwestern teilnahmen, aber es gab

---

* (franz.) nach Belieben.

auch eine männlichere Form. Mit dem Vater ging man zu Fuß zum Fluß, und nach dem Schwimmunterricht, oft in trübem und kaltem Wasser, ging man zum „Młynek", in den Garten, zu Bier, Schwarzbrot und geräucherten Fischen. Eine Spezialität dieser Gaststätte waren an der Sonne gedörrte Weißfische, auf Holzspeiler gesteckt, mit trockenem, salzigem, hellgelbem Fleisch. Wir Jungen badeten immer nackt, schmierten uns „zu Schwarzen" ein, mit dem Uferschlamm, den wir dann im Fluß abwuschen, und trockneten uns mit Sand (ähnlich wie man in jener Zeit frisch beschriebenes Papier trocknete), oder wir legten uns einfach in den Kies. Handtücher wurden nicht verwendet; die Erfahrung hatte uns gelehrt, daß nach dem Bad angelegte Kleidung nicht naß wird, aber der Körper wird trocken und erwärmt sich. Augenscheinlich ist der Mensch genau dem Wasser angepaßt, an dem er lebt, denn ein Bad im Fluß erzeugt körperliche Befriedigung, wie man sie in keiner Wanne und in keinem Schwimmbecken erfährt. Vielleicht liefern dem Wasser schnell fließender Bäche Schlick und Sand, Wurzeln, Halme vom Gras und Laub und von Bäumen, die der Fluß unterwegs aufnimmt, die Kraft, die die Augen klar werden läßt.

Das erste Pony stammte aus Trzcinica, aus der Brauerei. Es war sanft und konnte Treppen steigen, was einmal, als ich krank war, auf meine Bitte hin ausprobiert wurde. Pferde kaufte man gewöhnlich in Żmigród; die dortigen Pferdehändler bezogen sie aus Ungarn, über den Duklapaß. Ich erhielt sehr früh ein Pony. Ich durfte keinen Sattel benutzen, mußte also auf der Satteldecke sitzen, natürlich ohne Steigbügel. Das listige Pony, der Nachfolger des grauen, warf mich leicht über seinen Kopf, indem es ihn zur Erde neigte und dann mit den Hinterbeinen ausschlug. Es geschah manchmal, daß es über mich, der ich am Boden lag, hinwegsprang (Ponys nenne ich unsere bäuerlichen Pferdchen. Gern glaube ich den Pferdeliebhabern, daß sie vom Tarpan abstammen, denn sie haben eine eigene Art, über Schlaglöcher und umgestürzte Bäume zu gehen).

Nahezu tägliches Ziel der Ausflüge per Pferd oder zu Fuß war vor allem die Ziegelei hinter der Eisenbahn. Man mußte auf das Öffnen des Schlagbaumes warten, denn es wurde rangiert: Die Lokomotive zog ein paar Waggons auf den Ablaufhügel, dann sprang ein Eisenbahner mit einem Fähnchen heraus, kroch schnell unter den Waggon, hängte die Kette aus, sprang im Laufen wieder unter den Rädern hervor, schwenkte das rote Fähnchen und rief melodiös zum Wärter auf dem Turm: „der erste, und der vierte, und der zweite, und der sechste ...“ Die Waggons rollten selbständig, ohne Antrieb weiter, die Weichen bewegten sich krachend, und dann fuhr die stolze Lokomotive herunter, man sah, wie sich die Schienen bogen und die Schwellen in den Boden drückten. Man konnte ein Geldstück auf die Schiene legen und es dann als warmes, dünnes, elliptisches Blech wieder aufheben. Die Weichen waren für mich ein Rätsel. Seit dem Augenblick, als mir der Vater die Wülste an den Rädern gezeigt hatte, beunruhigte mich die Frage, wie ein Waggon von einem Gleis auf das andere überwechseln kann. Der Vater zeichnete mir damals eine Weiche auf, auch ich bemühte mich, so etwas zu zeichnen, fertigte mindestens hundert solcher Zeichnungen an. ... Hinter den Gleisen konnte man den „hajc“ (Germanismus der galizischen Eisenbahner, bedeutet: Wagenschuppen*) sehen und die auf dem Drehgestell langsam rotierende Lokomotive. Dahinter war dann schon Feld. In den Gräben wuchs Vergißmeinnicht. Über den mit Ziegeln ausgelegten Vertiefungen kreisten Libellen, neben der Quelle wuchsen duftende Kräuter, deren Blätter metallisch und regenbogenartig flimmernden kleinen Käfern Wohnung boten. Am Himmel trillerten Lerchen, deren Gesang schwieriger zu imitieren ist als der Triller einer Nachtigall.

Auf den Tischen wurden in Handarbeit Ziegelsteine hergestellt. Ich durfte auch aus Lehm Ziegel formen. Es entstanden glatte mit den Buchstaben B. S.** Der Brennofen in Ringform hatte im ersten Stockwerk mehrere Reihen von Öffnungen, die mit eisernen Helmen verschlossen waren: Wenn man einen Helm abnahm und eine Schaufel Kohlegrus in die Öffnung schüttete, spritzte eine Funkenfontäne empor. Dann konnte man hinunterschauen und die zu rotgoldener Glut erhitzten Ziegel erkennen.

Das war der kürzeste Ausflug.

Wesentlich weiter war der nach Iwonicz, die erste Sommerreise, an die ich mich erinnern kann. Wir wohnten in einem Haus, das sich „Ustronie“ [Einsamkeit] nannte. Es lag wirklich so nahe am Wald, daß morgens durch das Laub der Bäume das Sonnenlicht in über den Fußboden huschende Flecken

---

* Dazu bemerkt der Autor 1967 in einer Fußnote: „Die Barbaren hatten sich ‚Lokomotivschuppen‘ ausgedacht.“

** Die Initialen des Besitzers der Ziegelei Bogusław Steinhaus, des Vaters des Autors.

verwandelt wurde und die Vögel im Zimmer zu zwitschern schienen. Iwons Sohn lieferte eigenartige Eindrücke. Wie hätte sich wohl Chesterton über das in der Bełkotka brennende Wasser gefreut! Und Vincent Pol, dessen Gedicht in eine Marmortafel über der kleinen Quelle eingemeißelt war, hätte dem keinen Glauben geschenkt, wenn man ihm gesagt hätte, daß das aus vorkarpatischen, wie z. B. aus den Iwonicker Stollen gewonnene Methan einstmals in den Fabriken von Radom brennen wird.

Ein weiteres Wunder war ein Fischteich im Wald. Dort warf man Brötchen hinein und beobachtete dann die riesigen Karpfen, die gemeinsam Jagd auf jeden Krümel machten. Der Kiefernduft und das Heidelbeeraroma unterstrichen noch stärker den exotischen Charakter dieses Erdölgebietes. Es gab dort viele Eidechsen und Schlangen. Da war eine Schießbude, in der an der Wand ein Zimmer aufgemalt war. Wenn man mit dem Hinterladergewehr die Uhr im Zimmer traf, schaukelte die Wiege auf dem Bild, die Uhr schlug und das aufgemalte Kind weinte. Es gab noch einige Wunder anderer Art. Man konnte aus Kongreßpolen stammende Jugendliche mit russischen Gymnasialmützen treffen, mit Gürteln, die den zaristischen Adler trugen und weißen Galauniformen mit glänzenden Knöpfen. Lucyna Ćwierczakiewicz aus Warschau war die bedeutendste Kurpatientin (die abscheuliche Bezeichnung „Urlauberin" hätte damals niemand geduldet!). Lucyna, damals schon eine alte Frau, die im Rollstuhl gefahren wurde, war stets von Herren umgeben, die sich herrlich amüsierten. Wahrscheinlich war sie sehr humorvoll. Vielleicht verdankten es die Sommergäste ihrem Einfluß, daß die Restauration einen so ausgezeichneten Ruf besaß? Als ich nach vielen, vielen Jahren Iwonicz wieder besuchte, schmeckten die Filets auf Toastbrot genauso gut wie damals. Und genau wie damals sangen die Seile, durch die die geschwärzten Bohrtürme mit der Pumpe verbunden waren: ist? ist nicht! ist? ist nicht! ...

Von der Anhöhe unmittelbar hinter den Bädern konnte man eine andere ungeheuer imposante Werksmaschine sehen: Ich vermochte sie ununterbrochen anzustarren. Im Lusthäuschen in der Fußgängerzone spielte zweimal täglich die Kapelle der Brüder Auber aus Tarnów. Hier konnte man stehenbleiben und dem Kapellmeister helfen, indem man mit einem Stöckchen, das dem Beschleunigen der Räder beim Reifenrollen dient, dirigierte. Meine Mutter organisierte damals für mich bei einem der Aubers Geigenunterricht. Dieser

Unterricht hat jedoch nichts eingebracht, weder damals noch später, trotz durchschnittlicher Ausbildung des Gehörs.

Im Fußgängerbereich stand ein Springbrunnen; an seiner Mündung wurden verschiedene Düsen angesetzt: Manchmal schoß der Strahl senkrecht nach oben, manchmal ging er auseinander und ein andermal kreuzte eine bewegliche Mühle wählerisch vier Wassersträhnen. Wenn die Sonne schien, entstand an der Fontäne ein Regenbogen. Um das Becken herum konnte man herrlich duftende „Bisamfalter“ fangen, dunkelgrüne Insekten mit metallisch glänzenden Flügeldeckeln ...

Eigentümer der Villa „Ustronie“ [Einsamkeit] war die Familie Ostaszewski. Sie wohnte im Sommer im Erdgeschoß. Einmal trat ein älterer Herr an mich heran und sprach mich auf Französisch an. Später erfuhr ich vom Vater, daß das Graf Załuski, der österreichische Konsul in Ägypten war. Als ich begonnen hatte, Briefmarken zu sammeln, schrieb ich ihm nach Kairo und bat ihn, daß er mir Briefmarken aus Ägypten schicken möge. Er antwortete mir achtjährigem Jungen persönlich sehr höflich und schickte mir im Brief einige Marken.

Die Załuskis waren Eigentümer von Iwonicz und veranstalteten in der Sommersaison Vergnügungen für minderjährige Kurgäste. Mit etwa hundert Kindern nahm ich an einer solchen Veranstaltung teil. Wir erhielten runde Kekse, zwei von diesen hatten in der Mitte einen Mandelkern. Der Junge und das Mädchen, die einen solchen Keks erhalten hatten, wurden König und Königin des Festes. Ich bekam einen Mandelkern. Also setzte man mich mit einer Gefährtin auf den Thron und dazu eine Krone auf den Kopf. Die anderen Kinder defilierten dann in Paaren an uns vorüber und verbeugten sich. Aber ich erkannte neben der Pracht auch den Kummer solcher Königsherrschaft: Ich war noch so jung, daß ich an einen männlichen Anzug nicht gewöhnt war. Als es zum Vergnügen ging, vergaß ich die Hosenträger anzulegen. Nun mußte ich mich über die ganze Zeit meines Herrscherdaseins vor schnellen Bewegungen des Körpers hüten, um nicht in eine sehr nichtkönigliche Situation zu geraten. Diese Unbeweglichkeit trug zwar zu einem sehr majestätischen Auftreten bei, erfüllte mich aber mit schwarzen Ahnungen. Nach Beendigung des Festes atmete ich erleichtert auf.

Als ich sieben Jahre alt war, gab es ein politisches Ereignis, das beträchtliches Aufsehen erregte. Pfarrer Stojałowski begann seine Tätigkeit im Kreis. Die österreichische Verwaltung, der Statthalter und der Starost [Bürgermeister], bauten ihm Hindernisse auf, wo sie nur konnten, aber es gelang ihm dennoch, eine Bauernbewegung zu gründen, die sich vor allem gegen jüdische Gaststätten richtete. Das brach ganz plötzlich aus: Eines Abends kam Vater nach Hause und berichtete, daß die Bauern eine Gaststätte hinter dem Fluß angezündet hätten und drohten, in die Stadt einzudringen. In der Stadt gab es ein paar Gendarmen, die auf der über die Jasiołka führenden Brücke standen. Einige Einwohner, unter ihnen mein Vater, organisierten eine Wache und gingen mit Gewehren auf dem Marktplatz patroullieren. Vorhuten der sich nähernden Bauern zogen sich zurück, als sie in der Nacht den gemessenen Schritt der Wachen hörten. Zum Morgengrauen erschien Militär aus Rzeszów. Es regnete, und um sechs Uhr früh erblickte ich die in Doppelreihe stehenden Soldaten. Der Offizier nahm vom Starost Instruktionen entgegen, und die Soldaten marschierten ab. Dann wurde der Ausnahmezustand ausgerufen und Standgerichte gebildet. Die Situation beruhigte sich wieder, aber eine Kompanie des 57. Infanterieregiments blieb über den Sommer hinweg in der Stadt. Das war für mich eine Quelle neuer Eindrücke, denn wirkliches Militär, ein Offizier auf einem Pferd, in Pyramiden aufgestellte Waffen und Zelte, das war ein herrlicher Anblick. Ganz früher, noch vor dem Bau der Transversalbahn, hatte sich in Jasło eine Garnison befunden. Der Vater erzählte mir von jenen Zeiten, z. B. von einem Hauptmann, der sein Monatsgehalt auf Dosen verteilte mit den Aufschriften: „für Miete", „für Bier", „für Zigarren", „für den Schuster", usw. Wenn es ihm vor Monatsende nicht mehr für Zigarren reichte, aber in der Dose „für den Schuster" noch Geld vorhanden war, hörte er bis zum nächsten Monatsanfang mit dem Rauchen auf, denn es gehört sich, wie er sagte, für einen k. k. österreichischen Hauptmann nicht, sich bei einem Schuster Geld zu leihen …

Jetzt gab es keine Garnison mehr, nur manchmal zog ein Regiment der Kavallerie durch die Stadt: Ulanen in hellblauen Jacken und roten Hosen, Dragoner mit antiken Helmen, oder Husaren mit verbrämten, auf der linken Schulter zusammengesteckten Attillen. Das sah so herrlich aus wie die lithographierten Bildchen, die die polnische Armee darstellten. Sobald also aus der Ferne der auf Trompeten geblasene Generalmarsch zu hören war, hielt es mich nicht mehr zu Hause. Ich hatte recht viel Zeit, da ich keine Schule besuchte: Ich lernte privat und muß sagen, daß ein solcher Unterricht nur die Hälfte der Zeit in Anspruch nahm wie der schulische.

Erwachsene, die von Zeit zu Zeit bei den Eltern zu Besuch waren, stellten mir verschiedene Fragen: „Was willst du werden?“, „Wen hast du lieber, Vater oder Mutter?“, „Wie alt bist du?“ usw. Darauf antwortete ich ohne langes Überlegen. Einmal fragte mich jemand, wie ich so schnell die Antwort finde. Ich antwortete ohne Verzug: „Weil ich weiß, was Sie mich fragen könnten, habe ich die Antworten schon parat.“

Gern fuhr ich zu Besuch nach Tarnów, zu Mutters Familie, und das aus zweierlei Gründen: Erstens konnte ich dort täglich Soldaten sehen, denn dort waren Infanterie und Ulanen stationiert; zweitens war da eine Konditorei, deren Besitzer vielversprechend Delekta hieß, und in der es Kartöffelchen und Mohrenköpfe gab. Die Kartöffelchen bestanden aus einer Marzipanmasse und waren mit Schokoladenstreusel bedeckt, und die Mohrenköpfe waren eher Mulatten, denn zu einer Hälfte bestanden sie aus weißer Schlagsahne und zur anderen aus Schokolade. Der Großvater sprach mir zu, ich aß daher so viele Nüsse, daß ich danach hohes Fieber bekam. Es wurde der Arzt gerufen, der mir irgendeine abscheuliche Mixtur verschrieb. Ich bettelte die Tante inständig, daß man mir das Einnehmen dieser Arznei erlassen möge. Verständnisvoll gab sie nach. Am frühen Morgen erreichte uns aus der Apotheke die Nachricht, daß da ein Fehler unterlaufen sei, daß die Arznei schlimmer wäre als die Krankheit selbst.

Als ich das neunte Lebensjahr vollendet hatte, schickte man mich in die vierte Klasse der Volksschule. Die Schule befand sich im „Alten Magistrat“. Das war ein ehemaliges Klostergebäude, in dessen Erdgeschoß der städtische Arrest seine Räumlichkeiten hatte und in der ersten Etage die vierklassige Schule. Die Sitten an dieser Schule waren recht sonderbar. Prügel waren ein wichtiges Erziehungsmittel und zugleich Zahlungsmittel unter den Schülern. Man konnte beim Schulkameraden eine Helvetia-Briefmarke kaufen, indem man ihm dafür das Recht gab, dreimal mit dem Lineal auf die offene Hand zu schlagen. Der Lehrer schlug mit einem Rohrstock. Der Katechet war ein Graf Wiśniowski, ein eleganter Priester mit blassem Gesicht und schwarzen Augen. Er hatte die Angewohnheit, sehr pünktlich zum Unterricht zu erscheinen und Juden, die nicht schnell genug das Klassenzimmer verlassen hatten, auf die vorderste Bank zu legen und mit dem Rohrstock zu schlagen. Später erwies sich, daß er nicht nur ein Sadist war, sondern auch ein Päderast. Zur Strafe schickte man ihn in den Kamaldulenserorden.

Einmal zeigten mir Schulkameraden einen Irren hinter den Gittern des städtischen Arrests. Sie hatten schnell herausgefunden, was ihn zur Raserei brachte und ärgerten ihn, so daß er bleich und mit Schaum vor dem Mund an den Gittern zu rütteln begann. Es gab auch harmlose Irre. Da waren der „Gips-Karolek", der „Morela" und der „Kacper-pu". Letzterer legte mit einem Stock als Gewehr auf ein Ziel an und schoß: „pu!"

Ein Dutzend Bettler hatten traditionell das Recht, einmal in der Woche in der Stadt auf Betteltour zu gehen.

Wenn man aus dem Fenster im ersten Stock unseres Hauses schaute, konnte man immer etwas Interessantes erblicken. Da führte der Schlächter ein Kalb zum Schlachthaus, eine Hand am Hals, die andere am Schwanz. Manchmal trieben Schweinehirten eine größere Anzahl Schweine zum Bahnhof. Sie liefen zu beiden Seiten der Herde und trieben sie mit kräftigen Knüppeln vorwärts. Manchmal erschien ein Hundefänger, der mit unerhörtem Geschick seine Schlinge warf, begleitet von den Schreien der erregten Öffentlichkeit und vom Heulen und Winseln aller Hunde auf dem Ring.

Der Ring war stets sauber ausgefegt und trocken, mit Ausnahme der Freitage, an denen Markt abgehalten wurde. An diesen Tagen gab es schon vom frühen Morgen an etwas zu sehen. Die Schuhmacher aus Kołaczyce stellten waagerechte Gestelle auf und hängten an diesen hunderte Paare Schuhe und Stiefel mit Schäften aus gelbem, grobem Leder auf. Der Leierkastenmann erschien im größten Gewimmel und spielte Daisy, Daisy oder den Wiener Walzer „An der schönen blauen Donau", dabei hüpften weiße Mäuse auf dem Leierkasten herum und zogen aus einem Kasten Kärtchen mit Weissagungen hervor. Manchmal erschien ein Dudelsackpfeifer, der mit dem Ellenbogen den Dudelsack quetschte, mit der anderen Hand die Trommel schlug und mit dem Fuß an einer Schnur rüttelte, die mit einem Glöckchen am Kopf verbunden war. Da war auch ein Spezialist, der diamantene Wetzsteine für Sensen verkaufte und die ihn umgebenden Zuschauer mit seinem Redeschwall überschüttete. Aus allen Richtungen kamen Bauernwagen angefahren.

Gegen zehn Uhr war es schon so voll, daß einer, der den Ring verlassen wollte, ein großes Problem lösen mußte. Es bestand darin, sechs oder mehr Wagen zu verschieben, von denen jeder so eingekeilt war, daß kaum die Deichsel zu bewegen war. Die Pferde bedienten sich am Heu fremder Wagen und nutzten dabei die Abwesenheit der Fuhrwerkslenker, die in den Läden Hufeisen, Riemen, Achsen, Ketten, Messer und Spiritus suchten.

Die Käufer am Ring kauften Getreide, verkauften Mehl. Die Propination, der Hauptausschank von Schnaps, war voll. Vor dem Tabakladen im Erdgeschoß unseres Ladens stand eine Menschenmenge. Das war ein Club unter freiem Himmel, dessen Attraktivität noch dadurch erhöht wurde, daß sich nebenan ein Gewürzladen befand und das Starostgebäude nur zehn Schritte entfernt war. Am Nachmittag begannen die Wagen sich auseinanderzubewegen. Kurz vor Sonnenuntergang begannen Tauben über dem Ring zu kreisen und ließen sich an den Stellen nieder, wo Körner unachtsam verschüttet worden waren.

Manchmal veränderte Regen das Programm. Da lohnte es sich zu beobachten, wie die Händlerinnen in Eile die Planen der Verkaufsstände aufwickelten und alle fluchtartig den Platz verließen. Ein Regenguß verwandelte den gesamten Ring in einen trüben, gelben See, in den große Tropfen Löcher bohrten und vom Wind gepeitschte Regenschwaden den Blick auf die Häuser versperrten.

Um eine Überschwemmung zu erleben, mußte man in Richtung Norden zur Jasiołka gehen. Ich ging diesen Weg manchmal mit dem Vater zur Kreditgesellschaft. Diese hatte ihren Sitz in zwei kleinen Räumen im Erdgeschoß eines großen Gebäudes, das seiner Zeit der Urgroßvater bewohnte. Mich interessierten dort nur die Stempel, mit denen ich Abdrücke auf Papier machen durfte. Diesem Haus gegenüber stand ein kleines Häuschen, in dem im Erdgeschoß die Schwester des Großvaters, Tante Frydmannowa, wohnte. Ihre Wohnung war voller Nippsachen, Miniaturen, kleiner Gobelins und Muscheln, dazu ein Miniaturgärtchen, mit Steinchen angedeutete kleine Beete, Ordnung und Sauberkeit überall. Das alles gefiel mir sehr, obgleich es ein wenig wunderlich war. Die Tante hatte drei Kinder: Marceli war Journalist und Redakteur der halboffiziellen Wiener Tageszeitung „Fremdenblatt“. Er wurde später geadelt und wählte als Familienwappen die uralte Linde, die in Großvaters großem Garten hinter jenem Haus an der Jasiołka stand. Der zweite Sohn war Arzt in Gorlice, und die Tochter Ludmiła lebte allein in Florenz, wo sie ihren Lebensunterhalt mit der Übersetzung polnischer Romane (u. a. Sienkiewicz) bestritt. Als ich sie 20 Jahre später zufällig in Venedig erblickte, war sie noch sehr schön. Ein Enkel von Marceli war bis vor kurzem Direktor der Wiener Oper. Die Musikalität hatte er vom Vater Richard geerbt. Gegenwärtig setzt er diese Beschäftigung fort.

Wenn es nichts zu sehen gab, mußte man im Hause sitzen und lesen. Die Lektüre war völlig zufällig. Da war die Wochenzeitung „Przyjaciel dzieci“ [Freund der Kinder], waren die „Wieczory rodzinne“ [Familienabende], aber das war uninteressant. Interessant war der gebundene Jahresband der „Welt“, in ihm Novellen und Erzählungen, die ich mit Begeisterung von der Mitte her las, wobei ich nicht einmal jedes zweite Wort verstand. Im Hause gab es auch eine deutsche Enzyklopädie, in der man wenigstens Illustrationen und Tabellen betrachten konnte, solche wie „Hunderassen“, „Pferderassen“, „Brillanten“, „Vögel“, „Flaggen“, „Querschnitt durch ein Kohlebergwerk“ usw. Im äußersten Fall konnte man die Linse aus dem Fernglas herausdrehen und mit Hilfe des Sonnenlichtes Monogramme auf Kork oder auf die Fensterrahmen brennen. Wenn auch das nicht ging, mußte man sich in eine Nische setzen und auf etwas Ungewöhnliches warten. Außergewöhnliche Ereignisse gab es schon. Da fuhr eine bäuerliche Hochzeitsgesellschaft in die Kirche. Der Hochzeitsbitter saß auf einem Pferd, in dessen Mähne Bändchen eingeflochten waren. Die Brautjungfern fuhren auf einem Leiterwagen, saßen darauf in zwei Reihen, in der Mitte stand die mit Blumen bekränzte Braut. Im zweiten Wagen fuhren die Eltern und die Kapelle, die mit Ausdauer eine laute und sonderbare Melodie spielte, wie eine tatarische. Manchmal zeigte sich ein Zigeuner mit einem Bären an der Kette, die durch dessen Nase geführt war. Der Bär tanzte auf zwei Beinen, und seinem Besitzer wurden einige in Papier eingewickelte Cents zugeworfen. Im Winter kam der Stall von Bethlehem, es wanderte auch ein „Turone“ mit langem Rachen vorüber, es kamen Sänger mit Weihnachtsliedern oder auch als Purim verkleidete Juden. Manchmal gingen ein Tscheche mit seiner Geige und eine Tschechin mit einer Harfe von Haus zu Haus und spielten das Lied „Kde domov můj“ [Wo ist meine Heimat].

Das waren allerdings Erscheinungen der niedrigeren Stufe. Es gab aber auch höhere, z. B. einen Knappen. Der sah etwa wie der Byronsche Rattenfänger von Hameln aus, steckte in einer enganliegenden Hose, hatte eine Jacke mit silbernen Glöckchen anstelle von Knöpfen und eine spitze Mütze. Eine Peitsche diente im als Schutz gegen Hunde, mit dem Mund kaute er an einer Zitrone. Er lief fünfzehn- oder zwanzigmal in der Gesellschaft von Straßenjungen um den Ring herum, unter dem Gebell von Hunden und zur Freude der gesamten Öffentlichkeit. Seine ganze Figur zeugte davon, daß das Mittelalter noch nicht vergangen war.

Zu den Erscheinungen der höheren Stufe gehörte natürlich der Wanderzirkus. Es gab einen triumphalen Einzug der Truppe auf dem Ring, den sie dann in Begleitung der Zirkuskapelle umkreiste. Vorn ritt auf einem schwarzen Hengst in rotem Frack der Herr Direktor, neben ihm die Frau Direktor in einem Damenreitrock mit einem kleinen Zylinder auf dem Kopf und mit einer Reitpeitsche, weiterhin die Primaballerina auf einer grauen Stute und der dumme August auf einem gescheckten Pferd mit einem Äffchen auf der Schulter. Ein Pony zog die große Trommel, und die Nachhut bildeten ein Araber auf einem Kamel, berittene Treiber, gescheckte Doggen und der Rest des lebenden Inventars. Manchmal erschien eine Artistentruppe. Dann wurde in der Mitte des Rings ein mit Seilen gesicherter Mast errichtet, mit einem horizontalen Seil die Spitze des Mastes mit dem Dach des nächststehenden Hauses verbunden, und danach folgte eine Produktion „á la Blondin“*, ein Laufen auf dem Seil hin und zurück.

Wenn nichts Besonderes geboten wurde, mußte man sich mit einer Hochzeit oder einem Begräbnis begnügen. Oft gab es Prozessionen. Die großartigste, zum Fronleichnamsfest, zog um den Ring herum von Altar zu Altar, mit Blumenstreuen und dem Läuten von Glöckchen. Der halbe Ring war mit Menschen angefüllt. Zur Feier der Auferstehung wurden neun kurze Haubitzen auf dem Ring in Stellung gebracht. Die Stadtpolizei übernahm die Rolle der Artillerie und schoß ohrenbetäubende Salven ab. Zum Namenstag des Kaisers schritten uniformierte Beamte über den Ring in die Kirche, Pirogen auf dem Kopf und mit Degen. Die Gendarmen in Galauniform mit goldenen

---

* Charles Blondin (1824–1897), französischer Hochseilartist.

Schnüren hatten an den Hüten dunkelgrüne Federbüsche. Einmal geschah es, daß diesem Zug ein Schwein über den Weg lief, worauf ein Finanzbeamter diesen Feind mit dem Degen vertrieb ... Jemand meldete den Vorfall an die Starostei, worauf gegen den Beamten ein Ermittlungsverfahren eingeleitet wurde ...

Manchmal lieferte Gott eine unvorhergesehene Katastrophe. Da fährt z. B. ein Wagen, beladen mit Hunderten mit Sodawasser gefüllten Siphonflaschen, die Straße entlang, biegt aus der Kościuszkostraße zum Ring ein und kippt auf dem schrägen Pflaster um. Hundert Siphonflaschen explodieren und erzeugen einen Knall und eine Wasserbombe, die mich genau an das Bombenattentat auf den Großfürsten Sergej erinnern, das ich aus einer illustrierten Zeitung kannte. (Übrigens, leichter Weißwein zur Hälfte mit Selters gemischt ist besser als Champagner).

Eines Morgens erschienen auf dem Ring zwei schwarze Ungeheuer: Das waren Dampfkessel auf dem Wege vom Bahnhof zum Elektrizitätswerk an der Jasiołka. Sie waren zu schwer, als daß man sie hätte auf einem Fahrzeug transportieren können. Man kannte damals noch keine Traktoren, Raupenfahrzeuge oder Autos. Sie wurden auf hölzernen Walzen bewegt, die man mit eisernen Brechstangen rollte und jeweils von hinten wieder nach vorn brachte. Der ganze Transport dauerte wohl eine Woche oder länger. Aber es kam schließlich ein Sommerabend, an dem mich Vater zum Ring führte. Er versprach, daß wir elektrisches Licht sehen würden. Das war ein unglaubliches Ereignis: ruhiges, warmes Licht, das von goldenen Drähtchen ausgesandt wurde, die in Form einer Wendel in einer Glasbirne eingeschlossen waren. Man muß bedenken, daß das noch Edisonsche Glühlampen waren, mit einem Drähtchen aus verkohltem Bambus, und der Strom damals (und noch lange Zeit) war Gleichstrom, wodurch das Auge in keiner Weise ermüdete.

Die amerikanische Epoche in der Geschichte unserer Stadt war die Zeit des Baues der Transversalbahn, der im Jahre 1882 beendet wurde, also zur gleichen Zeit, als Vater heiratete. Meine Mutter kam aus Tarnów mit einem Pferdefuhrwerk gefahren und traf auf ein Städtchen ohne Bürgersteige, ohne Straßen, die diesen Namen verdienten. Erst der Bau der Eisenbahntrasse und des Gebäudes für das Bezirksgericht brachte Leben in die Stadt. Diese Pionierepoche verlängerte sich dank der Erdölgewinnung über meine Kindheit hinaus. Ein reichliches Jahrzehnt vor meiner Geburt begann diese in Rogi, Bóbrka und Wietrzyn. Es entstanden Förderanlagen, die von der kanadischen Firma Mac Garvey gebohrt wurden, vielleicht die ältesten auf dem europäischen Kontinent. Dann wurde Potok entdeckt mit dem berühmten „Wariat“ [Wahnsinniger] und dem darauf folgenden Erdölfieber. Sewer hat es in seinem Roman beschrieben. Da erschienen Typen, die wohl Nowaczyński als Muster für seinen „Szambelan Sar“ gedient haben. Ich hatte noch die Möglichkeit, einen von ihnen, Herrn Klobassa, kennenzulernen, der eine Meile von Jasło entfernt auf ein solches Erdöl traf, daß sein jährliches Einkommen auf 400.000 Gulden (das entsprach damals 160.000 Golddollar) geschätzt wurde. Er ließ sich einen Palast bauen, gründete einen herrlichen Park, hielt sich Equipagen und Pferde in London, Paris und Wien. Einmal brachte er das ganze Pariser Operettentheater nach Wien. Er begab sich nach Rom, um dort um die Hand der Gräfin Ledóchowska, Cousine des Kardinals Rampolli, anzuhalten. Damals gab es da eine Rassehundeausstellung, der Gräfin gefiel irgendein Spürhund oder Windhund, und am nächsten Tag brachte ihr ein Lakai des Herrn Klobassa diesen Hund mit einem mit Edelsteinen besetzten Halsband im Wert von über zehntausend Gulden in die Wohnung. Meine Erinnerung reicht nicht bis in diese Zeit, aber ich erinnere mich noch an den Palast in Skołyszyn und den Park, aber auch an die Traber, mit denen Herr Klobassa immer nach Jasło gefahren kam, wobei er mit dem Zug um die Wette fuhr. Er war so umsichtig, daß er, als der amerikanisch-spanische Krieg um die Antillen drohte, für 40.000 Kronen Havannazigarren kaufte, damit es ihm an diesen nicht mangelte. Als er sein ganzes Vermögen verloren hatte, heiratete er eine Bäuerin, nahm Wohnung in einem Dorf und war, wie er selbst sagte, der glücklichste Mann. Er konnte sehr gut kochen, und eine seiner früheren Freundinnen schickte ihm aus Italien Olivenöl, damit er den Hasenbraten nach eigener Art zubereiten konnte.

Die Industrie begann zu erwachen. Die Raffinerie in Ulaszowice, die Abgesandte von Standard Oil als eine der ersten besichtigt hatten, ging zwar in Konkurs, aber an ihrer Stelle entstanden andere. Das hatte großen Einfluß auf die wirtschaftliche Struktur des Landes. Der Bauer war nun nicht mehr allein auf die Feldarbeit angewiesen. Es entstand ein Typ Arbeiter-Bauer, der in der Ziegelei oder Raffinerie, bei der Eisenbahn oder auf dem Bau hinzuverdiente. Mit ein paar Morgen Land und einem Haus fürchtete er nicht mehr, irgendwo auf dem Pflaster zu landen, wenn es keine Arbeit gab. Andererseits versetzten ihn auch niedrige Preise für Getreide nicht in Angst, denn er hatte die Chance, in der Fabrik zu arbeiten. Die Erfahrung lehrt, daß dieser ökonomisch auf zwei Beinen stehende Typ für Bildung und Fortschritt aufgeschlossener ist als ein primitiver Dorfbewohner oder ein städtischer Proletarier. Ein nicht geringer Teil entfiel hierbei auf die Erdölarbeiter. Bohrfachleute aus dieser Gegend emigrierten nach Borysław und Stanisławowo, aber auch weiter in den Kaukasus, auf Trinidad und nach Niederländisch Indien*. Der Bergwerksjargon auf Sumatra oder Borneo setzt sich aus holländischen, malaysischen und polnischen Wörtern zusammen. Eine außergewöhnliche Bedeutung hatte die Emigration nach Amerika. Entweder kehrten die Emigranten mit Dollars zurück oder sie schickten diese in größeren Beträgen in den Kreis, so daß zum Schluß der gesamte Großgrundbesitz einer freiwilligen Parzellierung unterlag. Diese Umstände bewirkten, daß die Stadt niemals in tiefe provinzielle Träumerei verfiel; ihr Puls schlug fortwährend weiter und neue Bilder wanderten an den Augen vorüber.

* Indonesien.

DAS GYMNASIUM

Das unbeschwerte Kindheitsleben ging zu Ende, als die Gymnasialzeit begann. Direktor der Schule war damals der Weißrusse Klemens Sienkiewicz, ein jovialer Herr mit grauem Haar, der Pilsener Bier liebte und eher an einen Adligen erinnerte als an einen Lehrer. Unter den Professoren war Władysław Węgrzyński einer der ältesten. Er gehörte zu den Aufständischen des Jahres 1863 und war ein Historiker, der eine Monografie über die Burg Golesz bzw. über Podzamcze verfaßt hatte. Da gab es viele andere: Kawecki, Autor des „Dramas von Kalina und der Schule"; Jerzy Żuławski, Autor von „Eros und Psyche", der Schwiegersohn unseres Direktors, der Dichter Wiśniowski, später Übersetzer und künstlerischer Leiter des Theaters in Lemberg, Womela, den Irzykowski in „Pałuba" [Vogelscheuche] zitiert, der Dichter Eminowicz ...

Ich war neun Jahre alt. In der 1. Klasse gab es Latein und Deutsch. Den Unterricht nahm ich ernst, aber mit Geschichte hatte ich Schwierigkeiten, denn ich konnte nichts auswendig lernen, und einen besseren Weg kannte ich nicht. Wenigstens zu einem Drittel kamen meine Klassenkameraden aus Bauernfamilien (noch ein Beweis für den Wohlstand im Kreisgebiet), der Rest rekrutierte sich aus den Söhnen niedrigerer Eisenbahner, Briefträger, Grundstückspächter, Handwerker und Bürger von Kołaczyce, Dembowiec, Pilzno und Krosno. Darunter waren auch Söhne jüdischer Kaufleute und Weißrussen, Söhne von Popen, und nur ein kleiner Teil kam aus Kreisen der sog. Intelligenz. Manche, hauptsächlich jüngere Lehrer, sahen es als schicklich an, die ärmeren Schüler *ex cathedra* geringschätzig zu behandeln. In meinen Augen verloren diese Lehrer ihre ganze Autorität.

Selbstverständlich hatte sich meine Lebensweise geändert. Vor allem wurde ich in die vorgeschriebene Uniform gesteckt, im Sinne jener berühmten Verordnung des k. k. Landesschulrates, die besagte, daß die Bluse dunkelblau, die Hose aschfarben und die Seele des Schülers rein und unbefleckt zu sein haben. Es ist eine andere Sache, daß nur ein geringer Bruchteil der Gymnasiasten diese Vorschriften befolgte; besonders die aschfarbene Hose erfreute sich keiner Beliebtheit, sie wurde deshalb überwiegend aus dem gleichen Stoff gefertigt wie die Bluse. Ich mochte auch die Mütze in ihrer elliptischen Trommelform mit gespanntem Boden nicht und tauschte sie nach kurzer Zeit gegen eine Mütze mit weichem Boden nach dem Muster der französischen Offizierskäppis ein. Es gab auch noch die Veränderung, daß ich aus dem Kinderzimmer in die Kanzlei umziehen mußte. Meinen Platz neben den jüngeren Schwestern nahm das Kindermädchen ein. Seitdem hatte ich kein Bett mehr, sondern schlief auf einem harten Sofa, über dem Hirschgeweihe, zwei Doppelflinten, ein Mehrladegewehr und ein Hinterladegewehr hingen. Einmal wachte ich nachts auf und stellte fest, daß das Laken eine Falte hatte, die mich ein wenig drückte. Es zeigte sich, daß abends das Bajonett von den Geweihen auf das Sofa gefallen war, die Dienstmagd im Dunkeln das Laken über das Bajonett ausgebreitet und ich auf dieser Schlafstätte ausgezeichnet geschlafen hatte.

Die Kanzlei befand sich an der westlichen Seite des Hauses. Morgens im Sommer konnte man durch das Fenster eine starke Spiegelung des Sonnenlichtes an der cremefarbenen Wand der Starostei und die kühle Bläue des Himmels sehen, aus dem Garten wehte der Geruch des Flieders herüber und vom Marktplatz der sanfte Tritt und das Geräusch der zur Schule eilenden Kinder. Das Kirchenglöckchen läutete, Kühle drang durch das geöffnete Fenster in das Zimmer, man hatte Lust, den Tag in sich aufzunehmen oder in ihn einzutauchen auf eine Art, die dem Schmuck der Farben und der Glückseligkeit des Morgens entsprach.

Ich war etwa zwölf Jahre alt, als ich an Keuchhusten erkrankte. Dabei war ich sehr hager. Die Eltern meinten, daß ich mich neu beleben müßte, aber Milch mochte ich nicht. Zu meinem Glück mochte ich Tran, wie die Eskimos, es gab also keine Schwierigkeiten. In Begleitung der Tante wurde ich nach Kolberg geschickt. Auf dem Wege dahin besuchten wir Breslau. Krakau kannte ich schon, dort hatte ich einmal mit dem Vater im Hotel „Zur Rose" gewohnt, hoch über der Straße, in der von Zeit zu Zeit eine Pferdestraßenbahn vorüberfuhr und die Fußgänger mit ihrem Geläut warnte. In Breslau sah ich asphaltierte Straßen, Fahrräder und Dreiräder und auch den Zoologischen Garten. Der Rest interessierte mich nicht. Als wir in Kolberg ausgestiegen waren, begab sich die Tante sogleich auf Zimmersuche. Gleich in der Bahnhofstraße blieb sie vor einem Hotel stehen und begann detaillierte Verhandlungen mit dem Pförtner. Ich stand hinter ihr und meinte nach ein paar Minuten, daß es doch unmöglich sei, nach dieser Zeit in Meeresnähe dieses noch nicht gesehen zu haben. Daher ließ ich die Tante weiter diskutieren und ging allein davon. Bald traf ich auf einen Fluß mit steinernem Boulevard und voller Fahrgastschiffe und sogar ein Dampfschiff. Ich dachte mir, daß doch der Fluß mit Sicherheit ins Meer mündet und lief weiter in Strömungsrichtung. Ich ging so weit, bis der Boulevard zu Ende war, sprang auf den Sand, aber vom Meer weiterhin keine Spur. Nachdem ich an einer Sanddüne vorübergekommen war, erblickte ich etwas ganz Unwahrscheinliches: unendlich viele weiße Wellenkämme, die mir entgegenliefen und sich mit Getöse in einen dunkelgrünen Abgrund stürzten. Ich hörte die nie endende Melodie des Rauschens und roch salzigen Wind ... So stand ich allein, mit verdutztem Gesicht, bis ich mir gewahr wurde, daß es doch schicklich wäre, den Mund zu schließen, den ich wohl schon einige Minuten lang aufsperrte. Die Tante suchte mich die ganze Zeit verzweifelt, hatte schon die Polizei informiert und gab jedem Vorübergehenden eine Beschreibung von mir. Am Ende traf ich sie, und aus lauter Freude, daß ich wieder da war, vergab sie mir die Flucht.

Das Meer gab mir viel Beschäftigung. Es stimmt nicht, daß es an der Ostsee keine Gezeiten gibt. In Kolberg kann man sie erleben. In der Stadt gab es damals eine Garnison, und im Gartenrestaurant saßen an vielen Tischen Offiziere, besonders dann, wenn eine Militärkapelle spielte. Auf ihren Wunsch spielte die Kapelle als Clou ein Werk mit dem Titel „Die Schlacht“, das die musikalische Version einer wirklichen Schlacht sein sollte. Es bestand aus Weckrufen, Märschen, Schlachtsignalen und leitete am Ende in eine fürchterliche Sinfonie von Trompeten, Trommeln und Pauken über, verstärkt durch dicht aufeinander folgende Schüsse aus Karabinern von Soldaten, die in den Sträuchern des Parks versteckt waren. Man kann sich schwer eine noch preußischere Musik vorstellen ...

Nach der Rückkehr erwarteten mich viele neue Ereignisse. Ich bekam ein krankes Bein, die Ärzte fanden keine Erklärung für die großen, roten Flecken an der Wade. Etwa drei Monate mußte ich liegen und langweilte mich fürchterlich. Das interessanteste Buch, „Die Donnerstagabende“ von Kramsztyk, las ich wenigstens zehnmal. Das waren außerordentlich populäre Abhandlungen für Kinder aus dem Bereich der Physik. Meine Mutter hatte die Idee, mir „Tom Sawyer“ und die Erzählungen Mark Twains in deutscher Übersetzung zu geben. Ich vertiefte mich in diese Lektüre ohne Kenntnis der Sprache, bis auf einige in Kolberg aufgeschnappte Wörter, und ohne Wörterbuch. Nach verschiedenen Ausdrücken befragte ich die Eltern, aber mit der Zeit war das immer seltener erforderlich. So erlernte ich die deutsche Sprache, ohne selbst zu wissen, wie es geschah. Deutsch war im Gymnasium Pflichtfach, aber kaum einer von meinen Mitschülern in den unteren Klassen konnte deutsche Bücher fließend lesen. Alle in den Schulen praktizierten Methoden des Fremdsprachenunterrichts treten deutlich zurück gegenüber der besten, die darin besteht, Bücher zu lesen, obgleich vielleicht am Anfang fast nichts verstanden wird.

Ein unvergeßliches Erlebnis waren die Kaisermanöver. Die Vorbereitungen zu dieser militärischen Feierlichkeit begannen wohl schon einen Monat vorher. Die Supposition bestand in der Annahme, daß die Nordarmee, eine russische, unter der Führung von Waldstätten auf den Duklapaß hin vordrang. Der berühmte General Galgotzy, von Kaschau gegen die Aggressoren vorgehend, sollte ihn verteidigen. Diese beiden Kräfte sollten in der Umgebung von Jasło aufeinandertreffen, und deshalb auch sollte das Hauptquartier des Kaisers in Jasło eingerichtet werden. Für den damaligen Starost, den Grafen Michałowski, war das eine schwierige Prüfung. Alle Einwohner von Jasło, die eine ordentliche Wohnung besaßen, stellten die besten Zimmer für die Einquartierung bereit. So nahm also Fürst Georg von Bayern beim Starost Quartier und der Kriegsminister, Baron Kriegshammer, bei meinem Onkel, der Armeeinspekteur Reinlender bei uns, usw. Den Kaiser quartierte man im Kreisrat ein, und im Park baute man ein großes Zelt auf, in dem er im Kreise von etwa hundert Personen des Hofes die Mahlzeiten einnahm. Die Küche richtete man in dem Hause ein, in dem sich später die Gaststätte „Donau" ansiedelte, und verband sie durch eine spezielle Galerie mit dem Zelt. Die kaiserlichen Pferde, die berühmten grauen Lipizzaner, kamen schon zwei Wochen früher. Sie kamen in Ställe in Jaszczew, und die ganze Zeit zogen sie täglich Kutschen nach Jasło, um den Weg kennenzulernen und später nicht zu scheuen. Franz Josef I. benutzte keine Autos. Er hatte eine irische Stute bei sich, eine wertvolle „Hunterstute", die ohne einen Fehltritt jede Böschung hinauf und hinunter ging. Ein Sonderzug stand ununterbrochen unter Dampf, denn der Kaiser fuhr gewöhnlich zu den Stationen, die dem Schlachtfeld am nächsten lagen. Der Eisenbahndirektor selbst führte den Zug, aber das Pech wollte es, daß einmal auf ansteigender Strecke unweit von Tarnowiec die Räder zu rutschen begannen, obgleich Bahnbeamte persönlich Sand auf die Gleise schütteten ...

Die Anreise des Monarchen selbst erfolgte am Nachmittag eines herrlichen Sommertages. Vor dem Kreisrat hatten Delegationen des Sejm und des Adels, der Geistlichkeit, Landbewohner in Krakauer Volkstracht, die Bürgerwehr, die Gendarmerie in Galauniform, Scharen von Einwohnern, die uniformierte und die Geheimpolizei, Aufstellung genommen. Es fehlten weder der Statthalter noch der Marschall ... Als schon die Ankunft des Kaisers avisiert war und als Vorausgefährt die Kutsche des Starost näher kam, in der Graf Michałowski stehend mit entblößtem, grauem, zum Gefährt des Monarchen gewandtem Haupt fuhr, entstand in meiner Nähe plötzlich große Unruhe und Geschrei... Da hatten im Gedränge Spitzbuben einem Mädchen vom Lande im Angesicht der höchsten Herrschaften der k. k. Monarchie den Rock heruntergezogen, nur hundert Ellen vom Durchlauchtigsten Herrn und der versammelten Obrigkeit Galiziens und Lodomeriens entfernt. Die Täter wurden nicht gefunden. (Über Władysław Michałowski gibt es eine witzige Bemerkung im herrlichen Buch von Boy-Żeleński: „Kennst du das Land?") Ich kann mich an die Reihenfolge der Starosten von Jasło erinnern: Gabryszewski, Michałowski, Fürst Sapieha, nach ihm Rawski, Łęczyński, Leszczyński, Antoni Zoll und Maroszányi. Aber kehren wir zu den Manövern zurück ...

Der Vater befahl einmal morgens die Britschka einzuspannen und nahm mich und meinen Klassenkameraden Wacek Pasterczyk mit zu den Manövern. Wir waren eine gute Stunde in Richtung Krosno gefahren, als plötzlich eine Schwadron Ulanen mit einem Oberleutnant an der Spitze auftauchte. Es zeigte sich, daß Vater den Oberleutnant kannte: es war ein Gutsbesitzer aus der Gegend von Jasło, Bobrowski, der seit 24 Stunden mit seiner Truppe die Wälder um Warzyce, Sieklówka, Birówka usw. durchkämmte. Der Oberleutnant beklagte sich, daß er seit dem frühen Morgen nichts gegessen hatte. Vater hatte bei solchen Ausfahrten gewöhnlich eine Büchse bei sich, in der sich sechs Fläschchen mit Wein, Likör, Wodka, Spiritus, Kölnisch Wasser und Cognac befanden. Nachdem der Oberleutnant mit dieser Medizin aus der Reiseapotheke sowie mit belegten Broten und einer Zigarre versorgt war, staunte Vater nicht schlecht, als der Patient plötzlich dem Pferd die Sporen gab und von unserer Britschka wegsprang, wobei er uns zum Abschied nur ein einziges Wort zurief: *Hofequipage*! Und tatsächlich, aus Richtung Jaszczew näherte sich eine Kutsche mit goldenen Speichen. Als sie uns erreichte, erkannten wir, daß sie leer war ... Aber die Schwadron hatte sich schon um einige hundert Schritte von uns entfernt. Da erschien eine weitere, mit weißen Binden an den Mützen. Die erstere begann zu fliehen und die andere diese zu verfolgen; es war, als würde ein Reiter einen anderen verfolgen. Solche Schwadronen ritten geschlossen und waren beweglich. Nach einiger Zeit erreichten wir eine ganze Infanteriedivision, die in Richtung Krosno marschierte. Das dunkelblaue Band der Soldaten reichte bis zum Horizont. Plötzlich erbebte die ganze Menschenschlange: Von der linken Seite her, aus dem Wald, begannen Kanonen zu feuern! Es erwies sich, daß die in Marschordnung sich bewegende Kolonne von seitlich in ihren Stellungen befindlicher getarnter Artillerie überrascht worden war. Es begann ein größeres Gefecht. Adjutanten ritten im Galopp hin und her, auf schäumendem Pferd erschien der Erzherzog Leopold Salwator und fluchte heftig auf irgendeinen schuldigen Oberst. Die ganze Kolonne trat in den rechten Straßengraben und zog dann weiter. Nach einer Weile ordnete sie sich zu quadratischen Bataillonen und richtete sich nach Tarnowiec aus. Wir fuhren ihr nach. Auf einer Anhöhe bei Wrocanka trafen wir auf eine Gruppe von fünfzig Kanonen, die gegen einen unsichtbaren Feind ballerten. Der Krach war fürchterlich, und es fiel uns schwer, in der Scheune sitzen zu bleiben. Wacek eilte hinaus und befand sich unversehens vor der Schützenlinie. Plötzlich sprang er in die Luft und faßte sich an den Hintern. Ein hölzernes Geschoß hatte sich verirrt! Aber schon erschienen auf der gegenüberliegenden Anhöhe weiße Linien, das war Waldstättens Infanterie. Die Kanonen verstummten auf Anordnung der Schiedsrichter, und eine Kommission begann sofort mit der Schätzung der zertretenen Kartoffeln ...

Wie überall üblich, so wurden auch an unserem Gymnasium Maifeste veranstaltet, die entgegen der Bezeichnung meist an einem freien Tag im Juni stattfanden. Unter dem Kommando der Professoren ging man in Viererreihen, nach dieser Armee zog der Troß, das waren ein oder zwei Fuhrwerke, in Abhängigkeit von der Anzahl der Klassen. Die Fuhrwerke fuhren Fäßchen mit Bier, Trompeten und Trommeln, wenn es eine Kapelle gab. Der Trommler und der Trompeter spielten im Wechsel. Man zog gewöhnlich zum Gelände unterhalb des Schlosses hinaus. Dort wurde auf dem Rasen ein Biwak eingerichtet. Man aß Brot mit Wurst und trank Bier. Es wurde im Chor gesungen, und ununterbrochen bewirtete man die Professoren in der Absicht, sie betrunken zu machen. Wodka gab es nicht. Abends ging es zurück. Bei Annäherung an die Stadt kündigte man die Rückkehr mit Orchestermusik und Raketen an, und beim Betreten der Stadt wurden bengalische Feuer gezündet. Manchmal störte Regen das Programm. Da kam ich zu der Überzeugung, daß ein einsamer Spaziergang nach einem Sommerregen im Wald unvergleichlich schöner ist als bei schönem Wetter.

Wie ich schon erwähnte, wurde zur gleichen Zeit (um 1900) bei uns eine Kindererzieherin angestellt. Nach zwei weniger gelungenen Proben gab es eine dritte, eine Französin, die sich ausgezeichnet einlebte. Sie kam aus Lyon und hieß Eugenie Heurtier, war fröhlich, hatte uns sehr gern und war perfekt in Grammatik und Orthographie. Wenn Mutter mit mir nicht zurechtkam, bestach mich Eugenie mit geröstetem Brot, das ich seit dieser Zeit als Leckerbissen sehr schätze. Als sie uns nach mehr als zehn Jahren verließ, schrieb sie uns noch lange Zeit. Nach dem 1. Weltkrieg erreichte uns ein auf herrlichem Papier geschriebener Brief von ihr, auf dem als Vignette ein Schloß abgebildet war. Während des Krieges als Schwester des Roten Kreuzes lernte Eugenie einen Militärarzt kennen. Es war ein sehr vermögender Chilene oder Argentinier, der sie dann heiratete. Nach kurzer Zeit aber starb er und hinterließ ihr ein herrliches Schloß und Grundbesitz in Frankreich. In jenen Zeiten kannte man den Begriff gelenkter Propaganda noch nicht, aber mir scheint, daß das französische Außenministerium nur schwerlich einen Propagandisten gefunden hätte, der uns von Frankreich so überzeugt hätte wie dieses natürliche, nette und fröhliche Mädchen mit einer bei uns sehr selten anzutreffenden Tugend: weiblichem Humor. (Dieser ist anders als ein männlicher Witz, der zumeist nur ein Feuerwerk ist.)

Währenddessen veränderte sich die Welt ringsum, und diese Veränderungen stachen immer deutlicher in die Augen. Es veränderte sich nicht nur die Fasson der Anzüge. In Galizien wurde die Losung von der Entwicklung der inländischen Industrie geboren. Dazu entstand die „Liga zur Unterstützung der inländischen Industrie", die vom Fürsten Lubomirski gegründet worden war, dem Besitzer einer Zuckerfabrik in Przeworsk, die mit Zuckerfabriken in Mähren, speziell in Chropin, konkurrierte. Unsere Lehrer unterstützten diese Losung, und wir Schüler verlangten überall Hefte, Bleistifte, Tinte aus inländischer Produktion. Ältere Käufer standen dieser Mode unwillig gegenüber. Aber da gab es zum Beispiel den Herrn Apfel, der im Schaufenster seines Geschäftes am Ring verkündete, daß er nur inländische Produkte verkaufe, was dazu führte, daß die ganze Familie am Ladentisch bedienen mußte, weil stets viel Kundschaft da war. Es gab auch Großhändler, die auf alle Produkte ein Bienchen mit der Aufschrift „inländisches Produkt" aufklebten. Weil aber dieses Schildchen kein rechtlich geschütztes Zeichen war, wußte niemand, ob er damit wirklich inländische Ware kauft.

Dann kam die Mode der Abstinenz auf. Eine Gesellschaft von Antialkoholikern namens „Eleuteria" entfaltete ihre Tätigkeit und dazu als Kreis höherer Einweihung – „Eleusis", eine von Wincenty Lutosławski gegründete Brüderschaft. Er war ein an der Jagellonen-Universität in Krakau unterrichtender Philosoph, der aber seinen Lehrstuhl infolge exzentrischer Auftritte aufgeben mußte. Lutosławskis Eleusiner waren tugendhafte Abstinenzler. Ihr Prinzip hatte eine mystische Basis: Sie knüpften an Towiański an. Das gefiel manchem von uns: Ein Abstinent war einer, der bekehrt worden war, nachdem er schon verschiedene weltliche Freuden genossen hatte. Abstinenzler zu sein hieß soviel wie verlebt und erfahren zu sein, und eine solche Rolle ist für Fünfzehnjährige doch recht imponierend. Unter den Gymnasiasten war diesem Snobismus nur eine Minderheit zugetan, die Mehrheit betrachtete Bier und Wodka als göttliche Geschenke, die nur von Dummen verachtet werden. Man rauchte Zigaretten, wenn es nur „etwas zu rauchen" gab, und es gab auch solche Schnauzbärte, die auf reelle Flirts mit Dienstmädchen und anderen Mädchen aus der „Pension" ausgingen. Denn Söhne von Bauern und ebenso auch viele Söhne von Beamten wohnten in einer Pension. Eine solche Pension wurde in der Vorstadt von einer „Herrin", einer Handwerker- oder niedrigeren Beamtenwitwe oder auch von einer anderen Bürgerin mit Häuschen betrieben. Das war dann eines jener zahlreichen eingeschossigen Häuschen mit Gärtchen, die sich nur wenig von den dörflichen Katen unterschieden. Die Väter, insbesondere die Bauern, zahlten für den Pensionsaufenthalt der Söhne mit Naturalien, mit Grütze, Mehl, Quark und Speck.

In einem Zimmer wohnten immer mehrere Jungen zusammen und störten einander beim Lernen. Dafür konnte man in der Pension gemeinsam Karten spielen, sich unterhalten, rauchen und trinken. Die verbindliche Sprache war die der Bauern. Es war allerdings nicht die Mundart der alten Bauern, also die Sprache der einfachen Menschen, sondern die allgemeine Umgangssprache mit masurischem Akzent. Wer sich nicht dem Vorwurf aussetzen wollte „anzugeben", der mußte „mit den Wölfen heulen". So behaupteten es wenigstens die Söhne der Intelligenz und sogar die Juden. Die Stimmung an einer damaligen Schule gab in hervorragender Weise Zegadłowicz in „Zmory" [Alpträume] wieder. (Er war jener Schriftsteller, nach dem Wadowice eine seiner Straßen benannte. Nachdem man aber erkannt hatte, daß er nicht so schrieb, wie es Wadowice wünschte, beschloß man, das Schild mit seinem Namen zu entfernen.)

Über uns kam bald eine andere geistige Mode, deren Name Literatur hieß. Das Ende des Jahrhunderts nannte sich *fin de siècle* und war die Zeit des aufblühenden *Jungen Polens**. Die in Krakau oder noch weiter weg ausgelöste Welle mußte auch uns erreichen. Man begann Wyspiański, Tetmajer und Przybyszewski zu lesen. Die ältere Generation urteilte, daß diese Lektüre „für die Jugend ungeeignet" sei, woraufhin diese sich umso leidenschaftlicher auf sie stürzte. Eine „geheime Bibliothek" wurde gegründet, und es fand sich eine Person, die das Lokal auf ihren Namen mietete, mit den Buchhändlern wurde ein Kredit vereinbart, und dann ging eine Buchausleihe in Betrieb, die bald etwa 500 Bände umfaßte. Das Verdienst dafür gebührt einer Klasse, die um zwei Jahre älter war als meine, vor allem aber Emil Żychiewicz, der später Direktor der Bibliothek „Atlas" in Lemberg wurde.

Außerhalb der Schulzeit störte uns keine Kontrolle. Wir lasen, was zu ergattern war, und eher unbewußt erlagen wir einer aus dem Westen via Krakau überkommenen Mode. Wir lasen vor allem nordische Autoren, solche wie Ibsen, Björnson, Heijermans, ohne daß wir über ihr Format Bescheid wußten. Wir hatten auch Zola und Maupassant in Übersetzungen zur Verfügung, und von den deutschen Autoren Hauptmann und Sudermann, wobei wohl keiner erkannte, daß Sudermann die Rodziewiczówna nicht überragte ... Niemand von uns wußte etwas über solche Skandinavier wie Strindberg oder solche Deutschen wie Karl Kraus, niemand kannte Flaubert und noch weniger Stendhal. Von der älteren Generation wurden diese entweder nicht gelesen oder nicht richtig eingeschätzt ... Es gab damals nicht die Bibliothek von Boy, also hatte niemand von der „Physiologie der Ehe" gehört, dagegen betrachteten wir die „Liebe und Ehe" der naiven Anhängerin der Frauenemanzipation Ellen Key als Muster einer fortschrittlichen Philosophie. Die skandinavische Mode führte Przybyszewski ein, der lange in Berlin geweilt hatte, wo man ihn als Erneuerer des deutschen Stils anerkannte. Sie ent-

* Junges Polen – Bewegung des Modernismus in der polnischen Literatur, Kunst und Musik, Gruppe von Künstlern zwischen 1890 und 1918.

sprach dem Geschmack der jüdischen Intelligenz, die sie als erste in Europa verbreitete, vielleicht deshalb, weil diese Erzeugnisse über Berlin lanciert, ins Deutsche übersetzt und mit der Approbation der dortigen und der Wiener Zeitungen versehen waren. Von Dickens hatte niemand von uns gehört, noch weniger von Meredith. Oskar Wilde war als einziger englischer Autor durchgedrungen, aber doch erst recht spät. Aber Żeromski, Reymont und Tetmajer mußten nicht um unsere Seelen kämpfen, sie gewannen diese auf der Stelle. Ich erhielt einmal als Geschenk ein dickes Notizbuch, in das ich über mehrere Jahre Daten und Titel der gelesenen Bücher mit einer kurzen Inhaltsangabe und Wertung eintrug.

Die weitere Geschichte meiner Lektüre ging einen ganz anderen Weg. Mir gelangte Nietzsche in die Hände, zuerst in der Übersetzung von Stanisław Lack, Berent und anderen und später im Original. Dort fand ich eine ganz andere Werteskala. Nietzsche überzeugte mich, daß die antiken Werte einzig in den romanischen Völkern erhaltengeblieben sind und daß der Schöpfergeist des Nordens nur eine weitere Folge der Rebellion germanischer Neophyten gegen die klare Ordnung der römischen Kultur darstellt.

Nietzsche vermochte das ungleiche Paar Schiller – Goethe zu trennen, aber niemand hatte uns gelehrt, Goethe zu lesen. Lange noch irrte ich umher, bis ich zur französischen Literatur gelangte. Die russische war mir nur in den Personen von Gorki und Lew Tolstoj bekannt, von Puschkin hatten wir nichts gehört, wie wir ebenfalls von Tschechow nichts wußten. Gorkis „Kleinbürger“ wurden von Wandertheatern gespielt. Ihr falsches Revolutionspathos hat uns sehr gefallen. Manchmal denke ich, wenn nicht die k. k. galizische Oberschule gewesen wäre, hätten wir den „Pan Tadeusz“ nicht kennengelernt. Mickiewicz wurde von uns überhaupt nicht verstanden, wir hielten ihn für einen offiziellen Dichter, dessen Bedeutung aus patriotischen Gründen überbetont wurde. Noch schwieriger fiel es uns, die wilde Schönheit der „Maria“ von Malczewski zu verstehen. Sienkiewicz fand unser Gefallen, aber wir betrachteten ihn als einen Reaktionär und schämten uns, daß wir ihn lasen, denn er wurde von der älteren Generation gelobt, und der Richter Bochniewicz, ein Kraftmensch und Trinker, gab sich den Beinamen „Zagłoba“ und schrieb auf seine Visitenkarten den Namen „Bochniewicz-Zagłoba“...

Selbstverständlich gab es an jedem Gymnasium eine Anzahl psychischer Doppelgänger von Kmicic und Skrzetuski – mir wurde die Vertretung der Firma Ketling auf dem Gelände des Gymnasiums von Jasło anvertraut. Es gibt wohl keine paradoxere Erscheinung als es der Ruhm eines Dichters ist: In jeder Stadt gibt es eine Mickiewicz-Straße, aber im Inneren der Seele stimmen 99 Prozent der Bewohner dieser Straße mit der Dame überein, die auf meine Begeisterung antwortete: „‚Pan Tadeusz' schön? Das nicht, aber sehr lehrreich!" Und sogleich begann sie als Muster der Poesie zu zitieren: „Warschau, du unsere Stadt, wie viele Verlockungen du hast!" Eine schwierige und verworrene Sache ist der literarische Wert, und so mußte ich die Werteskala nochmals revidieren.

Wie ich bereits sagte, hatte ich nicht genügend Geduld und Talent, um mir ein über ein recht durchschnittliches Niveau hinausreichendes Musikverständnis auszubilden. Man sollte nicht annehmen, daß die Provinz daran die Schuld trägt, denn in meiner Geburtsstadt gab es Menschen mit hoher Musikkultur. Der Direktor unseres Gymnasiums, Sienkiewicz, hatte einen Sohn Theodor, der sich als Rechtsanwalt in Jasło niedergelassen hatte. Das war ein Herr, der keinesfalls die Absicht hatte, sich dem kleinbürgerlichen Milieu zu unterwerfen, im Gegenteil, er wollte ein „Europäer" sein. Dieses Wort hatte bei ihm eine ganz besondere Bedeutung. So meinte er, daß Frack und Zylinder bei offiziellen Anlässen verbindlich sind, daß aber wiederum ein rechter Europäer am hellen Tage nicht im Frack auf die Straße geht. Daher fuhr er manchmal im Fiaker von einem Bürgersteig über die Fahrbahn zum gegenüberliegenden. Ins Freibad am Fluß fuhr er selbstverständlich immer mit der Droschke, wobei er in einer Tasche Wäsche zum Wechseln, Kölnisch Wasser, Puder, Bademantel und Decke mitnahm. Einheimische, d. h. Nichteuropäer, betrachteten ein solches Bad im Fluß als albern, aber Herr Theodor ließ von seinen Grundsätzen nicht ab. Er war überaus musikalisch und beschloß ein anscheinend unmögliches Vorhaben. Er wollte in Jasło ein Klavierkonzert von Beethoven aufführen, für das ein großes Orchester mit mindestens hundert Musikern benötigt würde. Er spürte in der Stadt und im Umland und sogar noch weiter alle Geiger, Bassisten, Violoncellisten, Oboisten, Flötisten, Bläser und Schlagzeuger auf. Drei Monate lang führte er mit ihnen Proben, individuelle und gemeinsame Repetitionen durch und am Ende eine Generalprobe.

Und tatsächlich fand am Ende im „Sokół" ein solches Konzert statt, wie es sich sonst nur europäische Hauptstädte leisten können. Möglich war das einzig und allein aus dem Grunde, weil unsere Stadt in sich ein besonderes Temperament hatte, das sich aus zu vielen Gegebenheiten zusammensetzte, um sie hier alle zu erklären. Sicher war die wichtigste das Erdöl.

Die Erdölarbeiter (siehe Sewers Roman „Erdöl") waren auch Menschen von besonderem Schlag. Zu ihnen gehörte auch der Schwiegervater des genannten Herrn Theodor, Herr Macher, der belgische Konsul (den Vater des Konsuls, der Schulinspektor war, erwähnt Sewer, und die Herren Klobassa und Mac Garvey hatte ich schon erwähnt.) Später kamen andere dazu: Perkins, Mac Intosh, Trzecieski, Sroczyński usw. Viele von ihnen kannte ich vom Sehen und Erzählen. Neuwert-Nowaczyński widmete ihnen die Satire „Szambelan Sar" [Kammerherr Sar]. Ich erinnere mich an einen Besuch beim Unternehmer Ochmann, der Bohrröhren lieferte. Vater nahm einen seiner Freunde und mich, den Zehnjährigen, und fuhr mit der Britschka nach Krosno. Herr Ochmann empfing uns im Hangar. Sein Büro war aber zugleich Schlafzimmer und Teil seines Röhrenlagers. Das Frühstück, das uns vier Personen gegen 10 Uhr morgens gereicht wurde, bestand aus Kaviar, der eine Vase von einem Liter Volumen füllte, Brot, Butter und einigen Flaschen Weißwein. Den Kaviar aß man mit einem großen Löffel, und während des Tafelns lief der Hausherr alle paar Minuten zu einer Kurbel, um ein großes Gewicht zur Decke hin zu heben, das beim Absinken eine musizierende Maschine bewegte.

Später konnte ich mir unabhängig vom Vater Ausflüge vornehmen, als er mir ein Fahrrad schenkte. Für meinen Cousin Dyk* und mich wurden die Fahrräder direkt in Onkels Fabrik geliefert. Sie kamen, welch' Überraschung, in Papier eingewickelt in großen hölzernen Kisten an. Mein Vater war in dieser Zeit einer der ersten im Kreis, die mit einem Zweirad fuhren. Das war ein Gefährt mit großem Vorderrad und kleinem Hinterrad, und wenn man eine abschüssige Straße hinabfuhr, geschah es manchmal, daß man zusammen mit dem Sattel und dem kleinen Rad buchstäblich „aufs Maul" fiel, so wie ein Reiter ohne Sattel stürzt, wenn das Pferd seinen Kopf zur Erde neigt und mit den Hinterbeinen in die Luft schlägt ... Es ist nicht verwunderlich, daß man das moderne Fahrrad als große Errungenschaft der zeitgenössischen Technik ansah.

* Józef Schoenborn.

Ich muß hier meinen Cousin erwähnen. Mein Onkel war sein Vormund. Sein Vater, der in der Raffinerie in Libusza bei Gorlice als Ingenieur gearbeitet hatte, war sehr früh verstorben, und die Mutter zog dann nach Jasło, wo sie in das Haus meines Onkels, ihres Schwagers, einzog. Dyk hatte ein ungewöhnliches Talent zum Erfinden von Spielen. Er verkleidete sich gern in einen alten Herrn, eine alte Dame, einen Athleten usw. und improvisierte in diesen Rollen Monologe, die mich und meine jüngeren Schwestern ergötzten. Viele Jahre lang gab es bei uns eine Vorliebe für athletische Wettkämpfe, insbesondere, wenn ein Wanderzirkus eingetroffen war, der eine Serie von Vorführungen „griechisch-römischer Kämpfe" unter Teilnahme von Zbyszek Cyganiewicz veranstaltete. Cyganiewicz war zu der Zeit Schüler unseres Gymnasiums. Deshalb begleitete ihn nach der Vorstellung eine große Schar Pennäler nach Hause, und jeder träumte davon, auch einmal als Athlet berühmt zu werden.

An Zerstreuungen mangelte es nicht. Schon früh am Morgen, dank der Gegebenheit, daß der Teppich unter dem Tisch zusammengerollt war, konnte man im Eßzimmer rund um den Tisch mit dem Fahrrad fahren. Man konnte eine „Camera obscura" auf den Ring hin ausrichten und auf der Mattscheibe einen Wagen mit vorgespanntem braunem Pferd betrachten, ein farbiges und sich bewegendes Bild. Man konnte auch einen dünnen Draht an die beiden Pole einer kleinen Dynamomaschine klemmen und ihn bis zum Schmelzen erhitzen. Aber die interessantesten Spiele kamen von Dyk. Er erfand ein Spiel „Staat". Wir hatten einige Bleisoldaten und ergänzten diese durch Schachfiguren. Der König hatte also seine Minister und eine Armee, einen Staatsschatz aus farbigen Druckknöpfen, die Saphire oder Rubine von unschätzbarem Wert darstellten und besaß aus Richterschen Bauklötzchen errichtete Paläste. Diese Zementklötzchen waren ziegelfarben, cremefarben und stahlblau, hatten die Form von Quadern, Würfeln, Bögen, Kuppeln und Pyramiden, und man konnte mit ihnen Häuser und Paläste bauen nach einem Heftchen, das nicht nur die Ansichten dieser Objekte, sondern detaillierte Querschnittspläne ihrer Konstruktionen enthielt. Der Vater gewährte diesen Spielen große Unterstützung. Diese Klötzchen dienten uns zum Bau von Königsschlössern und Wehranlagen. Wenn alles fertig aufgebaut war, begann das eigentliche Spiel. Die Könige sandten sich Botschaften zu, dann statteten sie einander Besuche ab. Das gab Gelegenheit zu Konflikten, denn entweder fühlte sich der König beleidigt wegen zu spärlicher Gastgeschenke, oder er sperrte den Boten auf Grund irgendwelcher Intrigen ein. Dann brach der Krieg aus. Die Armeen beschossen sich mit schweren Bleikugeln (Schrot) und zerstörten die Befestigungen. Noch vor dem Waffenstillstand kam es zu Verhandlungen. Der unterlegenen Seite wurden Entwaffnung und Tributzahlungen auferlegt. Ein Meister der Diplomatie war Dyk, und es geschah kaum einmal, daß ich siegreich aus dem Krieg hervorging, denn unser Spiel hatte keine festgeschriebenen Regeln, und mein Cousin war in der Erfindung immer neuer strategischer und diplomatischer Vorteile unerschöpflich. Er kannte auch keine Skrupel: Er war Napoleon und Macchiavelli in einer Person ...

Ein wichtiger Zeitvertreib war das Schachspiel. Ich begann damit schon sehr früh. Meine Partnerin war die siebenjährige Dziunia, die Tochter eines guten Freundes meines Vaters, des Herrn Mravincsics. Nach ihm wurde ein Weg im Park von Krynica benannt, denn als Regierungskommissar erwarb er sich große Verdienste um Krynica. Meine Schwester Irena spielte schon mit fünf Jahren Schach. Wir spielten viel und schlecht. Erst an der Universität hörte ich mit dem Schachspiel auf, denn dort traf ich wahrhafte Schachspieler und sah, wieviel Zeit ich aufwenden müßte, um einigermaßen gut spielen zu können. Aber am Gymnasium hatte ich später auch Partner. Einer von ihnen war der jüngere Stanisław Adamski, ein universell begabter Junge. Als er mit dem Schachspiel begann, beschaffte er sich das Werk von Bardeleben. Obgleich er zu faul war, es ganz zu studieren, hatte er ein solches Gedächtnis und solche Orientierung, daß er schneller und besser spielte als wir anderen alle. Gleiches betraf das Geigenspiel, Fechten, Sammeln von Briefmarken, künstlerische Fotografie und Tarockspiel. Diese Leidenschaften, mit Ausnahme der Philatelie, vergingen bei ihm schnell wieder und machten anderen Platz. Es gab eine Zeit, da entschloß er sich, die polnische Literatur kennenzulernen. Da wußte er bald alles, was das Lehrbuch von Chmielowski enthielt. Eine kurze Zeit lang war er Bergsteiger, aber sehr schnell hatte er auch das wieder über. Er hatte auch großes Kaufmannstalent. Aber er wollte sich nie lange mit einer Sache beschäftigen und auf der Stelle hocken. Er hatte ein ausgezeichnetes Gehör und sang auch im Chor. Die Mazurka tanzte er ausgezeichnet, und er war ein berühmter Vortänzer, hatte dafür auch entsprechendes Aussehen und Figur. In der Großstadt gibt es viel Zeitvertreib, in einer kleinen wenig, aber der kindliche Geist gewinnt daraus, was möglich ist. Was ist z. B. die Laterna magica mit ihren wenigen Bildchen? Der hervorragendste Film gibt dem Bewohner einer Hauptstadt nicht das, was uns diese Laterna gegeben hat! Oder das kleine Büchlein, das Bioskop, Prototyp des Cinematographen, dessen schnelles Blättern mit dem Daumen ein Quartett von Spielern zeigt, die ruhig mit dem Kartenspiel beginnen, sich dann aber mit den Fäusten bearbeiten und den Tisch umstürzen ...

In der Zeit des Übergangs von den unteren zu den oberen Klassen des Gymnasiums traten wichtige Veränderungen ein: Direktor Sienkiewicz starb, und an seine Stelle trat Józef Słotwiński, ein Philologe, Idealist und Patriot, Enkel des verdienstvollen Direktors des Ossolineums. (Eine seiner Töchter heiratete später Stanisław Adamski, der im Vorhergehenden erwähnt wurde.) Meine älteste Schwester* heiratete, und bei uns zu Hause wurde die Hochzeit mit einem Festmahl gefeiert, das bis zum nächsten Morgen dauerte, mit Champagner, mit Musik und der Teilnahme der ganzen am Ort wohnenden und aus der Ferne angereisten Verwandtschaft.

Diese wichtigen Tatsachen verhüllten uns teilweise die politischen Spannungen in der Welt, obgleich ideologische Strömungen auch bei uns immer ungestümer einschlugen. Einige meiner Schulkameraden lasen den „Promień“ [Strahl], andere die „Teka“ [Tasche]. Die einen nannte man Sozialisten, die anderen Nationaldemokraten. Patriotische Feiern hatten neben dem offiziellen Teil auch einen inoffiziellen. Die Masse der Gymnasiasten (in Galizien hatte niemand von „Gymnasisten“ aus dem Königreich gehört, und wenn doch, so hat er mit den Achseln gezuckt) zog vor die Stadt, zur Pulverfabrik. Dort deklamierte einer aus der siebenten Klasse bei Fackelschein – die Sache lief stets abends ab – Mickiewiczs Supplikationen: „Erlöse uns, Herr, von der russischen, preußischen, österreichischen Gefangenschaft!“ Unweit davon stand der Gendarm, der tat, als hörte er nichts. Ich konnte das nicht verstehen, wußte ich doch, daß die Eltern allesamt loyale Österreicher waren. Warum gefiel ihnen der patriotische Aufruhr ihrer Söhne? Sie fühlten sich durch goldene Kragen und Orden geehrt, aber einmal im Jahr wurden sie von ihren Söhnen daran erinnert, daß sie sich in österreichischer Gefangenschaft befanden. Władek Korczak, der Sohn des Kommissars der Starostei, ein sehr

* Felicja Steinhaus.

netter Junge, wiederholte mir einmal die Worte seines Vaters: „Polen gibt mir nichts, ich lebe von dem Gehalt, das mir Österreich zahlt!" Der Sohn zitierte diese Worte mit Anerkennung. Und der Starost, Graf Władysław Michałowski, sagte in meiner Anwesenheit: „Polen! Da sei Gott davor! Das wäre doch wohl Chauvinismus!" Korczak schickte bald darauf seinen Sohn zur militärischen Realschule nach St. Pölten. Nach Schulabschluß wurde Władek der Rang eines Kadetten verliehen. Er blieb im österreichischen aktiven Militärdienst, im Jahre 1918 wechselte er zur polnischen Armee über.

Es kam die Zeit, daß man daran denken mußte, was man werden wollte. Vater wollte am liebsten, daß ich Ingenieur werde. Meine Schulkameraden dachten überwiegend an Rechtswissenschaft. Da führte der Weg zum Gericht, in eine Anwaltskanzlei, in die Verwaltung, zur Staatsanwaltschaft, zum Finanzamt oder in ein Ministerium. Es war dies ein in der Hinsicht angenehmes Studium, daß man nicht in der Universitätsstadt wohnen mußte; man saß irgendwo in der Provinz und verdiente als Schreiber bei einem Rechtsanwalt oder Notar monatlich 50 Kronen, und der Pedell in Lemberg oder Krakau legte (für eine Krone) den Index dem Professor zur Unterschrift, der sog. Frequentation, vor. Einmal im Jahr fuhr man zur Prüfung, überwiegend bestand man sie beim zweiten oder dritten Mal, bis man am Ende das Absolutorium erlangte. Ein solcher „qualifizierter Jurist" war eine nicht unbedeutende Persönlichkeit: Man hielt ihn für eine großartige Partie zum Heiraten, er gehörte zur Gesellschaft und überhaupt: „die Welt stand ihm offen". Die Begabteren nutzten das in der Weise, daß sie nach Beendigung des Gerichtspraktikums zum Advokatspraktikum überwechselten und sich „Konzipienten" nannten. Nach erfolgreicher Prüfung als Rechtsanwalt hatten sie alle Chancen, daß ihnen das Schild „N. N. Advokat" an der Wohnungstür dreifach höhere Einnahmen bringt als das Gehalt eines Kommissars in der Starostei oder eines Gymnasiallehrers. Nach Durcharbeitung einiger tausend Seiten römischen, kanonischen, österreichischen, Zivil- und Strafrechts hatten diese Jugendlichen für das ganze Leben jegliche Lust auf irgendwelche Lektüre verloren. Diese Art Erziehung brachte spezielle Typen hervor, die im Autor von „Die Hochzeiten des Herrn Ciompalanka" ihren Propagandisten fanden. Es war dies Adolf Neuwert-Nowaczyński, dessen Affenspiegel mit unerbittlicher Satire alles und alle, beginnend mit dem ultrakonservativen

Grafen Stanisław Tarnowski und endend mit den galizischen Askulanten*, Kommissaren, kaiserlichen Räten, Kanzleischreibern und Kanzleidienern verzerrt wiedergab. Von diesen letzteren, d. h. von den Schreibern und Kanzleidienern, trennte unsere Jugendlichen ein Abgrund, denn sie hatten in den Büros der Starostei und des Gerichts nicht nur gelernt, wie man ein Blatt doppelt legt und auf ihm schreibt: p. u., exh, videat exp., reproducatur usw., sondern sie kannten auch die Geheimnisse, von denen ihre Autorität in der Zukunft abhängen wird. Solche Klugheiten wie: *nemo index in causa sua, neminem laedo, dum ius meum quaero, lex posterior derogat priori, pater est, quem nuptiae demonstrant* und hundert weitere wurden bei jeder Gelegenheit benutzt, und die bäuerlichen und jüdischen Klienten hatten bei jeder Gerichtsverhandlung ihr Theater mit der Eloquenz dieser gelehrten Herren, die sich um eine bäuerliche Grenze mit für die „Parteien" unverständlichen Worten stritten. Für eine solche würdige Vorstellung zahlten diese gern und reichlich. Ausgezeichnete Provinzadvokaten hatten zehnmal höhere Einkommen, als es das Gehalt eines Richters war. Zu solchen Rechtsanwälten der ersten Gilde zählte man im Jahre 1905 vier, unter ihnen auch meinen Onkel Ignacy.

Der Onkel kam fast jeden Abend zu einer Plauderei „zum Ring", also zu meinem Vater. Es lohnte sich, diese zwei so unterschiedlichen Brüder zu beobachten. Vater war voller Humor, liebte das Leben, sein Haus und seine Familie, gutes Essen und einen guten Trank, Geselligkeit, seine Felder und den Garten, seine Ziegelei und die Pferde im Stall. Er wußte, daß Habsucht und Ehrgeiz, übertriebene Geschäftigkeit und Snobismus in gleicher Weise das Glücklichsein behindern wie Faulenzerei, Verschwendung, Tölpelei und das sich Abgeben mit Jedermann. Er erfreute sich lieber am schönen Tag, einem gelungenen Bau, einem schönen Apfelbaum im Garten als am hohen Kontostand auf der Bank. Der Onkel war ein vollkommen anderer Typ. Ihn zog der Ehrgeiz in die großen Städte, wo über Krieg und Frieden entschieden wird, wo eine wohlüberlegte Transaktion Hunderttausende bringt und wo man mit einflußreichen, hochrangigen Menschen zusammenkommt. Vater hatte seinen Bruder gern, aber seiner Begeisterung für die große Welt begegnete er mit einem Lächeln. Der Onkel konnte gut reden, hatte logische Argumente und besaß eine suggestive Beredsamkeit. Die Welt hatte für ihn einen anderen

* Niedere Gerichtsangestellte in Galizien.

Aspekt als für den Vater. Für ihn hatte der Begriff „Haus" den Inhalt: Hypothek, Summe der Mieteinnahmen, Vertrag über Kauf und Verkauf. Für den Vater bestand das „Haus" aus Fundamenten und Mauern, aus dem Dachverbund und aus den Menschen, die in seinen Zimmern wohnen. Vater war ein Kenner der Menschen ebenso wie des Weines. Ich erinnere mich, wie Vater vom Onkel zum gemeinsamen Kauf eines Vorwerks aufgefordert wurde. Vater beschloß, das Objekt erst einmal zu besichtigen. Er fuhr los, erreichte den Ort jedoch nicht und trat vom Kauf zurück. Die Straße war so schlecht, daß er wieder umkehrte: „Wenn es keine menschliche Zufahrt gibt, ist das Vorwerk zum Teufel wert!" Aber für den Onkel galten als Besitz das Bankkonto und Wertpapiere. Wenn er nur einen reellen Gegenstand hatte, reizte es ihn, die Sache zu verkaufen.

Selbstverständlich war eine solche Verschiedenartigkeit der Brüder sehr hilfreich bei gemeinsamen Interessen, und deshalb unternahmen sie größere Sachen gewöhnlich gemeinsam. Wenn es zum Beispiel um den Kauf von Grundbesitz ging, besichtigte Vater das Objekt und schätzte es ab. Der Onkel aber prüfte die Hypothek und setzte den Vertrag auf. Die Genossenschaft mit dem Namen „Kreditgesellschaft" gründeten sie gemeinsam. Der Onkel wurde Vorsitzender des Aufsichtsrates und Vater Direktor. Diese Genossenschaft überdauerte mehrere Jahrzehnte und wurde erst nach dem Tode der Brüder aufgelöst. Durch seine ständigen Fahrten nach Krakau, Wien und Lemberg verlor der Onkel Nerven und Gesundheit. Manchmal sprach er unbewußt zum Vater wie mit den Worten des Wucherers aus Horaz' „Ode": „ Wie glücklich du doch bist, daß du im eigenen Hause wohnst und nicht im Hotel, daß du im eigenen Bett schläfst und nicht im Schlafwagen, daß du aus eigener Küche ißt und nicht in einem Restaurant!" Aber schon nach einer Woche Aufenthalt in Jasło wurde er von Unruhe ergriffen, daß dort, in Lemberg oder Wien, große Dinge geschehen ohne ihn ... Und wieder fuhr er ab, und wieder ruinierte er sich den Magen und kehrte zurück ... Er redete dem Vater zu, nach Lemberg umzuziehen, wo man ihm die Direktion einer der größeren Banken anbot. Vater antwortete dem Bruder, daß er es vorzieht, in Jasło der Erste zu sein als in Lemberg der Zehnte.

Die Jahre vergingen. Dinge, die ich als Kind gesehen hatte, erschienen mir, als ich das fünfzehnte und sechzehnte Lebensjahr erreichte, anders. Meine Begeisterung für die österreichische Armee ging stark zurück. Einen großen

Anteil daran hatte mein Großvater von Mutters Seite, der ein überzeugter Anhänger des Pazifismus war. Ich begann mich dafür zu interessieren, was in den Zeitungen stand. Die Kreditgesellschaft abonnierte die Krakauer „Neue Reform“ und die Wiener „Neue Freie Presse“. Beide Zeitungen brachte Vater nachmittags immer aus dem Büro mit nach Hause.

In der Wiener Zeitung waren ganze Spalten mit der Affäre Dreyfus gefüllt. Das liberale Organ der österreichischen Juden, die „Neue Freie Presse“ buk an diesem Feuer drei Braten. Erstens wirkte die Zeitung zum Nutzen des Subventionen zahlenden Deutschlands, dem daran gelegen war, die öffentliche Meinung in Frankreich, die in Anhänger und Gegner des Dreyfus gespalten war, zu schüren. (In welchem Grade hier ein günstiger Zufall *pour le roi de Prusse* wirkte, zeigte sich im Zweiten Weltkrieg, denn gerade aus den nationalistisch-antisemitischen Kreisen ging die Vichy-Clique hervor, die dem Okkupanten von 1940 bis 1944 zu Diensten war. Und weiterhin schwächte diese Spaltung der öffentlichen Meinung Frankreich politisch und militärisch in einer Weise, daß die Niederlage von 1940 möglich wurde.)

M. Benedikt, der Redakteur der „Neuen Freien Presse“ erweiterte damit das Verbreitungsgebiet seiner Zeitung, denn jeder Jude, der deutsch konnte, wollte etwas über das Schicksal des unschuldigen französischen Hauptmanns* lesen, der durch eine Intrige des Grafen Esterhazy, eines Kollegen dieses Hauptmanns im Generalstab, als deutscher Spion zur Deportation auf die Teufelsinsel verurteilt worden war. Jeder wollte das Buch „J'accuse!“ von Emile Zola, dem großen Schriftsteller, der sich für den unschuldigen Juden einsetzte, lesen und wollte in der Wiener Zeitung auch die Aussagen von Piquart, Paty du Clam und anderen Offizieren lesen, die darauf hinwiesen, daß Esterhazy der Spion war ... Den zweiten Braten verspeiste also auch Benedikt. Der dritte Braten war das Interesse der morschen Monarchie, deren Armee und Gerichtswesen auf dem Hintergrund der Korruption in der französischen Armee und ihrer Gerichte mit weißer Weste davon kamen. Den Wiener Kreisen lag um so mehr daran, da die k. k. Armee nicht frei war von solchen Spionen, wie Major Redl, oder einem Giftmischer in der Person von Hofrichter, der versuchte, Kollegen zu beseitigen, die ihm den Weg zum Aufstieg im Generalstab versperrten. Aber auch zivile Intriganten wie

* Alfred Dreyfuss.

Friedjung, der Entdecker einer nicht existierenden Verschwörung in Kroatien, trugen nicht zum Prestige des doppelköpfigen Adlers bei. Aber damals besaß ich noch keinen kritischen Blick, und mein Großvater glaubte an das, was er in der „Neuen Freien Presse" gelesen hatte. In Besonderheit begeisterte er sich für die Baronin Suttner und ihr pazifistisches Buch „Die Waffen nieder!" Ich teilte diese Begeisterung nicht.

Der Großvater wohnte in Tarnów, in der Wallstraße 6, hatte melierte Koteletten á la Franz Josef I., trug gern einen Zylinder, ging mit einem Stock mit weißem Knauf und ging gern, wenn ich ihn begleitete, in den Strzelecki-Garten. Das war tatsächlich ein herrlicher Park. Ich hatte großen Gefallen daran, daß es dort eine komplizierte Sonnenuhr inmitten einer Rabatte gab. Auf dem Schreibtisch des Großvaters lagen hölzerne Druckstöcke für das Drucken von Zeichnungen, die Querschnitte eines nach eigenen Ideen entwickelten ringförmigen Ziegelbrennofens darstellten. Die Erfindung bestand darin, daß die heißen Verbrennungsgase der einen Kammer die Ziegel in der nächsten vortrockneten und erst dann über den Schornstein entwichen. Da lagen auch Modelle von Dachziegeln mit speziellen Falzen. Der Großvater verlor eine große Summe Geldes in einem Prozeß gegen Fürst Sangusko um die Bezahlung für eine Ziegelei, die er für den Fürsten gebaut hatte. Als er den Prozeß verloren hatte, lebte er als Vertreter für Oppelner Portlandzement. Seine Familie stammte aus Oświęcim, dahin war sie aus Piotrków und nach Piotrków aus Danzig gelangt. Sie wohnte also schon vor den Teilungen in Polen. (Die Familie meines Vaters zog erst anfangs des 19. Jahrhunderts von Ungarn nach Galizien).

Der Tarnower Großvater bemühte sich, mir die Armee und den Militarismus zu verleiden, denn er wollte nicht, daß ich die Offizierslaufbahn einschlage. Er erzählte mir, daß er in der Jugend die Absicht hatte, Wissenschaftler zu werden. Und tatsächlich studierte er in jungen Jahren Hebräisch und Latein, mußte das Studium aber wegen Geldmangels aufgeben. Er war ein Mensch mit einem Taubenherzen. In ihm war nicht ein Tropfen Gift oder Haß. Er war ehrlich und konnte sich nicht streiten. Das ganze Leben lang hatte er am Körper keinen Makel, keinen Ausschlag, keine Verletzung und wurde 83 Jahre alt. Ich erinnere mich, wie er mir nahelegte, vor dem Morgengrauen aufzustehen, um in der Abgeschiedenheit und Stille Zeuge des Erwachens der Vögel zu sein, die zuerst zaghaft ihre Stimmen probieren, um dann mit zunehmender Helle beim Sonnenaufgang in eine großartige Sinfonie der Freude überzugehen.

Die Befürchtung des Großvaters war unnötig, denn schon im Gymnasium fällte ich die Entscheidung über meine Zukunft. Vater wünschte, daß ich ein Ingenieur würde, jedoch ohne jeglichen Druck. Er sah, wie gern ich die Bücher von Jules Verne las und wie mich technische Erfindungen interessierten. Eigentlich war unsere Hausbücherei recht ärmlich, und das Lesen war dem Zufall überlassen. Es gab da wohl die bedeutende „Literatura powszechna" [Allgemeine Literatur] von Szujski, leider aber nur den ersten Band (Antike), den ich mit Begeisterung mehrmals durchlas. Unter Vaters Bekannten war ein junger Ingenieur, Ludwik Silbermann, der seinen Titel am Politechnikum erworben, aber auch ein Studium der Mathematik an der philosophischen Fakultät der Universität absolviert hatte. Bei der ersten Gelegenheit fragte ich ihn, wo man mehr von der Mathematik erlernen könnte. Seine Antwort war: an der Universität. Von diesem Augenblick an war für mich die Entscheidung gefallen.

Es gab nicht viele Gelegenheiten, sich selbständig in Mathematik zu bilden. Einmal gelang es mir, Dziwińskis Werk „Wykłady matematyki" [Mathematische Vorlesungen] zu bekommen, das er für Studenten des Politechnikums herausgegeben hatte. Das dicke Buch imponierte mir unerhört, aber bei der Reichhaltigkeit des Materials wußte ich nicht, wo beginnen. Sehr viel später erfuhr ich, daß die Anordnung der Kapitel dem Namen des Autors entsprach. Der Onkel hatte damals den Konzipienten Dr. T. Warchałowski, der sich für unterschiedliche Sachen interessierte. Er lieh mir ein kleines Buch von Bendt über Differential- und Integralrechnung. Ich versuchte das zu lesen, und wirklich begann ich etwas zu verstehen. Dann gelangte die Analysis von Burg, einem Wiener Professor aus der Mitte des 19. Jahrhunderts, in meine Hände. Dort fand ich die Taylorschen Reihen, die mich ungemein überraschten. Eine Anleitung hatte ich nicht, es gab niemanden, der mich hätte auf gute Bücher hinweisen können. Vielleicht war das auch gut so, denn wenn ich mich zu früh nur mit der Mathematik beschäftigt hätte, wären wohl die übrigen Fächer vernachlässigt worden.

Es nahte das Abitur. Das war noch ein vollständiges Abitur mit schriftlichen Prüfungen in Mathematik, Polnisch, Deutsch, Latein und mündlichen in denselben Fächern und dazu Geschichte und Griechisch. Man konnte auf der Grundlage ausgezeichneter Beurteilungen des vorhergehenden Jahres von einigen mündlichen Prüfungen befreit werden. So wurde ich in Mathematik, Physik und Geschichte befreit. Im letzten, d. h. achten Schuljahr am Gymnasium, hatte ich viel Beschäftigung, rechnete also gar nicht mit dieser Befreiung und entwarf mir schon einen Plan für den Fall eines schlechten Abiturs. Für eigenen Bedarf las ich die „Geschichte der Philosophie" von Schwegler in einer Reclam-Ausgabe, und darüber hinaus lernte ich Englisch. Meine Lehrerin war eine ältere Engländerin, Miss Hughes, die wie eine Hexe aus dem Märchen aussah. Sie war ein halbes Jahr bei uns und reiste dann nach Ungarn. Weil sie dabei in Nowy Zagórz umsteigen mußte, fuhr sie erst einmal zur Probe in diese Stadt, um dort an Ort und Stelle den weiteren Fahrplan zu studieren. Da war sie schnell von einer Menge Menschen umgeben, die nie eine Hexe gesehen hatten und dazu noch eine, die englisch sprach! Sie flüchtete in einen Laden, und unter dem Schutz der Polizei floh sie dann durch die Hintertür zum Bahnhof. Ich lernte bei ihr nach eigener Methode. Schon vorher hatte mir mein Cousin Dyk einige Lektionen nach der Berlitzschen Methode erteilt. Ich las irgendeinen Text, sie korrigierte die Aussprache und erklärte mir in Englisch unverstandene Wörter. Eine solche Methode verlangt große Anstrengung von Seiten des Schülers, führt aber am schnellsten zum Ziel. Dieses Ziel bestand bei mir darin, englische Bücher lesen zu können.

Die Berlitzsche Methode, die darauf beruht, daß Kinder ihre Muttersprache lernen, indem ihnen Gegenstände gezeigt werden bei gleichzeitiger Benennung, führt nicht sehr weit, denn es ist nicht nur schwierig, die entsprechenden Gegenstände oder wenigstens Bilder von diesen bei der Hand zu haben, auch der Weg zu Abstrakta ist bei dieser Methode zu langwierig. Wenn es nur um die Verständigung im Zug, im Hotel oder in der Gaststätte geht, ist die Befürchtung einfacher Menschen, daß die Unkenntnis der Fremdsprache zu irgendwelchen Schwierigkeiten führt, ein Vorurteil. Soviel, wie man braucht, um vor Hunger oder Durst nicht zugrunde zu gehen, kann man an einem Tage erlernen.

Manchmal ist es sogar gut, die Sprache nicht zu kennen. Das stellte ich unbeabsichtigt viel später an einem sehr heißen Tag in Florenz fest. Auf dem Platz, auf dem der marmorne David von Michelangelo steht, trafen ich und meine Frau eine alte Frau in Begleitung einer weiteren, wahrscheinlich ihrer

Tochter. Sie hatten frische Feigen, so daß ich sie ansprach, um den ganzen Korb zu kaufen. Ich nannte die Frucht auf Polnisch: figi. Beide begannen daraufhin schallend zu lachen, überließen uns die Früchte und flüchteten, ohne von uns Geld zu nehmen. Später erfuhren wir, daß ich etwas sehr Anstößiges gesagt hatte.

In diesen Jahren, ich kehre zu den letzten Jahren meiner Gymnasialzeit zurück, brach der russisch-japanische Krieg um Korea und die Mandschurei aus. Das war eine außergewöhnliche Sensation. Ich erinnere mich an die ersten Meldungen über die Versenkung der russischen Panzerkreuzer „Zarewitsch" und „Retwisan"* vor Tschemulpo. Wir standen selbstverständlich alle auf der Seite Japans. Gerade damals besuchte uns Onkel Marceli Frydman mit seinem Sohn Richard, der sich zur Armee gemeldet hatte. Richard betrachtete die Sache vom Wiener Standpunkt derjenigen Kreise aus, die die Situation realistischer erklärten: Er sagte voraus, daß der russische Koloß mit Leichtigkeit den japanischen Zwerg zermalmt und in Tokio einen Generalgouverneur an die Stelle des Mikados setzt. Aber in Jasło und ganz Galizien kam Japan in Mode: die neuesten Manschettenknöpfe nannten sich *Japanische*, Kragen waren von der Marke „Banzai", Lackarbeiten waren gesucht, und das mit den Augen von Lafcadio Hearn oder Wacław Sieroszewski gesehene Japan präsentierte sich als Vaterland mutiger Soldaten, der Samurais, die die Ehre über das Leben stellten, der Geishas à la Madame Butterfly, die in ihren Kimonos in Bambuspalästen inmitten von ununterbrochen blühenden Kirschgärten spielten. Daß schon damals dort im Fernen Osten ein neues Preußen im Entstehen war, daß deutsche Offiziere Potsdamer Drill in die Kasernen von Kobe und Nagasaki trugen, daß den Rittern und Geishas der Duft von Fabrikqualm lieber war als das Aroma der Kirschblüten, das wußten weder mein Neffe Richard noch sein Vater, auf dessen Schreibtisch anstelle statistischer Berichte die Oden von Horaz im lateinischen Original lagen.

Für unsere polnische Sache war der Krieg mit Japan willkommen, und die Meldungen in den uns zugänglichen Zeitungen berichteten immer häufiger von Streiks und Unruhen im Königreich und im eigentlichen Rußland. Unmittelbarer Kontakt bestand nicht. Einmal traf ich einen Deserteur. Um der

---

* Tatsächlich wurden diese Schiffe in der Schlacht bei Cushima versenkt. Bei Tshemulpo dagegen wurden der leichte Kreuzer „Wariag" und der Minenleger „Korejez" versenkt.

Einberufung zu entgehen, war er aus dem Königreich nach Galizien geflohen und befand sich nun in Jasło. Es war Frühling, die Wisłoka führte Hochwasser, und Tischlermeister Juryś sollte ein Floß nach Kłodawa führen. Wir hatten beschlossen, an diesem Ereignis teilzunehmen, neben Juryś noch Stanisław Adamski, Ludwik Oberländer, Jan Węgrzyński und ich. Es wurde ein Fäßchen Bier gekauft, und dann nahm man auf dem Floß Platz. Juryś hielt unseren Deserteur für einen Helfer. Ich fragte ihn, weshalb er geflohen sei. – Weil der Russe verrückt geworden ist und Menschen in den Tod schickt, war die Antwort.

Es war schon nach dem Abitur, das am 5. Mai 1905 zu Ende war, also war es in der Zeit der längsten, fünfmonatigen großen Ferien. Es gab nichts, womit man sie ausfüllen konnte. Daher war ich auch dem Arzt Józef Kadyj ungemein dankbar, als er mir den Vorschlag machte, mich zu einem mehrtägigen Ausflug in die Hohe Tatra mitzunehmen, den sein Bruder Henryk, Professor für Anatomie, organisierte. Damals sah ich die Hohe Tatra zum ersten Mal. Wir gingen über den Goryczkapaß, dann das Stille Tal entlang um den Kriwan herum bis nach Podbánsko, wo wir übernachteten. Wenn man angestrengt durch den Hochwald, dann über die Almen, am Ende durch das Knieholz wandert, um plötzlich auf dem Kamm einen anderen Wind zu spüren, das von der Sonne erhitzte üppige Gras auf den südlichen Hängen und die fern im hellblauen Dunst flimmernde ungarische Ebene zu erblicken, vor der der Kriwan wie ein ausgestreckter Löwe liegend Wache hält, um dem leisen Rauschen von Millionen Fichten im Stillen Tal zu lauschen ... also, wenn man auf diese Art wandert, muß man schon zu einem erbitterten Gegner von Seilbahnen werden. Unsere Wandergruppe bestand aus dem Professor, seiner Frau und drei Kindern des Doktors, dem Bergführer und mir. Die älteste Tochter des Professors war eine der ersten Studentinnen der Universität von Lemberg. Sie war sprachlich sehr begabt. Von Podbánsko aus gingen wir zum Štrbsker See. In der hübschen Gaststätte, in der eine Zigeunerkapelle spielte, blickten die Kellner schief auf unsere Bergschuhe und schweren Rucksäcke. Auf der ungarischen Seite waren die Urlaubsorte in westeuropäischem Stil, polnische Touristen betrachtete man dort als Wilde. Darunter verbarg sich auch die Abneigung gegenüber den slawischen Nachbarn, die sich mit den slowakischen Goralen leichter verständigten als die ungarischen Herren. Es waren da auch viele Juden aus Budapest, die magyarischer auftraten als die Magyaren selbst. Die Geschichte hat bewiesen, daß sich 30 Jahre später weder die Magyaren gegenüber den Juden noch die Slowaken gegenüber den Polen revanchiert haben und daß die polnisch-ungarische Freundschaft eine reine Einbildung war. Aber damals gab es noch nicht die großen Kriege ...

Der einzige internationale Streit betraf das Morskie Oko. Aus einem privaten Grenzkonflikt zwischen dem Fürsten von Hohenlohe und dem Grafen Zamoyski entwickelte sich ein öffentlich-rechtlicher und sogar ein internationaler Streit, denn die polnische Seite berief sich auf Lehensgaben der polnischen Könige und die ungarische auf die der ihrigen, so daß entschieden werden mußte, wie der Verlauf der polnisch-ungarischen Grenze vor den polnischen Teilungen gewesen war. Weil Maria Theresia bei der Einnahme Galiziens dieses dem Cislatwien einverleibte, bezog sich der Streit auf die Grenze zwischen der österreichischen und ungarischen Hälfte der Doppelmonarchie. Weder ein österreichisches noch ein ungarisches Gericht besaß hier die erforderliche Kompetenz. Auf diese Weise hatte sich aus Schlägereien zwischen polnischen Goralen und deutschen Waldhütern des Grafen Hohenlohe eine internationale Affäre entwickelt. Kaiser Franz Josef I. berief eine Sonderkommission, in die die österreichische Regierung über die galizische Landesabteilung ihre Anwälte delegierte, die ungarische Regierung aber direkt. Beide Delegationen zusammen wählten einen schweizerischen Historiker* zum Vorsitzenden des internationalen Schiedsgerichts in Graz. Anwalt der polnischen (formell: österreichischen) Forderungen war Professor Oswald Balzer aus Lemberg. Balzer errang einen kompletten Sieg, da er das Tribunal davon überzeugte, daß die Ungarn den lateinischen Text des entscheidenden Dokuments falsch interpretierten. Auf diese Weise fiel das Morskie Oko an Polen und gehört ihm auch bis zum heutigen Tag.

---

* J. Winkler.

IM HAUPTSTÄDTISCHEN LEMBERG

Die Ferien waren lang und verliefen unter dem Zeichen der Vorbereitung des aus Jasło stammenden *bean** in den Rang eines Studenten, den man im damaligen Galizien überschwenglich *Akademiker* nannte. Einige Wochen verbrachte ich allein in Rabka zum Zwecke der Erholung und zum Erlernen der Elemente der darstellenden Geometrie. Ich wollte die gleiche Stufe wie die Absolventen der Realgymnasien erreichen, die dieses Fach als Pflichtfach in der Schule hatten. Mein um ein Jahr älterer Cousin Dyk war schon Student der Rechtswissenschaft in Lemberg. Seine Mutter war aus diesem Grunde nach Lemberg umgezogen, aber die Ferien hatte Dyk trotzdem in Jasło verbracht. Der Übergang vom Gymnasium zur Universität erforderte einen Zivilanzug und das Ablegen der Uniform. Mein Cousin ergriff die Initiative, indem er mir die Firma Heilmann und Cohn empfahl, die mir einen kompletten dunkelblauen Anzug ohne vorheriges Maßnehmen lieferte und ihn mir aus Lemberg zustellte. Damit konnte ich mich in der galizischen Hauptstadt sehen lassen und bekam dort auch eine Unterkunft, denn Dyks Mutter mietete eine Wohnung in der Taubenstraße Nr. 10 in Łyczaków und gab ihr Einverständnis für mich als Untermieter „mit Kost und Bedienung". Meine Eltern wiederum schlossen ohne Schwierigkeiten den Vertrag, denn beide mochten die nette Witwe gern.

Dyk imponierte mir als Herzensbrecher. In seinem Haus in Jasło war ein anständiges Dienstmädchen, das einige Jahre später einen Handwerker heiratete. Der Cousin versicherte, daß die Geschichte um den „Myrthenkranz" des Jerzy Żuławski sich mit ihm als Helden abgespielt habe ... Ich glaubte das nicht so recht, aber ich war auch nicht so skeptisch, um zu erkennen, daß wenn sein Vergleich mit dem „Kränzchen" stimmte, dieser gewonnen war... Leichter fiel es mir, einem anderen Freund, dem Sohn eines Dorfschullehrers, zu glauben, der mir berichtete, wie ein Dienstmädchen in ihrem Haus sich tapfer verteidigt hatte, bis er ihr einen Haufen Birnen opferte. So hatte sie den Preis ihrer Tugend festgelegt. Viele ältere Kameraden waren des öfteren im „Roten Wirtshaus" in Ulaszowice im Norden außerhalb der Stadt zu Gast,

* Novize.

und die Atmosphäre dieses Lokals glich eben der, wie sie unwissentlich Zegadłowicz in den „Nachtgespenstern“ [Zmory] beschrieben hat.

Ich schrieb mich in Lemberg an der philosophischen Fakultät für das Studium zweier Fächer ein: Mathematik und spezifische Philosophie (der von den Lemberger Universitätsbürokraten verwendete Jargon nannte dieses Studienfach exakte Philosophie, um es von der die ganze Fakultät betreffenden Philosophie zu unterscheiden). Natürlich schrieb ich in den Index die Vorlesungen von Twardowski ein, wie es fast alle Studenten des ersten Studienjahres an der philosophischen Fakultät taten.

Kazimierz von Skrzypna Twardowski, ein Nachkomme des Magiers, war selbst ein Zauberkünstler. Anders scheint es schwierig, den faszinierenden Einfluß seiner Persönlichkeit zu erklären. Er besaß eine Popularität, um die er sich nicht im geringsten kümmerte. Seine Vorlesungen begannen morgens um acht Uhr, im Sommer um sieben, und die zu spät zur Vorlesung Erscheinenden schalt er *coram publico* [in aller Öffentlichkeit]. In den Seminaren verlangte er Pünktlichkeit und Exaktheit, in den Labors führte er eine fast militärische Disziplin ein, mit einem Wort, er tat alles, wofür man einen anderen Professor gehaßt hätte. Währenddessen drängten sich zu seinen Vorlesungen immer größere Scharen von Philosophen, Juristen, Mathematikern und Humanisten. Er war ein Schüler des österreichischen „Theresianeums“, einer halbmilitärischen Oberschule, an die der österreichische Adel und die höhere Beamtenschaft ihre Kinder schickten. Dann absolvierte er einen Aktuarlehrgang, und am Ende ergab er sich bei Brentano der Philosophie. Er war musikalisch und komponierte auch. Ich hörte seine Musik zu Nietzsches Poem „O Mensch, gib Acht!“ Die klassischen und neuzeitlichen Sprachen kannte er gut, und seine Vorlesungen bereitete er sehr gewissenhaft vor, unter Betonung der Geschichte der Philosophie. Von ihm konnte man viel lernen. Dank seiner erfuhr ich zum Beispiel von Langes Buch „Geschichte des Materialismus“, das ins Polnische übersetzt war. Ihm verdanke ich auch die Lektüre von Schopenhauer, über den er im Kollegium „Wissenschaftsethik“ gesprochen hatte. Ein anderer Philosoph, Professor Mścisław Wartenberg, hatte im Studienjahr 1905/06 Vorlesungen über „Metaphysik“ und „Kants Antinomie“. Ich erinnere mich, wie Wartenberg mit einem Ton, der keinen Widerspruch duldet, rief: „Was wohl würde der Buchstabe t in Newtons Gleichungen der Dynamik bedeuten, wenn es keine absolute Zeit gäbe!“

Ich erfuhr auch von der Existenz Ernst Machs und las seine „Analyse der Empfindungen" und „Populärwissenschaftlichen Vorlesungen". Mach kann als Muster eines Popularisierers gelten, der nicht in die Vulgarität abgleitet. Diese Gattung hatte herrliche Vertreter, vor allem Henri Poincaré und in Polen Julian Ochorowicz, aber gegenwärtig ist diese bei uns fast gänzlich erloschen. Vorlesungen in Mathematik hielt bei uns Julian Puzyna. Er war ein Schüler von Fuchs in Berlin. Es ist bedauerlich, daß er nicht früher studiert hat, als Weierstrass in Berlin war. Fürst Puzyna war ein Enthusiast der Mathematik. In diesem Zeitraum hatten bei uns die Mathematiker ein trauriges Ende. Tragisch verlief das Leben von Trzaska Kretkowski, Rajewski und Kępiński. Dagegen konnte sich Lemberg eines exzellenten Physikers rühmen, Marian Smoluchowski, den Twardowski als Schulkameraden des Theresianeums aus Wien nach Lemberg gelockt hatte. Die Gesellschaftswissenschaften waren in großer Mode, daher besuchte auch ich das Seminar von Stanisław Grabski zur Methodologie der Gesellschaftswissenschaften. Ich muß sagen, daß ich kein Wort verstand und Ostap Ortwin bewunderte, der im Seminar gelehrte Diskussionen mit dem Professor führte. Ich beschloß, mich mit Soziologie zu beschäftigen und lieh mir in der Universitätsbibliothek Emile Durkheims „Division du Travail" aus. Aber das half nichts. Ich konnte nicht verstehen, warum Durkheim die Bräuche der polynesischen Völker in der Ehe als bedeutsam für die Soziologie beschreibt, ihre Kriegsbräuche dagegen nicht. Kurz gesagt, meine soziologischen Fähigkeiten erwiesen sich als gleich Null.

In diesem meinem ersten Studienjahr büffelte ich furchtbar, ich hatte schließlich nichts Besseres zu tun. Ich spielte keine Karten (eine leichte Sucht nach Tarock durchlebte ich in der 6. Klasse des Gymnasiums), Alkohol mochte ich nicht, in Bezug auf Tanzen hatte ich die Maxime *nemo saltat sabrius nisi forte insanit**. Mein Cousin Dyk war da von anderem Schlag. Er liebte die Geselligkeit und war ein großer Vortänzer. Sogar bei uns zu Hause in Jasło traten Tanzgruppen auf. Einmal im Jahr traf sich die Tanzschule „Karolina Witkay und Sohn". Ich schaute gern zu, wie andere tanzten. Auch in Lemberg war ich bei Vergnügungen und Bällen ein passiver Zuschauer. Der unvergleichliche Mazurkatänzer Stanisław Adamski und mein Cousin besuchten mich manch-

* (lat.) Einer der nüchtern ist, tanzt nicht, es sei denn, er ist geisteskrank.

mal nach einer durchtanzten Nacht um sieben Uhr morgens und gingen dann zur Wisłoka zum Baden.

In Lemberg lernte ich politisierende Jugendliche kennen. Alle waren durch den Kampf zweier gegensätzlicher Strömungen erhitzt. Mein Neffe gehörte dem Vorstand von „Życie“ [Leben] an und war von seiner Rolle sehr eingenommen. Mir fiel es niemals ein, zu einer abendlichen Versammlung dieser fortschrittlichen studentischen Vereinigung zu gehen. Dort trat Andrzej Niemojewski, Autor der „Legenden“, die der Staatsanwalt konfisziert hatte*, in Vorträgen auf. Niemojewski popularisierte bei uns die Forschungen zur Heiligen Schrift und wurde daher von der Geistlichkeit wütend bekämpft. Das machte ihn in den Augen der Anhänger des Fortschritts beim „Życie“ zur *persona non grata*. Bekanntlich wurde Niemojewski nach dem 1. Weltkrieg Führer der geistigen Antisemiten.

„Życie“ wurde von den Brüdern Downarowicz geleitet. Das entgegengesetzte Lager, das auf Domowski und Balicki schaute, entsandte manchmal seine hellen Köpfe zu den Grundsatzdiskussionen ins „Życie“, die bis in die späten Nachtstunden dauerten und am nächsten Morgen von der grauen Masse der gewöhnlichen Akademiker kommentiert wurden. Ich fand unter den Kommilitonen Anarchisten und Sanskritforscher, ewige Studenten und Kartenspieler, die vom Ferbelspiel im Zentralcafé lebten, Habenichtse, die ihr Leben mit 30 Kronen im Monat bestritten, Studenten der Rechtswissenschaft, die für ein paar hundert Kronen einige tausend Seiten römischen, kanonischen und österreichischen Rechts in die Köpfe von reicheren, aber weniger begabten Jugendlichen hämmerten. Ich lernte andere kennen, die Armreifen trugen, „bahdzo“ an Stelle von „bardzo“ sprachen und angaben, sie hätten Tabes**. (Diese Manieren betrachteten sie als geeignete Empfehlung zu einer Karriere in der k. k. Statthalterschaft), Redner, die am 1. Mai von mit rotem Tuch geschmückten Tribünen zu den Massen sprachen, und Dekadente, die von Sonnenuntergang bis Sonnenaufgang im „Kristallcafé“ in der Mikolasch-Passage saßen.

Lemberg war interessant. Da waren viele schöne Frauen, auch unter den Kommilitoninnen. Mein Cousin brachte einmal einen Stoß hektographierter

---

* Die kirchlichen Behörden forderten die Konfiszierung, aber nach einer Interpellation von Abgeordneten erschienen die „Legenden“ 1902 als „Konfiszierter Titel“.

** Syphilis.

Hefte mit. Das waren Hefte einer satirischen Zeitschrift, die von der jüdischen gesellschaftlichen Elite herausgegeben wurde, der goldenen Jugend, deren Pamphlete und Travestien von großer Intelligenz und von Witz zeugten. Nach zwanzig Jahren erwies sich die Erfolglosigkeit dieser Kaffeehausblüten, keine von diesen Zeitschriften hob sich über den journalistischen Durchschnitt heraus. Eine Ausnahme bildete Roman Tenner, ein Rechtsanwalt. Er hatte die großartige Idee, die sog. „Kriegsspiele" durch Einführung von Verlosungen zu verbessern, deren Bedingungen den Erfahrungen der Stäbe entsprachen. Er unterließ es, dieses Projekt zu veröffentlichen, und weiß wahrscheinlich bis heute nicht, welche Bedeutung diese Methode in der wissenschaftlichen Spieltheorie erlangte, nachdem sie später anderen Orts wiederentdeckt worden war.

In dieser Zeit erlebte Lemberg ein Baufieber. Ganze Straßenfronten entstanden in einem Zuge, und verschiedene galizische und Wiener Banken bauten vielstöckige Paläste. Dabei erfuhr die Arbeit auf den Baustellen, die durch hoch auf den Gerüsten angebrachte Bogenlampen hell erleuchtet wurden, nicht einmal nachts eine Unterbrechung. An der Karl-Ludwig-Straße entstanden immer neue Läden, deren Schaufenster bis in die späten Nachtstunden hell erleuchtet waren. Die Bürgersteige waren mit Scharen von Spaziergängern gefüllt, von denen wenigstens die Hälfte nicht besonders elegant gekleidete professionelle Straßendirnen waren. Das war damals ein vielstufiger Beruf. Auf der höchsten Stufe befanden sich Damen, die mit Kutschen ins Theater fuhren und dort eigene Logen belegten. Zur Hauptkundschaft der höheren Stufen dieses Milieus gehörten die Offiziere, die in Lemberg in großer Zahl vertreten waren. Sie standen an den Sonntagen in großen Gruppen an der Ecke der Akademiestraße in der Nähe des George-Hotels und schauten den Damen nach, die den Dom nach der Zwölfuhrmesse verließen.

Im Theater stand damals die „Lustige Witwe" auf dem Spielplan, und Helena Miłowska war der hellste Stern am Lemberger Theaterhimmel. Die Einwohner der Stadt schätzten ihre Oper sehr. Mein Cousin Dyk war sehr musikalisch. Er spielte gern die Partituren klassischer Opern, und der italienische Tenor Dianni, der sich in Lemberg akklimatisiert hatte, hatte in Dyks Familie die Stellung einer *persona gratissima*. Im Schauspieltheater spielte man damals Ibsen und Maeterlinck, und von den polnischen Autoren vor allem Żuławskis „Eros und Psyche". Das ist ein Stück, das der Lemberger Elite als der

Gipfel der philosophisch vertieften und modernisierten Romantik erschien. Der in Stein gehauene und unweit der Säule gegenüber dem George-Hotel stehende Mickiewicz wurde als veralteter adliger Schriftsteller angesehen, der lediglich für die Schuljugend als Lesestoff und von Zeit zu Zeit für gymnasiale Abendveranstaltungen geeignet war. Man schwor auf Słowacki, benannte das Theater nach ihm, und der damals junge Dozent Julius Kleiner konnte zu seinen pathetisch und großartig verfaßten Vorlesungen über Słowacki Scharen von Zuhörern (hauptsächlich Zuhörerinnen) begrüßen.

Literatur war überhaupt groß in Mode. Auf diesem Gebiet blühte eine schöpferische Tätigkeit, wie man sie ähnlich noch in der Malerei erkennen konnte, weniger in der Musik und sehr viel schwieriger in den exakten Wissenschaften. In der Architektur und im Kunsthandwerk dagegen herrschte die widerliche Sezession, die über viele Jahre den Blick der intelligenten Allgemeinheit schädigen sollte. Niemand sah den prächtigen lateinischen Dom, die schönen Barockhäuser am Ring, die herrliche Architektur des Klosters und der Kirche der Bernhardiner, das Ensemble der Nikolaikirche mit dem Glockenstuhl und der Mauer, das Renaissance-Archiv hinter der Dominikanerkirche, die wunderschöne Kathedrale St. Georg und den wundersamen armenischen Winkel mit dem Unterwall. Lemberg war fortschrittlich, man freute sich über vielstöckige Wiener Hochhäuser, Stuckfassaden, den neuen Bahnhof (er war damals der größte in der ganzen Monarchie), die elektrische Straßenbahn, die Bogenlampen und die breiten Straßen.

Der Ausdruck „Komfort“ war eine Losung, die mit der Zeit technische Bedeutung erlangte. Man sprach in Lemberg ohne zu stottern von einer „Wohnung mit Halbkomfort“.

Auf jeden Fall konnte ich der Ansicht sein, ich lebe in der Hauptstadt. In Lemberg gab es viele reiche Leute. Am Podolsker Weizen, am Holz aus den Karpaten und am Erdöl aus Drohobycz hat mancher gut verdient. Für dieses Geld wurden in Lemberg Häuser gekauft oder neu gebaut, man verlor es im Pferdekasino, trank Champagner im „Casino de Paris“, hielt sich Equipagen und mietete Logen im Theater. Das alles sah ich als passiver und ferner Zuschauer. Ich nahm an keinem der Empfänge teil, auf denen man im Winter aus Italien importierte Walderdbeeren reichte oder Wachteln von irgendwoher. Ich sah nicht einmal den Cancan, der damals obligatorisch die Krone und das Finale in den Veranstaltungen der goldenen Jugend bildete.

Die Kontinuität des Lernprozesses wurde nicht nur durch die im Lehrprogramm ausgewiesenen Ferien unterbrochen. Von Zeit zu Zeit veranstalteten Weißrussen (die schon damals Ukrainer genannt werden wollten, was ihr vollkommenes Recht war, die aber nicht verstanden, daß durch dieses Recht ein anderes Volk, das in seiner Sprache für sie einen anderen Namen hat, dazu nicht verpflichtet ist, so wie wohl auch die Deutschen von uns nicht verlangen können, daß wir sie in unserer Sprache Deutsche nennen) Demonstrationen, in denen sie eine Vergrößerung der Anzahl russischer Lehrstühle, eine eigene russische Universität, die Einführung der russischen Sprache im Verwaltungsprozeß usw. forderten. Ein Teil der polnischen Jugend reagierte darauf mit Gegendemonstrationen. Bei einem dieser Krawalle besetzten die Weißrussen einen Teil des Gebäudes an der St.-Nikolai-Straße und verbarrikadierten sich mit Bänken. Die Polen besetzten den anderen Teil des Gebäudes und entfesselten regelrechte Kämpfe, um die Eindringlinge zu vertreiben. Dieser Krieg dauerte drei Tage. Man schlug sich mit Stöcken und bombardierte einander mit Brennholzscheiten. Es gab zeitweilige Waffenstillstände, die eine Stunde oder auch länger andauerten, um die Verwundeten versorgen zu können. Während dieser Pausen boten die Gegner einander Zigaretten an und unterhielten sich freundschaftlich. Die sozialistische Jugend, sowohl die polnische als auch die russische, beteiligte sich nicht an diesem Krieg. Die Polizei intervenierte nicht, eine Abteilung unter Führung eines Kommissars ging auf der Plattform gegenüber in Stellung, betrat aber nicht das Gebäude, da der Rektor keine Intervention gefordert hatte. So mußte also die Polizei außerhalb des Universitätsterrains bleiben. Die österreichische Regierung förderte im Grunde die Weißrussen und berücksichtigte einige ihrer Forderungen, konnte in dieser Politik aber nicht zu weit gehen, denn der Kreis der Abgeordneten, der einen wichtigen Teil der Regierungsmehrheit im Parlament darstellte, war zu stark, als daß der damalige Premierminister, Baron Gautsch, seine Autorität ihm gegenüber hätte aufs Spiel setzen können. Man muß wissen, daß es in dieser Zeit an der Universität in Lemberg mehrere russische Lehrstühle gab. Das waren Lehrstühle für russische Sprache, Geschichte und russische Literatur sowie einige Lehrstühle der Rechtswissenschaften.

GÖTTINGEN

Im Frühjahr 1906 kam Stanisław Jolles von Berlin nach Lemberg. Er war Professor für darstellende Geometrie an der Technischen Hochschule Charlottenburg. Anlaß der Reise waren Eigentumsfragen von Frau Jolles, die nahe Lemberg irgendwelche Mühlen besaß. Frau Jolles kannte die Mutter meines Cousins, daher besuchte sie mit ihrem Gatten deren Wohnung in der Taubenstraße Nr. 10. Bei dieser Gelegenheit erfuhr der Professor, daß der Untermieter, also ich, Mathematiker werden möchte. Ohne zu überlegen rief er: „Junger Mann, packen Sie Ihren Koffer und fahren Sie nach Göttingen!"

Als ich nach Abschluß des Studienjahres 1905/1906 nach Jasło kam, nahm mein Vater den kategorischen Imperativ des Herrn Jolles nicht besonders ernst, aber Mutter unterstützte diesen Ratschlag von ganzem Herzen, besonders auch, da sie sah, daß ich Lust verspürte. So zog ich also im Herbst 1906 nach Göttingen um. Ich reiste über Breslau und Berlin, von dort nach Halle und über Einbeck weiter nach Göttingen. Der Zug von Einbeck nach Göttingen war ein Regionalzug und fast leer. Es saßen in ihm nur Studenten in farbigen Mützen und einige einheimische Fahrgäste. Von der Station Bovenden aus konnte ich schon die Landschaft sehen, in der ich nun einige Jahre leben sollte. Da waren niedrige, mit Laubwäldern bewachsene Anhöhen, auf ihrem Hintergrund der Turm der Johanniskirche und rote Dächer, alles in rostigen, bronzenen, braunen und gelben Farben. So ist dort der Boden, so war auch das Herbstlaub und also auch die Dachsteine.

Ich quartierte mich in einem kleinen Hotel in der Judenstraße ein und blickte durch das Fenster auf die stille Straße. Von niemandem behindert spielten dort Kinder mit kegelförmigen, kleinen Kreiseln, die sie mit Peitschen antrieben. Dieses Bild bewirkte, daß ich mich plötzlich weit von zu Hause entfernt fühlte, denn bei uns kannten die Kinder dieses Spiel nicht. Dann fuhr ein Bäckerwagen vorüber, auf dem der Besitzer mit weißer Mütze saß. Die Pferde waren anders angeschirrt als bei uns und waren Kaltblüter. Ich erinnerte mich, daß ich solche Geschirre schon einstmals in den Schaufenstern von Geschäften mit Kinderspielzeug gesehen hatte und machte mir klar, daß solche in Polen verkauften Spielsachen also aus deutschen Fabriken stammten. Diese Entdeckung machte mich unruhig.

Am nächsten Tag begab ich mich ins Gebäude des Rektorats, wo mir der Hausmeister eine Liste verschiedener Pensionen übergab. Ich wählte ein Zimmer mit Beköstigung bei Frau Thomas in der Weender Straße 82 unweit der Universität. Dafür mußte ich insgesamt 80 Mark im Monat zahlen. Das Essen war einfach, aber ausreichend. Noch hatten die Vorlesungen nicht begonnen. So machte ich mich durch das Lesen ihrer Namen im Vorlesungsprogramm mit den Professoren bekannt. Ich stellte mir vor, daß Menschen, die so sonderbare Namen wie Hilbert, Carathéodory, Minkowski und Herglotz tragen, sehr große Wissenschaftler sein müssen. Das stimmte tatsächlich, aber mein Urteil war völlig irrational begründet.

Ich mußte mich an die deutsche Sprache gewöhnen, mußte lernen, daß es unhöflich ist, jemanden ohne Namen anzusprechen. Am Morgen sagt man also „Guten Morgen, Fräulein Thomas!“, und auf der Straße sagt man mittags „Mahlzeit, Herr Lehmann!“ Daß man „Guten Tag“ mit einem „ch“ am Ende des Wortes spricht, war sonderbar, aber wahr. So weit aber reichte mein Konformismus nicht.

Da meine Tante herausgefunden und mir mitgeteilt hatte, daß der Doktor von der Universität Lwow, Antoni Łomnicki, zum Studium in Göttingen weilt, machte ich mich zu ihm auf. Er wohnte mit seiner Frau und der einjährigen Tochter Irena gegenüber dem Auditorium. Das waren aber nicht die einzigen Polen in Göttingen. Hier studierten auch die Brüder Dziewulski: Władysław war Assistent der Astronomie und Wacław, der jüngere, Physikstudent. Astronomie studierte Felicjan Kępiński aus Piotrków, später erschienen Leon Chwistek* aus Krakau (mit Schwester), der Astronom Tadeusz Banachiewicz, Włodzimierz Stożek, Antoni Przeborski, Kazimierz Jantzen, der Aktuar Doerman, Moroński, K. Horowicz, der Mediziner Ryder, der Philosoph Rozenblum, der Jurist Marchlewski, Janaszek, der Physiker Jan Króo, Sokołowski, der Mathematiker Żyliński, Szadurski, der Anthropologe Edward Loth und viele andere. Das waren allerdings nicht die einzigen Ausländer in Göttingen. Hier studierten auch zahlreiche Amerikaner, Engländer, Ungarn, Russen, Japaner und sogar Inder. Der große Anteil der Polen erklärte sich als

* In dieser Zeit hatte Leon Chwistek (1884–1944) bereits sein Studium an der JU in Krakau beendet und das Doktorat erworben. 1916 heiratete er während des Urlaubs vom Legionärsdienst Olga Steinhaus, Hugos Schwester, und erhielt den Lehrstuhl für Logik an der JKU in Lemberg. (R.D.)

Auswirkung des Schulstreiks im Königreich. Im allgemeinen waren die Jugendlichen, die polnischen nicht ausgenommen, wohlhabender als unsere Studenten in Krakau und Lemberg. Die Söhne deutscher Arbeiter und Bauern gelangten nur in Ausnahmefällen zum Abitur. Stipendien gab es wenige. Das Universitätsstudium war ein Privileg der begüterten Schichten.

Befreiung von den Studiengebühren wurde nur in Ausnahmefällen gewährt, und die Beträge waren recht hoch. Den Großteil dieser Gebühren erhielten die Professoren, und für einige von ihnen, besonders diejenigen, deren Vorlesungen für ein großes Auditorium vorgesehen waren, ergaben sich daraus beträchtliche zusätzliche Einkünfte. Übrigens war es in Österreich ähnlich, also auch in Lemberg und Krakau.

Die deutschen Studenten unterschieden sich nach Bunten und Schwarzen. Erstere unterteilten sich wiederum in Korpsstudenten und Burschenschaftler. Die Korpsstudenten bildeten den gesamtdeutschen Bund S. C. (Senioren-Convent). Das war eine konservative Organisation. In ihr gaben die Söhne des Adels den Ton an, und verschiedene Korporationen, wie die Saxonia in Göttingen oder die Borussia in Bonn, nahmen nur Aristokraten auf. Die Burschenschaftler pflegten andere Traditionen. Diese leiteten sich aus der Revolution von 1848 ab, die für das bürgerliche Lager, aus dem sie mehrheitlich stammten, die Gleichberechtigung gebracht hatte. Und eben diese Tradition ertränkten sie im Bier. Das Trinken aus Maßkrügen, das in Gemeinschaft und nach exakt festgelegten Ritualen erfolgte, das Tragen bunter Mützen und Schärpen sowie die „Mensur“, das Fechten ohne Maske, waren die Lebensgrundlagen der bunten Studenten. Von den deutschen Studenten gehörten 10 bis 20 Prozent den Farbigen an und von der Gesamtzahl der Studenten einschließlich Ausländer wohl weniger als zehn Prozent. Auf den Straßen allerdings und in den Kneipen sah man mehr, in den Seminaren und Vorlesungen dagegen weniger von ihnen, als es der Gesamtstatistik entspräche. Bei den studentischen Festlichkeiten, Inaugurationen und auf Banketts spielten die Farbigen die Hauptrolle: In lackierten Schaftstiefeln, mit Degen und verschönt durch Mensurnarben im Gesicht zogen sie die Blicke der Backfische auf sich. Jedes Mädchen wußte genau, welche Farbe zu Hannover, Braunschweig oder Sachsen gehört, manche verstanden es sogar, mit dem richtigen Signum der jeweiligen Korporation oder Burschenschaft zu unterschreiben. Alle Korporationen und einige Burschenschaften besaßen in Göttingen eigene Villen. Viele Studenten nutzten die Möglichkeit, in diesen Villen zu wohnen, wo es dank des Geldes gewisser Philister manchmal sogar ein Klavier und eine Bücherei gab. Ein solches Studentenleben in einem Haus mit herrlichem Garten, im Kreise lieber Freunde, auf Kosten wohlhabender Eltern war wohl zu schön, als daß man sich ernsthaft um den Abschluß des Studiums bemühte. Die Mitgliedschaft in einer Korporation war allerdings kostspielig. In einigen betrug der monatliche Beitrag 400 Mark, das ist so viel, wie ein älterer Beamter mit höherer Bildung verdiente. Dieser Betrag schloß die Kosten für Wohnung und Verpflegung ein, Trinkgelage und verschiedene Ausgaben außer Haus waren darin jedoch nicht enthalten.

Der wichtigste Ort für Veranstaltungen war das Waldgebiet Maria-Spring, das eine Bahnstation von Göttingen entfernt lag. Im Lehrprogramm der Universität waren am Mittwochnachmittag keine Vorlesungen geplant, denn an diesem Tage begaben sich die Studenten und die Backfische zu Veranstaltungen nach Maria-Spring. Im Wald befand sich eine Gaststätte und neben ihr auf gemauerter Grundplatte ein Bretterpodest, rundherum waren Tische und Bänke aufgestellt. Zum Tanzen spielte eine Kapelle, und für jeden Tanz zahlte man 10 Pfennige. Auf den Tischen der deutschen Studenten standen Unmengen leerer Flaschen zum Beweis der Trinkfestigkeit. Die in Maria-Spring erscheinenden Mädchen waren Töchter von Handwerkern und Eisenbahnern, am häufigsten *filiae hospitates*, das heißt, die Töchter der Wirtinnen, bei denen man wohnte. Die Kommilitoninnen an der Universität waren zumeist älter als die männlichen Studenten. Es waren in der Regel Lehrerinnen, die ihre Bildung in Spezialkursen an der Universität vervollkommneten.

In Galizien waren die deutschen Sitten wenig bekannt. Die Menschen in Galizien meinten, Wien sei deutsch, aber in Deutschland, besonders in Hannover, betrachtete man die Österreicher als Ausländer, denn sie pflegten einen völlig anderen Lebensstil. Als ich später in einer anderen Pension wohnte, lernte ich, daß die *filia hospitalis* es als ihre Pflicht betrachtete, dem Studenten den Mantel zu reichen, wenn sie sich nach dem Mittagessen beide im Vorzimmer aufhielten. Wenn es keine Haustochter gab, erfüllte eine Studentin, Kommilitonin, diese Aufgabe. Als eine der Kommilitoninnen erfahren hatte, daß ich mir neue Schuhe gekauft hatte, nahm sie sich diese sogleich vor und schmierte die Sohlen mit Leinöl ein, denn diese Maßnahme sollte ein vorzeitiges Abscheuern verhindern. Die deutschen Frauen und Mädchen (allerdings die Französinnen, Schweizerinnen und Belgierinnen ebenfalls) waren damals auf Sparen eingestellt und konnten Nachlässigkeit und Verschwendung nicht ertragen. Dies erschien ihnen, besonders bei den Ausländern, als etwas, was nach Rache zum Himmel schrie. Das ständige Reinigen und Fegen war weniger die Pflicht der Dienstmädchen als vielmehr der Frauen und ihrer Töchter. Die Töchter der Göttinger Professoren wischten die Treppen in den Villen ihrer Eltern, und nach der Heirat übernahmen sie diese Tätigkeit in der eigenen Wohnung. Das Dienstpersonal hatte weit größere Rechte als bei uns. Das Bohnern der Fußböden durfte ihnen nicht angeordnet werden, und wenn ein Polizist durch das offene Fenster ein Dienstmädchen bei dieser Arbeit sah, notierte er sofort den Namen des Wohnungsinhabers, um ihm ein Bußgeld aufzuerlegen. In der Pension gab es stets kaltes Abendbrot, denn die Dienstmädchen hatten schon ab sieben Uhr abends frei. Beim Spazierengehen nach dieser Uhrzeit durch die Planckstraße sah ich in jeder Villa hinter dem Mansardenfenster Licht. Dort kleideten sich die Zimmermädchen um, jedes in seinem Stübchen, um am Abend für ein paar Stunden auszugehen. Unter diesen Bedingungen beschäftigten nur Pensionen und wohlhabende Leute Dienstpersonal. Die kleinen Bürger und niedrigeren Angestellten kamen ohne Dienstleute aus, im äußersten Fall hatten sie Hausgehilfen, die morgens für ein paar Stunden kamen.

Die Stadt bestand aus zwei Teilen. In der tiefer gelegenen Altstadt gab es einige herrliche alte Kirchen, Geschäftsstraßen, und die geschlossene Bebauung war von Wällen umgeben. Der außerhalb der Wälle liegende Teil bestand aus mehreren Wohngebieten. Da dominierten moderne Villen mit sie umgebenden Gärten. In der Altstadt waren noch zahlreiche Bauten aus dem 16. und 17. Jahrhundert erhalten. Manche hatten herrliche Holzkonstruktionen mit geschnitzten und bemalten Balken. Jedes höhere Stockwerk ragte etwas weiter in die Straße hinein, was auf den Platzmangel in früheren Zeiten zurückzuführen ist, da ja die Stadt auf das innerhalb der Wälle liegende Terrain begrenzt war. Die Wälle waren in Göttingen erhaltengeblieben, aber man hatte sie in eine herrliche, von Bäumen begrenzte Allee verwandelt, die das ganze Stadtzentrum umgab, sich mit dem Garten der Universität und seinen Parkanlagen vereinigte und von oben den Blick in zahlreiche private Gärtchen freigab. Dann zog sich da der Stadtpark hin, an den sich ein Laubwald anschloß und in noch größerer Entfernung ein riesiges

Waldgebiet, durch das man stundenlang wandern konnte. Straßenbahnen und Autobusse gab es in Göttingen nicht, denn die Universität nutzte ihren Einfluß für die Erhaltung von Ruhe und Stille. Abends konnte man durch die duftenden Gärten bummeln und sich bis in die späte Nacht unterhalten, denn Aufseher waren unbekannt, und jeder von uns hatte seinen Torschlüssel.

In unserer polnischen Kolonie war ein gewisser traditioneller Lebensstil entstanden. Abends trafen wir uns bei den Dziewulskis, die am Friedländer Weg an einer sehr schönen Stelle wohnten. Sie führten ihre Hauswirtschaft allein, aßen ihr Abendbrot zu Hause, denn ihr Haus war keine Pension. So oft man zu ihnen kam, gab es Tee und oft etwas zum Knabbern. Sie waren auch die Bankiers der Kolonie, man konnte bei ihnen etwas Geld leihen. Hier trafen sich Polen aus dem Königreich und aus Galizien, aus Litauen und der Ukraine. Das hatte zur Folge, daß wir aus den einzelnen Berichten die in den verschiedenen Landesteilen herrschenden Bedingungen kennenlernten. Wir legten auch die Provinzialismen in der Sprechweise ab. Aus dem Gebiet um Posen waren nur wenige hier. Manche wollten nicht an unseren Treffen teilnehmen, weil die preußische Polizei sie beobachtete. Unter den Posenern ragte Marchlewski, ein junger Jurist, hervor. Mit seiner Intelligenz und Weitsicht unterschied er sich vom typischen Menschen aus diesem Gebiet, der schlecht polnisch sprach, in seinem Verhalten eingedeutscht, aber patriotisch eingestellt war. Aus der Posener Region kam auch Janaszek, ein aus dem Bauernstand stammender, sehr sympathischer Mediziner. Jacobsohn, ein Posener Jude, hielt sich für einen Polen, was dort damals sehr selten vorkam. Sein Urahn war Arzt beim König Sigismund August gewesen und von diesem in den Adelsstand erhoben worden. Jacobsohn schrieb seine Erinnerungen aus dem Feldzug gegen Frankreich im 1. Weltkrieg und gab sie als Buch heraus.

Wenigstens einmal in der Woche gingen wir ins Café „National". Ein ständiger Gast war dort Kazimierz Horowicz, ein Student der Statistik und des Aktuariatswesens. Die Preisliste des Cafés kannte er auswendig, obgleich diese aus mehreren hundert Positionen bestand. Er bewegte sich in amerikanischen und englischen Kreisen und unter den Stammgästen des Cafés „National". Die Schauspielerinnen des Göttinger Theaters waren ihm nicht fremd. Für uns war er der Verbindungsmann zu einer anderen, weiten Welt ...

Die Mehrzahl der Polen erlernte während des Studiums die deutsche Sprache nicht in dem Maße, um frei sprechen zu können. Das Mittagessen wurde gemeinsam am Privatmittagstisch eingenommen, ins Café ging man in der Gruppe, kaum einer hatte persönliche Bekanntschaften mit Deutschen, es wurde sogar eine geheime polnische Bücherei eingerichtet. Wir versuchten, eine legale polnische Vereinigung nach dem Vorbild der englisch-amerikanischen zu gründen, aber der Rektor widersprach. Die geheime Bücherei wechselte ständig ihren Sitz, eine Zeit lang war sie auch bei mir. Nach etwa zwei Wochen erschien bei Frau Thomas ein Mann, der ihr erklärte, daß ich eine geheime polnische Bücherei beherberge. Daraufhin mußte diese wiederum umziehen, aber augenscheinlich sah es die Polizei als nicht so wichtig an, denn es wurden keine weiteren Ermittlungen angestellt.

Zu unseren Sitten gehörte auch jede Woche zweimal ein Besuch in der städtischen Schwimmhalle. Diese war ausgezeichnet ausgestattet. Zweimal in der Woche wurde das Wasser gewechselt, und vor der Nutzung des Schwimmbeckens wuschen sich alle gründlich unter heißen Duschen. Es war Wacław Dziewulski, der gewissenhaft darauf achtete, daß das Becken nicht verschmutzt wurde. Wir spielten auch Tennis und unternahmen Fußwanderungen in die Umgebung.

Die Göttinger Universität, die nach ihrem Begründer, einem Hannoverschen König, den Namen Georg-August-Universität trug, hatte vier Fakultäten, und zur philosophischen Fakultät gehörte auch das Institut für Agronomie. Die Universität war berühmt durch ihre Mathematik, aber auch die Medizin stand auf hohem Niveau. Max Verworn, ein bedeutender Physiologe, W. Baer, ein bekannter internationaler Jurist, Wellhausen, ein berühmter Bibelforscher, und viele weitere Namen trugen zum hellen Glanz dieser Lehranstalt bei, der nicht nur die besten deutschen Studenten nach Göttingen zog, sondern junge Menschen aus ganz Europa, auch aus Amerika und sogar aus China und Japan. Zu meiner Zeit waren es etwa 2000 Studenten, davon etwa 400 Ausländer. In der Prinzenstraße konnte man an den Häusern Tafeln betrachten, die daran erinnerten, daß hier in diesen und jenen Jahren dieser oder jener Fürst aus der in England herrschenden Dynastie Cumberland gewohnt hatte. Der englische Einfluß auf die deutschen Sitten und Bräuche war nicht zu übersehen, obgleich Hannover im Jahre 1866 nach der verlorenen Schlacht von Langensalza Preußen angegliedert worden war. In der Zeit meines Aufenthalts in Göttingen gab es in Deutschland Wahlen zum Reichstag. Die Welfenpartei, die die Annexion durch Preußen nicht anerkannte, wählte den Welfen Götz von Ohlenhusen.

Die Tafeln an den Häuserwänden zeugten von der ruhmvollen Vergangenheit der Stadt und ihrer Universität. Sie gaben Auskunft wo und wann Bismarck, Heinrich Heine, Brentano, die Musiker Brahms, Spohr und Joachim, der Chemiker Wöhler (der als erster aus anorganischen Substanzen Harnstoff hergestellt hatte), die Philosophen Lotze und Hartmann, der Physiker Everett, der Politiker vom Stein, der Dichter Tieck, der Anatom polnischer Abstammung Teichmann und viele weitere berühmte Menschen gewohnt hatten.

Im Stadtpark stand das Denkmal von Gauß und Weber, die als erste in der Welt eine Telegraphenverbindung von der Universität zur Sternwarte hergestellt hatten. Auf dem Friedhof hinter dem Tor in Richtung Weende war das Grab von Bürger, dem Schöpfer der „Lenore". Da war auch das Grab von Lejeune-Dirichlet, dem berühmten Mathematiker. Die Göttinger Friedhöfe machten keinen düsteren Eindruck. Es waren parkähnliche Anlagen, über die sich nicht nur tagsüber sondern auch nachts Fußgänger den Weg abkürzten. Viele Menschen wählten im Sommer Göttingen für einen Erholungsaufenthalt, systematisch tat das der englische Kriegsminister Haldane, ein Absolvent der Georg-August-Universität.

Für mich und Hunderte meiner Kommilitonen war die mathematische Bibliothek der Lebensmittelpunkt. Die Tradition der großen Mathematik begann in Göttingen mit dem Mathematikerfürsten, wie man Gauß nannte, dem großen Forscher auf den Gebieten der Algebra, der Zahlentheorie, der Funktionstheorie, Geometrie, Geodäsie, Astronomie und Physik, des Elektromagnetismus, der Fehlertheorie und Statistik. Einige dieser Wissenschaften befanden sich vor Gauß noch in den Kinderschuhen. Hefte mit den Notizen von Gauß werden bis zum heutigen Tag in der Göttinger Sternwarte aufbewahrt. Die Akademie der Wissenschaften in Göttingen initiierte in Zusammenarbeit mit anderen Akademien die Herausgabe aller Arbeiten von Gauß. Gauß' Nachfolger war Lejeune-Dirichlet, ein Forscher auf dem Gebiet der Potentialzahlentheorie (seine Frau war eine Tochter des Komponisten Mendelssohn). Nach ihm kam Bernhard Riemann, der tiefgründige Entdecker der Theorie algebraischer Funktionen, die er durch die „Riemannschen Flächen" bereicherte, die aus übereinandergelegten und zu einem Kreuz verbundenen Streifen zusammengesetzt sind. Er war der Wegbereiter Einsteins mit den Vorstellungen zur nichteuklidischen Geometrie in der Physik, ein tiefgründiger Forscher auf dem Gebiet der Fourierschen Reihen, die auf der Grundlage akustischer Fragestellungen entstanden. Dieses Zeitalter mathematischer Genies ging im sechsten Jahrzehnt des 19. Jahrhunderts zu Ende. Es folgte ein Zeitraum kompletter Mittelmäßigkeit, aus der erst der große Geodät Felix Klein Göttingen wieder emporhob, der zusammen mit Marius Sophus Lie und Jakob Steiner die deutsche Schule der Geometrie schuf.

Als ich mich an der Universität einschrieb, realisierte Felix Klein bereits seine Träume. Er besaß den Titel eines Geheimrats, war Mitglied der preußischen Ständekammer und, was am schwersten wiegt, besaß die Unterstützung des Abteilungsleiters im Ministerium, Althoff. So konnte er seinen ehrgeizigen Plan verwirklichen, aus Göttingen das führende Zentrum der Mathematik in der Welt zu machen. Er begnügte sich nicht mit den Zuwendungen seitens der Regierung, sondern gründete eine Vereinigung zu Unterstützung der reinen und angewandten Mathematik, in die er reiche Unternehmer aus Hannover und anderen Landesteilen einbezog. Er verstand es, sie durch Zahlung großer Subsidien zur Unterstützung seiner Institute zu bewegen. Das gelang ihm dank starker Berücksichtigung der Anwendungen.

In Göttingen gab es schon damals ein Institut der angewandten Mathematik, das unter Leitung von Carl Runge stand. Er war ein Mathematiker, der Vorlesungen über darstellende Geometrie und graphische Statistik hielt, seine Vorliebe aber auf die Spektralanalyse und atmosphärische Elektrizität richtete. Im Institut war der Name Listing angebracht. Er war der Autor des weltweit ersten Buches über Topologie, eine Wissenschaft, die von einer Anwendung weit entfernt ist. Die angewandte Physik repräsentierten der Aerodynamiker Prandtl und der Elektrophysiker Simon, und ein selbständiges Institut für Geophysik leitete der berühmte Wiechert. Diese Institute führten sogar zu einem Konflikt mit der Technischen Hochschule Aachen, die in ihnen eine Überschreitung der Kompetenz der Georg-August-Universität zum Schaden der Technischen Hochschulen sah. Aber der Streit wurde beigelegt, und Klein, der selbst ein großer Liebhaber der Mechanik und Autor des Buches über die Rolle war (zusammen mit dem ausgezeichneten Physiker Sommerfeld), konnte seine Arbeit weiterführen. Zu den Dozenten für Mathematik gehörten der Ingenieur und Fachmann auf den Gebieten Mechanik und Optik, Constantin Carathéodory, und Herglotz, ein universell gebildeter Wiener Mathematiker. Zu den Lieblingen Kleins gehörte Koebe, der die Theorie mehrdeutiger Funktionen mit Hilfe geometrischer Verfahren so bearbeitete, daß man in seinen Abhandlungen kaum eine Formel oder eine Gleichung finden konnte. Woldemar Voigt war Professor für theoretische Physik, und Dozenten waren Max Abraham und Paul Hertz. Astronom war der Astrophysiker Schwarzschild, und Brendel, ein Fachmann in der Theorie der kleinen Planeten, war der Beobachter. Władysław Dziewulski war Assistent. Für qualifizierte Ausländer gab es in Göttingen keine Schwierigkeiten, eine Anstellung als Assistent zu erhalten.

Ein Student im zweiten Studienjahr (das Jahr in Lemberg mitgerechnet) vermochte sich noch nicht in den Möglichkeiten zu orientieren, die ihm die Georg-August-Universität bot. Neben den schon angeführten Mathematikern und Physikern gab es noch eine Gruppe, deren geistiger Anführer David Hilbert war. Klein hatte ihn aus Königsberg geholt und war dabei keinem Irrtum erlegen: Hilbert war ein großer Wissenschaftler. Seine „Grundlagen der Geometrie"*, die mit einem Preis der Kazaner Mathematischen Gesellschaft ausgezeichnet wurden, schoben alle Zweifel bezüglich der nichteuklidischen Geometrie beiseite und öffneten den Weg zum Verständnis der Relativitätstheorie ... Aber der Student, über den berichtet wird, konnte diese Art mathematischer Errungenschaften noch nicht gebührend würdigen. Er erkannte jedoch, daß die größte mathematische Anziehungskraft Göttingens von Hilbert ausging, dessen Vorname David auf seine Abstammung von den ostpreußischen Quäkern hinwies. Hilbert strebte nicht nach Titeln oder Auszeichnungen, er war nicht nur ein großer Wissenschaftler, sondern auch ein großartiger Mensch. Sein Freund, Hermann Minkowski, war ein hervorragender Kenner der Zahlentheorie und Preisträger der Pariser Akademie. Die Mengenlehre und die Logik repräsentierte Ernst Zermelo, dessen „Auswahlaxiom" die damalige Mathematik in zwei Lager spaltete. Der Schüler Georg Cantors, Felix Bernstein, der den Biologen bei der richtigen Abfassung

---

* Die im Text aus Hilberts Buch „Grundlagen der Geometrie" angeführten Zitate enthielten die erste richtige Axiomatik der klassischen Geometrie, was schließlich den Streit um ihre methodologischen Grundlagen beendete und in Besonderheit den Status der nichteuklidischen Geometrien erklärte (R.D.).

der Gesetze der Vererbung der Blutgruppen zuvorkam, genoß als Professor vielleicht die geringste Popularität.

Für mich war es schwer, die sich mir bietenden Möglichkeiten des Lernens zu erfassen. Die langweilige Vorlesung über Philosophiegeschichte, die der Greis Baumann Silbe für Silbe diktierte, strich ich im Index und schenkte mir die Philosophie in der früheren Bedeutung des Wortes. An ihrer Stelle beschloß ich, die angewandte Mathematik als Nebenfach zu lernen. Dazu gehörten Mechanik, darstellende Geometrie, Graphostatik, numerisches Rechnen und Geodäsie. Ich besuchte nun also fleißig das Institut in der Prinzenstraße und zeichnete, und unter Anleitung von Wiechert führte ich in den Straßen der Stadt Messungen von Vielecken mit einem Theodoliten aus. Bei einer solchen Messung erschien einmal eine „doppelte Sonne". Wiechert ergriff sofort das Instrument und maß den Winkel zwischen den beiden Sonnen, um uns zu zeigen, daß er genau der Dispersion des Lichtes im Eis entsprach. Als zweites Nebenfach wählte ich die Astronomie und nahm zusammen mit Felicjan Kępiński an den Übungen in der Sternwarte teil, wo wir unter der Leitung von Professor Ambronn die in Afrika durchgeführten Beobachtungen bei der Grenzziehung im Kongo zwischen Belgien und Deutschland durchrechneten. Aber meine wichtigste Beschäftigung war das Lesen im mathematischen Lesesaal. Das mathematische Lesezimmer, der Stolz Professor Kleins, befand sich im Hauptgebäude in der Weender Straße. Es war im zweiten Stockwerk so versteckt gelegen, daß es weder die Stimmen aus den Vorlesungssälen noch das Getümmel von den Gängen erreichten. Für eine Gebühr von drei Mark erhielt jeder Student einen für ein halbes Jahr gültigen Nutzerausweis und einen eigenen Schlüssel. Die Bücher in den Regalen waren alphabetisch geordnet, jeder bediente sich allein und stellte sie wieder zurück. In einem gesonderten Raum befand sich eine Sammlung von Kopien (separata), bestehend aus zehn- bis zwanzigtausend Abhandlungen, die Klein dort deponiert hatte. Es gab auch eine Sammlung „B", die Eigentum der Universität war. Die Kartei war komplett. Neue Zeitschriften waren auf gesonderten Gestellen ausgelegt, und die höheren Etagen der Schränke waren mit unbezahlbaren kompletten Sammlungen der Zeitschriften „Mathematische Annalen", „Journal für Mathematik", „Journal des Mathématiques", „Acta Mathematica" sowie der Berichte der Pariser, Berliner, Münchener, Wiener Akademie und vieler weiterer italienischer, französischer, englischer, deutscher und amerikanischer Zeitschriften belegt. Es waren auch vollständige Ausgaben der Werke von Gauß, Fermat, Cauchy, Hermite und vielen anderen vorhanden.

Wenn die Dämmerung hereinbrach, zündete der Leser selbst das Gas über seinem Platz an. Die Lampen bestanden aus Asbest, und ein Stock mit Schwammkupfer an seinem Ende, welches das Gas adsorbierte, entzündete sie mit Sicherheit. In diesem Lesesaal verbrachte ich viele Stunden und ich kann sagen, daß ich nirgends, weder vorher noch nachher, einen so gut eingerichteten Lesesaal gesehen habe. Er war die Attraktion für hunderte Studenten aus Deutschland und ganz Europa, aber auch aus Amerika und Asien. Dort erlebte ich ein sonderbares Abenteuer. Nach dem frühen Tode von Minkowski übernahm Edmund Landau aus Berlin seinen Lehrstuhl. Er gab mir als Übungsaufgabe, den Fehler im Beweis von König zu Gauß' Gesetz der Wechselwirkung zu finden. Die Arbeit von König war so kurz, daß man ohne Schwierigkeit die Seite aufzeigen konnte, auf der dieser Fehler sein mußte. Auf dieser Seite wollte eine bestimmte Formel sich nicht als Konsequenz aus der vorhergehenden erweisen. Das war allerdings kein Fehler, sondern ein Mangel an Geschick und vielleicht auch meine Müdigkeit. Nachdem ich nach Hause zurückgekehrt war, schon in der Nacht, im Halbschlaf, stellte ich mir noch einmal diese Seite vor und erkannte deutlich, auf welche Weise diese Formel aus einer der vorhergegangenen folgt. Ich schlief zufrieden ein, und am nächsten Tag ging ich in den Lesesaal und schlug im Buch die betreffende Seite auf ... Aber was geschah: Wiederum konnte ich in keiner Weise eine Verbindung zwischen dieser kritischen Formel und den vorhergehenden finden. Also schloß ich die Augen und versetzte mich in einen Halbschlaf ... Nach kurzer Zeit erkannte ich genau die gesuchte Sequenz und öffnete schnell die Augen, um diesen Gedanken wie einen Schmetterling zu fangen und auf dem Papier aufzuspießen. Diesmal gelang es! (Ich beschreibe diesen Vorgang für Psychologen, die sich für den Prozeß geistiger Arbeit interessieren.)

Wie ich schon erwähnte, war die Wohnung von Fräulein Thomas in der Nähe des Stadttores, das heißt, an der Stelle, wo sich früher das Tor im städtischen Wall an der ins Dorf Weende führenden Straße befand. Zu meiner Zeit war das ein städtisches Zollhäuschen. Der Wächter, der allgemein als „Vater Lotze" bekannt war, kassierte Gebühren von den Bauern, die mit ihren Erzeugnissen in die Stadt fuhren, blies bei Feuer die Trompete, fegte den

Bürgersteig vor dem Häuschen, verkaufte Briefmarken und wartete die öffentliche Toilette. Ich bewunderte immer jenen unbekannten Bürgermeister, der sich einen solchen Aufgabenkomplex für Vater Lotze ausgedacht hatte, denn die Kunst des Verwaltens beruht nicht so sehr auf neuen Ideen und großen Plänen, sondern mehr auf dem Geschick einer gerechten und sparsamen Erledigung der alltäglichen Probleme.

In dieser Zeit waren die Arbeiten Georg Cantors, des genialen Schöpfers der Mengenlehre, noch wenig bekannt. Als daher der junge Warschauer Mathematiker Wacław Sierpiński entdeckte, daß man die Lage eines Punktes in einer Ebene durch eine Zahl angeben könne, wollte er das selbst nicht glauben und schrieb einen Brief an seinen Freund Tadeusz Banachiewicz nach Göttingen. Dieser ging in den Lesesaal, suchte die entsprechende Arbeit Cantors heraus und telegrafierte an Sierpiński lediglich: „G. Cantor, Journal für Math., Jahrg. ... Seite ..." Das weckte unser Interesse. Gemeinsam mit Antoni Łomnicki begannen wir fleißig Borels „Theorie des fonctions" zu lesen. Banachiewicz forderte mich auch auf, für die Zeitschrift „Wszechświat" [Weltall] einen populärwissenschaftlichen Artikel über die Quadratur des Kreises zu schreiben. Das war nicht so sehr für die Leser dieser nützlichen Zeitschrift bedeutsam, als für mich, denn ich mußte mich dazu etwas mit der Geschichte der Mathematik befassen.

Bei so viel Beschäftigung war wenig Zeit für geselliges Leben, aber jede Überquerung der Straße lehrte uns, daß wir in einer anderen Welt leben. Uns imponierte die Zuverlässigkeit der Post. Wenn zum Beispiel Banachiewicz bei seinem bis zum frühen Morgen ausgedehnten Spaziergang von jemandem eine Aufgabe gestellt bekam und er sie ein paar Stunden später gelöst hatte und dann mit uns zur Hauptpost gegangen war, wo er die Lösung auf einer Eilpostkarte in den speziellen Briefkasten warf, konnten wir zehn Minuten nach Einwurf der Karte einen Radfahrer beobachten, der diese Karte zu unserem Kommilitonen beförderte, der sich gerade erst schlafen gelegt hatte. Bei einer anderen Gelegenheit erregte die Arbeit der Reichspost in noch stärkerem Maße unsere Bewunderung. Frau Antecka, die Ehefrau von Kołodziejski, hatte auf einem Telegramm nach Warschau mit ihrem Mädchennamen Antecka unterschrieben. Die Post berechnete aus Versehen am Schalter eine zu hohe Gebühr. Die Kontrolle bemerkte diesen Fehler, und nun war es erforderlich, den Absender zu finden, um ihm den zu hoch berechneten Geldbetrag zurück zu geben. Den Familiennamen Antecka gab es aber nicht in der städtischen Meldekartei. Die Post beobachtete nun die aus Warschau ankommenden Briefe, um vielleicht so die Absenderin ausfindig zu machen. Nach ein paar Wochen kam tatsächlich ein Brief mit dem Namen des Empfängers Kołodziejska-Antecka, und der Postbote konnte ihr triumphal und zur allergrößten Verwunderung den zuviel gezahlten Betrag zurückgeben …

Nach einem Jahr in Göttingen fuhr ich in den Ferien nicht nach Hause, sondern nach Blankenberghe in Belgien, wo sich zu der Zeit meine Mutter und meine Schwestern aufhielten. Bis auf ein Nachtquartier in Antwerpen hielt ich mich unterwegs nirgends auf. In Blankenberghe war es vollkommen anders als in Deutschland. Gleich am frühen Morgen wurde ich durch die lauten Rufe der Zeitungsverkäufer geweckt: „Le Journal, Le Matin! Lisez L' Etoile Belge! L' Intransigeant!!! …" Auf den Straßen wimmelte es vom frühen Morgen an von fröhlichen und hell gekleideten Menschen. Im Hotel, in dem wir wohnten, war der Portier die interessanteste Person. Es war ein junger Mensch, ein Enthusiast für die Malerei. Er malte auch selbst in einem kindlichen Stil, war aber von den Werken Rembrandts, Memlings und Hals' und anderer Künstler, deren Gemälde in den Galerien von Brüssel und Antwerpen oder in den Kirchen von Brügge hingen, sehr begeistert. Damals kam ich zur Einsicht, daß meine künstlerische Bildung gleich Null war. Ich beschloß also, diese unheimlichen Leinwandwerke kennenzulernen, obgleich ich doch wußte, daß das ein ermüdendes Wandern durch Museen, Paläste und Kirchen erforderlich machte und daß mir die Betrachtung jener dunklen, sonderbaren Gemälde, für deren Schönheit ich keinen Sinn hatte, keinerlei Befriedigung und tiefere Erlebnisse verschaffen würde. Ich befand mich in einer schwierigen Situation. Ich wußte, daß die Mehrheit der gebildeten Menschen diese Gemälde bewundert, der Rest Bewunderung vorgibt und nur die mit außergewöhnlicher Zivilcourage ausgestatten Zyniker den Mut haben, das zu sagen, was auch ich über die klassische Malerei dachte. Ich bemühte mich, so viel zu lernen, zu hören und zu sehen, daß ich den Autoritäten eine mit der ihrigen vergleichbare Bildung entgegensetzen könnte. Eine solche Lösung greift eigentlich schon von vornherein einem Streit zum Vorteil dieser Autoritäten vor, denn allein die Auswahl der betrachteten Bilder, gelesenen Bücher und gehörten Musikwerke erfolgt auf der Grundlage einer von diesen Autoritäten verfaßten Liste, unter denen es viele Snobs gibt. Aber es gibt hier keinen Ausweg. Solche Zweifel hatte ich nicht, als es um Architektur ging. In Brüssel sah ich die Kirche der heiligen Gudula im so genannten Flandre-Maritime-Stil. Die herbe Schönheit dieser Kathedrale, die sich durch ihren Baukörper und nicht durch Verzierungen präsentiert, erforderte keine Kommentare. Das Verständnis für Architektur war durchaus nicht angeboren, denn noch ein Jahr davor in Lemberg war ich mir überhaupt nicht der mich dort umgebenden steinernen Schönheit bewußt. Niemand mußte mir die Natur zeigen, aber die Malerei war für mich ein Buch mit sieben Siegeln, und ich kann nicht sagen, daß die Betrachtung hunderter offiziell anerkannter Gemälde viel geändert hätte! Aber die eine Wirkung hat es doch gehabt. Später nämlich, als ich in den Schaufenstern in Jasło fürchterlichen Kitsch sah, verstand ich dessen Häßlichkeit.

Blankenberghe ist einer von vielen ufernahen Orten an der Grenze zwischen Nordsee und Ärmelkanal. In Richtung Süden am Ufer entlang gehend kommt man nach Vendune, Mariakerke, usw. bis nach Oostende. In nördlicher Richtung stößt man auf Bruges-sur-Mer und weiter auf holländische, am Meer gelegene Dörfer. Das Licht des Leuchtturms von Vlissingen war in Blankenberghe ausgezeichnet zu sehen. Wir spazierten recht weit am Strand entlang, besonders nach Bruges, wo ein Hafen gebaut wurde. Selbst Bruges, das mit seiner gotischen Architektur von Rodenbach als das Venedig des Nordens gerühmt wurde und dem *carillon**, das auf dem Turm des Klosters Beginek die Stunden verkündete, erzeugte in mir nicht solche Eindrücke wie die später besichtigten Baudenkmäler. In Blankenberghe lernten wir einen russischen General kennen. Seine Tochter, ein schönes Fräulein, eine von denen, die die Bälle des Zaren verschönten, erklärte mir, wenn sich die Polen weiterhin in Abenteuer einlassen, wird das Königreich *à Guillaume* abgegeben, und der wird dann schon für Ordnung sorgen.

Die Belgier waren steif, kleinbürgerlich, nicht so sauber wie die Holländer. Sie beschäftigten sich mit dem Handel und kannten sich in der Küche aus, deren Attraktion Hummer und Garnelen, aber auch Meeresschnecken, kleine *moules*, sind. Von ihrer politischen Nüchternheit zeugt die Tatsache, daß sie trotz des Besitzes einträglicher Kolonien in Afrika keine Kriegsmarine haben

* (franz.) Glockenspiel.

wollten. Sie überlegten richtig, daß eine zur Verteidigung dieser Kolonien fähige Marine größere Kosten verursachen würde, als diese Kolonien einbringen. Die Belgier betrachteten sich als nördliche Filiale der lateinischen Kultur und schauten in allen Dingen auf Paris, das sie mit einem Schnellzug aus Brüssel in weniger als drei Stunden erreichen konnten. Belgische Ingenieure bauten die Pariser Metro, ein Wunder der Technik. Sie bauten auch bei uns in Polen die ersten Straßenbahnen, woher der Name „belgische Bude" stammt. So wie Paris mit seinem Bois de Boulogne rühmt sich Brüssel mit seinem herrlichen Stadtwald La Chambre. An den Sonntagen konnte man die dortigen Wiesen, Rasenflächen und Wäldchen voller Menschen sehen, die im Gras sitzend oder liegend aus mitgebrachten Körbchen ihren Nachmittagskaffee einnahmen. Auch die Gaststätten waren voll besetzt, und vor den „Doppelnullen" standen Schlangen aus hunderten Personen beiderlei Geschlechts, die mit sichtbarer Kongestion in den Gesichtern darauf warteten, endlich an der Reihe zu sein. Eine solche Menschenkonzentration erscheint einem Menschen, der in einem weit ausgedehnten Land aufgewachsen ist, unangenehm. In Brüssel ist das eine Erscheinung des Alltags. An den Sommerabenden waren die Straßen der Vorstädte voller Fußgänger, und vor fast jedem Tor saßen auf dem Bürgersteig Spitzenklöpplerinnen, die aus einem weißen Faden das berühmte *point-de-rose* schufen, auf der ganzen Welt ein Gegenstand weiblicher Begierde und die beste Ware für Schmuggler, denn sie wird mit Gold aufgewogen. Die flämische Sprache spielte in dieser Zeit in Brüssel dieselbe Rolle wie die russische in Lemberg. Ein Ausländer bekam sie nicht zu Gehör. Die Fischer sprachen französisch und duzten jeden Menschen mit ihrem gewohnten „tu". Die jungen Mädchen der Fischer liefen barfuß am Meeresstrand entlang, Sie hatten schöne Füße, zeichneten sich sonst aber nicht durch besondere Schönheit aus. Einen aus unserem Land Neuangekommenen können die älteren Belgierinnen mit ihrer starken Behaarung auf den Wangen erschrecken, die man offen Bart und Schnurrbart nennen muß.

Mein Studium wechselte sich mit einem Sommeraufenthalt in Jasło ab. Auch zu den Winterferien, die nicht kürzer waren als die im Sommer, fuhr ich nach Hause. Mein Cousin Dyk war für eine gewisse Zeit zum Jurastudium in Wien und Graz. Der jüngere Ludwik Oberländer verbrachte die ganze Studienzeit in Wien, aber die großen Ferien zogen auch ihn in die Heimat. Von ihm erfuhr ich, daß inmitten der vielen Wunder an der Donau in Wien die Zeitschrift „Fackel" erscheint. Mein außerordentlich intelligenter Freund brachte mir einige Ausgaben dieses sonderbaren Periodikums in rotem Einband mit, das keine Anzeigen annahm und sich gegenüber seinen Lesern zu keinem regelmäßigen Erscheinen verpflichtete. Die Wiener Intelligenz verstand die „Fackel" als Produkt eines begabten Dekadenten, eines linksgerichteten Journalisten, der in dunkler Nacht, vielleicht im Kaffeehaus, auf den Knien witzige Pamphlete verfaßt, deren Satire sich gegen die Bourgeoisie richtet, und dabei die Abonnementsgelder versäuft. Dieser geniale Zyniker gibt seinen Opfern zu verstehen, daß sie darauf stolz sein sollten, daß sie die Ehre haben, für das Abonnement der „Fackel" zu bezahlen.

Karl Kraus, denn von ihm ist die Rede, möchte man für einen Literaten halten, etwa in der Art von Peter Altenberg, einen Dichter von Gottes Gnaden, mit ein wenig Harden, des Herausgebers der Berliner „Zukunft" als Beimischung. Diese Einschätzung gründete sich auf die ersten Hefte der „Fackel", die gegen Ende des 19. Jahrhunderts erschienen waren. Anfangs gestattete der Herausgeber auch Beiträge anderer Autoren, aber bald verzichtete die „Fackel" darauf, bis zum Tode von Karl Kraus, kurz vor der Besetzung Wiens durch die dümmste Armee der Welt unter dem Kommando der niederträchtigsten Verbrecher. Bis 1905 konzentrierte sich die „Fackel" vor allem auf Wiener Probleme, die mich wenig interessierten. Diese (eigentlich sehr, sehr guten) Artikel hätten mich dazu gebracht, daß ich die weitere Lektüre nach dem Durchlesen eines Heftes abgelehnt hätte. Aber zum Glück traf ich auf einen späteren Zeitabschnitt (das Jahr 1906) und fand Lesestoff für fünfzig Jahre. Wer die Bibel gelesen hat, dem ist mit Sicherheit die Aufzählung kleiner, scheinbar unbedeutender Tatsachen aufgefallen, die zusammengenommen als Beweis für die Wesenseinheit des Erlösers dienen sollen. Und so sollte es sein: Bevor man einen moralischen Kredit erteilt, bevor man annimmt, daß der Autor weiß, worüber und wie er schreiben soll, daß also die Unverständlichkeit eigentlich ein Nichtverstehen ist, daß der logische Fehler nicht beim Verfasser zu suchen ist, sondern in der behandelten Sache liegt, daß der stilistische Fehler von der unzureichenden Bildung des Lesers, nicht des Verfassers, zeugt, bevor – ich wiederhole – dem Verfasser dieser riesige moralische Kredit gewährt wird, muß festgestellt werden, ob die scheinbar mit seiner Prosa nicht verknüpften Wunder, die ihn auszeichnen, geschehen.

Es geschahen Wunder. Diese erblickte sogar jener neunzehnjährige Student, der deutsch nicht ganz fließend lesen konnte, ein Jugendlicher aus der Provinz, bar ästhetischer Kriterien, aus Liebhaberei Mathematiker, dem ein Freund ein rotes Heftchen mit den Worten gegeben hatte: „Lesen Sie das! Der sollte unserem Club der Wahnsinnigen angehören!" Das war ein beliebter Ausspruch in den Kreisen Jugendlicher, die vom Buch „Physiologie des Schwachsinns" eingenommen waren. Sie bemerkten bei jedem Menschen, sich selbst eingeschlossen – halb im Scherz – eine Schwächung des Willens und des Denkens, wie es Dekadenten eigen ist, was zum Besuch eines Cafés zwingt, sein Verlassen vor der Schließung aber unmöglich macht, die Verwendung des von zu Hause erhaltenen Geldes zur Bezahlung der Studiengebühren und auch ein Buch zu Ende zu lesen, nicht gestattet – kurz gesagt, was den Lebensstil ausschließt, den die jeder Phantasie beraubte ältere Generation als vernünftig ansieht. Die Einbeziehung von Kraus in diesen Club (ohne sein Wissen) sollte Beweis für die Anerkennung sein. Wenn der aber mit der Generation der Händler, Advokaten und Journalisten nichts gemein hatte, dann verband ihn wohl noch weniger mit den jungen Dekadenten. Beide Kategorien kann man in seiner satirischen Operette „Literatur" erleben, wie jede untereinander mit eigener Sprache spricht, anscheinend gegensätzlich, im Grunde der Sache aber übereinstimmend: „Von Kindheit an schon für den Handel vorgesehen, beschäftigte er sich dann in Wirklichkeit mit Literatur", sagt Karl Kraus, und trifft mit diesem Epigramm beide Kreise zugleich.

Die besonderen Kennzeichen des roten Büchleins waren zur Nachahmung nicht geeignet. Zum ersten: es fehlten die Anzeigen. Schon in jungen Jahren erfuhr ich von meinem Tarnower Großvater, daß der Text in den Zeitungen eigentlich eine Zugabe zu den Anzeigen darstellt, daß von ihnen das Bestehen des Verlags abhängt. Der redaktionelle Text ist nur der Köder, der einer Zeitung die Abonnenten und Leser sichert. Anzeigen dagegen bereiten den Herausgebern unvergleichlich weniger Mühe, denn ihre Autoren fordern keine Bezahlung, sondern zahlen an die Zeitung, und das nicht wenig. Bei dem roten Büchlein stand auf dem Umschlag jeder Nummer die Warnung: „Anzeigen, Rezensionsexemplare und Manuskripte werden nicht entgegengenommen; beigefügte Briefmarken werden für wohltätige Zwecke verwendet."

Zum zweiten: die Sprache. Jeder Artikel, jede Glosse, jede Antwort war wie in Stein gemeißelt. Die Sprache der Journalisten, der Händler, die dem

Jüdischen entlehnten Spracheigentümlichkeiten der gerühmten Zeitung „Neue Freie Presse“, die Solezismen der Offiziere, der Berliner Dialekt, waren aus der „Fackel“ verbannt. Die vom Zierrat des 19. Jahrhunderts, der Pedanterie und Ungeschicklichkeit der Professoren, aber auch von Nietzsches Pathos und dem Telegrammstil der literarischen Agenten des 20. Jahrhunderts befreite deutsche Sprache präsentierte sich schlank und muskulös, leicht und kräftig. Die Syntax, Interpunktion, der Rhythmus und sogar das graphische Textbild waren unfehlbar.

Zum dritten: die polemische Methode. Das war etwas vollkommen Neues, sie beruhte auf exaktem, ganze Seiten umfassendem Zitieren. So brachte die „Fackel“ manchmal sogar Fotos eines Zeitungsabschnitts. Die „Neue Freie Presse“ war ein ungemein dankbares Objekt. Aber auch andere, z. B. die „Österreichische Handelskorrespondenz“. So erschien in dieser Zeitung einst eine Annonce folgenden Inhalts: „Golgatha, attraktiv für Schaufenster, zu erwerben.“ Die Annonce enthielt den Preis und die Anschrift. Karl Kraus brachte von ihr in seinem Text einen Nachdruck mit Angabe der Zeitung, in der er ihn gefunden hatte. Daraufhin schrieb ihm die Redaktion einen Brief mit der Forderung „auf der Grundlage des § 19 des Pressegesetzes“ um Richtigstellung in der nächsten Ausgabe der „Fackel“, daß es „nicht stimmt, daß eine Annonce dieses Inhalts sich in der ‚Österreichischen Handelskorrespondenz‘ befunden habe, sondern im Gegenteil richtig ist, daß eine solche Annonce sich dort niemals befunden habe ...“ Karl Kraus ging über die Forderung des Briefes hinaus: Er veröffentlichte den gesamten Text des Briefes der „Österreichischen Handelskorrespondenz“ vom Briefkopf bis zur Unterschrift und fügte dann von sich aus hinzu: „Damit habe ich die obige Forderung erfüllt.“ Aber dieses Ende war ein neuer Anfang, es diente als Motto einer leidenschaftlichen Metapher. So schrieb Karl Kraus: „Tatsächlich konnte die Annonce, über die gesprochen wurde, nicht erscheinen. Denn wenn es etwas gibt, was man nicht als Zugmittel verwenden kann, um Kundschaft an die Schaufenster der Geschäfte zu locken, dann ist das sicher Golgatha! Ich muß deshalb den Redakteuren der ‚Österreichischen Handelskorrespondenz‘ glauben, daß es eine solche Annonce nicht hätte geben sollen, nicht geben konnte und nicht gab! Es passierte mir nicht das erste Mal, daß Dinge, die ich nachdrucke, unmöglich, also nicht existent sind. Nachdem ich sie nachgedruckt habe, möchte ich meinen Augen nicht glauben, und so ist es auch in diesem Fall. Ich habe wohl geträumt und dabei ist mir diese schreckliche Annonce im Traum erschienen. Es bleibt mir daher nichts anderes übrig, als daß ich die ‚Österreichische Handelskorrespondenz' noch einmal in die Hand nehme, noch einmal die Stelle durchlese und feststelle, daß in der Ausgabe vom ... , des Monats ..., im Jahre 19..., in der Spalte ..., Zeile ... der ‚Österreichischen Handelskorrespondenz' das Inserat erschienen ist: „Golgatha, attraktiv für Schaufensterauslagen, zu erwerben für ... Kronen bei der Firma ... in ..."

Darauf gab es dann keine Berichtigung mehr, und jeder Leser der „Fackel" konnte sich in fast jedem Café die zitierte Ausgabe der „Österreichischen Handelskorrespondenz" erbitten und die betreffende Annonce überprüfen. Nachdem ich mir über Kraus' unwiderlegbare Apostrophe Gedanken gemacht hatte, verstand ich, daß die Redaktion der „Österreichischen Handelskorrespondenz" nicht unverschämt war, sondern nur deshalb widersprochen hatte, weil sie nach Kenntnisnahme des Nachdrucks in der „Fackel" seine Monstrosität erkannt hatte und einfach nicht glauben wollte, daß sie in den Spalten ihrer Zeitung die Attraktivität Golgathas verkünden konnte. Dieses Beispiel lehrte mich, daß sogar ein wortgetreuer Nachdruck, eine Fotokopie eines Originaltextes eine Offenbarung sein kann, ich begriff, daß sich in der Philosophie des Wortes unergründliche Geheimnisse verbergen. Das Idealziel der Polemik, mehr als *écraser l'infame*, also die Diffamierung, war hier erreicht.

Diese Zeichen genügten mir. Diejenigen Leser meiner Erinnerungen, die etwas über die offizielle Einschätzung von Karl Kraus erfahren möchten, verweise ich zur „Encyclopedia Britannica".

Meine späteren Reisen nach Göttingen führten nicht mehr über Berlin, sondern Dresden. So hatte ich die Gelegenheit, die Brühlsche Terrasse, den Zwinger, die Hofkirche und die ganze Architektur zu besichtigen, die Baedecker als die in Sachsen akklimatisierte italienische Spätrenaissance bezeichnet. Sachsen hatte in Deutschland den Ruf eines gemäßigten Landes, die Bahnschaffner bemühten sich dort, nicht im Ton eines Unteroffiziers zu sprechen, die Bevölkerung war gesprächig und fröhlich, die Mädchen waren hübsch, das Essen annehmbar, nur der „Blümchenkaffee" war so dünn, daß ein Fingerhut Milch ihm die Farbe und den Geschmack nahm, wenn man überhaupt etwas wegnehmen kann, was es nicht gibt. Rund um die Städte zogen sich mit Lauben bebaute Gartenkolonien. In diesen Kleingärten verbrachten die Industriearbeiter ihre freien Tage und sahen die Arbeit im eigenen Garten als Erholung an. In Leipzig und Dresden gab es recht viele Polen, aber auch Engländer, denen die Rente für ein angenehmes Leben in Deutschland reichte, wo die Preise niedriger waren als in England. Für den Ausländer, der damals durch keinerlei Paß- oder Devisenvorschriften gehemmt war, war das ein idealer Aufenthalt, denn die Einrichtungen funktionierten wie ein zuverlässiger Automat. Post und Eisenbahn funktionierten einwandfrei, die Straßen waren mit einer Kanalisation versehen, wurden gereinigt und waren beleuchtet, der Zutritt zu den Büchereien, Museen und Bildergalerien war jedem frei, es gab bedeutende Konzerte, Buchhandlungen und mit Lesesälen ausgestattete Leihbüchereien, nur die Gaststätten waren miserabel, aber dennoch sauber. Dafür fehlte es in den Lebensmittelläden nicht an ausgezeichnetem Gebäck, annehmbaren Wurstwaren, gutem Käse, billigem Räucherfisch, hervorragender Schokolade und Obst in verschiedenen Sorten. Wer eine Rente bezog, konnte hier ohne Schwierigkeiten sein Leben führen, oftmals besser als im eigenen Land. Unter den in Deutschland verkauften Produkten gab es eines überall: Krakauer Wurst. Der Name Krakauer Wurst bezeichnete eine Wurstsorte, die bei uns *polędwicowa* [Filetwurst] genannt wird. Sie war nicht importiert, denn der Import von Hackfleisch war verboten. Einmal geschah es, daß mir die Eltern nach Göttingen eine Pastete schickten. Das Zollamt bestellte mich zur Abholung des Päckchens. In meiner Anwesenheit öffneten es die Zöllner. Die Pastete hatte die Form eines kleinen Napfkuchens und eine Farbe wie Schokolade. Ich wurde gefragt, was das sei. Ich sagte, Pastete. Sie antworteten, daß die Einfuhr von Pastete verboten ist. Daraufhin sagte ich, daß ich ihnen die Pastete als Geschenk überlasse. Nun erklärten sie mir, daß es ihnen nicht gestattet ist, Sachen, die zur Verzollung eingegangen sind, anzunehmen und daß ich daher die Postsendung verbrennen müsse. Zum Schluß kostete einer von ihnen eine Messerspitze der Pastete und entschied, daß es Schokolade sei. Ich als nicht genügend gewitzter Jugendlicher beharrte darauf, daß es Pastete ist. Die Beamten aber überstimmten mich und gaben mir das Päckchen zollfrei heraus ... Zu Hause erst erkannte ich meine Dummheit.

In Deutschland hatte man in diesen Zeiten begonnen, Einfamilienhäuser und Villen aus Ziegelsteinen zu errichten. In Göttingen entstanden immer mehr solcher Villen im Muthesiusstil, mit steilem, tief abfallendem Dach, das mit roten wellenförmigen Dachsteinen gedeckt war und Mansarden aufwies. Manchmal wurden die Villen mit Schiefer gedeckt, und gebaut waren sie aus grauem Kunststein. Diese Farbe verlangt Kletterrosen oder Weinreben, womit man nicht geizte. Mit der Innendekoration stand es schlechter. Die deutschen Wohnungen hatten weder schöne Teppiche noch schöne Möbel. Dafür nahm ein Luxus in Glas und Porzellan seinen Anfang. „Gallé-Glas", belgisches Glas, Kopenhagener und natürlich auch Dresdner Porzellan, das alles konnte man sogar in Göttingen erwerben. Es begann auch eine bibliophile Manie. Mein Kommilitone Horowicz machte mich mit seinem Freund, Herrn Kugelmann aus Hamburg, bekannt und führte mich zu ihm. Er war ein Student, der wie die Mehrzahl der Studenten den Studienort gewechselt hatte. Er führte seine Bibliothek mit sich, die alle Wände des riesigen Zimmers einnahm, und darüber hinaus standen in der Mitte des Zimmers von beiden Seiten zugängliche Regale. Sie enthielten die ersten Ausgaben von Verlaines Poesie, Bücher in Velin und Pergamin gebunden, es waren Renaissancehüllen, Faksimilia, Amateurausgaben mit Autogrammen der Autoren, Ausgaben auf Büttenpapier, auf kaiserlich-japanischem Papier und mit einer Handpresse gedruckte Ausgaben usw. Herr Kugelmann interessierte sich wenig für den Inhalt seiner Bücher, ab und zu las er einige Seiten, aber offensichtlich betrachtete er den Inhalt als Zugabe zu den Einbänden und zum Papier. Dieser Biblioästhetismus breitete sich in Deutschland stark aus. Buchhändler und Herausgeber unterstützten diese Mode mit allen Mitteln, und so wurde das Buch in Deutschland zu etwas ganz anderem als in Frankreich. In den Göttinger Buchhandlungen standen in den Schaufenstern herrliche, in schneeweißes Pergamin eingefaßte Bände, aber die „Fackel" gab es dort nicht zu kaufen. Sie hatte im ganzen Reich nur 600 Abonnenten, obwohl bei jeder Ausgabe der niedrige Preis mit unerhörter inhaltlicher Präzision verbunden war.

Die deutschen Studenten unterschieden sich von den Ausländern auf den ersten Blick. Sie gingen ohne Mantel, bei Frost gestatteten sie sich dünne Mäntelchen, aber Pelzsachen trugen sie nicht. Auch Überschuhe und Regenschirme fanden bei ihnen keine Anerkennung, und die Hosen waren ohne Umschläge. Sie trugen immer ordentlich geschnittenes Haar, das gebürstet und glatt am Kopf festgeklebt war. Sie aßen wenig, aber tranken viel, und jegliches Essen zum Bier war schlecht angesehen. In den Pensionen, in denen Ausländer wohnten, suchten deutsche Studenten selten Quartier. Nach einem Jahr bei Fräulein Thomas zog ich in die Pension der Frau Gericke in die Planckstraße 1 um, wo ich Gesellschaft fand, die ich in der Weender Straße vermißt hatte. Dort wohnte ein gewisser Herr Lange aus Plauen in Sachsen. Er war ein anständiger und eleganter junger Mann, der angeblich politische Ökonomie studierte. Er verkündete, daß er in München Mitglied der exklusivsten Korporation gewesen war. Sein Zimmer war voller hervorragend gebundener Bücher, er gab vor, Baudelaire zu lesen, sprach aber sehr schlecht französisch. Er rauchte mit Opium versetzten Tabak *á la américaine*. Seine Krawatten waren in heller lila Farbe, und gern wiederholte er, daß man eine Beschäftigung haben müsse, die aber nicht in Arbeit ausarten dürfe. Die Studentinnen in der Pension, die um einige Jahre älter waren als wir, gingen gern mit mir auf einen Tee zu Herrn Lange, der Nietzsche deklamierte und an dessen Zimmerwänden schön gerahmte Reproduktionen aus der „Jugend" hingen. Die Idylle endete kurz danach: Herr Lange verließ ganz plötzlich Göttingen, ohne in der Pension für den letzten Monat zu bezahlen. Allmählich wurde deutlich, daß er sich tatsächlich ein ökonomisches System ausgedacht hatte, das ihm ein recht bequemes Leben gestattete. In den Göttinger Geschäften war es nämlich üblich, daß sie den Studenten, besonders den deutschen Korpsstudenten, die monatlich ihre Rechnungen bezahlten, einen Kredit gewährten. Herr Lange nutzte sein Aussehen, um in den Läden verschiedene Sachen auf Kredit zu kaufen und an seine Kommilitonen und Bekannten für Bargeld weiterzuverkaufen. Später erfuhr ich, daß er schon in Plauen diese Methode in größerem Rahmen angewandt hatte und vor dem Staatsanwalt in die Schweiz fliehen mußte.

In der Pension wohnten auch ein Techniker aus Frankfurt, Herr Rosenbusch, ein Grieche namens Chardalias, der italienische Lektor, Herr Albano, aber die Bewohner wechselten. Ich befreundete mich mit Herrn Louis Durand-Edwards aus Cleveland, der sich auf eine konsularische Karriere vorbereitete. Er war ein fröhlicher Bursche und ließ mich die amerikanische Kultur von der besten Seite kennenlernen. Er beschloß, mich in Körpererziehung zu unterstützen und mich Langstreckenläufe zu lehren. Ich erinnere mich gut an den ersten Lauf. Es war im beginnenden Winter, die Felder trugen eine dünne

Schneedecke, und die Pfützen waren gefroren. Abends befahl er mir, die Tennisschuhe anzuziehen, eine Jacke ohne Weste, und das Tempo mit ihm zu halten. Der Lauf dauerte nur wenige Minuten, es war nichts Großes, aber nach Durchlaufen einer zum Wald hin ansteigenden Straße schwenkte Edwards plötzlich auf eine Brache um und ich ihm nach. Bei jedem Eindringen des Fußes in den halb gefrorenen Boden fühlte ich das eiskalte Wasser. Bei mir meldete sich das Seitenstechen, aber es war gut, daß ich nicht fror. Da befahl mir Edwards, scharf weiterzulaufen, wenn ich mir keine Lungenentzündung zuziehen möchte. Ich war mir sicher, daß ich ja sowieso sterben müsse und daß dies mein erster und letzter Lauf sein werde. Aber das Seitenstechen ging vorüber, das war das erste Wunder. Im Laufschritt kehrten wir nach Hause zurück, das war Wunder Nummer zwei. Edwards zog mich aus, frottierte mich mit dem Handtuch ab, massierte geschickt meine Beine, gestattete mir, das Abendbrot einzunehmen und dann ins Bett zu gehen. Am nächsten Morgen stand ich auf wie neu geboren, und von da an liefen wir wenigstens einmal in der Woche. Die Läufe gingen über fünf, sechs, manchmal sogar über zwölf Kilometer. Einmal war es im Dezember über Schnee ein Lauf über sechsundzwanzig Kilometer, aber in recht gemächlichem Tempo. Weder ich noch Edwards hatten Interesse an Schausport oder an den Nachrichten über die Ergebnisse der weltbesten Läufer.

Edwards war ein überzeugter Amerikaner. In Göttingen waren einige seiner Landsleute, und über einen von ihnen, einen Studenten der Kunstgeschichte, berichtete er mir mit großer Entrüstung, dieser Herr verehre die europäische Kunst und Wissenschaft und betrachte die sich in den europäischen Kathedralen und der tausendjährigen europäischen Kunsttradition ausdrückende Schönheit als etwas unvergleichlich Höheres als die amerikanische Kultur, deren Barbarismus sich ihm durch den Vergleich enthüllt habe. Ich sah einmal diesen jungen Mann, hatte aber keine Gelegenheit, mit ihm zu sprechen. Allerdings muß ich sagen, daß er einen europäischen Gesichtsausdruck hatte (falls so etwas existiert). Aber Edwards sah diesen Mann als Hochverräter an. Er sprach ihm nicht sein Recht ab, aber als wahrer Pragmatiker forderte er Bejahung des Amerikanismus. Er erzählte mir viel von den Vereinigten Staaten und überzeugte mich, nicht dialektisch, sondern wirklich, vom Wert des menschlichen Typs, der das Ideal Nordamerikas ist. Die amerikanische Erziehung verleiht Einfachheit, Loyalität, Selbstsicherheit, körperliche Tüchtigkeit, verbindet den Respekt vor Älteren mit der Freiheit, macht von fremder Hilfe unabhängig und gebietet in allen Dingen die Anwendung objektiver Kriterien, wie im Sport. Durand-Edwards hatte ein ordentliches college hinter sich und wußte zum Beispiel, wer Edgar Allan Poe war. Er machte mir klar, daß die Staaten große Schwierigkeiten mit ihren Gesandten und Botschaftern haben, die man oft aus dem Umfeld der Bank- und Fabrikdirektoren rekrutiert, ohne ihnen gewisse europäische Empfindlichkeiten und Zeremonien zu erklären. Ein solcher beim serbischen König akkreditierter Herr muß sich beherrschen, um diesem nicht auf die Schulter zu klopfen und ihm zu sagen: Ich habe Sie sehr gern, denn Sie sind ein jolly old king, aber ich könnte Ihren ganzen Palast samt Inventar und Umgebung kaufen, ohne meine diesjährige Bilanz zu beschädigen. Die Amerikaner kennen keine Orden. Als einer der amerikanischen Gesandten bemerkt hatte, daß die Gesandten anderer Staaten auf höfischen Empfängen mit Schärpen, Sternen und Kreuzen glänzen, kaufte er beim Juwelier einige der schönsten Orden, heftete sie an seinen Frack und ging so zum Hofball. Um das zu verstehen, muß man sich in die Rolle eines Weißen versetzen, der als Gast bei einem König der Schwarzen eingeladen ist. Edwards schätzte die Polen als stämmige Arbeiter in Amerika, aber die polnische Frage war für ihn eines der Mysterien des ungeordneten Balkans, bzw. Europas.

Als ich eines schönen Tages nach Hause kam, saß auf meinem Sofa ein junger Mann im Kimono und in indianischen Mokassins, las die Zeitung und aß meine Äpfel. Der Gast begrüßte mich, als würde er mich schon von Kindheit an kennen, legte sich wieder auf das Sofa und erklärte mir, daß Frau Gericke angeordnet habe, hier zu warten, bis ein Zimmer frei würde. Das war Rex Benson, der Neffe des Gouverneurs von Kanada, ein zwanzigjähriger Oberleutnant der Lanzenreiter. Persönlich erlebte ich, wie das britische Imperium vergrößert wird, denn mein Zimmer wurde durch die Armee seiner königlichbritischen Majestät annektiert, und ich legte nicht einmal Protest ein. Das für meinen Begriff unerhörte Benehmen des Oberleutnants war allerdings nicht verletzend, für ihn war es völlig selbstverständlich und natürlich.

Rex Benson, den Edwards Baby nannte, war anständig, gut gewachsen und hatte ein schönes Profil. Mit Edwards hatten sie sich viel über sportliche und turnerische Dinge zu erzählen. Beide schafften es, vom ersten Stock in den Garten zu springen und über das Gesims durchs Fenster ins Zimmer zurückzukehren. Sie belehrten mich, daß solche Fähigkeiten in England und Amerika zur Allgemeinbildung gehören. Benson war von irgendeinem Politiker zur Erforschung der Stimmung nach Deutschland geschickt worden. Er betrieb damit legale Militärspionage.

In der Pension wohnte auch ein Gymnasiallehrer, Herr Seifert. Er war Reserveoffizier in einem Garderegiment. Darüber war er so stolz, wie nur ein deutscher Bakkalaureus über seinen Offiziersrang stolz sein kann. Er besaß selbstverständlich alle Dienstvorschriften des Infanteriedienstes, und Baby lieh sie sich bei ihm aus und las sie. Seifert war glücklich, daß er sie ihm liefern konnte. Benson war ein fröhlicher Mensch, spielte auf dem Klavier und sang dazu französische und englische Kabarettsongs. Er zeigte mir sein Tagebuch einer Reise durch Kanada. Es enthielt kurze Bleistiftnotizen, Notizen über kennengelernte Personen, eingeklebte Visitenkarten und Einladungen, Fotos und Autogramme. Diese unterhaltsame Art der Geschichtsschreibung war damals auf dem Kontinent noch nicht bekannt. Baby diente seit dem siebzehnten Lebensjahr in der Kavallerie, interessierte sich nicht für Frauen, und was das sonderbarste ist, auch sie interessierten sich nicht für diesen eleganten, vollkommen gebauten und schönen Offizier. Überhaupt gingen die jungen Engländer den Frauen aus dem Wege, so als würden sie diese für gefährlich halten. Mir gelang es nicht zu ergründen, woher sie dieses vor Schaden bewahrende Wissen nahmen.

Die Deutschen waren ihnen ähnlich. Eine bestimmte Gruppe von Studenten aus deutschen Großstädten, die sich nicht an die gesetzte Stimmung Göttingens gewöhnen konnten, fuhr von Zeit zu Zeit nach Kassel, wo es ein Theater, ein Kabarett und Mädchen gab. Diese Stadt war in jener Zeit die Hauptstadt des Fürstentums Hessen-Nassau. Daher die herrliche Gemäldegalerie, die leicht zu besichtigen war, denn man fuhr mit dem Schnellzug nur zwei Stunden. Die Galerie besaß eine größere Anzahl Gemälde von Rembrandt, und man sagte, daß sich nach der Petersburger Ermitage hier die größte Sammlung befinde. Es gab da auch eine beträchtliche Zahl Gemälde der flämischen und der italienischen Schule. Unweit der Stadt befanden sich das kaiserliche Schloß und der Park Wilhelmshöhe. Im Park waren Springbrunnen, und er selbst war zwar schön gelegen, aber alles zusammen strahlte wenig Reiz aus. Dafür waren die Wälder und Bäche am Wege von Kassel nach

Göttingen sehr schön, aber am schönsten war Münden am Zusammenfluß von Werra und Fulda. Im Frühling war die kleine Stadt übersät mit Kirschblüten. Dahin fuhren wir öfters. Im Winter unternahmen wir einen Ausflug in den Harz, nach Schierke und Wernigerode. Wir nahmen uns Schlitten mit und rodelten auf kilometerlangen Waldwegen. In Schierke schauten wir uns Ski- und Bobrennen auf speziellen Bahnen an. In der Nacht verirrten wir uns auf dem Wege zum Brocken, dem Kahlenberg deutscher Sagen. Die Leitung unseres Ausflugs oblag Wacław Dziewulski, der sich um die Fahrpläne und die Bewirtschaftung der gemeinsamen Wurstvorräte kümmerte. Der Harz wäre als herrlich einzuschätzen, wenn es nicht auf jedem Gipfel den Duft von schlechtem Kaffee gäbe und wenn er nicht so überlaufen wäre wie jener Wald bei Dresden, wo mehrfach zu lesen war: Frühes Kommen sichert gute Plätze. Aber auch da kann man den Menschen entfliehen. Die positive Seite der Herbergen sind die niedrigen Preise, die Sauberkeit und Behaglichkeit.

Im Harz findet man außerhalb der Feiertage nur die heimische Bevölkerung. Wir besichtigten die alten deutschen Städte Goslar und Hildesheim. In Hildesheim gab es keine Schaffner in der Straßenbahn. An der Vordertür war eine gläserne Schale, in die man zwei Zehnpfennigmünzen warf. Von Zeit zu Zeit drehte sich der Wagenführer um und leerte die Schale in einen unterhalb dieser befestigten kleinen Kasten. Wenn man bei uns zu Hause ein solches System eingeführt hätte, dann müsste die Direktion der Straßenbahn einen eigenen Laden für Knöpfe eröffnen. Nach Göttingen zurück fuhren wir in einem Wagen vierter Klasse. Da waren im Abteil rundherum Bänke angebracht und in der Mitte stand ein kleiner eiserner Ofen. Mit uns fuhren Harzer Holzfäller, die lange unseren polnischen Gesprächen zuhörten und dann höflich fragten, in welchem deutschen Dialekt wir uns denn verständigten. Eine Vereinheitlichung der Sprache gibt es in Deutschland nur im Bereich der Schule, das einfache Volk bedient sich seines Dialekts, und ein Fischer aus dem Friesland kann sich mit dem Tiroler Viehhirten nicht gut verständigen. Im Umland von Göttingen klingt die bäuerliche Mundart manchmal wie das Englische, obgleich sich Hannover als Zentrum der richtigen Aussprache betrachtet. Im dortigen Gymnasium war die Aussprache der Wörter Spitze, Stein, Sprache verbindlich mit einem „s“, wie bei uns bei den Verben „spać“ und „stać“, was in Bayern, Österreich und im rechtselbischen Gebiet völlig unbekannt ist. Überall dort spricht man Schpitze, Schtein,

Schprache. Die Aufteilung der Bevölkerung nach Klassen, dabei meine ich nicht nur die Klassen bei der Eisenbahn, hatte auch Einfluß auf die Ausdrucksweise. In meiner Studienzeit begann die arbeitende Bevölkerung immer stärker den Antagonismus zu den Kreisen der Besitzenden wahrzunehmen. Ein Student in Flanellhosen, der mit seinem Schläger zum Tennisplatz ging, mußte die Straßen der Arbeiterviertel meiden, wenn er nicht Bemerkungen wie „Schmarotzer" hören wollte. In den großen Städten wie Düsseldorf und Köln würden Frauen in Pelzmänteln in einem Fabrikarbeiterviertel Gefahr laufen, mit Dreck beworfen oder bespuckt zu werden.

Nach Hamburg war es auch nicht weit. Einmal fuhren wir zu dritt für drei Tage dahin: Sierpiński, Banachiewicz und ich. Hamburg ist wohl die schönste Stadt Deutschlands. Im Zentrum liegt das Alsterbecken, umgeben von den größten Gebäuden dieser unabhängigen hanseatischen Hafenstadt. Dieses Becken ist mit dem äußeren verbunden, dessen Rand man von der sie trennenden Brücke aus nicht sehen kann. Am äußeren Becken liegen die Villen und Gärten der reichen Bewohner Hamburgs. Auf den Wasserflächen fahren Jachten und Kähne, die der Stadt einen eigenen Reiz verleihen. In der Altstadt stehen nach norddeutscher Art gebaute gotische Kirchen, an den Schiffahrtskanälen aus alten, dunklen Ziegelsteinen errichtete Speicher. Es gibt auf der Hafenseite auch neue Wohngebiete. Der Hafen wirkt wie eine aus riesigen Schiffen errichtete eigene Stadt. Kleine Dampfschiffe befördern Arbeiter, Seeleute, Händler und Passagiere von einer Anlegestelle zur anderen. Man sieht unter den Fahrgästen auch Chinesen und Schwarze und hört alle Sprachen der Welt. Für mich waren damals alle unverständlich, und auch von dem, was die Hafenarbeiter miteinander sprachen, verstand ich kein einziges Wort. Mit solchen kleinen Dampfschiffen fuhr ich durch den ganzen Hafen und bewunderte die riesigen Kräne und transozeanischen Ungeheuer. Das Mittagessen nahm ich in einer Gaststätte unweit des Hafens ein. Die anderen Gäste waren fast nur Kaufleute mit geröteten Gesichtern, die sich laut unterhielten und lachten. Sie aßen englisches Beefsteak und tranken Rotwein. Dazu rauchten sie Havannazigarren und neckten die dicke, muntere Kellnerin, die augenscheinlich daran gewöhnt war. Hier war nichts von der Sparsamkeit und Genügsamkeit des deutschen Kleinbürgertums zu spüren, sogar das Essen war reichlich und schmackhaft. Das war kein Preußen, sondern die „Freie Hansestadt Hamburg".

Anfangs war es für mich schwer, die Klassenstruktur Deutschlands zu durchschauen. Man konnte unsere damaligen Klassen mit den deutschen nicht vergleichen. Bei uns waren die Stadtbewohner zumeist freiberufliche Intellektuelle oder Angestellte unterschiedlicher Stufen. Diese Klasse war in Deutschland in recht geringer Zahl vertreten. Die Masse des Bürgertums konnte man unter den Fahrgästen der 3. Klasse finden. Die deutsche 2. Klasse bei der Eisenbahn entsprach unserer 1. Klasse. Die römische Ziffer „I" konnte man auf einem deutschen Waggon nur bei den Fernzügen finden, und selten fuhr in ihr ein Deutscher. Fahrgäste der 3. Klasse waren Handwerker, Monteure, Chauffeure, Lehrer, Eisenbahner, Kaufleute, Studenten, Handelsvertreter, Verkäufer, Handelsreisende, Techniker, Zahnärzte usw. Alle sie besaßen gewisse Ähnlichkeiten: Jeder hatte ein Kursbuch, in dem er wie in einem Roman las. Jeder hatte einen kleinen Koffer, den man leicht in einer Hand tragen konnte. Keiner nahm die Hilfe des Gepäckträgers in Anspruch, und auch keiner nutzte den Speisewagen. Oft hatte man mit Leberwurst oder Frankfurter Wurst belegtes Brot bei sich. Auf größeren Bahnhöfen wurde am Kiosk Bier getrunken, manchmal aß man von einem Pappteller Bockwurst mit Mostrich und Brot. Man las die Zeitung, unterhielt sich manchmal über Politik, wobei die geäußerten Ansichten eine Mischung aus Demokratie und Nationalismus darstellten. Als ich Fräulein Thomas, die zu diesen Kreisen gehörte, einmal fragte, wozu Steuern nötig sind, antwortete sie: Für die Armee. – Und die Armee wofür? – Um gegen die Franzosen zu kämpfen. – Mit welchem Ziel? – Das konnte sie schon nicht sagen.

Die Demokratie verstand man so, daß jeder in der Armee seinen Dienst tut, daß jeder Steuern zahlt, daß man in der Gaststätte um Gottes Willen nicht ein Kännchen Kaffee bestellen muß, denn das kostet doppelt so viel wie eine Tasse, daß man 3. Klasse fahren sollte, weil diese ebenso bequem ist wie die 2. Klasse, daß der Eisenbahnminister Breitenbach eine per Postkarte an ihn gerichtete Eingabe sehr schnell beantwortet und daß der Handel eine einträgliche Beschäftigung und nicht schlechter ist als ein an der Hochschule gelernter Beruf. Und die Bezeichnung Großkaufmann galt schon für jeden Kleinhändler als Ideal.

In der zweiten Klasse fuhren die Offiziere, Beamte mit den Titeln Assessor, Landrat, Studienrat u. ä., aber auch Grundbesitzer, Korpsstudenten, Fabrikbesitzer. Diese ganze Gesellschaft hatte Gefallen an der Bezeichnung „feudal" und übertrug diese sogar auf die Möbel, Tintenfässer und Aschenbecher, womit die sprachliche Barbarei deutlich wird, die für Deutschland nach 1871 charakteristisch war. Die in der zweiten Klasse reisenden Damen kleideten sich englisch, trugen dunkelblaue Kostüme, amerikanische Schuhe und keinen Flitterkram, höchstens eine Brosche aus Bernstein oder Altgold. Blondinen stand diese Mode besonders gut. Man las unterwegs die „Jugend", ein illustriertes Magazin, dessen satirische Einstellung – unter dem Schein des Liberalismus – antikatholisch, antipartikularistisch und antipolnisch war. Wie Bainville in seiner Geschichte dreier französischer Generationen richtig feststellt, verstanden die im Kaiserreich nach 1870 mit der allgemeinen Bildung und dem allgemeinen Wahlrecht vereinigten Deutschen die Losungen des Liberalismus auf eigene Weise. So billigte auch der Reichstag kritiklos die Kredite für den Ausbau der Flotte, deren Bedarf die Kaufleute und Exporteure besser verstanden als die Junker und Krautjunker, stellte Geld für die allgemeine Schulbildung zur Verfügung, ohne die es nicht genug Offiziere gäbe, und für die defizitären afrikanischen Kolonien, deren Notwendigkeit Bismarck nicht verstehen konnte. Für den Traum vom deutschen Imperium opferten die Hohenzollern ohne Bedenken die Traditionen des preußischen kontinentalen Spartas, des Landes der Bauern und Offiziere, der sparsamen Bürokratie und des puritanischen Protestantismus. Serenissimus, der souveräne Fürst in einem kleinen Ländchen, wie z. B. die jüngere Reuß-Linie oder Sachsen-Coburg-Gotha, wurde zu einem beliebten Witzthema, wie es früher die Schwiegermutter, der Dackel oder der zerstreute Professor in den Spalten der „Fliegenden Blätter" waren. Das war eine schlechte Revolte gegen diejenigen, die nur noch zum Anschein eine Regierungsgewalt besaßen. Denn weder die Armee noch die Eisenbahn, die Post oder die Zolleinnahmen gehörten diesen Fürsten, die in ihren stillen Residenzen das alte Deutschland repräsentierten, wie es Frau von Stäel idealisiert hatte, das Deutschland jenes Fräuleins von Gerolstein, das im Wald von einem armen Köhler gefragt, ob es vielleicht Holzkohle braucht, sich an den ihm folgenden Lakai mit dem Befehl wendet: „Sagen Sie ihm, daß ich keine brauche!" Das war eine andere Art des Hochmuts, als das berühmte „Immer feste druff!", das der Kronprinz an seine Offiziere in der Saverne im Elsaß telegrafierte.

Es existierte in Deutschland auch eine Satire, die die Fahrgäste der 2. Klasse weniger zufriedenstellte, aber Weltruhm genoß. Der Münchner „Simplizissimus“ mit Texten eines Satirikers namens Thoma und Karikaturen eines Zeichners mit dem tschechischen Namen Rezniček wurde an den Eisenbahnkiosken der preußisch-hessischen Eisenbahn nicht angeboten. Seit Verkündung des Verbots war das Reklamesymbol dieser Wochenschrift eine von der Kette gerissene rote Bulldogge, die auf den Gleisen sitzt, so daß die Lokomotive auf diesen Anblick hin sich aufbäumt. Die Kolonialpolitik Wilhelms I. faßte der „Simplizissimus“ in einer Karikatur zusammen, die eine von westafrikanischen schwarzen Hereros belagerte altpreußische Festung zeigte. Hinter den Gittern sieht man fliehende Weiße, während Schwarze das Tor aufbrechen. Dazu der Text: „Warum müssen wir den Hereroaufstand in Afrika niederschlagen?“ – „Sonst könnten die Schwarzen bis nach Potsdam vordringen und dort die Sklaverei abschaffen“. Einen Kommentar zu diesem Aufstand erhielt ich viel später, erst 1923, aus dem Munde einer Deutschen. Sie war die Frau eines Fotografen und kehrte aus Südwestafrika ins heimatliche Leipzig zurück. Sie erklärte mir, daß die Engländer nach dem Sieg über Deutschland diese Kolonie unter die Verwaltung der Buren stellten und daß diese den Deutschen eine solche Niederlage bereiteten, daß es nicht mehr auszuhalten war. Ich fragte daraufhin, was mit den Hereros sei. Da sagte sie, daß die Schwarzen nicht ohne die Weißen leben könnten, denn sie wüßten nicht wovon.

„Und früher, wovon haben sie da gelebt?“ fragte ich.

„Früher hatten sie Kühe.“

„Und was ist mit den Kühen geschehen?“

„Die haben wir ihnen schon längst weggenommen als Strafe dafür, daß sie einen Aufstand gemacht haben.“

Mir kam eine Karikatur im „Simplizissimus“ in Erinnerung, und ich sah in Kurzfassung die Geschichte dieses Landes, in dem zuerst die Kühe die Sklavinnen der Hereros waren, dann die Hereros die der Deutschen und schließlich die Deutschen Sklaven der Buren.

Ein Bild Deutschlands im ersten Jahrzehnt des 20. Jahrhunderts versuchte der französische Journalist Jules Huret in seinem lebendig und humorvoll geschriebenen Buch „L 'Allemagne“ zu zeichnen. Dieses Buch verursachte in Göttingen einige Unruhe, denn Huret warf den dortigen Bonzen vor, daß sie keine höhere Mathematik lehren, sondern sich die Aufgabe durch Kursvorlesungen erleichtern. Huret kannte die Institution der Privatdozenten nicht, die es in Frankreich nicht gibt. Diese behandelten in ihren Vorlesungen gewöhnlich auch Dinge, die über das hinausgingen, was die künftigen Gymnasiallehrer im Examen nachweisen mußten. Die didaktische Erfahrung der Professoren war nötig, damit sich die Studenten, die nach vier Jahren Studium das Staatsexamen für das Lehrfach Mathematik an der Oberschule ablegen sollten, die Elemente der Analysis, Algebra und Geometrie gründlich aneignen konnten. Daher erfolgten diese Vorlesungen der Professoren meist vor vollem Auditorium. Man vermutete, daß der Astronom Brendel, der mit einer Französin verheiratet war, Huret als Informationsquelle gedient hatte. Das führte dazu, daß Brendel Göttingen verlassen mußte. Aber in Göttingen hegte man für die französischen Mathematiker hohe Anerkennung und empfahl den Studenten vor allem die Lehrgänge der französischen Analysis, also Jordan, Picard und Goursat und noch Serrets Lehrbuch als Kurs in Algebra. Klein war Anglophile und hielt uns an, Englisch zu lernen, um mit den Lehrbüchern der Mechanik von Routh oder Lamb arbeiten zu können. Die Physiker lernten Experimentalphysik aus russischen Werken, und der Geophysiker Wiechert empfahl uns die Geophysik von Rudzki, einem Professor der Krakauer Jagellonen-Universität, in deutscher Übersetzung. Um also Göttingen gerecht zu bewerten, muß man sich der Bedeutung dieser nichtdeutschen Lehrbücher bewußt werden, auf die man sich hier in erheblichem Maße stützte.

Indem die unberechenbaren Deutschen dem unberechenbaren Hitler gefolgt sind und sich vom Beitrag der deutschen Juden für die deutsche Wissenschaft getrennt haben, haben sie sich damit selbst auf einen zweitrangigen Platz in Europa begeben. Wenn Minkowski, Landau, Schwarzschild, Toeplitz, Born, Courant, ich nenne hier nur die Mathematiker und Physiker, aus dem Ehrenbuch GLORIA GERMANIAE gestrichen würden, bliebe Göttingen zur Freude des Herrn Huret lediglich als provinzielle Universität übrig.

Auch andere Ausländer, wie der Grieche Carathéodory, der Russe Ehrenfest mit Frau, der Däne Harald Bohr, der polnische Astronom Banachiewicz und Sierpiński haben zur Bedeutung der Georg-August-Universität beigetragen. In Göttingen weilten auch vorübergehend solche Wissenschaftler wie Henri Poincaré und Marian Smoluchowski. Und auch der Nobelpreisträger für Experimentalphysik, A. Michelson, wohnte im Jahre 1911 einige Monate in Göttingen. Einige dieser Aufenthalte wurden aus dem Fonds des sog. Wolfskehl-Preises finanziert, denn ein gewisser Wolfskehl hatte sein ganzes Vermögen als Preis für denjenigen dediziert, dem es gelingt, das „große Fermat'sche Gesetz" zu beweisen. Das war eine Summe von 100.000 Mark, die aber nach dem Ersten Weltkrieg durch die Inflation verlorenging.

Die Entstehung der speziellen Relativitätstheorie erzeugte an der Leine, wie ein kleines, Göttingen durchströmendes Flüßchen heißt, eine nicht geringe Aufregung. Hermann Minkowski stellte sie in der Mathematischen Gesellschaft vor und gab ihr eine vollkommene mathematische Gestalt. Er begann mit der Würdigung der großen Leistung Albert Einsteins, fügte aber hinzu, daß die mathematische Bildung dieses jungen Physikers nicht besonders hoch ist, „was ich um so mehr ohne Bedenken sagen kann, als er sie seiner Zeit in Zürich von mir erhalten hat". Nur kurze Zeit nach diesem Vortrag bekam Minkowski eine Blinddarmentzündung. Die Operation erfolgte zu spät, so daß er starb. Vor seinem Tode äußerte er sein Bedauern, daß er nun den Beweis für das Waringsche Gesetz nicht mehr kennenlernen kann. Dieser Beweis wurde eben in dieser Zeit von Hilbert geliefert, der damit ein Problem löste, das zweihundert Jahre zuvor formuliert worden war. Selbst der Tod konnte diesem Mann die Begeisterung für die Wissenschaft nicht nehmen! Die Begeisterung fand manchmal einen krassen Ausdruck: Hilbert sagte, wenn es ihm gegeben wäre, nach zweihundert Jahren von den Toten aufzuerstehen, würde er nicht nach dem menschlichen Fortschritt im gesellschaftlichen oder technischen Bereich fragen, sondern vor allem danach, was man über die Nullstellen der Dzeta-Funktion weiß, „weil das nicht nur das interessanteste mathematische, sondern überhaupt und allgemein das spannendste Problem ist ..."

Göttingen betrachtete damals die Relativitätstheorie als Triumph der axiomatischen Methode, also der Methode, die der Wissenschaft durch Hilberts Grundlagen der Geometrie ins Bewußtsein gerückt worden war. Einsteins Theorie fand auch ihre Gegner. Besonders Wiechert und auch Runge wollten sie nicht anerkennen. Die Diskussion hatte ein hohes Niveau, wenn man sie mit dem Nonsens vergleicht, den man zehn Jahre später in verschiedenen Broschüren lesen konnte. Man muß gestehen, daß die Popularisierung schwieriger Theorien nicht das Wissen in die breiten Massen trägt, sondern eher Konfusion verbreitet. Der Ruhm, mit dem sein ungebetener Hofjournalist Moschkowski und das „Berliner Tageblatt" Einstein umgaben, hat das Verständnis für diese ohne mathematische Bildung unverständliche Theorie nicht erleichtert, aber eine gewisse Lust zur Meinungsäußerung über die Juden entfacht, die falsche, pseudowissenschaftliche Theorien verbreiten ... Die Zeitungen hatten schnell erkannt, daß ihnen ein solches Thema Gewinn verspricht, und auf diese Weise gelang es, eine Verbindung zwischen dem Antisemitismus und einer negativen Ansicht über den Relativismus herzustellen.

Minkowskis Nachfolger, Edmund Landau, war mißgelaunt, wann immer die Physiker einen Angriff auf die wissenschaftliche Gesellschaft vornahmen, denn er mochte die Physik nicht sehr und wollte nicht über Dinge sprechen, die er nicht restlos verstand. Er besaß ein epigrammatisches Talent. Als die Mengenlehre ihre Stimme erhob, schrieb Kurt Geisler über sie ein populäres Buch mit dem Titel „Das Wesen der Unendlichkeit". Ich fragte Landau, ob er das Buch gelesen habe, und er antwortete: „Kurt Geisler war Hauslehrer beim Grafen Arco in Berlin, und eines schönen Morgens floh er mit der Frau des Grafen und dessen Handkasse nach Italien. – Weil er sich in der Endlichkeit so abscheulich verhalten hat, glaube ich nicht, daß sein Benehmen in der Unendlichkeit besser sein wird."

Landau arbeitete unermüdlich, hatte eine kräftige Statur, war stets bei guter Laune und immer zu mathematischen Gesprächen bereit, im Seminar, auf der Straße, zu Hause, in der Gaststätte, am Morgen und am Abend. Er war sehr reich, seine Frau war eine Tochter des berühmten Ehrlich aus Frankfurt, der zusammen mit dem Japaner Hata das Präparat 606 erfunden hatte. Seine private mathematische Bücherei stand mancher Seminarbibliothek nicht nach. Er war ein Schüler Pringsheims aus München und hatte von ihm die Präzision der Beweisführung gelernt, entwickelte für sich aber einen eigenen, lakonischen und originellen Stil. Er legte großen Wert auf völlige Korrektheit des Textes und unterzog seine Arbeiten vielfacher Korrektur, eigener und der seiner Freunde. Als einmal in den Warschauer „Mathematisch-physikalischen Arbeiten" im Titel ein Punkt hinter seinem Namen ausgelassen worden war, forderte er den Neudruck des ganzen Druckbogens. Für Mathematiker, die mit Fehlern, unvollständigen Beweisen oder Hypothesen behaftete Arbeiten veröffentlichten, hatte er nur Geringschätzung, ja selbst Verachtung, und betrachtete diese als unredliche Menschen. Sein Geschick im Finden von Fehlern war so groß, daß ihm das Eisenbahnministerium immer die neuen Fahrpläne zusandte, im Wissen, daß er in ihnen die Fehler entdeckt, die kein anderer finden würde.

Er war auch ein ausgezeichneter Schachspieler. Eine besondere Vorliebe hatte er für die Arbeiten Sierpińskis, deren Präzision seinen besonderen Ansprüchen entsprach. Alle diese berühmten Professoren waren sehr gewissenhaft, wenn es um die Erfüllung ihrer täglichen Aufgaben ging. Sie ließen keine Vorlesungen ausfallen, kamen nicht zu spät, nahmen keine Bücher aus dem Lesesaal mit. Als aber einmal Minkowski für eine kurze Zeit ein Buch aus dem Lesesaal, dessen Codirektor er war, mitnahm, mußte er sich zusammen mit anderen eine öffentliche Zurechtweisung von Klein anhören, wobei zwar kein Name genannt wurde, die aber deutlich an ihn gerichtet war.

In dieser Atmosphäre fühlten sich Menschen, die ein anderes Klima gewöhnt waren, nicht besonders wohl, nicht nur Ausländer, sondern auch Deutsche, zum Beispiel Studenten aus Wien. Es ist eine andere Sache, daß die Deutschen die Österreicher als Ausländer betrachteten. Sie waren konsequent bei der Gleichsetzung von Nationalität und Staatsangehörigkeit. Während sie Polen aus dem Posener Raum als Preußen bezeichneten, waren Wiener für sie Ausländer. In der Pension von Frau Gericke wohnte für einige Zeit ein Student namens von Strauch. Er war ein Baltendeutscher, der das deutsche Gymnasium in Dorpat absolviert hatte, nur deutsch sprach und sich als Deutscher betrachtete. Alle Kommilitonen nannten ihn „Russe", denn jemand, der nicht in der deutschen Armee dient und im Reich keine Steuern zahlt, ist kein Deutscher.

Es gab noch andere Sachen, die uns sonderbar erschienen. Einmal hatte Frau Gericke einige Eintrittskarten für eine Feierlichkeit des Bundes der Burschenschaften im Saal des Stadtparks erhalten. Wir gingen dahin und nahmen unsere Plätze in einer der Logen ein. In der Mitte des Saales standen Tischreihen, an denen Burschenschaftler mit ihren Mützen und Schärpen saßen. Sie tranken Bier und sangen, wie es dem durch den Bierkodex geheiligten Ritual entsprach. Im Saal ging ein Blumenmädchen herum. Als einer der Studenten eine Rose kaufte, dachte ich, daß er diese Blume einem der Teenager schenken würde, die in den Logen saßen und mit Entzücken der trinkenden Gesellschaft zuschauten. Aber der Student stand auf und überreichte die Rose mit unerhörter Unterwürfigkeit einem anderen Burschenschaftler. Im Laufe des Abends wiederholte sich diese Szene noch einige Male. Ich erkannte, daß das germanische Ideal nicht mehr der Ritter in seiner mittelalterlichen Bedeutung ist. Die Frau als schwaches Wesen ist für ihn ein verachtenswertes Objekt, und ein wahrhafter Kreuzritter fühlt sich nur hinter den Mauern der Festung wohl, die für ihn zugleich Wachhaus, Schenke und Männerkloster ist. Damit haben Frauen dort aus dreierlei Gründen keinen Zutritt.

Das gelehrte Göttingen begnügte sich nicht mit theoretischer Arbeit. Klein und Hilbert veranstalteten alle paar Wochen Ballonaufstiege zum Zwecke meteorologischer Forschungen, besonders auf dem Gebiet der atmosphärischen Elektrizität. Runge nahm auch an Expeditionen zur Beobachtung von Mondfinsternissen teil.

Im Jahre 1910 wechselte ich für die Zeit des Sommersemesters nach München. Dort hörte ich nur wenige mathematische Vorlesungen, in Mathematik nur die von Pringsheim, in Astronomie die von Seeliger. Es ging mir mehr um das Kennenlernen der Stadt und ihrer Umgebung. Polnische Bürger gab es dort in großer Anzahl, und sie hatten sogar ihre amtlich zugelassene Vereinigung. Ich traf mich oft mit Kazimierz Jantzen, einem Astronomen. Die Wohnung hatte ich in der Arcis-Straße Nr. 66 in der vierten Etage und hatte da oft Gelegenheit, die Venus als Morgenstern zu sehen, denn manchmal kam ich erst in der Morgendämmerung nach Hause. An der Wand gegenüber meinem Bett hing ein kitschiges Gemälde, das einen Tiroler Schützen darstellte, dem ein Mädchen einen Krug Wasser überreicht. Morgens im Halbschlaf erschien mir im Rahmen dieses Bildes ein anderes, zum Beispiel einmal der Kopf eines alten Mannes. Diese Vision dauerte nach dem Aufwachen noch einige Sekunden an. Sie entstand wie in absichtlich zweideutig gezeichneten Strichrätseln aus den Linien der vorhandenen kitschigen Darstellung. Aber was mich überraschte, diese Vision war an jedem Morgen anders, immer gespenstisch deutlich und immer aus den Elementen der wirklich vorhandenen Zeichnung des Schützen zusammengesetzt.

Die polnische Kolonie krankte an den Ansichten über die Ehre. Ich war einmal Anwalt einer der Seiten in einer solchen Angelegenheit und konnte errechnen, daß zehn bis zwanzig Menschen dafür einige zehn Stunden eingebüßt hatten, und solche Dinge gab es in jedem Semester mehrere. Am Ende führten die älteren Mitglieder der Kolonie für alle Arten von Verfehlungen ein System empfindlicher Geldstrafen ein. Nach einigen Monaten dieses Regimes verschwanden die Ehrenangelegenheiten, so als hätte man eine Hand amputiert.

Wir unternahmen Ausflüge nach Königsee, nach Garmisch-Partenkirchen und auf den Watzmann. Unserer Reisegesellschaft gehörten die Frauen Dziewulska und Majewska sowie die Herren Korowicz, Hedinger, Jantzen, Cieszyński, L. Suchowiak, T. Rotwand, Jan Fryling und andere an. Wir probierten in den Alpen, im Mai, barfuß im Schnee zu laufen und erkannten, daß man stundenlang so spazieren kann, ohne die Kälte zu empfinden.

Einmal unternahmen wir eine Exkursion, um den Halleyschen Kometen zu sehen. P. Rozenblum aus Wilno gehörte zu unseren ernsthaftesten Kollegen. Er zeigte mir den „Mittagstisch" in der Vorstadt, wo die polnischen Kollegen ihr Mittagessen einnahmen. Dort lernte ich einen Studenten kennen, der die Theorie von Freud ganz frisch aus der Schweiz, oder auch aus Wien mitgebracht hatte. Diese Theorie erregte Aufsehen, und sei es durch ihren skandalösen Charakter. Rozenblum und seine Verlobte setzten gleich bei der ersten Gelegenheit einen jungen Psychoanalytiker auf mich an. Der verkündete mir, daß unbewußte sexuelle Träumereien die wahre Grundlage aller bewußten Gedanken und Ansichten sind und daß man auf diese Weise ihre Entstehung lückenlos erklären kann. Ich fragte ihn daraufhin, ob wohl Freuds Theorie selbst auch so zu erklären ist. Zuerst verstand er die Frage nicht, aber am Ende verstand er doch und wehrte ab. Herr Rozenblum, der berühmt werden wollte, wurde es, obgleich er wohl nicht vorausgesehen hatte, daß die Sache sich ins Gegenteil verkehren wird. Damals kannte ich noch nicht Karl Kraus' Aphorismus: Psychoanalyse ist die Krankheit, für deren Therapie sie sich hält, der unsere damalige Diskussion und manche weitere zu einem genialen Satz zusammenfaßt.

Ich besuchte Herrn Professor Pringsheim. Mein Tarnower Großvater kannte seinen Vater in Oberschlesien sehr gut. Dieser hatte dort Pferdebahnen eingeführt und damit ein beträchtliches Vermögen verdient. Professor A. Pringsheim wiederum kannte meinen Großvater aus Berichten seines Vaters. Als er von mir hörte, daß ich aus Göttingen kam, meinte er, daß man in Göttingen viele schwierige Sachen beherrscht, die einfachsten aber nicht kennt. Als Beispiel zeigte er mir eine Göttinger Dissertation, deren Verfasser das klassische Gesetz von Fourier über das doppelte Integral systematisch als das Gesetz von Hilbert bezeichnet. (Selbstverständlich betraf dieser Vorwurf nicht Hilbert, schuld waren die Göttinger Doktoranden.)

In die Ferien fuhr ich wie gewöhnlich nach Jasło. Es war das Jahr 1910. Als meine Schwestern an einem Sommerabend aus Gorajowice zurückkehrten, beschrieben sie mir ein sonderbares Ereignis eines violett gefärbten Himmels in nördlicher Richtung. Am nächsten Tag meldeten die Zeitungen Störungen in der Überlandtelefonie, was mir die Gewißheit gab, daß meine Schwestern ein Polarlicht gesehen hatten. Ich notierte Tag und Stunde und erzählte das im Herbst in Göttingen dem Astronomen Wiechert. Er war sehr verwundert, daß das Polarlicht so niedrige geografische Breiten erreicht.

Der letzte Abschnitt meines Aufenthalts in Göttingen war für mich sehr abwechslungsreich. In dieser Zeit, d. h. im Studienjahr 1910/1911, weilte dort auf Einladung der Universität mehrere Monate lang Albert A. Michelson. Er war berühmt durch sein Experiment, daß die Bewegung der Erde um die Sonne keinen optischen Effekt erzeugt, wie man ihn eigentlich erwarten müßte, wenn das Trägermedium des Lichtes (der Äther) in Bezug auf die Sonne unbeweglich wäre. A. Lorentz und A. Einstein entwickelten unabhängig voneinander Theorien über die Beziehungen zwischen materieller Bewegung und der Fortpflanzung des Lichtes. Michelson nahm bei Frau Gericke Quartier, so daß ich Gelegenheit hatte, ihn recht gut kennenzulernen. Sein Geburtsort war Strzelno im Posener Gebiet. Dort war sein Vater Gastwirt, wanderte aber in den sechziger Jahren des 19. Jahrhunderts mit seinem kleinen Sohn in die Vereinigten Staaten von Amerika aus. Albert trat nach Abschluß eines Ingenieurstudiums in die Kriegsmarine ein. Er zeichnete sehr gern. Er erzählte mir, daß er bei einer Übungsfahrt zusammen mit anderen Kadetten in irgendeinem Hafen an Land ging mit der Erlaubnis, bis zum Dunkelwerden an Land zu bleiben. Die Kameraden gingen in die Stadt, betranken sich und überschritten die Stunde der Rückkehr. Er aber fand eine einsame, schöne Stelle und begann zu skizzieren. Das nahm ihn so in Anspruch, daß er sich ebenfalls verspätete. Die Kollegen entschuldigten sich damit, daß sie betrunken waren, wofür der Kapitän Verständnis hatte. Aber Michelsons Entschuldigung, daß er beim Zeichnen vergaß, auf die Uhr zu schauen, erschien dem Kapitän absurd ... Das Ergebnis war, daß es Albert für zwei Wochen verboten war, das Schiff zu verlassen.

Kurz danach verließ er die Marine und begann im Selbststudium Physik zu studieren. Bald wurde er als Produzent von Beugungsgittern berühmt. Das waren kleine Metallspiegel mit eingeritzten parallelen Rillen, die so unerhört präzise und dicht waren, daß auf die Breite eines Millimeters einige hundert Rillen entfielen. Michelson widmete sich dem Bau eben solcher optischer Geräte. Sein Apparat zur Herstellung der Beugungsgitter war ein Automat, gewissermaßen ein Pflug, bei dem ein winzig kleiner schwarzer Diamant die Aufgabe der Pflugschar übernahm. Den hatte er mit einer Lupe aus anderen so ausgewählt, daß die natürliche Kante eine ideale Schneide darstellte. Dieses winzige Steinchen drückte mit seinem Gewicht auf das Metall, aber diese Kraft war schon zu groß, so daß sie durch ein Gegengewicht vermindert werden mußte. Dieser Pflug pflügte das Metallplättchen automatisch und war zur Vermeidung von Erschütterungen im Keller auf einer schwimmenden Grundplatte aufgestellt. Elektrische Widerstände sorgten für konstante Temperatur, indem sie bei jeder Temperaturabweichung Glühlampen ein- oder ausschalteten. Am Ende lieferte dieses Gerät ein mit Rillen versehenes Metallplättchen, das auf einem Millimeter bis zu mehreren tausend Furchen aufwies. Michelson brachte einige dieser Beugungsgitter nach Göttingen mit. Das von einem solchen Plättchen reflektierte Sonnenlicht erzeugte ein Prisma von mehreren Metern Breite. Ohne jegliche Kollimatoren und Linsen konnte man beim Blick auf einen derartigen Metallspiegel im roten Bereich des Spektrums dunkle Linien erkennen, die das Vorhandensein von Eisen in der Sonne anzeigten.

Bevor Michelson dieses Gerät für die Herstellung der wundervollen Spiegelchen baute, mußte er ein Interferometer konstruieren. So nennen die Physiker ein optisches Gerät, das die gegenseitige Verschiebung von Gegenständen zu bestimmen gestattet. Das Michelsonsche Interferometer gestattete die Bestimmung von Verschiebungen um Millionstel Millimeter. Als ich Michelson kennenlernte, war er Professor für Experimentalphysik an der Universität von Chicago und hatte dort als Nobelpreisträger eine privilegierte Stellung. Er erzählte mir, daß er einen kleinen Interferometerspiegel an einem riesigen Gesteinsblock befestigt hatte, der in die Kellerwand eingemauert war. Wenn man diesen Block im Abstand von einem Meter vom Spiegel mit dem Finger drückte, konnte man eine Verschiebung der Interferenzlinien beobachten, was von einer Ortsverschiebung des Spiegels zeugte. Durch die Präzision der Apparatur gab es einmal ein ungewöhnliches Ereignis. Eine Studentin sollte irgendeinen magnetischen Effekt im Laboratorium messen, aber die Messungen wollten ihr nicht so recht gelingen. Michelson wies sie darauf hin, daß sie keinerlei Metallgegenstände am Körper haben dürfe. Die Studentin versicherte ihm, daß sie weder Schlüssel noch Ringe oder Uhren bei sich trage, doch die Meßergebnisse wurden nicht besser. Am Ende vermutete der Professor, daß das Fräulein ein Mieder, das Metalldrähte enthielt, am Körper habe, wozu sich die Studentin sehr verlegen bekennen mußte …

Michelson benutzte das Interferometer für sein berühmtes Experiment des Vergleichs der Lichtgeschwindigkeit in Richtung der Erdbewegung mit der Geschwindigkeit in dazu senkrechter Richtung. Es zeigte sich, daß beide Geschwindigkeiten gleich sind, was eine ungemein große Bedeutung für unser Wissen über den physikalischen Raum hatte und zum Ausgangspunkt für die Schaffung der Relativitätstheorie wurde. Diese Entdeckung verschaffte Michelson den Nobelpreis. Er berichtete mir, daß die Herstellung einer Präzisionsschraube für das Interferometer ein halbes Jahr Arbeit gekostet habe. Er hatte einen schwedischen Mechaniker, einen Spezialisten in dieser Kunst. Der Schwede wollte die schon fertige Schraube einmal an einen anderen Platz bringen, wobei sie ihm auf die steinerne Treppe fiel. Obgleich an der Schraube unter einer Lupe keinerlei Schäden zu erkennen waren, mußte er eine neue anfertigen.

Michelson kam mit seiner Frau und drei kleinen Töchtern nach Göttingen. Er war damals schon 58 Jahre alt, spielte aber noch hervorragend Tennis. In Gesellschaft gab er sich sehr natürlich. In Chicago hatte er wöchentlich zwei Stunden Vorlesung, „wenn es nicht regnete“. Er begeisterte sich für Haeckels Buch „Formen der Natur“ und erzählte, daß er einmal einen Halbjahreslehrgang gehabt habe, in dem er die ganze Zeit Zeichnungen und Fotografien zeigte, die von der erstaunlichen Analogie zwischen den Geometrien der lebenden und toten Natur zeugten. Er zeigte mir einen schönen und einfachen Versuch: Man gibt in ein Glas mit ruhigem Wasser ein Tröpfchen Tinte. Aus dem Tropfen bildet sich ein Faden mit einem Kügelchen am Ende. Dieses Kügelchen verwandelt sich in einen Ring, an dem zwei nach unten gerichtete Fäden entstehen, an deren Ende sich wiederum Kügelchen bilden, die sich in Ringe verwandeln usw., so daß innerhalb weniger Sekunden im Glas ein ganzer, mit der Krone nach unten gerichteter Baum aus Tinte entsteht. Er stellte die Frage, warum das so ist, aber niemand konnte sie ihm beantworten. Ich weiß bis heute nicht, was die Physiker dazu sagen. Aber Michelson war eher ein Naturforscher als Mathematiker, und die Aneignung mathematischer Bildung schien ihm so schwierig wie mir das Zusammenbasteln irgendeines Instruments. Gerade damals erwarb ich mein Göttinger Doktorat, und Michelson machte mir den Vorschlag, als sein mathematischer Assistent nach Chicago zu kommen. Ich tat das nicht, denn ich hatte genug vom Aufenthalt in der Fremde während des Studiums.

In Göttingen gab es eine ansehnliche japanische Kolonie, mit der wir gute Beziehungen pflegten. Einmal luden wir die Japaner zu uns ein und überreichten ihnen als Geschenk das Album „Polnische Kunst". An dieser Kunst fanden sie wenig Gefallen und urteilten, daß nur Wyspiański gut zeichnen kann. Sie sangen uns ihre Nationalhymne vor, wobei es für uns schwierig war, ernst zu bleiben. Als wir uns mit dem Vorsingen der „Warszawianka" revanchierten, fielen sie vor Lachen fast von den Stühlen.

In der Pension von Frau Gericke wohnte im Jahre 1910 Professor Porter aus Austin in Texas. Auf diese Weise hatte ich viel Gelegenheit, Amerikaner kennenzulernen. Den Hauptunterschied zwischen ihnen und uns Europäern sehe ich in ihrem aktiven Verhältnis zum Leben. Alle pessimistische Philosophie ist ihnen fremd. Sie sind der Meinung, es sei besser, etwas zu tun, als nur zu reden. Ihre Vergnügungen sind naiv. Das gegenseitige Bewerfen mit Kopfkissen ist bei den Erwachsenen ein beliebtes Spiel. Junge Männer haben Angst vor Frauen. Sie trinken gern, und in der Trunkenheit zerschlagen sie alle möglichen Gegenstände. Anläßlich der Feier ihres Unabhängigkeitstages zerschlugen die Amerikaner die ganze Einrichtung der Gaststätte Rohns außerhalb der Stadt. Sie lieben neue und schöne Kleidung. Das Geld hat für sie eine geringere Bedeutung als für Europäer. Sie fürchten sich nicht vor dem Verlust ihrer Habe. Im Vergleich zu den Engländern sind sie musikalischer, und sie tanzen gut. Die Jugend fühlt sich schon ab 15 Jahren als erwachsen, gegenüber Älteren verhalten sie sich anständig, aber ohne Unterwürfigkeit. Sie sind subtiler als die Deutschen und verstehen Ironie, die den Deutschen unzugänglich ist. Ich habe festgestellt, daß die deutschen Schaffner immer den Fahrgästen Recht gaben, die in rüpelhafter Weise und laut auf ihrem Recht beharrten in der Meinung, daß ein ruhig sprechender Fahrgast sich augenscheinlich fürchtet. Der durchschnittliche Deutsche mag kein logisches Überlegen, das entspricht nicht der germanischen Weltauffassung. Für die Angelsachsen empfanden die Deutschen große Hochachtung, und die Berliner Zeitungen, die das Verhalten der Besatzung der „Titanic" bei ihrer Katastrophe 1912 beschrieben, stellten fest, daß „die Engländer bessere Menschen sind als wir".

DIE RÜCKKEHR NACH HAUSE

Das letzte (und erste) Rigorosum* absolvierte ich am 10. Mai 1911 bei Hilbert, Runge und Hartmann. Nach diesem Abschluß des Studiums fuhr ich an den Luganer See in die italienische Schweiz. Das Hotel du Lac, in dem ich zwei Wochen wohnte, war herrlich gelegen und sehr ruhig. Die Gäste waren überwiegend ältere Leute. Es gab da Ehepaare, die ihr durch Arbeit und Sparsamkeit in langen Jahren erworbenes Vermögen genießen wollten. Sie saßen in Paaren an kleinen Tischen und langweilten sich. Es lockten sie weder die Alpen noch der Luganer See. Das Interessanteste in Lugano sind die kleinen Dörfchen am See, zum Beispiel Oria. Aus Steinen gebaut, türmen sie sich um die aus den Felsen gehauenen Treppen. Von da aus fuhr ich nach Mailand. Der gotische Stil des Mailänder Doms mit tausenden kleinen Türmchen und ebenso vielen Treppchen, mit Balustraden auf dem Dach, wo sich an jedem Pfeiler des Geländers im Kapitell Kopfreliefs befinden, die so sorgfältig gearbeitet sind, daß man meint, sie befänden sich im Vordergrund, läßt das ebenso reiche Innere ahnen. Indessen ist der Innenraum roh und düster. Er imponiert nur durch seine riesigen Säulen und den großen Raum clair-obscur sowie durch das gedämpfte Spiel kolorierter Vitragen. In der Südwand hat man hoch oben eine Öffnung geschaffen, und auf dem Fußboden in Richtung des Meridians liegt ein Messingband. Im Augenblick des lokalen wahren Mittags entsteht dadurch an der Nordwand ein kurzer Lichtblitz.

Ich hatte Lust, mir einen Borsalino zu kaufen, einen populären italienischen Hut mit breiter Krempe. Dazu ging ich in den größten Hutladen, wo man mich mit Geringschätzung musterte und beteuerte, daß es für mich solche Hüte nicht gibt. Bis heute ist mir diese Geschichte unverständlich ...

Von Mailand aus fuhr ich nach Venedig, das ich nicht beschreiben werde, denn da müßte ich wie Bukacki aus der „Familie Polanecki" sagen, daß ich „unter der Rialtobrücke eine Eierschale neben einer Orangenschale schwimmen sah. Eine Welle hob die Eierschale plötzlich auf die Orangenschale und sie schwammen vereint weiter". Aber niemand würde mir das glauben, außer Sienkiewicz mit seiner Autorität. Mich interessierte am meisten die Archi-

* Doktorat.

tektur. Die Paläste in Venedig haben einen eigentümlichen Stil. Der Marmor verfärbt sich vom Wasser stellenweise schwarz, behält dagegen woanders seine weiße Farbe. Das betont die ehrwürdigen Zeichnungen der sich im schwarzen Wasser des Kanals spiegelnden Gebäude. Die Kirche des heiligen Markus ist wohl die sonderbarste Kirche der Welt. Nur an dieser Stelle zwischen dem Festland und dem Meer, zwischen Ost und West, konnte sie entstehen, zugleich italienisch wie byzantinisch, deren eine Wand an der Seite des Dogenpalastes in ihrem Marmor alle Pastellfarben der kleinen Muscheln enthält, die man am Lido findet. Ihre Fassade trägt die von Napoleon geraubten und später wieder zurückgegebenen berühmten Pferde. Das mit Mosaiken auf goldenem Grund geschmückte Innere verkörpert nicht nur hieratischen Primitivismus, sondern auch die Perversion des Ostens. Die auf der aus Byzanz hierher gebrachten Reliquie des heiligen Markus gebaute Kirche ist das Symbol Venedigs, der Stadt, in deren Wappen der Löwe das Evangelium hält, das Zeichen des hl. Markus.

Auf der Rückreise nach Hause stieß ich in Krakau auf den 1. Polnischen Kongreß der Naturwissenschaftler und Ärzte. Ich hatte dort in der mathematischen Sektion einen Vortrag zu halten. Da mir Kongresse ungewohnt waren, hörte ich mir fleißig verschiedene Vorträge an. Der beste unter den allgemeinen war der von Romer „Über die Landschaft in der Geographie und Kunst". Mit Stanisław Zaremba sen. führte ich eine lange Diskussion über das Axiom der Vollständigkeit, das Hilbert in die Geometrie eingeführt hatte. Zaremba wollte ihm folgende Gestalt geben: Zur Geometrie zählen wir alle und nur solche Objekte, die die vorhergehenden Axiome erfüllen. Als er erkannte, daß er meine Argumentation nicht zurückzudrängen vermochte, schlug er einen Waffenstillstand vor, „daß weder er meine noch ich seine Meinung umstoßen kann". Die Diskussion fand im Café Bisanza statt und hatte sich um meinen Beitrag zum Begriff des Grenzwertes in den „Mathematischen Annalen" entzündet.

Nach Jasło zurückgekehrt, traf ich an der Ecke der Straßen des 3. Mai und Kościuszki den Dichter Ludwik Eminowicz, der mich sogleich fragte, was ich in Deutschland gesehen habe. Ich zeigte auf die Stelle, wo wir standen und antwortete: „Die Deutschen kommen hierher." Diese Vorhersage erfüllte sich nach drei Jahren wörtlich ... Aber in unserer Familie erzeugte das lokale Ereignis der Kandidatur meines Onkels für den Bełzer Bezirk auf einen Abgeordnetensitz im Parlament größere Unruhe als die in internationaler Dimension heraufziehenden Wolken. In Galizien zeichnete sich eine Spaltung der konservativen Partei in eine Krakauer und eine Podolsker Fraktion ab. Um der Aufspaltung des Wiener Parlaments in zahlreiche nationalistische, sich gegenseitig bekämpfende Gruppen zu begegnen und eine normale Arbeit der Abgeordneten der Kammer zu ermöglichen, verkündete die Regierung auf Initiative des Kaisers ein Gesetz über allgemeine, gleiche und geheime Wahlen, aus denen Abgeordnete hervorgehen sollten, die das Volk repräsentieren. Auch in Galizien sollte die kuriale Wahl zum Parlament durch eine gleiche ersetzt werden. Der kaiserliche Statthalter Michał Bobrzyński war ein Anhänger dieser Vorhaben. Er und Władysław Leopold Jaworski, der Vordenker der Krakauer Konservativen, hatten keine Furcht vor dem allgemeinen Wahlrecht, dagegen die „Podolaken", wie die Großgrundbesitzer östlich des San genannt wurden, hatten allen Grund, sich um ihre politische Existenz Sorgen zu machen, da diese durch die Zulassung der russischen Menschenmassen zu den Wahlurnen in Frage gestellt war. Onkel Ignaz hatte die Unterstützung der Krakauer Fraktion und, was damit einherging, sowohl der Regierung als auch des Statthalters. Aber die „Podolaken" ordneten sich nicht den Krakauer Anweisungen unter und stellten im Bełzer Bezirk den dort ansässigen Grundbesitzer, den Grafen Starzyński, Professor der Rechtswissenschaft an der Universität Lemberg, als Kandidaten auf. In den Kleinstädten, wie Bełz, Rawa Ruska, Sokal usw., gab es nicht wenige jüdische Wähler, deren Stimmen wegen der Spaltung der Konservativen bedeutsam werden könnten. In Bełz residierte der berühmte Rabbiner-Wundertäter, und der Onkel mußte ihm einen Besuch abstatten. Gefragt, was er von den traditionellen jüdischen Sitten halte (der Rabbiner wußte, daß sein Gast sie nicht befolgt), gab der Onkel die diplomatische Antwort: „Ich kenne sie nicht, und deshalb überlasse ich und werde weiterhin den in der Heiligen Schrift bewanderten Menschen, solchen wie Sie sind, die entscheidende Stimme in solchen Angelegenheiten überlassen."

Das genügte dem gottesfürchtigen Mann. Aber er hatte ernsthaftere Zweifel: Starzyński, homo regius, der bisherige Kandidat der Standesleute, rechnete wie immer mit der Unterstützung des Rabbiners. Eigentlich versicherte ihn der Starost, daß Dr. Steinhaus der Wunschkandidat des Statthalters Bobrzyński ist, aber das genügte ihm nicht. Der Rabbiner vermutete, daß sich die polnischen Herren untereinander entzweit haben und daß er weder in Bełz noch in Lemberg die Wahrheit erfährt. Aus diesem Grunde schickte er seinen Sekretär zum Kaiser nach Wien. Was recht verwundert, der Sekretär im Kaftan gelangte in die Kabinettskanzlei und erhielt dort Informationen. Natürlich wandte sich die Kanzlei unmittelbar an den Statthalter in Lemberg, der vertraulich bestätigte, daß sich die Regierung Herrn Steinhaus als Abgeordneten wünscht.

In Jasło gab es schon einige Jahre die von Ingenieur Kostkiewicz gegründete Wochenzeitung „Głos Jasielski". Das war ein Blatt mit nationaldemokratischen Tendenzen, natürlich mit lokaler Korrespondenz ausgeschmückt, in dem ich von Zeit zu Zeit den Namen finden konnte, den ich selbst zu tragen die Ehre habe. Mein Vater und mein Onkel wurden dort als Tyrannen dargestellt, die tun, was ihnen beliebt. Die Vorwürfe waren nicht verletzend, und der nicht besonders pfiffige Publizist war sich dessen nicht bewußt, daß Angriffe dieser Art eine kostenlose Reklame darstellten, die den Einfluß provinzieller Diplomaten vergrößerte. Aber die Jugend sah es zu großen Teilen als ihre nationale Pflicht an, bei der Ankunft des Onkels aus Sokal, der das Mandat errungen hatte, auf dem Bahnhof eine Demonstration zu veranstalten. Die Szene beschränkte sich auf wenige Schreie ... Man muß zugeben, daß der Onkel ein guter Diplomat war. Wenn ihm die Person des Starost unbequem war, äußerte er sich gegenüber dessen Chef in Lemberg niemals negativ über ihn. Im Gegenteil, er trat dafür ein, daß dieser als eine „Kraft, die in der Provinz verkümmert" durch Beförderung an eine höhere Stelle versetzt würde.

Im Herbst 1911 mußte ich zur Armee. Die Kasernen der Stammeinheit des Regiments Nr. 5 der Festungsartillerie „Freiherr von Rouvroy" befanden sich in Krakau in der Montelupich-Straße. Dort war auch die Schule der Einjährigen. Die turnerischen Übungen, Läufe, Kniebeugen und der ganze Drill (das „Exerzieren" in Deutsch, Tschechisch, Polnisch kommt aus dem Französischen) machten mich wenig müde. Aber der Zwang des frühen Aufstehens, der Reinigung von Stiefeln und Knöpfen, das Auseinandernehmen und Zusammensetzen der Karabiner, das Bettenmachen und Zusammenwickeln der Mäntel, die Notwendigkeit des Gehorchens nach den idiotischen Belehrungen des Feldwebels und des Ertragens von Schikanen, alles das hat mir die Armee vollständig verleidet. Eine Kaserne ist gleichzeitig Gefängnis, Krankenhaus, Internat für kleine Kinder, Kneipe und Schule. Der Korporal, der uns im Zielen mit schweren Geschützen unterrichtete, bescheinigte mir, daß ich niemals verstehen werde, was ein Nonius ist. Wir hatten einen Hauptmann, der uns im Festungsbau unterrichtete. Er besaß ein unvergleichliches didaktisches Talent. Er führte den Unterricht nach sokratischer Methode mit Hilfe von Fragen durch. Ich bewunderte ihn, denn diese Methode erfordert wirklich eine vollkommene Beherrschung des Gegenstandes. Aber ich hatte schon genug von der militärischen Praxis und Theorie und schrieb davon in meinen Briefen nach Hause. Es erwies sich, daß der Erwerb einer Herzkrankheit viel teurer ist als ihre Heilung, daß man sich jedoch um sie bemühen kann und daß es auch für diese Ware Verkäufer gibt.

Ich kam ins Lazarett. Man legte mich in ein Doppelbettzimmer, das zweite Bett gehörte einem Kadetten aus Łobzów. Als er erfahren hatte, daß ich Doktor der Mathematik bin, sagte er geringschätzig: Sie wollen doch wohl nicht behaupten, daß Sie mehr können als unser Mathematikprofessor in der Kadettenschule? Im Lazarett traf ich auch einen Ulanen, der auf einem Ohr taub war. Diese Taubheit ging auf eine Backpfeife zurück, die ihm ein Wachtmeister dafür verpaßt hatte, daß er den Befehl „Kleine Tour!" auf der Reitbahn nicht gehört hatte und die große Tour geritten war. Der Ulan beschwerte sich nicht, denn der Wachtmeister, wie er sagte, sei ansonsten ein guter Kerl. Der Ulan wußte, daß die Offiziere in der Divisionskanzlei die gemeinen Soldaten befragen, was man in der Schwadron hört, daß sie wissen wollen, wie sich die Unteroffiziere benehmen. Aber er hat sowieso nichts gesagt.

Ich hatte etwas zu lesen, den Don Quichote in französischer Fassung mit Holzschnitten. Als der Oberstabsarzt in Begleitung zweier Assistenzärzte zur Visite erschien, schaute er sich den Don Quichote interessiert an, die beiden Assistenzärzte aber taten so, als interessiere sie das überhaupt nicht. Als der Arzt an der linken Hand einen anderen Puls feststellte als an der rechten, bestätigten sie dieses erstaunliche Phänomen. Ich kehrte in die Kaserne zurück mit einem Attest, das mir den Weg ins „zivile Leben" öffnete. Meinen schönen Paradetschako überließ ich dem Korporal Korbulak.

Nachdem diese Sache erledigt war, fuhr ich auf ein paar Monate nach Lemberg. Dort wohnten meine Schwestern in der Pension „Litwinka" und studierten an der Universität. Ich wohnte in der „Polonia". In dieser Pension wohnte Stefan Mazurkiewicz, der bei Puzyna seinen Doktor erwarb. Man erzählte mir von ihm, daß er stundenlang im Zimmer auf und ab spaziert. Ständig rauchte er Zigaretten und liebte es nicht, die Fenster zu öffnen. Dahin kam auch Professor Weyberg zum Essen, der mehr nach einem Schauspieler als einem Wissenschaftler aussah. Einer der Söhne der Hausherrin war Beamter in der Statthalterschaft in der Abteilung für Gewerbekonzessionen. Er versicherte mir, daß die Wasserwerke in Warschau das Wasser aus Kanälen schöpfen, es aber dank hervorragender Filteranlagen rein ist wie Quellwasser. Ich wollte ihm das nicht glauben, und so sagte er in aller Gegenwart, daß es eine Illusion ist, wenn ich glaube, daß ich mich in Lemberg habilitieren könnte. Damals lernte ich bei Wacław Sierpiński einen jungen Doktor kennen, Stanisław Ruziewicz. Ich selbst begann erst meine eigentliche Arbeit. Ich las das Buch „Séries trigonométriques" von Lebesgue, und meine eigenen Verdienste reduzierten sich auf eine Anmerkung, die Sierpiński in seinem Stil redigierte und in den „Berichten der Warschauer wissenschaftlichen Gesellschaft" veröffentlichte. Ich war ein Privatgelehrter ohne bestimmte Beschäftigung, begleitete meine Schwestern auf Bälle, besuchte die Familie meines Cousins und Onkels in Lemberg, und in Jasło spielte ich Tennis. Im folgenden Jahr wohnte ich einige Zeit in Krakau in einer Pension, oder vielmehr bei der Familie des Herrn Lepszy an der Grenze zwischen Krakau und Łobzów. Einige Häuser weiter wohnten meine Schwestern bei Professor Ciechanowski. Herr Lepszy war ein Spezialist der Ikonographie, aber ich weiß bis heute nicht, was das ist.

Es war das Jahr 1913, nichts sagte das Ende der Welt voraus, sogar die Balkankriege, der erste und der zweite, waren beendet. Der Onkel pflegte zu sagen, daß wir ersticken, das hieß, daß eine Kapitalanlage immer schwieriger wurde. Aber einen Kredit zu bekommen war nicht schwer. Das Konsortium, das sich aus dem Vater und dem Onkel sowie den Herren Loewenstein, Gorayski, Stojowski, Macudziński und Frau Wiktor zusammensetzte, hatte die Polanka gekauft, ein landwirtschaftlich genutztes Gebiet mit einer großen Dampfziegelei. Das Geld in Höhe von einer Million Kronen liehen die Banken. Der vorherige Besitzer, Graf Götzendorf-Grabowski, ein halber Deutscher, mußte nach seinem ausschweifenden Leben als galizischer Grundherr nun im Zirkus Renz die Pferde einreiten. Zum ganzen Komplex gehörte ein weiterer Gutshof, der einem anderen Bankrotteur, Stanisław Klobassa, für einen Pachtzins von monatlich 1 Krone überlassen wurde. Die Ziegelei leitete im Auftrag des Konsortiums Kazimierz Macudziński, der jüngste Teilhaber.

Es passierte folgendes: Der Maschinist hatte sich betrunken und vergessen, die Ölbehälter des großen Schwungrades der Dampfmaschine zu füllen. Die Radlager brannten aus, und das Rad geriet in eine solche Stellung, daß es jederzeit die Wand des Gebäudes umwerfen konnte. Herr Macudziński hielt die Maschine an und befahl, sie auseinanderzunehmen. Den Maschinisten forderte er zum sofortigen Verlassen der Ziegelei auf. Da er seine Leute kannte, wußte er, daß man den Maschinisten nach der Kündigung nicht mehr auf das Fabrikgelände lassen darf. Er selbst telefonierte nach Bern nach einem Monteur. Dieser kam und begann mit dem Zusammenbau der Maschine. Es war eine Zweizylindermaschine, deren erster Zylinder mit hohem Druck arbeitete und nach der Expansion den Dampf in den zweiten, größeren drückte, der den Restdruck ausnutzte. Nach fertiger Montage beobachtete der Berner Monteur einige Sekunden lang das Ventilspiel der laufenden Maschine und befahl plötzlich, sie anzuhalten. Man mußte schon ein erfahrener Meister sein, um nach so kurzer Zeit etwas Ungewöhnliches im Ventilspiel der Zweizylindermaschine zu erkennen. Noch einen Moment, und der Niederdruckzylinder wäre explodiert, denn das Dampfeinlaßventil schloß sich gerade dann, als es sich hätte öffnen sollen und der erste Zylinder drückte ununterbrochen Dampf in den zweiten. Der Monteur nahm die Maschine noch einmal auseinander und zeigte Herrn Macudziński die Welle zur Steuerung der Ventile. Bei der Montage der Zahnräder läßt sich der Monteur von einer auf dem Zahnrad eingeschliffenen Kerbe leiten. Dem rachsüchtigen entlassenen Maschinisten war es nach der Demontage der Maschine gelungen, diese Kerbe mit Graphit zuzuschmieren und mit einigen Feilenhieben eine andere einzuritzen. Diese raffinierte Handlung hätte zu einer Katastrophe führen können, deren Ursache niemand vermutet hätte.

In diesem Krakauer Jahr schrieb ich drei Beiträge zur Theorie der Fouriereschen Reihen. Zaremba stellte sie der Akademie vor, im Jahre 1913 wurden sie herausgegeben. (Ich bewahrte lange einen Brief von Zaremba auf, in dem er seine „Wünscher" [rzyczenie] ausdrückt, daß sich mein Französisch verbessern möge.) Ich schrieb mich auch in die Sektion Rudern des AZS ein und lernte rudern, so daß ich dann mehrere Male in einer Regatta im Achter mitfuhr. In dieser Sektion herrschte ein besonderer Ton. Ihr gehörten als Mitglieder die Fräuleins Bujwidów, der junge Zoll, die Jentys usw. an. Die Boote mußten vom Bootshaus über dem hohen Ufer zum Anlegesteg hin und zurück getragen werden. Das zweimalige Umkleiden, der Marsch aus der Stadt und zurück, das Waschen usw. nahmen mehr Zeit in Anspruch als der eigentliche Wassersport auf der Weichsel, wenigstens einen halben Tag, und jeder Ausflug kostete viel Kraft. Wer richtig Sport betreiben will, muß auf Arbeit verzichten. Ich wollte und konnte nicht über die graue dritte Klasse hinausgehen, deshalb begnügte ich mich nach kurzer Zeit mit Tennis.

Im Jahre 1913 nahmen meine Eltern mich und meine Schwestern mit nach Italien. Wir fuhren nach Venedig und wohnten dort im Hotel Bauer. Dort gab es Wiener Küche. Durch das Fenster wehte der Geruch von Fischen, da schmorte irgendein armer Kerl nicht weit von uns etwas auf der Straße in Öl. Ich hätte lieber dieses Gebratene gegessen als die von Herrn Bauer auf Butter zubereiteten Schnitzel. Mit einem kleinen Dampfer fuhren wir ständig zum Lido hinaus. Einmal bei der Rückfahrt sahen wir einen eleganten Herrn in aschgrauem Anzug, am Riemen ein Fernglas. Er setzte sich auf einen Stuhl, und als sich der Dampfer in Richtung Riva degli Schiavoni wandte, liefen er und seine Gefährtin, eine modische Blondine wie aus der „Vogue", nach vorn und reichten sich mit Freudenausbrüchen das Fernglas hin und her. Meine Schwestern und ich schauten uns um, das Paar wurde von einem eifersüchtigen schwarzen Typen beobachtet, und unweit davon stand ein Kameramann, der die ganze Szene filmte. Als wir dann das Ufer erreicht hatten, lief diese ganze Truppe zum Markusplatz die Tauben füttern und ließ sich mit ihnen auf dem Hintergrund des gerade wieder aufgebauten Campanile filmen. Daraus mag wohl ein ordentlicher Kitsch entstanden sein!

Diese Szene führte mich zu Reflexionen über den Autonomismus von Lebenserscheinungen. Als der Film erfunden worden war, glaubte man am Anfang, daß er der Aufnahme von beweglichen Vorgängen dienen wird. Bald aber zeigte sich, daß diese Art Bilder nur einen verschwindend kleinen Teil der Kinematografie ausmachten. Ihr Hauptobjekt sind Bilder geplanter und eingeübter Bewegungen. Die Filmleute erlauben der Menschheit nicht, das zu sehen, was wirklich geschieht, denn sie stellen eine mächtige Clique dar, die Millionen zwingt, sich die von Handelsagenten ausgedachten Dinge anzuschauen, wobei sie obendrein fordern, sie als Komponisten, Autoren und Künstler zu bezeichnen. Eine ähnliche Erscheinung ist das Radio. Aber auch die Presse macht da keine Ausnahme. Aus der Rolle des Beobachters hat sie sich vollständig befreit und zu einer Herrschaft entwickelt, natürlich nicht anders als durch aktive Teilnahme beim Konstruieren von Fakten.

Die Zeiten, über die ich jetzt schreibe, waren die Wiege des Flugwesens. Zum ersten Mal sah ich in München einen Flug. Beim Landen zerbrach Lindpaintners Apparat, ein kleines hölzernes Bruchstück verwahrte ich lange als Andenken. Niemand konnte voraussehen, daß die Mühe, der Schweiß und das Blut von Millionen Menschen einmal von Schwärmen stählerner Himmelsungeheuer verschlungen werden. Andere verwandeln Hunderte von Städten, Palästen und tausendjährigen Kathedralen in Trümmer und zwingen die Menschen, in Kellern und Höhlen zu wohnen. In jener Zeit allerdings waren Flugzeuge noch die Werke von Tischlern und Schlossern. Man glaubte noch, daß die Zukunft des Flugwesens den Menschen erlauben wird, ohne Paß und Visum zu reisen, daß jeder wirklich frei sein würde wie ein Vogel ...

Von Venedig aus fuhren wir nach Rom und besichtigten auf dem Wege dahin noch Florenz. Frau Cécile de Tournay, die wir unterwegs kennenlernten, empfahl uns das Hotel „des Américains". Diese junge ungarische Romanschriftstellerin war in Sympathie für uns entflammt. Später gab sie zu, daß sie beim Anblick unserer mit roten Pusteln besetzten Gesichter mitleidig an eine furchtbare Krankheit gedacht hatte, die die ganze Familie ergriffen habe. Wir beruhigten sie, daß das allein die Folgen der vielen Mücken in Venedig seien. Im Hotel an einem Tisch sitzend, hörten wir neben uns ein Gespräch, das eine elegante italienische Dame mit irgendeinem österreichischen Aristokraten führte. Als dieser ankündigte, daß in Kürze eine Dame mit sehr historischem Namen nach Florenz kommt, sagte die Italienerin: Die stinkt aber. Die italienische Dame war Nachfahrin des Dogen Moceni, was sie jedoch nicht störte, bezüglich einer anderen Frau das am stärksten überzeugende Argument zu gebrauchen.

In Rom besichtigten wir viele Kirchen und Museen, aber nichts hinterließ in mir einen solchen Eindruck wie die Venus von Medici in Florenz und die Ringkämpfer.

Wir waren auch zu einer Gruppenaudienz beim Papst. Im Innenhof standen hunderte Pilger. Der heilige Vater erschien auf dem Balkon in Begleitung des Kanonikus, des Grafen Sampero. Die italienischen Kinder begannen laut zu rufen „Eviva il Papa!", ohne niederzuknien. Der Papst drohte ihnen mit dem Finger. Beim Hinausgehen kauften wir im kleinen Laden auf dem Gelände des Vatikans noch Ansichtskarten. Da gab es auch Bilder des Grafen Sampero, eines schönen Italieners mit bleichem Gesicht und schwarzen Augen. Als die Verkäuferin sah, daß uns diese Karte gefällt, stimmte sie dem entzückt in gebrochenem Französisch zu: „*C'est joli le comte Sampero!*"* Ein seitlich stehender Priester, sicher ein Pilger, warf auf sie und auf uns einen bösen Blick ...

Von Rom aus fuhren wir mit der Bahn entlang der Küste nach Nizza. Dort nahmen wir eine Wohnung. Obgleich es schon Herbst war, konnte man noch im Meer baden. Einmal war ich unmittelbar am Ufer dem Ertrinken nahe, denn die ankommende Welle strömte am Grund zurück, und das übliche Schwimmen brachte mich nicht voran, sondern trug mich an eine eiserne Säule. Ein neben mir schwimmender Engländer nutzte die Schwimmart der Hunde, bei der keine gefährlichen Pausen eintreten. Ich tat es ihm nach und schwamm so zurück. Meine Mutter sah mir vom Ufer aus zu, aber ihr kam es nicht in den Sinn, daß ich irgendwelche Schwierigkeiten haben könnte.

Selbstverständlich besichtigten wir auch Monte Carlo. Mit meinen Schwestern Irena und Olga gingen wir viel zu Fuß. Wir waren in La Grasse, wo Nelken für die Parfümproduktion angebaut werden. Als wir einmal durch die vorstädtischen Teile von Nizza gingen, erblickten wir durch ein Loch in der Mauer ein vergittertes Kämmerchen, in dem ein lebendiger Bär saß. Im Hof stand eine Bude mit Würsten und Schinken aus Papier. Es vergingen einige Minuten, dann hatten wir begriffen, daß es sich um das *dépot* der Firma Pathé handelt. Das war noch eine weitere Bestätigung der These, daß das Kino die unwahrscheinlichsten Zusammenstellungen von Gegenständen erzeugt, denn die Papierwürste waren sicher für eine Komödie bestimmt, in der Marktbuden umgeworfen werden. Von Nizza fuhren wir nach Paris und nahmen Quartier im Hotel Cambon in der Cambon-Straße. Wir führten das Leben ausländischer Touristen. Nach einiger Zeit zogen meine Schwestern in eine Pension um, während die Eltern und ich uns auf den Heimweg begaben Als ich im Frühjahr nach Paris zurückkehrte, fand ich für mich eine Pension in der Gay-Lussac-Straße Nr. 36. Ich lernte Henri Lebesgue kennen und hörte die Vorlesungen von Borel und Picard. Damals weilten auch Henryk Lauer und Alexander Rajchman, beide aus Warschau, in Paris. Rajchman erfuhr im

---

* (franz.) Graf Sampero ist sehr schön!

Luxemburgischen Garten von mir, was trigonometrische Reihen sind und ebenfalls einiges über Riemanns berühmte Arbeit von vor 60 Jahren. Noch heute kann man in Polen die Redewendung „Riemanns Lokalisationsprinzip" lesen, so als ob Riemann diese Bezeichnung verwendet hätte. Rajchman hörte sie von mir und wußte nicht, daß ich sie erfunden hatte.

Ich besuchte gern die Teestube unmittelbar am Luxemburgischen Garten, manchmal schlenderte ich ziellos umher und versuchte in der Nähe der Getreidebörse Austern, Schnecken und andere sonderbare Muscheln zu essen. Am wunderlichsten war die Rue Mouffetard. In dieser engen Gasse waren die Läden weit geöffnet, und die Fenster stellten die Verbindung zwischen den Häusern und der Straße dar, denn es lagen Körbe mit Fischen, Gemüse, Fleischstücken, Stiegen mit Orangen und Äpfeln im Laden, auf den Fenstern und auf der Straße vor den Fenstern. Diese Masse von Viktualien, diese von einem unsichtbaren Gletscher in Bewegung gehaltene Moräne, verursachte weder Schmutz noch Müll.

Das Volk von Paris schleppte sich in der Mitte entlang und lebte wie die Italiener auf der Straße. Die Bewohner von Paris haben ihre eigene Methode, Ordnung zu halten, die für einen Ausländer unverständlich, aber auch unsichtbar ist. Die seit Jahrhunderten festgetretenen Pariser Straßen sind ein ausgezeichneter Untergrund für den Asphalt. Mechanische Kehrgeräte mit rotierenden Bürsten befördern Schmutz und Unrat zum Rand der Bürgersteige und ein Wasserstrahl aus den Hydranten läßt alles in den offenen Gullys verschwinden.

Paris vereinigt in sich viele Städte. Am linken Ufer der Seine liegen die Schulen: die Sorbonne, die juristische und medizinische Fakultät, aber unmittelbar daneben befindet sich die Cluny-Abtei, bei der ein Teil der Mauern und Gewölbe aus der Zeit Julian Apostates stammen. Im Museum Cluny ist in einer Vitrine die Krone Pippins* ausgestellt. Renaissancetruhen aus schwarzem Eichenholz, so als wären sie von Colas Breugnon geschnitzt, tragen auf den Deckeln Schatullen aus Elfenbein, emaillierte Reliquienkästchen und Pokale mittelalterlicher Ritter, deren Rüstungen, Schwerter und Helme die Wände schmücken, und in Vitrinen hängen Kleider der Tempelherren. Durch

---

* In Cluny befinden sich drei Kronen von Gotenkönigen aus dem 7. Jahrhundert. Sicher ist, daß eine von diesen die Krone des 672 verstorbenen Reccevinthus ist.

die geöffneten Fenster sieht man den Garten und den grünen Rasen, der durch einen Lattenzaun vom Boulevard Saint-Michel abgegrenzt ist, auf dessen glattem und klebrigem Asphalt die Autos entlanggleiten. Am angenehmsten ist hier ein Museumsbesuch so im Vorbeigehen, ohne konkretes Vorhaben. Niemals gibt es hier Gedränge, weil es oft freien Eintritt gibt. Nach dem Durchschlendern des Boulevards kann man sich im Luxemburgischen Garten hinsetzen, von der Sonne wärmen lassen und zuschauen, wie am Teich hübsche Kinder voller Grazie über Schnüre hüpfen. Der nahe Senatspalast erinnert daran, daß man sich außerhalb des Geländes der Präfektur des Seinebezirks befindet, denn der Palast und der Garten unterstehen dem Militärkommandanten des Senats. Das muß eine vollkommene Sinekure sein. Hier kann man ohne Schwierigkeiten das Luxemburgische Museum besichtigen. Es ist ein nicht allzu großes Gebäude, in dem sich herrliche Marmorskulpturen befinden und in dem die Gemälde von Degas und anderen Impressionisten daran erinnern, daß diese der Generation unserer Eltern angehörenden Maler immer noch als Revolutionäre gelten und keine Säle im Louvre, sondern hier am linken Ufer der Seine haben, wo seit Jahrhunderten die Jugend herrscht.

Wenn man durch den Garten geht, gelangt man zur Sternwarte. Ginge man aber den Boulevard nach unten, käme man an die Seine, und wenn man dann am Ufer entlang in Flußrichtung weitergeht, kommt man an der Buchdruckerei Gauthier-Villars vorbei und steht bald an der dunklen Fassade der französischen Akademie. Vor ihr steht das Denkmal Voltaires, eine späte Ehrerbietung von Seiten der Akademie. Aber bis heute sagen die Pariser, daß die Akademiker festgelegt haben, den großen Rationalisten nach dem Tode hinter die Tür zu stellen, wie zu Lebzeiten.

Auf den steinernen Ufermauern entlang der Seine liegen die Schachteln der Bouquinisten, gefüllt mit alten Büchern, Stichen, Zeichnungen, englischen Illustrationen usw. Dort fanden wir einmal Stendhals Tagebücher. Ich wollte sie kaufen, aber der Verkäufer bat mich, in ein paar Tagen wiederzukommen, weil er gerade beim Lesen war. Am linken Ufer, in der Nähe von Saint Sulpice, der denkwürdigen Kirche aus Huysmans' Roman „Là-bas", zieht sich die klerikale Straße hin. In den Läden findet man dort Devotionalien, heilige Bilder, theologische und religiöse Literatur. Unweit des Pantheons befinden sich die Bibliothek Sainte-Geneviève und das schöne Kirchlein

Saint-Etienne-du-Mont mit dem berühmten *jubé**. Das ist ein durch nichts gestützter steinerner Knoten, ein gemeinsames Endstück der Gewölbebögen, die der Kuppel ihren Halt geben.** In diesem Stadtteil steht auch das Haus, in dem Calvin gewohnt hat. Es überwiegen dort alte, viergeschossige Häuser. Die Katzen auf den Höfen genießen eine fast an Ägypten erinnernde Verehrung, ähnlich eigentlich wie in ganz Paris. Der Schlamm trocknet dort schnell, die Kanalisation ist perfekt. Die Füße der Menschen, die schon zu Julius Caesars Zeiten über die aus der antiken via romana entstandene Straße Saint-Jacques gingen, haben den Boden so festgetreten, daß das Pflaster heute einen harten Untergrund hat und nicht nachgibt. Im Frühling duftet die Straße nach Sonne, Feuchte, nach dem Benzin von Autos und nach Blumen, von denen es in den Marktbuden überquillt. In großer Zahl gibt es dort auch anspruchslos gekleidete junge Mädchen, Studentinnen, Midinetten, Models. Man findet auch polnische und russische Gaststätten, und in einer von ihnen soll man die Bestellung so gehört haben: „Koleshanko Chapiro, poshaluista minia a Schtickele von diesen farschierte puason!"

Es ist leicht, dort zu faulenzen. Ein leichtes Gefälle trägt die Füße zur Seine, wo es die Straßennamen Monge, Ampère oder École Polytechnique zu Ehren von Mathematikern gibt. Ganz unten, am Quai de Suede, von wo aus man Notre Dame sieht, kann man auf die steinerne Balustrade gestützt Schiffe sehen, die wochenlang am Boulevard stehen. Auf ihnen lebt die Familie des Schiffers isoliert, wäscht ihre Wäsche, brät Fische und sorgt sich nicht um das sie rings umgebende tobende Meer, das sich Paris nennt.

Brücken führen über die Seine auf die Insel Saint-Louis und auf den Quai d'Orléans, wo sich die Polnische Bibliothek befindet. Dort wohnten die Czartoryskis und später Władysław, der Sohn von Adam Mickiewicz. Aber mich interessierten mehr die grünen Sittiche, die in vielen Käfigen auf der Straße ausgestellt sind. Hinzu kommen Schildkröten, Kanarienvögel und andere zoologische Wunder, deren Verkäufer eben dort wohnen, niemand weiß warum. Wenn man noch weiter geht, gelangt man zu den Hallen. Unter riesigen Hangars sind dort Berge von Fleisch, Fischen, Gemüse, Äpfeln gestapelt,

---

* (franz.) Lettner. Er wurde 1545 aus weißem Marmor errichtet.

** Das Kreuzgewölbe des Chores ist mit hängenden Schlußsteinen geschmückt, die im Zentrum des Netzwerkes der Gewölberippen schweben.

da liegen Stöße von Austern, Hummern, Weintrauben, Oliven, Artischocken, Orangen und hunderte anderer bekannter und unbekannter Nahrungsmittel wie Bananen, Ananas, frische Feigen, Kokosnüsse und alles, was an der Seine, in Frankreich, Algerien und vielleicht auch in Indochina wächst und reift. Zweirädrige Wagen mit vorgespannten schweren, mit Strohhütchen geschmückten Pferden fahren Gemüse und Obst aus der näheren Umgebung von Paris in die Stadt.

Wenn man das Paris der Museen und Botschaften, Theater und Cafés besichtigen will, muß man sich in die U-Bahn, die Metro, setzen, die als das achte Weltwunder gilt. Sie hat 10 Linien, etwa hundert Stationen und jeden Tag etwa eine halbe Million Fahrgäste. Besonders zur Mittagszeit, während der Mittagspause, gibt es in der Metro ein ungemeines Gedränge, denn jeder Pariser, der im Zentrum arbeitet, möchte sein déjeuner zu Hause einnehmen, immer zur selben Zeit, um 12.30 Uhr. Die Franzosen kennen keine barbarische Freizügigkeit in der Zeiteinteilung. Alle essen das Frühstück spätestens bis 13.30 Uhr und das Abendbrot nicht später als um 19.30 Uhr. Die Theatervorstellungen beginnen um 20.00 Uhr und enden um 22.00 Uhr. Nach Mitternacht treiben sich nur noch die Ausländer in den Straßen der Stadt herum. Die Märchen vom Pariser Nachtleben rühren daher, daß in der Nachbarschaft der großen Boulevards zahlreiche Lokale geöffnet sind, die von Touristen fleißig besucht werden. Aber die Metro fährt nach Mitternacht nicht mehr, es gibt keine Droschken, keine Autobusse und auch keine Taxen. Die Schaufenster sind mit Rollos verschlossen und die Pariser schlafen, denn am Morgen um 8 oder 9 Uhr müssen sie auf der Arbeit sein, die täglich acht Stunden dauert. Ein Stundenplan wird überall eingehalten. Wer nachmittags um 3 Uhr in eine Gaststätte kommt, kann erleben, daß man ihn zum Chef schickt in der Überzeugung, daß der Ankömmling ein Lieferant ist, der über geschäftliche Dinge sprechen möchte.

Bei den Franzosen kann man deutlich die aus dem Norden und aus dem Süden des Landes stammenden unterscheiden. Die ersteren zurückhaltend, verhalten sich ähnlich wie die Deutschen, sie wirken xenophob, lieben die häusliche Ruhe. Sie liefern dem Lande die Verwaltungsfachleute und Offiziere. Die anderen, brünett, lebhaft gestikulierend und lässig, stellen den Kader der Parlamentarier und Journalisten. Man sagt, daß die im Süden rekrutierte Armee deutlich schlechter ist.

DAS LEBEN ALS PRIVATGELEHRTER

In dieser Zeit lernte ich in Krakau Professor Jan Sleszyński kennen. Er schrieb seinen Namen mit „S“ ohne Strich. Diese sonderbare, einer marginalen Phonetik entsprechende Schreibweise war nicht die einzige Originalität seiner Person. Stanisław Zaremba empfand eine große Verehrung für ihn als seinen Lehrer und berief deshalb diesen emeritierten Professor aus Odessa an die Krakauer Jagellonen-Universität.

Sleszyński war der geborene Logiker. Szatunowski, Kagan und andere russische Forscher auf dem Gebiet der mathematischen Prinzipien standen ihm näher als die Schöpfer der westlichen Mathematik. Mit russischer Schärfe erklärte er, daß eine nicht völlig verständliche Produktion für die Wissenschaft wertlos ist. Mir sagte er einmal: Die menschlichen Mißgeschicke und Schäden entstehen dadurch, daß die Menschen nicht die Wahrheit sagen. Ich war zu seinem populären Vortrag über irrationale Zahlen. Und wirklich, da wurde alles mit ungewöhnlicher Klarheit ausgesprochen. Beweise betrachtete er nicht geradezu als Erscheinung der Unkenntnis des Umkehrprinzips. Von seiner Wohnung am Stadtrand aus konnte er Gärten und Bäume sehen. Er malte sie und wunderte sich, daß das scheinbar willkürlich verschlungene Geäst vom Maler die Beachtung schwierig zu formulierender Regeln erfordert, ohne die eine Zeichnung niemals das Bild einer Baumkrone ergibt.

Von meinen Ideen gefiel ihm besonders das Problem einer Maschine ohne menschliche Steuerung, die die Ziffernfolge der Quadratwurzel aus zwei (das ist $\sqrt{2}$) in unbegrenzter Anzahl liefert. Sein graumelierter patriarchalischer Bart, seine Sensibilität für die Natur, die Sokratische Schärfe im Denken, die marginale Aussprache, das alles in Verbindung mit der Simplifizierung menschlicher Probleme und einem kompromißlosen Atheismus machten ihn zu einer einzigartigen Persönlichkeit. Die Wahrscheinlichkeitsrechnung betrachtete er als Unsinn. Seine Unkenntnis der Welt erleichterte ihm die Argumentation. Auf die Frage, z.B., warum die Bank in Monte Carlo ganz unzweifelhaft prosperiert, antwortete er, weil sie die Regeln des Roulettespiels nicht kennt. Heute sehe ich, daß Sleszyński Recht hatte.

Während einer Diskussion über den *numerus clausus* an der philosophischen Fakultät der Jagellonen-Universität fragte er: Wenn Christus sich für diese

Fakultät entschieden hätte und der prozentuale Anteil der Juden schon erschöpft wäre, hätte man ihn dann trotzdem angenommen?* Leo Tolstoj muß Sleszyński sehr ähnlich gewesen sein. In der Galerie der Rationalisten ist das wahrlich ein charakteristisches Porträt.

Im Jahre 1913 erschienen im „Biuletyn Akademii Umiejętności" [Bulletin der Akademie der Wissenschaften] einige meiner Beiträge über trigonometrische Reihen. Sie wurden von Zaremba vorgestellt. Er war ein Mathematiker von hohem Rang, unter dem Einfluß der französischen Schule Spezialist in der Potentialtheorie. Das französische Leben, die politischen Formen der Republik, die französische Küche und französische Sitten schätzte er sehr hoch, sprach und schrieb Französisch sehr viel besser als Polnisch, so daß man sich wundern mußte, warum er nicht in der Wahlheimat geblieben, sondern in die wahre Heimat zurückgekehrt war.

Er war ungemein fordernd, und es gehörte schon eine beträchtliche Kunst dazu, bei ihm das Lehrerexamen zu bestehen. Unerhört starrköpfig und kompromißlos wie er war, begann er mit Natanson einen Streit, der das ganze Leben andauerte. Auch Banachiewicz war sein Gegner. In der Diskussion mit mir über meinen Beitrag zum Begriff Grenzwert schlug er mir einen Waffenstillstand auf der Grundlage vor, daß seine Argumente nicht ausreichen, um meine These umzustoßen, aber meine auch nicht genügen, um zu beweisen, daß er, Zaremba, im Unrecht ist ... Ich betrachtete das als einen großen Erfolg.

Das mit Tennisspiel und Rudern auf der Weichsel durchsetzte Leben eines Privatgelehrten wäre langweilig gewesen, wenn da nicht die Weltgeschichte wäre. Ein internationales Turnier, das erste Tennisturnier dieser Art in Krakau, fand im Jahre 1913 statt. Ich war auf ihm der Hauptschiedsrichter. Jedoch schon das nächste Turnier im Frühjahr 1914 erlebte eine Unterbrechung: Wegen der Ermordung des Erzherzogs Franz-Ferdinand d'Este in Sarajevo war den Offizieren das Spielen untersagt. In Jasło aber hatte mein

---

* In der Praxis der Hochschulen bedeutete der numerus clausus eine bestimmte Zahl an Studienplätzen für Studenten fremder Herkunft, die proportional zur Größe der gesamten Bevölkerung der Minderheit im polnischen Staat stand. In Wirklichkeit betraf diese Beschränkung fast ausnahmslos Studenten jüdischer Herkunft.

Vetter ein lokales Turnier organisiert, und weil der Jüngling erst 17 Jahre alt war, glaubte er, daß es die Geschichte nicht wagt, ein solch wichtiges Ereignis zu stören. Mein Onkel, sein Vater, behauptete, daß ein Krieg unumgänglich sei. So war es dann auch, denn die Börse fühlte, daß ein Krieg in der Luft lag. Der Onkel war sich des österreichischen Sieges sicher und prophezeite nach dem Krieg das Paradies. Da magst du Recht haben, antwortete mein Vater, es kommt das Paradies, denn wir werden nackt herumlaufen!

Und so geschah es auch! Das in Form und Inhalt herausfordernde österreichisch-ungarische Ultimatum (der Dualismus bedeutet hier mehr als die Doppelhäuptigkeit des kaiserlich-königlichen Adlers, denn die ungarischen Magnaten trieben zum Krieg gegen Serbien, das ihr Konkurrent bei der Belieferung Österreichs mit Schweinefleisch war), die Unterstützung aus Berlin, das die englische Vermittlung ausschlug, und die Kriegserklärung an Serbien, das waren die Ereignisse, die blitzschnell aufeinander folgten ... Den Völkern der k.u.k. Monarchie wurde der Krieg mit den Worten des Kaisers verkündet: „Ich habe diesen Krieg nicht gewollt." Die Illustrationen dazu waren gelbe Plakate zur Mobilmachung. Am Ersten August 1914 war der deutsch-russische Krieg Wirklichkeit. Zur Verteidigung Rußlands trat sofort dessen französischer Verbündeter auf den Plan, und der englisch-deutsche und russisch-österreichische Krieg brach noch in derselben Woche aus. Die Verträge und Allianzen funktionierten! Der Weltbrand war auch von unserem Fenster am Ring aus zu sehen. Sogar die Händlerinnen versammelten sich, anstatt bei ihren Marktbuden zu sitzen, und versuchten die Ereignisse zu verstehen, für die in den Erfahrungen ihres ganzen Lebens kein Platz war. Auf der Bank vor der Apotheke „Zum Stern" saßen ältere Herren und besprachen die rätselhafte Situation. Die brennendste Frage war das Problem Polen. Das Oberste Nationalkomitee (Naczelny Komitet Narodowy, NKN) veröffentlichte einen Aufruf, der eine Warnung enthielt: „Nicht der wird gewinnen, der das Ende des Spiels mit Vorsicht erwartet." Es fiel dem Komitee leicht, junge Männer zum Eintritt in die Legionen Piłsudskis zu überreden. Hier waren patriotische Politiker nicht dem Gefängnis oder einem Kriegsgericht ausgesetzt, wenn sie an der Seite eines „edlen Monarchen" standen. Dieser edle Monarch, derselbe, der sich in der Tiefe seines Herzens über den Tod des verhaßten Ferdinand freute, der der Leiche von Ferdinands ermordeter Frau keine Erniedrigung ersparte, die die Beerdigungszeremonie bereithielt, sollte König von Polen werden, und der kühnste Traum des Obersten Nationalkomitees war eine dreifache österreichisch-ungarisch-polnische Monarchie.

Die Schläge ließen nicht auf sich warten. Lemberg befand sich im Frontbereich. Die sog. „Ostlegion“, die sich zusammen mit tausenden Flüchtlingen in Jasło befand, wurde von dort abgezogen. Die Flüchtlinge füllten die Straßen der Stadt mit Lemberger Akzent und Stimmung. Es war Sommer, und noch ähnelte der Krieg einem Ausflug. Die Soldaten schrieben an die Eisenbahnwaggons: „Schnellzug nach Petersburg“. Verschiedene Komitees brachten Stöße belegter Brötchen und Kuchen zum Bahnhof, verteilten Tee und Kaffee, und die Züge rollten und rollten nach Osten und nach Norden. Sie trugen in Viehwaggons jeweils 40 Kämpfer, die dem sonderbaren Geschöpf mit Adlerschwingen und zwei gekrönten Adlerköpfen den Eid geschworen hatten. Und dieses Wesen hatte ihnen befohlen, dem Monarchen und den Nachkommen „von seinem edlen Blut“ treu zu sein und „überhaupt zu leben und zu sterben, wie es sich für einen tüchtigen Soldaten gehört“. Es erschien auch Graf Skarbek, der politische Betreuer der Ostlegion. Er gehörte zum Lager der „Podolaken“, die gemeinsam mit der Nationaldemokratie Polen von einem Engagement an der Seite der zentralen Mächte fernhalten wollten. Sie sahen deren Niederlage voraus, aber Polen befand sich in einer solchen Situation, daß ein auf dem Prinzip *exclusi tertii**, „entweder siegt Deutschland oder Rußland“ gegründetes Urteil nicht genügte. Skarbek bezog Quartier bei meinem Onkel Ignacy, seinem politischen Gegner. Er wirkte darauf hin, daß sich die Legion auflösen sollte, was denn auch geschah. Ein Teil ging zur Formation von Piłsudski nach Krakau. Diese Aktion stand unter dem Patronat des NKN und fast aller polnischen Politiker in Wien. Aber die Persönlichkeit Piłsudskis allein weckte in ihnen eine nicht ungeteilte Begeisterung. Wer war er eigentlich? Er tauchte in keiner amtlichen Kartei auf, war kein Reserveoffizier, hatte keinen bestimmten Beruf, niemand kannte seine Familie, kein galizischer Graf hatte jemals von ihm gehört, und die Karteien der Journalisten sagten wenig über ihn aus.

Dem Gefühl der Furcht, daß man blindlings auf eine Karte baute, folgte schon das deutliche Zeichen einer österreichischen Niederlage. Auffenberg bei Lemberg und Dankl bei Kraśnik überzeugten sich davon, daß die russische

* (lat.) Ausschluß einer dritten Möglichkeit.

Artillerie mit richtigen Granaten feuert, daß die schmutzig-braunen Mäntel der russischen Infanterie im Feld praktischer sind als die roten Hosen der österreichischen Ulanen, und daß die gegen die Schützengräben reitende Kavallerie wirklich zugrundegehen kann „wie es sich für tüchtige Soldaten gehört" (was sie bei Satanowo ausprobiert hatte), jedoch nur geringe Chancen besitzt, die vorderen Stacheldrahtfelder zu erreichen. Als die Ernte zu Ende war, erschienen die Schwalben der Niederlage. Ein deutscher Landsturmmann aus dem Woyrschen Korps, das nach Rzeszów zurückgedrängt war, versicherte auf dem Ring jedem, der es hören wollte, daß alles zu Ende sei und daß er nach Kattowitz zurückkehre. Dann folgte Stille, bis schließlich eine lange Reihe Autos mit hohen Offizieren, von Gendarmerie eskortiert, in Richtung Westen vorbeifuhr. Das war das Oberste Kommando, das nach Nowy Sącz flüchtete. Bei uns quartierte sich ein Major mit seinem Adjutanten ein. Er befehligte eine Maschinengewehr- und Infanterieabteilung zur Abschirmung des Kommandos. Sie empfahlen uns abzureisen, gaben uns sogar Pferde, damit wir unsere Sachen zum Bahnhof bringen könnten. Wir nahmen nur wenige Sachen. Die Möbel, Teppiche, ein Großteil der Kleidung und verschiedene Wirtschaftsgegenstände, wie Pferdegeschirre, Gewehre, Gefäße, Bettzeug usw. blieben zurück. Der Vater nahm die Bücher der Kreditgesellschaft, ein Köfferchen mit Wodka und Spiritus, Kölnisch Wasser, einem Stück Salami und Schweizer Käse, belegte Plätze in der dritten Klasse, und so fuhren wir über Sącz nach Breszow in Ungarn. Dort blieben wir nicht lange, sondern fuhren weiter nach Budapest, wo Vater Verwandte hatte und wo sich auch mein Tarnower Großvater mit seiner Tochter in Sicherheit gebracht hatte. Unterwegs hatte er sich erkältet, so daß er wenige Tage danach im Alter von 81 Jahren verstarb. Wir zogen dann nach Wien um. Vater mietete ein Zimmer in der Wipplingerstraße 12, wo er die Geschäfte der Kreditgesellschaft weiterführte, indem er Kunden kleinere Summen zu Lasten ihrer Einlagen auszahlte.

Eine Wohnung nahmen wir vorerst in der Währinger Cottage. Im selben Haus wohnte Dr. Fröschels, ein Schüler Freuds, der Stumme das Sprechen lehrte.

Es war ein trauriger Herbst. Mit meinen Schwestern ging ich öfters in den nahen Park Schönbrunn, in diese Zufluchtstätte erhabener Melancholie, dieses Mausoleum, wo der wie sein Staat morsche Monarch wankte, selbst dem

Tode nahe, aber noch stark genug war, um andere in den Tod zu schicken. Diese Furcht befiel auch mich. Ich fuhr nach Krakau und nahm bei Bolek R. Wohnung, einem Gendarmen der Legionen. Er empfahl mir, dieser Formation beizutreten, aber irgendwie war solch eine Ehre nicht nach meinem Geschmack. Ich ging zum Werbebüro der Legionen, wo man mich der Armeeabteilung des NKN zuwies. Aber bald befand sich auch Krakau in Frontnähe, oder vielmehr die Front in der Nähe von Krakau. Die Abteilung, an deren Spitze Władysław Sikorski stand, fuhr nach Wien und ich mit ihr. Meine Familie wohnte damals schon in der Währingerstraße 33, wo auch der Vorsitzende des NKN, Władysław L. Jaworski, wohnte. Er war Professor der Rechtswissenschaft an der Jagellonen-Universität und zuletzt Vorsitzender der konservativen Fraktion in der polnischen Abgeordnetengruppe. In Wien wurde er allgemein als klügster polnischer Politiker anerkannt. Man teilte mich dem Präsidialbüro des NKN als Dolmetscher für Fremdsprachen zu. Chef des Büros war Graf Władysław Michałowski. Jaworski war in der Politik ein Anhänger Macchiavellis. Er betrachtete die Menschen als Dummköpfe oder Betrüger und war der Meinung, daß wahre Politik auf der Ausnutzung menschlicher Defekte für die eigenen Ziele beruht. Seine eigenen, persönlichen Ziele waren überhaupt nicht egoistisch. Mit Sicherheit war er ein Patriot, und dieses Gefühl war bei ihm sogar stärker als die konservative Doktrin. Er war nicht engherzig und verstand ausgezeichnet, daß solche Menschen wie Piłsudski stärker als die durchtriebensten Schönredner aus der polnischen Gruppe das Gefühl und die Herzen der Menschen ansprechen. Er selbst war allerdings ein Rationalist, obgleich er sich in seinen Schriften auf übernatürliche Kräfte berief. Ich denke, er war intelligent genug, um zu wissen, daß der Rationalismus in Polen unpopulär ist und daß ein kluger Mann nur Bobrzyński oder Wojciech Dzieduszycki, nicht aber dem Abrahamowicz oder Hupka die ganze Wahrheit sagt ... Das war das Schachbrett, auf dem die Figuren seiner Welt verschoben wurden.

Er sprach mit krächzender Stimme, denn er hatte ein silbernes Röhrchen im Kehlkopf. Täglich fuhr er mit dem Auto von der Währingerstraße 33 zur Neutorgasse 9, wo das NKN seinen Sitz hatte. Da verkehrten unterschiedliche Leute. Politiker der Polnischen Gruppe, Geschäftemacher, Journalisten, hilfesuchende Legionäre, galizische Abenteurer, menschenfreundliche Damen, halbpolnische Halbaristokraten, aber vor allem diejenigen, die der Verladung in Viehwaggons und dem Abtransport an die Front entgehen wollten. Einmal sah ich sogar Piłsudski, mehrere Male Sławek. Aber sie betrachteten das NKN nicht als ernstzunehmende Institution. Sie wußten nur zu gut, daß man Polen nicht politisch von Österreich lösen kann, dessen Existenz nicht nur vom östlichen Feind, sondern auch vom nördlichen Freund bedroht war.

In der Neutorgasse herrschte keine frohe Stimmung. Die Mehrheit der Bevölkerung im Königreich und mindestens die Hälfte in Galizien waren gegen die zentralen Großmächte eingestellt. Besonders das brutale Auftreten der Deutschen in Kalisz wirkte abstoßend auf die Polen, und der überzeugende Anblick der in Galizien zurückweichenden österreichischen Armee machte das Seine. Die Einwohner Wiens wiederum sahen in den galizischen Flüchtlingen eine Bedrohung für ihren weißen Kaffee und ihre Brötchen. Die Diplomaten aber, die nach Karl Kraus' Aussage „abends die Journalisten belügen und am Morgen den eigenen Lügen glauben, wenn sie diese gedruckt erblicken", betrachteten die slawische Bevölkerung als ein Unglück für Österreich, so als ob Wien ohne die Tschechen, Polen und Kroaten autark wäre. Von ihnen ging ein blöder Witz aus, daß „es im Krieg mit Rußland um Galizien geht, und wer ihn verliert, wird es sich einverleiben müssen". Die Armeekommandos in Wien lenkten die Aufmerksamkeit auf die große Zahl junger Leute in den Büros des NKN, und weil Daszyński aus dem gleichen Grunde einen Vorwurf gegen Jaworski richtete, beantragten alle Mitarbeiter ihre Versetzung an die Front. Selbstverständlich hat Jaworski, der diesen Antrag als Trumpf benötigte, das abgelehnt. Die Atmosphäre wurde peinlich, und mehrere Büromitarbeiter beschlossen daher selbst ihre Versetzung in die Frontverbände der Legionen.

Man kann auch nicht sagen, daß es in der Pension „Atlanta" des Herrn Brandt fröhlich zuging. Die älteren Herren Jaworski, Hupka, mein Onkel, spielten da Bridge, da wohnte Frau Askenazy mit ihren Töchtern, der amerikanische Konsul (der einzige, den meine Abreise rührte, meine Familie ausgenommen). Da war der junge Mediziner Gröer, dessen Verlobte (eine Irin) ebenfalls in der „Atlanta" wohnte. Ein gewisser Herr Maliniak aus Warschau war der einzige fröhliche Bewohner aus der älteren Generation. Weiter war da Herr Cięglewicz, ein Philologe aus Krakau, der durch seine Übersetzungen des Aristophanes bekannt war. Er spielte mit mir Schach und regte sich auf, wenn er verlor (was nur selten geschah). Zum Mittagessen kam auch der

Physiker Hevesy (der spätere Entdecker des Elements Daphnium), und auch der Sekretär des albanischen Postministeriums, der vor dem Krieg nach Wien gekommen war, um in der staatlichen Druckerei Briefmarken zu bestellen und dann dageblieben war. Von ihm erfuhr ich, daß es in der albanischen Hauptstadt Tirana nur einen einzigen Briefkasten gibt ... Herr Wołyński, ein Angestellter des russischen Ministeriums für Landwirtschaft und Ingenieur, imponierte mir mit seinem theoretischen Wissen.

Aus dieser Gesellschaft mußte sich ein großer Teil, nämlich die Staatsangehörigen der feindlichen Staaten, jede Woche bei der Polizei melden, aber ansonsten gab es für sie keine bedeutenderen Schwierigkeiten.

Meine Schwestern Irena und Olga fuhren mit mir im Auto zum Bahnhof, und ich fuhr im zivilen Anzug nach Piotrków. Dort saß ich etwa zehn Tage fest, weil über Jeżów wegen Typhuserkrankungen Quarantäne verhängt war. Dann verwandelte ich mich dort in einen Artilleristen und schnallte mir einen schweren Säbel von spezieller Form um, der sicher aus einem Theaterfundus stammte.

Bei Besuchen in einem Café traf ich mich mit meinem Neffen Władek. Dieser hatte eine spezielle Mission zu erfüllen. Die Russen ließen in Piotrków einen Rittmeister der Gendarmerie zurück und beauftragten ihn, sicherlich zum Zwecke der Spionage, in die Legionen einzutreten. Er meldete sich also und wurde unter Aufsicht gestellt. Władek war verpflichtet, ihm überallhin zu folgen.

Der Rittmeister war ein typischer russischer Gendarm, ein stämmiger Offizier. Er trug ausgezeichnete Schaftstiefel und Reithosen und schaute mitleidsvoll auf die Legionärsarmee. Diese kleine Freiwilligenarmee, zum großen Teil junge Burschen, fast noch im Kindesalter, ohne ausgebildete Unteroffiziere, ohne richtige Ausbildung, mußte einem Rittmeister des Zaren irgendwie operettenhaft erscheinen. Die Piotrkower Notare und Rechtsanwälte und die Mehrzahl der Einwohner der Stadt schauten nicht anders auf diese Veranstaltung. Unter den Einwohnern von Piotrków gab es allerdings auch eine Gruppe von Leuten, die ihre Söhne in diese außergewöhnliche Armee schickten, und die Besatzung eines Geschützes der neuen Batterie bestand einzig aus Piotrkower Soldaten.

Die Stammeinheit des ersten Artillerieregiments der Polnischen Legionen stand in Jeżów. Dahin begab ich mich denn auch und meldete mich bei Major

Jełowicki zum Rapport. Über diesen Offizier wurde berichtet, daß er in Albanien einen Aufstand zu Gunsten des Fürsten Wied organisiert habe und viele andere Dinge. Er trug eine weiße Uniform mit silbernen Knöpfen und unternahm seine Ritte mit dem Divisionsadjutanten, dem Fähnrich Beck (dem späteren Außenminister), assistiert vom Divisionsarzt, einem Trompeter und Reitern, die zusätzlich Handpferde mit sich führten. Kommandeur der sich formierenden Batterie war Jan Maciej Bold, der spätere Inspekteur der Artillerie. An Offizieren hatten wir: die beiden Fähnriche Mazurkiewicz und Gumiński, der später Wojewode von Krakau war, und den Kunstmaler Sichulski, der mir unbedingt meinen theatralischen Säbel abkaufen wollte, den ich aber nicht hergab. Dieser ganze Stab saß überwiegend in Rozprza, auf dem Gut der Herrschaft Zakrzewski. (Im selben Rozprza befand sich das Kommando des 6. Infanterieregiments, in dem mein Bruder Władek diente.)

Man kann nicht behaupten, daß sich unsere Offiziere im Artilleriehandwerk auskannten. Eine Ausnahme bildete der junge Leutnant Frank, der aus der österreichischen Armee kam, woher er Kenntnisse des Reitens besaß. Er leitete eine Reitschule. Aber es gab wenige Pferde, und man kam selten zu diesem Vergnügen. Die Österreicher schickten uns ihren Leutnant Bura als Fachinstrukteur. Er war ein musterhafter Absolvent der Kadettenschule, ein Berufsoffizier, der mit Geringschätzung auf die Legionsdilettanten herabblickte. Wir hatten auch einen österreichischen Unteroffizier namens Cejnar, der ein gebürtiger Tscheche war, und die sog. Pferdeführer, Ungarn, die vom Sattel aus geschickt ein Sechsergespann zum Ziehen einer Kanone führen konnten.

Das Leben in der Befehlsstelle war natürlich recht monoton. Wir schliefen in einer großen Scheune. Den Platz neben mir hatte Zygmunt Janiszewski, der schon damals den Titel eines Doktors der Sorbonne innehatte. Seine These „Sur les continus irréductibles" erregte die Aufmerksamkeit von Henri Poincaré, den man mit Recht für den größten Mathematiker der ersten Dekade des 20. Jahrhunderts hielt. Janiszewski widmete seine These dem Führer der französischen christlichen Sozialisten, Marc Sangnier. Leider waren wir beide nicht sehr lange zusammen. Als die Deutschen Warschau eingenommen hatten, wurde er an die dortige Ortskommandantur abkommandiert. Einige Jahre später erzählte er mir, daß der deutsche Kraftfahrer, der ihn vom Warschauer Bahnhof zur Kommandantur fuhr, Max Dehn war, ein ausgezeichneter Geometer. Ich stellte mir vor, wie sie beide sich gefreut haben und wundere mich, daß das Auto ohne Unfall den richtigen Ort erreichte.

Die Verpflegung in der Befehlsstelle war hervorragend. Reis, Schweizer Käse, Schokolade und Wein wurden reichlich an die Soldaten verteilt. Unter ihnen waren zahlreiche Intellektuelle. Da war der Medizinstudent Słobódzki (als Kozar-Słobódzki wurde er später als Verfasser von Liedern bekannt), der Fröhlichste in der Batterie, der Chemiker Zwisłocki (er heiratete später die Tochter des Präsidenten Mościcki), weiter Zięborak, den ich einige Jahre danach in der Rolle eines Chemieassistenten an der Universität Lemberg traf, und der junge Sarnecki aus der Gegend um Piotrków. Der Bevölkerung ging es nicht so gut wie der Armee. Es herrschte Hunger, und die Mädchen aus den nahen Dörfern kamen in den nahe der Kommandostelle liegenden Wald, scheinbar um Pilze zu suchen, in Wirklichkeit aber darauf wartend, daß Soldaten sie mit Brot, Schokolade und Konserven beschenkten. Die hiesigen jungen Männer drängten sich nicht in die Legionen, aber es gab auch welche, die bei uns ihr Glück suchten. Da war z. B. ein blauäugiger, blonder, junger Kerl aus dem Städtchen, ein geborener Bandit, der sich bei uns einschrieb. Die Disziplin sagte ihm nicht zu, so daß er oft im Arrest sitzen mußte. Das war ein Kämmerchen auf dem Hofe eines der Bauernhäuser, das unser Arrestant wohl mit Leichtigkeit hätte einreißen können, wenn da nicht Tag und Nacht ein Wachtposten gestanden hätte. Dieser Dienst betraf einmal auch mich, und da er auf den Nachmittag fiel, mußte ich den jungen Mann auf eine halbe Stunde spazieren führen. Er ging auf meinen Befehl hin vor mir, und ich war ihm dafür dankbar, daß er mir nicht den Karabiner entriß, um zu fliehen. Es war erkennbar, daß er im Hinblick auf kollegiale Gefühle gehorsam war.

Nach ein paar Monaten kamen die Geschütze. Es waren vier mit einem Kaliber von neun Zentimetern. Die bronzenen Rohre waren nach einer Vorschrift des österreichischen Generals Uchatius gebohrt. Die Rohre hatten keinen Rückschlag, sondern waren fest mit der Lafette verbunden. Bei jedem Schuß sprang das Geschütz empor und man mußte erneut zielen. Den Übungen im Scharfschießen ging ein Marsch über zwanzig Kilometer voraus. Auf meinem Munitionswagen befanden sich Fächer für die Pulversäcke, die Schrapnelle, die Granaten und ein freies, in das ich einen Blechkasten mit Zündern legte. Nach Beendigung des Marsches schaute ich in das Fach und sah, daß sich durch das Schütteln während der langen Fahrt der Kasten geöffnet hatte und alle Zünder explodiert waren. Wenn nur ein einziger Pulversack in demselben Fach gelegen hätte, hätte die ganze Batterie der Teufel geholt. Das alles war das Ergebnis einer wenig exakten Ausbildung, aber das Schießen verlief dann doch ordentlich.

Bald darauf kam die Abreise. Wir bekamen einen ganzen Zug. Die Geschütze kamen auf Plattenwagen, die Pferde in Viehwaggons und wir in Personenwagen. Wir fühlten uns ausgezeichnet, von Piotrków nach Kowlo fuhren wir fünf Tage. Wir hatten genug zu essen, das heiße Wasser von der Lokomotive verwendeten wir zum Teekochen und zum Rasieren. Im September 1915 war es noch nicht kalt. In Kowlo nahmen wir die Villa irgendeines russischen Generals in Besitz. Da lagen Pläne und Karten der Stadt Port-Arthur und der Mandschurei herum, die Bücher gelang es vorher im Ofen zu verbrennen. Außerdem waren die Villen schon zuvor geplündert worden. Ich lernte einen jüdischen Tischler kennen, der nicht weit von uns wohnte. Dahin ging ich mich waschen, rasieren und Schokolade zubereiten, was keine Schwierigkeiten bereitete, denn man brauchte nur eine Stange „Sucharda“ in heißer Milch aufzulösen.

Die Stadt war beträchtlich verwüstet. Die Batterie stand auf einer Wiese, daneben wohnte eine Polin, Frau Dąbrowska. Sie briet den ganzen Tag Schnitzel, die wir bei ihr massenweise kauften. Manchmal aß ich zwischen Frühstück und Mittagessen vier Stück. Auf den Straßen gab es dreisprachige Hinweistafeln, die der ortsansässigen Bevölkerung nahelegten, „den Herren Offizieren Platz zu machen und sich zu verbeugen ...“ Den Text selbst hielt man für eine polnische Erfindung.

Nach kurzem Aufenthalt fuhren wir weiter. In Maniewicze sahen wir ein russisches Aufklärungsflugzeug. Von einem kleinen Wäldchen am Straßenrand aus schaute ich auf ein deutsches Infanterieregiment, das in schwerem Schritt die sandige Straße entlangmarschierte. Die Soldaten interessierten sich für nichts. Ich erkannte schnell, daß es das in Göttingen stationierte 82. Regiment war und rief: Die Weender Straße ist schöner! ... Da schauten alle nach rechts auf mich, als ob ich ein General wäre, der eine Parade abnimmt. Man konnte erkennen, daß dies für sie ein unerwartetes Ereignis war. Wir zogen weiter und fanden uns nachts im Wald. Die Nacht war herrlich, über uns der Himmel voller Sterne, hinter uns ging der Mond auf, und nach einigen Stunden des Marschierens wußten wir nicht mehr, wo wir eigentlich waren. Die Offiziere fragten mich, in welcher Richtung wir gehen. Sie wußten, daß ich einen Kompaß hatte und auf ihn schaute. Der Schein war verdächtig. Sie entsandten den Zugführer Fyda und einen weiteren Unteroffizier ... Die fuhren ungern nach vorn. Wir standen auf einer Lichtung und warteten auf die Rückkehr der beiden. Aber an ihrer Stelle tauchten aus dem dunklen Wald zwei prächtig im Mondlicht glänzende Helme auf. Das waren zwei deutsche Soldaten. Als sie uns sahen, fragten sie: *Wo geht man hier nach Homburg vor der Höhe?** Sie hatten Urlaub und wollten auf schnellstem Wege in ihr heimatliches Homburg gelangen ... Sie erklärten uns, daß der Lichtschein von einem Brand stammt, den deutsche Offiziere versehentlich im Dorf entfacht hatten. Im Krieg werden viele Dörfer versehentlich ein Opfer der Flammen, die Soldaten haben keine Lust, das Feuer unter den Feldküchen zu löschen.

Wir übernachteten im Wald. Am Morgen erwachte ich mit einem von der frostigen Erde völlig steifen Bein, obwohl ich auf einer Decke lag. Wir fuhren früh in den Frontbereich. Man erkannte ihn am ununterbrochenen Donnergrollen und der vollkommenen Leere. Eigentlich fuhren wir nicht, sondern mußten laufen, denn es war nicht erlaubt, auf den mit den Pferdelenkern besetzten Geschützen zu sitzen. Die zwischen Anhöhen eingeschnittene Straße öffnete sich an einer bestimmten Stelle ... Ich sah plötzlich, daß sich die Batterie in Trab setzte ... So lief ich in meinen schweren Stiefeln hinter ihr her, und auf einmal stand neben mir im Sand ein schwarzer Rauchpilz. Ich hörte ein Pfeifen und dann einen Knall. Ich lief immer schneller, aber die Batterie entfernte sich. Ich als einziger hatte das Verbot ernst genommen und mich nicht auf ein Geschütz gesetzt. Es schlugen noch ein paar Granaten im Sand ein, aber schließlich gelangte die Batterie aus der Senke heraus, in der sie russische Beobachter sehen konnten. Wir fuhren in Stellung. Das Dorf hieß Bolschoje Mjedwieshe, also Große Bären. Dort schossen wir das erste Mal. Vor uns stand Major Rylski vom sechsten Infanterieregiment, neben ihm mein Vetter Władek als „berittener Melder" und dazu Offiziere, die der Elevation unserer Geschütze vertrauten. Es war dämmrig. Als ich der Batterie nachlief, hatte ich vergessen, eine Lampe mitzunehmen. und

* Im Original deutsch.

legte ins Rohr der Kanone ein Schrapnellgeschoß, das auf dem Munitionswagen lag. Es war eines für geringe Entfernung. Nach dem ersten Schuß lief die ganze Stabsgesellschaft auseinander. Man hörte das Pfeifen der Schrapnellkugeln und das Geräusch des in der Luft zerplatzenden Geschosses. Das war mein Werk. Mein Schrapnell war „V", das heißt vortemperiert in der Sprache der österreichischen Artillerie ... Es entstand eine Panik. Der Fähnrich Mazurkiewicz schrie: „Sie haben uns entdeckt!" Aber meine Kameraden erkannten, daß es unser eigenes Schrapnell gewesen war, kein russisches. Ich machte dem Fähnrich davon Meldung. Der fuhr mich an: Schweigen Sie! Ich verstand: Er wollte die Batterie gegenüber den Infanterieoffizieren und dem Rest des Stabes nicht kompromittieren. Deshalb wechselten wir unsere als gefährlich eingestufte Stellung.

Ereignisse dieser Art, die mit der offiziellen Geschichte unserer Batterie nicht im Einklang waren, gab es mehrere. Da war eine Eisenbahnstation, die von den Russen besetzt war. Unsere Karte, nach der wir schossen, war fehlerhaft, und so trafen wir eine kleine Bude, um die österreichische Dragoner lagerten. Durch unsere Granaten angefeuert, griffen sie an und eroberten die Station. Nach einigen Tagen bezogen wir eine andere Stellung, Podczerewicze. Von dort aus beschossen wir einen Kirchturm, von dem aus ein russischer Beobachter eine leichte Geschützabteilung leitete, deren Kommandeur sich für uns besonderes interessierte. Schon als wir unsere Stellungen einnahmen, feuerte er auf uns. Neben uns stand ein Zug Infanterie, der seine Bewegungen auch unter Beschuß nach Befehl wie auf dem Exerzierplatz ausführte. Die Soldaten lachten über uns, daß wir beim Explodieren der Schrapnells unsere Köpfe hinter den Schutzschilden der Geschütze versteckten.

Bei dieser Aktion standen hinter uns Major Rylski, seine in einen Adjutanten verkleidete Adjutantin und der Legionsgendarm Leon Zielony (dessen Nichte ich zwei Jahre später heiratete). Selbstverständlich schoß sich das *kozatschoje orudie** nach der einen und anderen Salve auf uns ein. Die Munitionswagen und die Pferde standen mehr als hundert Meter entfernt in Sicherheit. Eine Granate schlug in weniger als hundert Meter Entfernung von uns ein. Die Pferde wurden herangebracht, aber als ich die Lafette an den Munitionswagen ankoppeln wollte, ging eine Granate dicht neben den

* (russ.) Kosakenkanone.

Pferden nieder, zum Glück in den Sand, so daß die Explosion aus dem Trichter nach oben verpuffte und seitlich keine Wirkung hatte.

Die Pferde setzten sich in Bewegung, und meine Kanone blieb in ihrer Position. Ich schaute mich um, wir waren allein. Der Stab war davongefahren, die Adjutantin begann krampfhaft zu weinen, und wir, d. h. die mir unterstellte Kanone Nr. 4, fuhren ins Tal hinunter zur Batterie. Mit fünf Kameraden mußte ich nochmals hinauf, um eine letzte Kanone zu bergen. Oberleutnant Maciejowski war mit seinem Munitionswagen herangekommen. Die Russen hatten sich auf den Punkt eingeschossen und warteten nur auf die nächste Gelegenheit. Aber diesmal koppelten wir die Lafette blitzschnell an und fuhren ab. Als die Granate am kritischen Ort einschlug, waren wir schon fast hundert Meter tiefer. Noch einmal gingen wir zurück, um die Kisten mit den Granaten und die Zielgeräte einzusammeln. Während dieser Tätigkeit kam der Brigadegeneral Grzesicki. Ich machte mir die boshafte Freude, entgegen der Schlachtordnung salutierte ich und meldete, daß alles abgeräumt sei. In der alten Stellung war nur ein Buch zurückgeblieben, das mir Mutter geschickt hatte: Romain Rollands „Jean Christoffer". Ich konnte es nie zu Ende lesen. Es war 10 Uhr morgens, im Tal im Gras nickten wir ein, auf ein Weilchen. Als ich wieder erwachte, ging die Sonne gerade unter.

Ein andermal war die Stellung für drei Geschütze zu schmal, so daß meines untätig im Wald zurück blieb. Ich ging in die Stellung, aber kurz darauf wurde ich mit einem Befehl zurückgeschickt, zu Pferd. Gedankenlos ritt ich also über die leere Wiese, bis mich auf einmal etwas am Hals packte. Ich warf den Kopf zurück und ein Telefondraht riß mir die Mütze vom Kopf, bis ich verstand, was geschehen war. Zum Wäldchen zurückgekehrt, traf ich dort einen Legionsoffizier. Sein Pferd stand seitwärts, er begann mit mir ein Gespräch auf Deutsch und befragte mich nach der Situation. Er wußte mehr als ich, daß auf uns ein Angriff geplant ist, daß aber die Reserve des Korps uns zu Hilfe eilt. Niemals habe ich erfahren, wer das war. Man sagte, er sei ein Engländer, Fürst Sutherland, der als Freiwilliger in unseren Legionen diente. Ich glaube aber eher, daß es ein russischer Spion war. Später begann der Rückzug, während dessen unsere Batterie sehr wirkungsvoll einen Graben bei Wolczeck beschoß. Der Rückzug dauerte die ganze Nacht, und unterwegs konnten wir Decken, Tornister, Feldflaschen, Mäntel und was man sich sonst noch vorstellen konnte, zu Hunderten einsammeln, alles was die sich schon früher zurückziehenden Infanteristen weggeworfen hatten. Erst am Morgen machten wir Halt. In dieser Nacht kreuzte sich der Weg unserer Batterie mit einer österreichischen Kolonne, deren General lauthals unsere Batterie beschimpfte. Oberleutnant Bold machte uns später Vorwürfe, daß wir ihn nicht auf unsere Weise verflucht hatten. Es war dunkel, und er hätte uns nichts anhaben können, bedauerte er.

Einmal ruhte sich die Batterie am Rande eines Waldes in einer Lichtung aus. Es war warm und still. Der Kommandeur befahl mir den Nachtdienst, denn er wußte, daß ich nicht einschlafe. Unweit von uns war eine Scheune, in der sich eine österreichische Patrouille niedergelassen hatte. Es waren mehrere Leute, Dragoner mit ihren Pferden, die uns nicht unterstanden. Ich aber war mehr der duftenden Sommernacht und den Nachtigallen erlegen, die ihren schönsten Gesang hören ließen. Dieses Vergnügen dauerte bis zum Morgen, der Kommandeur war zufrieden. Weniger zufrieden waren die Österreicher, die einen tiefen Schlaf hatten. Als sie aufwachten, stellten sie fest, daß drei Pferde fehlten. Da haben die Kosaken gepfiffen, um die Verbindung zu halten und in der Nacht die Pferde zu rauben.

Schließlich erreichten wir wieder Kowlo, wo wir uns ein paar Wochen ausruhen konnten. Nach ein paar Tagen sagte mir der Kommandeur, daß im Lazarett mein Vetter Władek tödlich verwundet liegt. Mit einer Meldung reitend trafen ihn bei Kukle zwei Schrapnellkugeln. Die eine durchschlug die Lunge, und die andere verletzte das Rückgrat. Onkel Ignacy kam und traf seinen Sohn noch lebend an. Er bat für mich um Urlaub, und so kehrten wir gemeinsam nach Krakau zurück, wo die Beerdigung* stattfand. Unter anderem hielt Herr Srokowski, der Redakteur der demokratischen Zeitung „Nowa Reforma“, eine Trauerrede, die unsere Familie als beleidigend empfand. Władek hinterließ seine „Tagebücher eines Legionärs“. Aus den Kommentaren der Herausgeber erfuhr ich, daß er zum Fähnrich befördert werden sollte und die Deutschen ihn mit dem Eisernen Kreuz auszeichneten. Als er in Kowlo im Schlaf fantasierte, hörte ich seine Worte: Hier ist nicht der Platz für einen Offizier! Mein Platz ist an der Front! Nach dem Krieg erhielt eine der Straßen Lembergs seinen Namen.

---

* Władysław Steinhaus starb am 31. September 1915.

Ich kehrte nicht mehr in die Armee zurück. Es hätten keine Reklamationen genützt, trotz der Unterstützung des Starost, wenn nicht die Mutter gewesen wäre, die ohne Wissen der anderen und ohne irgendwelche Protektion zum Referenten im Ministerium für Landesverteidigung nach Wien fuhr. Sie selbst wunderte sich, als der Offizier nach Anhörung ihrer Bitte die Sache mit dem Wort entschied: enthoben. In Jasło traf ich eine Junggesellenwirtschaft an: Vater kehrte im Jahre 1916 nach dem Durchbruch der „Linie Gorlice" durch die Österreicher dank deutscher Hilfe unter Mackensens Kommando aus Wien zurück. Die Frauen, meine Mutter und die beiden Schwestern blieben noch in Wien. Ich traf auch meine beiden Freunde Janek Adamski und Ludwik Oberländer an. Das russische Heer hatte viele Konserven zurückgelassen, und das verpönte Weißbrot sowie verschiedene Leckereien konnte man im Wirtshaus erwerben. Es war so, daß man abends beim sommerlichen Spaziergang auf dem Marktplatz von Jasło den Donner schwerer Geschütze bei Podhajce hören konnte. Dort attackierte auf russischer Seite kämpfende japanische Artillerie die auf österreichischer Seite kämpfende türkische Infanterie.

Das *Farewell to arms* ließ sich in Jasło nicht verlängern. Dank der Protektion des Onkels wurde ich in die Zentrale zum Wiederaufbau des Landes aufgenommen. Das war eine Abteilung in der Statthalterschaft, die die nötigsten Reparaturen an landwirtschaftlichen Betrieben, Handwerkerwerkstätten und Fabriken durchführen sollte. Im Juli 1916 zog ich nach Krakau und nahm Wohnung in einer Pension in der Karmeliterstraße Nr. 9. Ich wurde der technischen Sektion der Zentrale für Wiederaufbau zugeteilt, die dem Ratsherrn Ingarden unterstellt war. Außer fest angestellten Mitarbeitern der Statthalterschaft lernte ich auch vertraglich gebundene, zumeist Ingenieure, kennen. Ich hatte auch Gelegenheit, die Bedeutung solcher Ausdrücke wie: exhibit, amtliche Mahnung, mundieren, kollationieren, videat, reproducatur – und viele andere kennenzulernen, aus denen das Wesen bürokratischen Denkens besteht. Ich wußte aber nicht, daß es „der Letzte ist, der so die Polonaise anführt". Zwei Jahre später sollte die k.u.k. österreichisch-ungarische Monarchie zusammen mit ihrem gebräuchlichen Wortschatz verschwinden. Es gab dort Kenner und Liebhaber dieser Kunst, wie zum Beispiel den Starosten Gaspary, der ein Ästhet des grünen Tisches war und auf dessen Schreibtisch eine ganze Kollektion von Stempeln und schwarzen, roten und blauen akkurat angespitzten Bleistiften lag. Ein nach solchen Regeln der Kunst vom Starost ausgefertigtes Schriftstück war in graphischer Hinsicht so schön, daß der Bittsteller, dem die Erteilung einer Unterstützung abgelehnt wurde, gerührt wäre, wenn er wüßte, wieviel stilistische, graphische und koloristische Mühe in seiner Angelegenheit aufgewendet worden war: „... gemäß dem Runderlaß der k.u.k. Statthalterschaft vom 3. III. 1916 I, COK 1947/16, darin der angeführte Runderlaß nur für solche Geschädigten die Erteilung einer Unterstützung vorsieht, deren Arbeitsstelle sich in dem von der k.u.k. Armee besetzten Landesteil befindet, also a contrario die Erteilung einer Unterstützung für solche Bürger der k.u.k. Monarchie, die sich zwar im befreiten Gebiet des Landes Galizien befinden, deren ständiger Wohnsitz aber in der durch die russische Armee besetzten Zone liegt, nicht gestattet" ... Der Bittsteller aus Buczacz hat sich mit Sicherheit geehrt gefühlt.

Obgleich Krakau formell immer noch als Festung galt, konnte man abends in den Planten spazieren gehen. Während eines solchen Spaziergangs hörte ich die Worte „... das Lebesgue'sche Maß ...", ging zu dieser Bank und stellte mich zwei jungen Adepten der Mathematik vor. Sie sagten mir, daß zu ihrer Kompanie noch Witold Wilkosz gehört, den sie sehr lobten. Die beiden waren Stefan Banach und Otto Nikodym. Von da an trafen wir uns regelmäßig, und da damals auch Władysław Ślebodziński, Leon Chwistek, Jan Króo und Władysław Stożek in Krakau waren, beschlossen wir die Gründung einer mathematischen Gesellschaft. Als ihr Initiator stellte ich mein Zimmer für die Zusammenkünfte zur Verfügung. Mit Nägeln befestigte ich eine Tafel aus Wachsleinwand an der Wand. Als das die Eigentümerin der Pension sah, erschrak sie, was wohl der Hauseigentümer dazu sagen werde. Ich konnte sie beruhigen, daß der Besitzer ein Schwager meines Onkels ist und mir die Beschädigung der Wand sicher verzeiht. Aber da hatte ich mich geirrt. Herr L... nahm den Standpunkt eines Hausbesitzers ein, und es war ihm egal, wozu die Tafel dienen sollte. Die Gesellschaft entwickelte sich, sie war der erste Lichtpunkt dieser Art in Polen. Herr L. erhielt nach einigen Jahren einen Orden. Er war sich sicher dessen nicht bewußt, daß sein größtes Verdienst nicht die Wände waren, sondern die Löcher, die ich gegen seinen Willen in sie geschlagen hatte...

In dieser Zeit besuchte mich Puzyna, der als Professor der Mathematik an der Lemberger Universität tätig war. Im März 1917 fuhr ich nach Lemberg zur

Habilitationsvorlesung (genannt „Inaugurationsvorlesung"), und danach erreichte ich meine Versetzung von der Krakauer Zentrale zur Lemberger Abteilung, das heißt zur dortigen „Expositur". Im Sommer, am 9. August 1917, feierte ich in Krakau meine Hochzeit. Wir fuhren dann auf ein paar Tage nach Zakopane. Dort wanderten wir viel über die Berge, die durch den Krieg völlig verlassen waren. Die Nächte verbrachten wir in Sennhütten, und oft badeten wir in den Bergseen. Auf einem der Ausflüge trafen wir die beiden Lemberger Professoren Tołłoczko und Weyberg, die mir mitteilten, daß mir die *venia legendi** verliehen worden war. Im Herbst zogen wir nach Lemberg um. Da die Mutter meines Cousins Dyk für die Kriegszeit von Lemberg nach Jasło umgezogen war, konnte sie uns ihre möblierte Wohnung in der Taubenstraße 10 für unbestimmte Zeit überlassen. Jetzt begann mein gespaltenes Leben zwischen langweiligem, ermüdendem und ziellosem Herumsitzen in der Expositur für den Wiederaufbau des Landes und den Funktionen als Dozent und Assistent. Ich hatte einige Hörer, für die ich Vorlesungen über die von Lebesgue entwickelte Theorie der Integration hielt, aber beinahe die gesamte Jugend war noch in der Armee. Im Frühjahr, im März 1918, gab es eine Massendemonstration gegen den Frieden von Brest und für die Beendigung des Krieges. Einige zehntausend Menschen marschierten durch die Stadt. Obgleich die Städte evakuiert waren, gab es keine Übergriffe durch Diebe ... Wir beteiligten uns an dem Marsch. Dabei traf ich Wacław Sierpiński, der über Schweden aus Sibirien zurückgekehrt war.

Die Expositur war mit mir unzufrieden. Ratsherr Rozwadowski schrieb in einem Bericht über mich, daß ich „nichts tue und mich hinter Verpflichtungen an der Universität verstecke". Das traf tatsächlich zu, aber mit Sicherheit nahm ich meine Verpflichtungen an der Universität nicht auf die leichte Schulter. Professor Julian Puzyna war krank, und so war ich der einzige Vertreter der Mathematik an der Universität. Die Armee berücksichtigte diese Tatsache, so daß bald eine Reklamation aus dem zuständigen Büro des Ministeriums für Landesverteidigung (ein solches gab es neben dem Kriegsministerium) eintraf und ich ohne Bedauern meine Stellung als Beamter aufgab.

Die Ereignisse überstürzten sich. Im April 1918 wurde meine Tochter geboren. Sobald es möglich war, schickte ich sie mit meiner Frau nach Jasło zu

---

* (lat.) Das Recht, an der Universität Vorlesungen zu halten.

den Schwiegereltern. Ich selbst blieb in Lemberg, gab alle Sachen in Verwahrung und zog in die Pension „Anuta" in der Kopernikusstraße. Ihr Eigentümer, Herr Pieniążek, war der Onkel eines meiner Kameraden in der Batterie. Dort erlebte ich das Ende des Weltkrieges und im November den Beginn des neuen polnisch-russischen Krieges. Die Stadt war für einen Tag unbestritten im Besitz der Ruthenen. Die Schießerei und Entwaffnung russischer Patrouillen begannen in dem am Bahnhof gelegenen Stadtteil. Den ersten Soldaten entwaffnete der Mathematiker und Legionär Felsztyn. Bald entstand eine Linie, die Lemberg in einen polnischen und russischen Bezirk teilte. Die Grenze verlief längs der Ossolinski-Straße und der Słowacki-Straße und teilte den Jesuitengarten. Die Pension „Anuta" lag auf der russischen Seite. Ununterbrochen ratterten die Maschinengewehre, und außerdem hatten die Ruthenen eine Feldbatterie auf der Hohen Burg stationiert. Die Stadt war im Aussterben, bei den Geschäften waren die Rollos herunter gelassen, die Tore waren verschlossen, das Elektrizitätswerk hatte auf Befehl des russischen gradonatschalnik, des Stadtkommandanten, den Betrieb eingestellt. Von morgens bis abends fielen Kugeln mit entsetzlichem Geknatter auf die blechernen Dächer und erinnerten in jeder Sekunde daran, daß Krieg ist, und zwar ein Krieg, der unmittelbar einem Krieg folgte!

In der „Anuta" wohnten nur wenige Personen. Unter ihnen war Hauptmann J., der seiner Zeit als russischer Offizier im Jahre 1905 im Krieg gegen Japan teilgenommen hatte. Jetzt ging er täglich unter Lebensgefahr durch die Frontlinie, aber nicht in kriegerischer Absicht, sondern weil auf der polnischen Seite eine Frau wohnte, die er sehen wollte. Hauptmann J. erzählte uns interessante Dinge über die Koreaner und andere Menschen des fernen Asiens. Dann war da ein Erdölfachmann, Graf Komorowski, der täglich mit Frau Lindhardt, der Schwester von Tadeusz Rittner, und dem Hauswirt Karten spielte. Weiter war da ein Herr Decykiewicz, ein hoher österreichischer Beamter. Er war Ruthene und gehörte zu den Anhängern einer Politik der Versöhnung, war sehr intelligent und objektiv, las Anatol France im Original und ging täglich zur Statthalterschaft, wo er eine hohe Position in der russischen Zivilverwaltung innehatte. Er klagte uns, daß verschiedene „Atamane", wie er sie nannte, von der einen und der anderen Seite Lembergs gegenüber dem gesunden Menschenverstand völlig gefühllos sind und daß der sinnlose Krieg dem bereits in starkem Maße zerstörten Land den Rest gibt. Seiner Meinung nach wäre ganz Galizien keinen blanken Heller wert, wenn es die Juden nicht gäbe.

Diese Situation verhieß mir nichts Gutes, und so beschloß ich nach drei Wochen, nach Jasło zu fahren. Dank Herrn Decykiewicz erhielt ich einen Passierschein mit einem Löwen im Stempel und verständigte mich daraufhin mit dem bekannten Schauspieler Dante-Baranowski, der mit Frau und Kind ebenfalls nach Westen fahren wollte. Wir nutzten den Tag des Waffenstillstands und reisten um den 21. November herum mit einer bäuerlichen, oder besser jüdischen Fuhre nach Żółkwia. Auf dem Bahnhof in Żółkwia trafen wir eine Gruppe Soldaten und einige Offiziere, die auf die Abfahrt des Zuges warteten. Die Offiziere bemühten sich um eine gewisse Ordnung, aber die Soldaten sahen sie mißtrauisch an. Es herrschte politisches Vakuum, es gab weder Österreich, noch Polen, noch die Ukraine. Aber die letztere begann schon, sich zu formieren. Unser Zugschaffner, der das Geld im voraus genommen hatte, erklärte plötzlich, daß er nicht weiterfahren werde. Meine Mitpassagiere wandten sich an einen russischen Milizionär, der sein Gewehr senkte und den Zugschaffner mit dem Bajonett bedrohte. Dieser erfaßte das Bajonett mit der Hand und begann ohne ein Zeichen der Erregung, mit dem Ruthenen zu diskutieren. Am Ende erklärte er sich zur Abfahrt bereit. Unterwegs hielt uns eine russische Feldwache an. Die Soldaten umstellten uns urplötzlich, begannen á la *Rinaldo-Rinaldini** mit den Bajonetten herumzufuchteln, konfiszierten die zum Armeeobjekt erklärte Thermosflasche, und nach Überprüfung, ob unsere Passierscheine einen „kit“ (sprich Löwen) tragen, ließen sie uns weiterfahren.

Wir erreichten Rawa Ruska, wo die Geschäfte geschlossen und die Straßen leer waren. In Jaryczów übernachteten wir. Dieses Städtchen war nur von Juden bewohnt. Früh um fünf Uhr waren alle in der Synagoge. Es war schwer zu erkennen, was sie sonst den ganzen Tag zu tun hatten. Schließlich erreichten wir die Brücke über den San bei Jaroslaw. Dort trafen wir auf eine polnische Feldwache. Von Jaroslaw aus fuhren wir wieder mit dem Zug. Auf dem Bahnhof in Rzeszów hörten wir ununterbrochenes Gewehrfeuer. Verschiedene junge Burschen, Eisenbahner, Soldaten und Zivilisten, waren

---

* Räuberroman von Christian Vulpius.

in Waffenlager eingedrungen und schossen nun zum Vergnügen in die Luft. Am Ende traf ich in Jasło ein, seit drei Tagen unrasiert, schmutzig und hungrig, so daß mich meine Frau und ihre Eltern kaum erkannten.

Von diesem Zeitpunkt an blieb ich bis 1920 in Jasło. Die Einberufung zur Armee betraf nicht meinen Jahrgang, von Vorlesungen in Lemberg konnte keine Rede sein, also bemühte ich mich um Arbeit bei der Gasleitung der Firmen Gartenberg, Waterkeyn und Karpaten, die die Bohrstellen von Męcinka bei Krosno über Jasło mit der Raffinerie in Glinnik Mariapolski bei Gorlice verband und sie mit Methan versorgte. Dieses aus Męcinka stammende Gas versorgte sowohl die Raffinerie als auch die kleinen Städte längs der Transversaleisenbahn. Dank dieser Versorgung hatten die Abnehmer für billiges Geld ein hochwertiges und geruchloses Gas in großer Menge zur Verfügung. In dieser Gegend war es damals schwer, ein Haus zu finden, das Kohle, Holz oder Koks als Brennmaterial verwendete. Das Gasbüro hatte seinen Sitz in der Raffinerie Niegłowice bei Jasło. Der Chef war Ingenieur Alexander Dietzius, in dem ich bald den besten Ingenieur kennenlernte, dem ich in meinem Leben begegnet bin. Meine Arbeit war die des mathematischen Experten. Wir kamen gut zurecht, bis die Firma Karpaty in Person des Mac Garvey sich querstellte, und stärkeren Einfluß auf das neutrale Gasbüro anstrebte ... Ich nutzte die Gelegenheit, denn nun hatte ich zwei Gründe, um zu kündigen: den Fehler des Wiener Millionärs und die Notwendigkeit der Rückkehr nach Lemberg, wo ohne Sierpiński, der eine Professur in Warschau annahm, ohne Janiszewski, der ebenfalls dorthin ging, und ohne Puzyna, der verstorben war, die Abwesenheit des unlängst in Lemberg habilitierten Dozenten ein unverständlicher Skandal gewesen wäre. Und außerdem ist es angenehm, einen Millionär auf den Rücken zu legen, wenn man ein unbezahlter Mathematiker ist ...

TEIL II

IN DER UNIVERSITÄTSSTADT LEMBERG

Nach meiner Rückkehr nach Lemberg mußte ich feststellen, daß meine dem Herrn Zawadzki zur Verwahrung übergebenen Sachen gestohlen worden waren. Im eigenen Haus konnte ich keine Wohnung finden und mußte daher im Kellergeschoß einziehen. Den Prozeß um meine Sachen verlor ich. Es erwies sich auch, daß der Kaufvertrag für das Haus unrechtmäßig war, denn der Verkäufer, der einige Monate nach der Transaktion verstarb, war nicht der Eigentümer des ganzen Teiles, den er verkauft hatte. Es mußten die Unterschriften der Erben erwirkt und der Vertrag berichtigt werden. Doch keine dieser Schwierigkeiten konnte mich umwerfen.

An der Universität gab es Veränderungen. Zygmunt Janiszewski, mein Kollege, verstarb 1920 an der spanischen Grippe. Nach dem Tode von Julian Puzyna, der noch früher starb, wurde Herr Żyliński aus Kiew, den ich noch aus Göttingen kannte, zum Professor berufen. Man kann nicht behaupten, daß unsere Zusammenarbeit ohne Reibereien verlief. Erfolg hatte aber meine Fürsprache für Stefan Banach und Antoni Łomnicki. Banach wurde Assistent an der Technischen Hochschule. Zygmunt Janiszewski war es gelungen, die Polnische Mathematische Gesellschaft zu aktivieren oder besser, zu gründen, die später zu einer Filiale der Warschauer Gesellschaft wurde*. In Lemberg gehörten zu ihren Mitgliedern Krygowski, Janiszewski, Żyliński, Łomnicki, Banach, Ruziewicz und ich. Manchmal kam auch Dziwiński. Die Gesellschaft arbeitete. Bald wurden Banach und Ruziewicz habilitiert. Die wissenschaftliche Aktivität nahm zu, in den gesellschaftlichen Beziehungen dagegen herrschten Chaos und Unordnung der Nachkriegszeit. Da war der Wahn der Ballfeste, Vergnügungen, Ausflüge, der Libertinismus, Verrat und zeitweilige Bündnisse, mit einem Wort, das Schwelgen in der Freiheit, von der man viele

---

* Die Geschichte der Anfänge der Polnischen Mathematischen Gesellschaft ist komplizierter. Die Tätigkeit der Lemberger Organisation war bescheiden, und als Tag der Gründung der PMG betrachtet man den 2. April 1919, als die PMG in Krakau ins Leben gerufen wurde, zu der auch Mathematiker außerhalb Krakaus ihren Beitritt erklärten, u. a. Stefan Banach, Leon Chwistek (Mitbegründer) und im Jahre 1920 Hugo Steinhaus. In eben diesem Jahr 1920 wandelte sich die Mathematische Gesellschaft in Krakau in eine gesamtpolnische Mathematische Gesellschaft um (R.D.).

Jahre geträumt hatte. Hinzu kam die freigiebige Zuerkennung von Entschädigungen für die Unterdrückung und das Grau der Kriegstage. Alles das war charakteristisch für die Jahre von 1920 bis 1923.

Im Jahre 1920, nach Janiszewskis Tod, erschien in Warschau das erste Heft der Zeitschrift „Fundamenta Mathematicae"*. Es war seine Idee gewesen, in Polen eine internationale mathematische Zeitschrift zu gründen. Nach Janiszewskis Meinung hatte die Mengenlehre bei uns schon so viele Anhänger, daß es möglich sein müßte, jedes Jahr einen Band herauszugeben, der mindestens so viele Arbeiten polnischer wie ausländischer Autoren enthielt. Der Plan gelang unerwartet gut, aber der Autor erlebte das Erscheinen des I. Bandes nicht mehr. Heute ist dieser Band so gefragt, daß es sich nach nunmehr zwanzig Jahren gelohnt hat, ihn erneut herauszugeben.

In Lemberg wurden die Vorlesungen zur Mathematik im Physikgebäude in der Długosz-Straße gehalten. Unter den Hörern befanden sich J. Schenck, Władysław Orlicz, Herman Auerbach, Herr Homme und die Damen Krzysikówna und Schoenówna. Alle sie waren Enthusiasten der Wissenschaft. Ich gab ihnen die Schlüssel für die Seminarbibliothek, und sie nutzten sie mit Fleiß. Irgendwelche Schäden am Inventar gab es dabei nicht. In diesen Jahren lebte ich mit meiner Familie hauptsächlich von der Unterstützung, die uns meine und meiner Frau Eltern gewährten, denn das Assistentengehalt reichte nicht für drei Personen. Deshalb lebte auch meine Frau mit unserer Tochter bei ihren Eltern in Jasło, und ich fuhr öfters zu ihnen, weil es in den Vorlesungen häufige Unterbrechungen gab. Damals war die Hypnose groß in Mode. Meine Schwägerin Hela entdeckte bei sich die Fähigkeit des Hypnotisierens, und als Medium stellte sich ihre Freundin Ewa zur Verfügung. Einmal organisierten sie auf meine Bitte hin eine Sitzung in unserem Zimmer. Ich hatte mir unter diesen Bedingungen eine Reihe Experimente ausgedacht, die einen Betrug ausschließen sollten. Ich bat Hela, sie möge Ewa während der Hypnose befehlen, daß sie nach dem Aufwachen ihren

---

* Die „Fundamenta Mathematicae" war die erste Zeitschrift der Welt, die auf einen Teil der Mathematik begrenzt war, nämlich auf die „Mengenlehre und ihre Anwendungen". Der Erfolg ermutigte die Nachahmer zu anderen solchen Schritten, die sich auf die funktionelle Analysis und ihr verwandte Bereiche beschränkten. Die „Studia Mathematica" werden beginnend ab 1929 in Lemberg von S. Banach und H. Steinhaus herausgegeben. Neudrucke der ersten Bände der „Fundamenta Mathematicae" gab es mehrmals (R.D.).

Namen vergessen und dann unter Mitnahme des II. Bandes eines Werks von Leonardo da Vinci weggehen sollte. Beide Bände lagen auf dem Tisch. Nach Ewas Aufwachen fragte ich sie als noch neuer Bekannter nach ihrem Namen. Sie errötete, aber antwortete nicht auf meine Frage. Dann nahm sie aus der auf dem Sofa liegenden Tasche ihre Visitenkarte und las den Namen vor. Kurz darauf begann sie sich zu verabschieden. Wir hielten sie nicht zurück, aber sie zögerte mit dem Weggehen, obgleich sie sagte, daß Mutter sie erwartet. Nach einer Weile nahm sie den II. Band von Leonardos Werken und blätterte darin. Da erhellte sich ihr Gesicht und sie sprach die Bitte aus, ihr diesen Band zu leihen. Ich antwortete trocken, daß das nicht möglich sei, da ich selbst diesen Band gerade lese, aber ich könnte ihr den ersten Band leihen. Daraufhin drängte sie weiter, denn, wie sie sagte, gefalle ihr nur der zweite Band. Wir kannten uns noch wenig, also war das Drängen eigentlich sehr unpassend. Hier war die Wirkung der Hypnose ausgezeichnet zu erkennen. Daraufhin eröffnete ihr Hela, daß sie ihr dieses Verlangen während der Hypnose auferlegt hätte. In dem Moment ließ sie von ihren Forderungen ab und verlor vollkommen das Interesse an diesem Buch, obgleich ich ihr nun die Ausleihe für längere Zeit anbot.

Ich berichte hier von diesen Experimenten, weil ich in ihnen den Beweis dafür sehe, daß das Bewußtsein freien Handelns kein ausreichender Beleg für die Freiheit ist. Ewa besaß dieses Bewußtsein, als sie das Buch auswählte und glaubte, sie tue das uns zum Trotz, wogegen wir, das sind Hela und ich, schon früher als sie selbst wußten, daß sie dieses Buch verlangen werde.

In Lemberg entwickelte sich eine lebhafte wissenschaftliche Tätigkeit. Stefan Banach promovierte und habilitierte sich kurz danach. Ich besuchte das Seminar von Professor Twardowski, in dem wir Bertrand Russell lasen. Da waren auch Ajdukiewicz, Zawirski, die Gromskis, Czeżowski und andere. Zu dieser Zeit schlug auch die neue Poesie in Lemberg ein. Ich lernte Józef Wittlin kennen, der damals die „Odyssee“ übersetzte

Am schlimmsten war es mit der Wohnung. Diejenige, die ich schließlich im eigenen Haus bekam, konnte ich wegen fehlender Möbel nicht beziehen. Da ich noch nicht Professor war, war ich mir nicht sicher, daß ich in Lemberg bleiben würde, und so vermietete ich diese Wohnung vorläufig an den Richter Antoniewicz. Als ich aber einige Monate später die Wohnung benötigte, berief sich der Richter auf das Mieterschutzgesetz, und nun dauerte es über ein Jahr bis zur Erlangung eines Urteils und zu seiner Vollstreckung. Meine Berufung zum außerordentlichen Professor erhielt ich 1920. Ich nahm für ein Trimester Urlaub und fuhr mit der Frau nach Göttingen, die Tochter ließen wir bei den Schwiegereltern. Die polnische Währung stand damals gegenüber der deutschen hoch im Kurs, so daß das Gehalt für einen Aufenthalt im Ausland reichte. In Berlin telefonierte ich vom Hotel aus mit Leon Lichtenstein, der dort eine Professur hatte. Er kam zu uns, und so lernten wir uns kennen. Er schickte mich zu Professor Schur. Ich ging hin und traf da einige Personen, unter anderem Biebertach. Issai Schur und besonders seine Frau, die eine russische Jüdin war, konnten Polen nicht leiden und ließen mich das fühlen. Aber meine Freundschaft mit Lichtenstein hatte bis zum Tode dieses großen Mathematikers Bestand, also zehn Jahre.

In Berlin nahm die Inflation von Tag zu Tag zu, was uns aber nicht störte. So fuhren wir nach Göttingen, wo ich meine frühere Wirtin, Frau Gericke, besuchte. Sie unterhielt keine Pension mehr, und so quartierten wir uns bei Frau Lotheisen ein. Dahin kamen auch deutsche Studenten, zwei Chinesen, ein paar Ungarn und ein Star der lokalen Operette, die aus New York importierte Deutsche Fräulein Chandler, zum Mittagessen. Eines Tages fragte sie die Chinesen, wie ihnen die Operette, die sie vorher besucht hatten, gefalle. Sie antworteten, daß sie ihnen sehr gefallen habe, daß sie aber nicht verstehen können, warum auf der Bühne alle andauernd schreien. Einen solchen Eindruck hatten sie also vom Singen des Chores. Sie zeigten uns in ihrem Zimmer hängende weiße, mit roter Tusche beschriftete Papierstreifen und erklärten, daß diese Beschriftung die Schönheit der Kalligraphie mit der Schönheit der Gedanken verbindet, was ein Europäer nicht verstehen kann.

Das Mittagessen bei Frau Lotheisen war miserabel. Manchmal bestand es nur aus einer dicken Suppe und Rhabarberkompott. So waren die Studenten zu bewundern, die bei solchem Menü arbeiten konnten.

In Göttingen stand damals die Physik in voller Blüte. Von den Mathematikern war es Hermann Müntz, den ich schon von früher kannte. Franck war ein aufgehender Stern der Physik. Für mich gab es nichts besonders Anziehendes. Ich beschäftigte mich damals mit der Wahrscheinlichkeitsrechnung und der statistischen Mechanik. Mit Ausnahme von Emil Artin gab es dort niemanden, der sich dafür interessierte. Ich blätterte die Zeitschriften durch, zeigte meiner Frau Kassel und Hannoversch Münden und dann reisten wir nach Hamburg. Dort gab es eine neugegründete Universität. Während meine Frau sich die Stadt und den Hafen anschaute, sprach ich mit Ostrowski, Blaschke und speziell mit Rademacher, der in Blankenese unterhalb Hamburgs wohnte. Blankenese ist ein herrlicher Ort, mit vielen Rosen. Von den kleinen Cafés aus kann man die Elbe sehen, die hier schon Meerescharakter hat. In Hamburg lohnt es sich, das ethnographische Museum zu besuchen. Von Hamburg aus fuhren wir nach Kiel, um Otto Toeplitz, einen meiner Göttinger Lehrer zu besuchen, der dort eine Professur innehatte. Obgleich Kiel eine Hafenstadt ist, hat es doch provinziellen Charakter. Man kann da zu Fuß umherspazieren und in Ruhe nachdenken. Toeplitz empfing uns mit großer Herzlichkeit. Weil er gerade seminaristische Übungen hatte, gab er mir Aufgaben zur Korrektur. Die Studenten waren dann sehr verwundert, als sie die von fremder Hand gemachten Korrekturen erblickten. Toeplitz lud uns zum Mittagessen ein. Im Hotel gab es einige Scheibchen Schinken und Bückling. Ich empfahl meiner Frau, dies mitzunehmen. Es erwies sich, daß ich recht getan hatte. Deutschland befand sich damals in einer solchen Lage, daß es für einen Professor unmöglich war, drei geladenen Gästen ein Mittagessen zu reichen. Der dritte Gast außer uns war Frau Radbruch, die Frau des Reichsministers der Justiz (diese Funktion gab es vor dem Kriege nicht). Wir berieten, wohin wir für zwei Wochen ans Meer fahren könnten. Uns lag sehr an einem solchen Aufenthalt. Frau Radbruch empfahl uns Laboe, und so begaben wir uns auf Erkundung. Man fuhr dahin mit einem Schiff, das die Kieler Förde von Ufer zu Ufer durchmaß.

Laboe erwies sich als ein kleiner am Strand gelegener Ort, aber es war noch nicht das offene Meer. So gingen wir also zu Fuß weiter und suchten einen Punkt, wo sich der Horizont wenigstens zu 150 Grad öffnet. Diesen fanden wir schließlich im Ort Stein. Dort gab es eine ordentliche, breite und sehr saubere Zufahrt, einige Fischerhütten und einen ins Meer führenden Steg. Wir entschlossen uns also, dahin zu ziehen, und um nicht für ein Hotel zahlen zu müssen, kehrten wir erst einmal nach Kiel zurück. Unterwegs im Park trafen wir ein Auto, das zum Hafen fuhr. Wir gaben ihm Zeichen, die der Fahrer verstand. So holte er uns nach einer Viertelstunde wieder ein und brachte uns zum Hotel. Dort bezahlten wir sofort die Rechnung und fuhren zum Hafen. In dem Moment, als die Sirene schon das Signal zur Abfahrt gab, gelang es uns, die Koffer an Bord zu befördern und mit dem letzten abendlichen Schiff abzufahren. Das alles war erforderlich, um ein paar Złoty fürs Hotel einzusparen. (Von Laboe nach Stein gab es keine andere Verbindung als zu Fuß. Ausnahmsweise schickte das Hotel ein Pferdefuhrwerk, um unsere Sachen abzuholen.)

Stein gehört zum sogenannten Schöneferschen Pfarramt. Das ist ein am hohen Ufer liegender Kreis mit fettem und fruchtbarem Boden, wo die von Hecken aus wilden Rosen umsäumten saftigen und feuchten Wiesen Futter für hervorragendes Vieh liefern und wo Milch und Butter mit dänischen Produkten vergleichbar sind. Nach den Aufenthalten in Göttingen und Kiel waren wir so ausgehungert, daß wir zum Frühstück je vier Tassen Kaffee mit Milch austranken, aber auch an Butter und Brötchen mangelte es nicht. Wir waren dort fast allein, einmal besuchte uns Professor Toeplitz. Wir sprachen über meine Arbeit über additive Operationen. Es waren auch gewisse Kaufleute aus Berlin da und ein „Admiral“. Diesen Namen gaben wir einem Frankfurter, der ständig die Mütze eines Yachtclubs trug und mit seiner Familie das Hotel ununterbrochen mit Aufrufen und Vorbereitungen zum Ins-Wasser-lassen eines Bootes erfüllte, das er „canoe“ nannte. Dort lernten wir auch einen ehemaligen Sergeanten kennen, von dem wir erfuhren, daß geheime Organisationen existieren, deren Ziel es ist, die Republik zu stürzen. Die Führer dieser Organisationen kamen aus feudalen Kreisen, aus der militärischen Aristokratie, die auf ihren Schlössern die (mit Sekt begossenen) Schwüre verschiedener Anhänger eines Umsturzes und der Revanche entgegennahm. Man nahm das nicht ernst. Otto Toeplitz erzählte, was in Kiel wohl bekannt war, daß Tirpitz zu Beginn des U-Bootkrieges dem Kaiser eine Leistungsbilanz der englischen und amerikanischen Werften vorlegte. Dabei berücksichtigte er nicht die Leistungsfähigkeit der neutralen Staaten im Schiffsbau, die in englischem Auftrag bauten und auch bereits fertige Schiffe verkauften. Ein Offizier der Marine hatte den Fehler bemerkt und wollte, daß dem Kaiser sein „unmittelbarer Rapport“ vorgestellt werde, aber Tirpitz widersprach. Das Ergebnis ist bekannt. In Kiel sah ich am Meeresufer die Fundamente von Befestigungsanlagen, die gemäß den Forderungen des Versailler Vertrages zerstört worden waren.

In Hamburg beobachteten wir eine ungewöhnliche Sache: Ein Schiff neuen Typs war so gebaut, daß es nur bei Belastung eine stabile Gleichgewichtslage hatte. Zum Stapellauf mußten unten Luken geöffnet werden, die Wasser ins Schiffsinnere einströmen ließen. Doch der den Stapellauf leitende Ingenieur vergaß das zu tun. Das Schiff kenterte und riß vierzig Seeleute in den Tod. Es blieb nichts anderes übrig, als das Schiff mit Schweißbrennern in Teile zu zerlegen, um wenigstens den Stahl des Schiffsrumpfes einer Verwendung zuzuführen.

In Hamburg sah ich noch eine weitere Anwendung des Wasserstoffbrenners. Eine große Barke war mit Schrott beladen. Ein Kran ergriff ganze Knäuel davon, und ein Meister auf der Barke schnitt sie mit einem Brenner so zurecht, daß sie angehoben werden konnten. Als wir mit der elektrischen Bahn, die Kiel mit Leipzig verbindet, nach Hause fuhren (diese Bahn nutzt die großen Vorräte an Braunkohle, deren weiter Transport sich nicht lohnt), wunderten wir uns über die zahlreichen slawischen Stationsnamen längs der Strecke. Die Deutschen wissen nicht einmal, woher diese stammen und verstehen sie auch nicht.

In Leipzig erwartete uns auf dem Bahnhof Herr Neder, Lichtensteins Assistent. Er fand für uns ein kostengünstiges möbliertes Zimmer. Der Sohn der Eigentümerin war Bibelforscher. Er praktizierte Nächstenliebe im Alltag. Es gab wohl keine Gefälligkeit, die er abschlagen würde. Er erzählte, daß die Kollegen in der Fabrik, in der er arbeitete, ihn ausgelacht hatten. Später aber hörten sie auf zu lachen und viele traten der Sekte bei. Wenn er auf dem Schreibtisch einen adressierten, zugeklebten Brief erblickte, versah er ihn mit einer Briefmarke, und wenn eine Frau über zu enge Schuhe klagte, zog er sie sich an und spazierte dann die ganze Nacht in seinem Zimmer umher, um sie auf diese Weise zu weiten.

Auf der Rückreise in die Heimat gelangten wir in Oberschlesien in eine Zeit des Aufruhrs. Die Grenzen waren noch nicht festgelegt, die Fabriken standen still, die Züge verkehrten chaotisch und Massen von Menschen zogen in den Straßen umher. Unser Geld war alle, wir mußten weiter fahren. Die letzten Groschen gaben wir in Kattowitz für ein Essen aus. Nach ganztägigem Hungern gab es Brathering und dazu Bier. Das war für mich eines der besten Abendessen in meinem Leben.

In diesem Jahr (1923) erschien der IV. Band der „Fundamenta Mathematicae“ und in ihm mein Beitrag über die Wahrscheinlichkeit der Konvergenz von Reihen, deren Glieder mit gelosten Indizes versehen sind. Allein das Problem war neu. Ich „entdeckte es“ bei einem Spaziergang in der Kościuszko-Straße in Jasło. Die im zweiten Teil gestellte Frage löste Alexander Chintschyn, der dafür im Jahre 1941 in der UdSSR den Großen Stalinpreis bekam. Die grundlegende Behandlung der Probleme der Wahrscheinlichkeitsrechnung als Teilprobleme der Maßtheorie wurde von Willy Feller, einem aus Zagreb stammenden Mathematiker, der später in Göttingen und Stockholm arbeitete, ohne Kenntnis einer aus dem Jahre 1923 stammenden Arbeit systematisch erforscht! Im selben Band befand sich eine Arbeit von Antoni Łomnicki mit der gleichen Tendenz. Dort erscheint der Begriff der „Multiplizität“ noch in einer unklaren Form. Der viel später formulierte Begriff der „stochastischen Unabhängigkeit“ stellt eine Präzisierung dieser Konzeption dar. Im selben Jahre 1923 wurde ich zum Ordentlichen Professor der Jan-Kasimir-Universität berufen.

In Lemberg lernte ich Herrn Blumenfeld kennen, der chemische Fabriken leitete, aber auch mathematische und philosophische Bildung besaß, die er an der Wiener Universität erworben hatte. Er machte mich mit Jakub Parnas bekannt, einem hervorragenden Chemiker. Dieser war Professor für medizinische Chemie. In dieser Zeit schrieb ich auch das populäre Buch „Was ist die Mathematik und was ist sie nicht“, das später bei Altenberg herausgegeben wurde. Herr Altenberg war sehr freundlich gegenüber seinen Autoren. Als ich einmal um eine Vorauszahlung bat, zu der er nicht verpflichtet war und die ich mit Ausgaben in der Silvesternacht begründete, zahlte er mir diese anstandslos. Damals befanden wir uns in einer „Tanzphase“ und tanzten viel. Hauptakteur bei der Verbreitung neuer Tänze in Lemberg war der Apotheker Sklepiński, der trotz seiner nicht geringen Körpermaße hervorragend tanzte.

Es war eine Zeit ungeheuerer Bewegung. Immer mehr neue Aktiengesellschaften wurden gegründet, die angesichts eines unbestimmten Wertes des Geldes phantastische Bilanzen erzielten. Der neue Staat schuf neue Posten. Die gesellschaftlichen Gewohnheiten, die Mode, die Tänze, alles war einer Veränderung unterworfen. Manchmal konnte man diese Beweglichkeit sehr schmerzlich wahrnehmen. Ein Ministerium z. B., das mit Beamten besetzt war, die man irgendwoher geholt hatte, zeigte oft völliges Unverständnis bezüglich der Struktur akademischer Lehranstalten und sogar verschiedener Rechtsprinzipien. Es geschah einmal, daß ein Student, den der Dekan nicht angenommen hatte, sich an die Fakultät wandte, die jedoch die Entscheidung des Dekans bestätigte. Daraufhin legte der Student beim Ministerium Berufung ein. Es wäre möglich, daß in diesem Fall das Ministerium die Position der höheren Leitungsebene einnehmen, die Entscheidung der Fakultät aufheben und den Bittsteller annehmen könnte. Es könnte sich aber auch als nicht kompetent erklären und dem Studenten mitteilen, daß die Fakultät die letzte Instanz in solchen Dingen ist. Das Ministerium jedoch ging anders vor: Es ordnete an, den vorherigen Beschluß durch Abstimmung aufzuheben! Selbstverständlich haben wir über diesen Antrag keine Abstimmung durchgeführt. Ein solches Kuriosum ist mir noch einmal begegnet, diesmal betraf es eine Fakultät der Technischen Hochschule. Das Gesetz über akademische Lehranstalten hatte für die Dozenten das Recht der Vertretung in den Fakultätsräten eingeführt. Sie hatten aus ihrem Kreis zwei Delegierte in den Rat ihres Bereichs zu entsenden. Das Gesetz überließ es aber den Fakultätsräten, selbst zu bestimmen, wie diese Wahl durchzuführen ist. So legte eine Fakultät der Technischen Hochschule fest, diese Delegierten selbst zu benennen! Das ist wohl ein einmaliger Fall, daß eine Körperschaft die in sie zu delegierenden Vertreter selbst bestimmte!

Trotz allem ging die Entwicklung gut voran.

Es gab zwar schon damals Streiks der Studenten, aber man war noch in der Lage, sie zu beherrschen. Der Ausdruck „Streik" an einer akademischen Lehranstalt ist unsinnig, und schon an diesem Ausdruck kann man erkennen, daß die von dieser Bewegung erfaßten jungen Menschen einer Hypnose unterliegen und unfähig sind, selbständig zu denken. Die Forderung der Jugendlichen nach Unterbrechung der Vorlesungen ist nicht als Streik zu bezeichnen, sondern wäre vergleichbar mit einer Forderung nach Aussperrung, wenn Arbeiter eine solche irgendwann stellten. Hochschulen sind keine Fabriken und Studenten keine Arbeiter. Ein Professor ist kein Arbeitgeber, der die Arbeit anderer nutzt und sie für diese bezahlt. Hier zahlen die Studenten und nehmen die Arbeit des Professors in Anspruch, so daß eigentlich nur die Professoren streiken könnten, um vom Staat höhere Gehälter oder von den Studenten höhere Gebühren zu fordern. Der Auszug der berühmten Göttinger Sieben war ein Streik, dagegen bedeuten die sog. Studentenstreiks nur eine Ausnutzung der Exterritorialität der Hochschulen für Ziele, die mit den Aufgaben dieser Lehranstalten nichts zu tun haben. Durch sie werden lediglich politische Bewegungen organisiert, um ihnen ein breiteres Forum zu verschaffen. Bei uns würden solche Streiks zweifellos zur Schließung von Hochschulen geführt haben. Tatsache ist, daß die Streikenden niemals Forderungen in Richtung einer Verbesserung des Unterrichtsbetriebs oder der studentischen Lebensbedingungen gestellt haben. Schließlich lassen sich solche Forderungen nicht mit einem Fernbleiben vom Unterricht unterstützen, denn solches Fernbleiben übt lediglich Druck auf die Taschen der Eltern aus, nicht aber auf den Staatshaushalt oder die Professoren. Ein Streik wird aber bedrohlich, wenn die Seuche der Dummheit auch die Professoren, Minister und Abgeordneten erfaßt. Darauf haben die Streikenden gesetzt, und sie haben sich nicht verrechnet.

Unter den Studenten fanden sich nach kurzer Zeit solche, die sich durch besondere Begabung auszeichneten. Zu ihnen gehörten Schauder, Orlicz, Halaunbrenner, Auerbach und Mazur. Letzterer absolvierte kein reguläres Studium. Man berichtete mir von ihm, daß er eine schwierige Aufgabe aus der Theorie der Summierung von Reihen gelöst habe. Als ich ihn darum bat, mir die schriftlichen Unterlagen zur Verfügung zu stellen, zögerte er und schob die Sache vor sich hin. Am Ende erwies es sich, daß er sich geirrt hatte. Er sah aber die Angelegenheit nicht als verloren an und schaffte ein paar Jahre später das, was er versprochen hatte.

Zusammenarbeit war bei uns eine normale Erscheinung. Orlicz und Mazur, Banach und ich, Sierpiński und Ruziewicz traten oft gemeinsam als Autoren auf. Żyliński und Ruziewicz verfaßten gemeinsam ein Lehrbuch, später schrieben Stożek, Banach und Sierpiński gemeinsam Lehrbücher für die Schule.

Dank Professor Bartel entstand an der Lemberger Technischen Hochschule eine Allgemeine Fakultät, an der theoretische Bildung vermittelt wurde. Kazimierz Kuratowski aus Warschau wurde zum Professor berufen. Von dieser Zeit an entwickelte sich die Lemberger Technische Hochschule zum Mittelpunkt der mathematischen wissenschaftlichen Arbeit. Dank neugeschaffener Stellen für Assistenten und Vertragsprofessoren konnten dort die aus Krakau kommenden Kaczmarz und Nikliborc und danach andere, wie Mazur und Orlicz, Arbeit finden. Nur zwei Studenten errangen dort den Doktortitel. Das waren Jan Antoni Blaton und Stanisław Marcin Ulam.

Im Jahre 1925 begab ich mich abermals auf eine Reise, nachdem mir für ein Trimester Urlaub gewährt wurde. Diesmal fuhren wir nach Paris. Wir fanden Quartier in der Pension von Herrn Ruben im Stadtteil Gobelins, der recht weit von Zentrum entfernt liegt. Dort war es preiswert und angenehm. Da wohnten auch Stefan Banach, Professor Kuryłowicz mit Frau und Professor Lehr-Spławiński. Zu dieser Zeit war auch Professor Parnas in Paris (und in Paris wohnten auch unsere Bekannten aus Lemberg, Emil Bader mit Frau).

Ich erinnere mich an einen Ausflug nach Fontainebleau, der die Besichtigung des Schlosses zum Ziel hatte, in dem Napoleon die letzten Tage seiner Herrschaft verbracht hatte. Professor Parnas erlaubte uns nicht, das Schloß zu besichtigen, sondern fand eine hervorragende Gaststätte und zwang uns nach dem Mittagessen zu einem mehrstündigen Waldspaziergang. Dieser Laubwald trägt wahrlich ein delikates Grün, und die Farbe des Himmels erklärt die Schattierungen auf den Bildern der französischen Landschaftsmaler. Montel, Hadamard und Lebesgue luden mich und Banach zum Mittagessen in eine Gaststätte am Quai d' Orsay ein. Das Menü war ausgezeichnet, leider blieb Hadamard nur kurze Zeit. Montel und Lebesgue erkundigten sich bei mir nach der antisemitischen Bewegung an unseren Universitäten.

In Paris kannte ich damals nur wenige Mathematiker, die mich interessierten. Einer von ihnen war Scholem Mandelbrojt aus Warschau. Er hatte eine Französin zur Frau genommen, sich integriert und sogar in der französischen Armee gedient. Er suchte, so wie wir, öfters Frau Kasterska auf. Frau Kasterska war eine Romanschriftstellerin und die Ehefrau des rumänischen Mathematikers Lergesco, der später durch seine Arbeiten zur Geschichte der französischen Mathematik bekannt wurde. Er fand in mittelalterlichen Schriften der Sorbonner auch deutlich an die Mengentheorie des 19. Jahrhunderts erinnernde Thesen, was die scholastische Mathematik nicht wenig rehabilitiert. Zu dieser Gesellschaft gehörten auch Herr N. Ottmann mit seiner schönen brünetten Frau, der bei der Verteidigung von Lemberg ein Bein verloren hatte, weiter die Malerin, Frau B., Herr J. Mirski aus Lemberg und zahlreiche weitere Personen. Frau Kasterska gehörte zu den Royalisten. Sie führte in politischen Fragen Korrespondenz mit Lemberg und bat uns, Briefe mitzunehmen, weil sie kein Vertrauen zur Post hatte. Für sie gab es augenscheinlich keinen Unterschied zwischen den Jahren 1925 und 1825. Überhaupt schwelgte die ganze Gesellschaft in Nostalgie, so als wären sie vor den

Okkupanten geflohene Emigranten und nicht Beamte, die ihre Pensionen für einen Urlaub im Ausland ausgeben.

Mandelbrojt war begabt und erlangte bald den Titel eines *maitre des conferences* in Clermont-Ferrand und danach eine Professur im Collège de France, nachdem Hadamard zurückgetreten war. Dieser hatte eine neue Sache eingeführt, nämlich ein Seminar, das der Besprechung der wichtigsten in letzter Zeit herausgegebenen Arbeiten gewidmet war.

Ein paar Worte hat sich auch unser Wirt, Herr Ruben, verdient. Er war ein aus dem Süden stammender Franzose und war sich dessen sehr bewußt. Jedem der es hören wollte, erklärte er, daß der Kampf zwischen dem Norden und dem Süden Jahrhunderte gedauert und Millionen Tote gefordert habe. Er besaß ein um 1870 erschienenes Buch zur Geschichte dieser Kriege. Der aus dem Süden stammende Verfasser bezeichnet darin die aus dem Norden stammenden Franzosen stets mit „sie" und beansprucht das „wir" für die Bewohner der Provence. Trotzdem war Herr Ruben Mitglied des Vereins der Freunde des Louvre, dem lokale Patrioten angehörten, die jedes Jahr aus ihren Beiträgen ein Bild oder eine Skulptur für die Galerie kauften. Als Pensionswirt hatte er keine Ähnlichkeit mit den gierigen Hoteliers und begnügte sich mit minimalen Preisen.

Gewöhnlich fuhren wir im Sommer nach Jasło. In den Sommermonaten Juli oder August fanden dort Tennisturniere statt, aber auch ohne sie war das gesellschaftliche Leben genügend abwechslungsreich. Besonders der Starost, Herr Antoni Zoll, bemühte sich darum, daß die Stadt nicht einschlief. Zu jeder Tages- oder Nachtzeit weckte er die Stadt mit Opernarien, die er bei offenem Fenster sang oder *fortissimo* auf dem Grammophon spielte. Solche Chefs hat der Kreis seit der Zeit des Grafen Michałowski nicht mehr gehabt. Herrn Zolls Zimmer war mit Grammophonplatten, Apparaten zum Kopieren von Photographien, Gurkengläsern, Flaschen und Hunderten anderer Objekte angefüllt. Er hatte eine besondere Art, die Dinge zu erledigen. Einmal hatte die städtische Polizei einen eleganten Herrn festgenommen, der nicht Polnisch konnte und den man verdächtigte, für Rußland zu spionieren. Der Starost nahm sich der Sache an, suchte den Gefangenen auf und entschied, daß der städtische Arrest kein geeigneter Ort für einen intelligenten Menschen sei. Daher nahm er ihn mit sich und hielt ihn im Raum neben dem

Schlafzimmer. Wenn er das Haus verließ, schloß er ihn ein. Mittags speiste er mit ihm zusammen. Eines Tages bei einem Spaziergang mit Janek Adamski über den Markt in Jasło klopfte er sich an den Kopf und sagte:

„Ich muß jetzt nach Hause."

„Warum?"

„Ich habe vergessen, daß ich meinem Untermieter schwarzen Kaffee reichen muß!"

Das war völlig ehrlich gemeint, und ich muß sagen, daß ein Gefangener wohl nirgends, vielleicht mit Ausnahme Englands, einen solchen Starost gefunden hätte.

Zoll lebte in großer Freundschaft mit Diduro und seinen Töchtern, bei ihm verkehrte Kiepura, ebenfalls die benachbarte Aristokratie, und er war zur Teilnahme an jedem Vergnügen bereit. Wenn die Finals im Tennisturnier anstanden, mußten ihm die Amtsboten die Papiere zur Unterschrift auf die Tribüne bringen. Alle waren mit ihm zufrieden, und man sollte nicht denken, daß das Fehlen eines amtlichen Pathos das Ergebnis legeren Verständnisses der Abstandspflicht war. Er besaß Ehrgeiz, der aber weniger auf die Amtsstellung, sondern eher auf die Adligkeit ausgerichtet war. Er imponierte den Menschen nicht so sehr durch seinen Titel „Hofrat" als durch seine Weltgewandtheit, Geringschätzung von Formalitäten und allseitige Begabung. Später, als er in Pension gegangen war und in der Villa des Ingenieurs Dietzius bei Niegłowice wohnte, sammelte er die Nägel auf der Straße, um zu verhindern, daß sie Gummireifen durchstechen. Er besaß auch eine Sammlung flacher Steine zum Werfen über die Wasseroberfläche. Nachts machte er Jagd auf Nachtfalter, von denen er eine schöne Sammlung besaß.

In dieser Zeit gab es bei uns eine Veränderung in der Art, die Sommerferien zu verbringen. Unser Freund Ignaz Blumenfeld empfahl uns, mit ihm zusammen ins Gebirge zu fahren. Wir entschieden uns für Worochta. Unter der Führung der Blumenfelds und Stanisław Vincenz' lernten wir dieses für uns völlig neue Land zu sehen. Am schönsten in der Umgebung von Worochta ist das Tal des Prut bei der „Forestschenka". Vom Worochter Sägewerk aus fuhr dort eine Schmalspurbahn. Die Fahrgäste saßen in offenen kleinen Waggons, die sonst zum Holztransport benutzt wurden. Das helle Sonnenlicht, der Duft und das Rauschen des bewaldeten Tales strömten in die Waggons. Eben hier führte der Weg auf die Howerla. Da gingen wir auch entlang, um Stanisław Vincenz zu besuchen. Es war so heiß, daß ich meine Tochter Lidka, wie einst Thetis den Achilles, ganz ins Wasser des Prut eintauchen mußte, damit sie nicht schlapp machte. Dann begann ein schattiges, fast tropisches Dickicht, ein steiler Hang voller Himbeeren und danach ein uralter, jungfräulicher Wald. Menschen traf man da keine, stellenweise mußte man nach dem Kompaß gehen. Wir hatten gut gezielt, denn abends, schon beim Dunkelwerden, trafen wir auf den Sitz von Vincenz, der auf dem „Bystrec" stand. Es war ein Holzhaus, dessen Besonderheit ein mit Arvenholz verkleidetes Zimmerchen war. Man sagt, daß dieses Holz von Würmern gemieden wird.

Bei Herrn Vincenz lernten wir auch seine Nachbarn Gołycz und Oleksa Maksymiuk kennen. Letzterer war ein Huzule, der nicht nur das Zimmerhandwerk verstand, sondern auch Verse schrieb und mit Sicherheit keinen Bock verfehlte. Vincenz selbst erzählte mir von ihm: Als Oleksa zum ersten Mal gehört hatte, daß ihn Leute mit „Herr Doktor" ansprachen, nahm er ihn zur Seite und begann ein intimes Gespräch mit den Worten, daß „der Mensch sich vor dem Pfarrer, dem Rechtsanwalt und dem Doktor zur Wahrheit bekennen muß". Also er, Maksymiuk, weiß, daß die Herren in der Stadt verschiedene Medikamente haben, die sogar solchen wie ihm, dem Sechzigjährigen, Manneskraft verleihen können. Dr. Vincenz begann ihm zu erklären, daß er kein Arzt ist, und schließlich, so sagt er „ist die gegenwärtige Situation, die den Menschen von den tausend Sorgen mit den Weibern frei macht, wohl die erfreulichste". Ja schon, antwortete Maksymiuk, Sie mögen wohl Recht haben, Herr Doktor, aber wenn so ein junges Mädchen artig bittet, schickt es sich doch nicht, ihr das abzuschlagen!

Über seine Berge hat Vincenz das Buch „Auf der hohen Alm" geschrieben. Man kann darin lesen, wie die Gołyczowa beschloß, sich von ihrem Mann zu trennen und an den fröhlichen Czeremosz, nach Żabie zurückzukehren. Das Haus auf dem Bystrec war gemeinsames Eigentum, und so rief sie Holzfäller heran und befahl, es genau in der Mitte durchzusägen. Die eine Hälfte nahm sie mit sich, die andere blieb, an einer Seite offen, zurück.

Während des Aufenthalts auf dem Schwarzen Berg lernte ich den Gang der Huculenpferde zu bewundern. Als ich das erste Mal zum Bystrec kam, sah ich, wie auf der Brücke unter den Hufen der Pferde ein morsches Brett zerbrach. Anstelle nun mit den Hufen zu schlagen, wie das die Pferde in der Ebene täten, blieb dieses Pferd reglos stehen und zog vorsichtig seinen Fuß aus dem Loch. Ich überzeugte mich auch davon, daß man solche mit zentnerschweren Lasten bepackte Pferde über riesige, auf dem Waldboden liegende Baumstämme führen kann. Manchmal stehen sie auf diesen, wobei sich alle vier Hufe auf einer kaum die Größe eines Schachbretts erreichenden Fläche befinden. Das muß eine andere Pferderasse sein. Während einer meiner Wanderungen (auf den Pop Iwan) begegnete ich einem österreichischen Offizier, der in der Nähe von Wien ein Gut besaß. Er hatte die kleinen Huculenpferde so lieb gewonnen, daß er ihretwegen alle paar Jahre den Schwarzen Berg besuchte. Dabei ist zu bedenken, daß er dazu einen Reisepaß und ein Visum benötigte.

Eine weitere Besonderheit des Schwarzen Berges sind die Stiere, die an manchen Orten zu einer wirklichen Gefahr für die Touristen geworden sind. Stefan Kaczmarz erzählte mir, daß er sich einmal in Gorgony mit zwei weiteren Touristen einige Stunden lang hinter Bäumen vor einem Stier verstecken mußte, der sie nicht durchlassen wollte.

In dieser Zeit waren wir einmal zur Abwechslung auch in Zakopane. Wir wohnten in der Pension „Albion". Mit meinem Kollegen Tarski und einigen weiteren Personen führten wir eine herrliche Wanderung durch. Wir fuhren zum Grenzübergang bei Biała Woda, und dann gingen wir über die Koperszaden, die die Bielsker Tatra von der Hohen Tatra trennen. Dort trafen wir auf drei Büffel, die aus dem Tierpark des Fürsten von Hohenlohe entwichen waren. Sie standen wie wachsame Posten bewegungslos etwa hundert Schritte rechtwinklig zum Pfad und beobachteten uns aufmerksam.

In den Koperszaden weiden tausende Ochsen, und die Durchgangspfade sind manchmal von diesen Herden belegt. Am schönsten war der Rückweg über die Rohatka. Das Staroleśna-Tal ist von schwarzen granitenen Gipfeln umgeben, und die in ihm herumliegenden Felsbrocken sind mit Flechten bewachsen, die sie im Sonnenlicht in smaragdgrünen, violetten und zitronengelben Farben schillern lassen. Der Himmel war herbstlich blau, denn der Sommer ging schon zu Ende. Abends nach der Rückkehr in die Hütte beschloß ich, die ganze Gesellschaft nach Polen zurückzuführen und dabei die Zollstation zu meiden. Das gelang mir auch vollkommen, nirgends trafen wir auf einen Grenzposten oder Gendarmen. Diese Erfahrung nutzte später einer der Teilnehmer unseres Ausfluges, Herr Wilder, der in Krakau Schulden gemacht hatte und auf diesem Wege ins Nachbarland flüchtete.

Im Jahre 1927 waren wir wiederum in Worochta. Eines Tages erwachten wir und sahen vor uns einen großen See. Der Prut war über die Ufer getreten. Ein Wolkenbruch im Gebirge hatte plötzlich ungeheure Wassermassen ins Tal stürzen lassen. Eine Firma, der es mit Hilfe von Schmiergeldern gelungen war, das Verbot der Zerstörung des Knieholzes zu umgehen, hatte an den Hängen des Marischewskiberges eine primitive Destillationsanlage zur Gewinnung von Ölen aufgebaut. Das herabstürzende Wasser verwandelte den ganzen Hang in eine plastische Masse. Felsbrocken, Erdmassen und Wasser rutschten ins Tal und zermalmten alles. Der Schuppen, die Maschinen und Kessel wurden zerstört und verschwanden spurlos. Vier Arbeiter fanden den Tod, und nur eine Frau mit ihrem Kind, die nach oben auf den Berg gegangen war, überlebte.

Eine der Ursachen dieser Katastrophe war eben die Rodung des Knieholzes, das sonst einen natürlichen Schutz gegen Hochwasser bildete. Der Eisenbahnverkehr mußte eingestellt werden, denn die Brücken waren zerstört und die Gleise unterspült. Ich mußte unbedingt nach Lemberg, denn dort sollte der erste Polnische Mathematische Kongreß stattfinden. Ich mußte zwei Meilen zu Fuß gehen, und das nicht etwa eine Straße entlang, die es nicht mehr gab, sondern auf Wanderpfaden. Unterwegs sah ich interessante Dinge. Da war eine Eisenbahnlinie ohne Schienen und Schwellen, aber mit fast unbeschädigtem Damm. Sogar die Furchen, in denen die Schwellen gelegen hatten, waren unbeschädigt. Die Gleise verliefen ziemlich hoch über dem Prut, und der Fluß hatte sie nicht erreicht. Aber ein Nebenfluß des Prut, der Żeniec, zerstörte das Joch mit Holzblöcken und Steinen. Er wälzte sich über die Schienen und schob sie samt den Schwellen in den Prut. Nachdem dieser aber das Ende des Stranges erfaßt hatte, zog er ihn weiter. Einige hundert Meter Gleis zerrte er dann mit sich und umschlang mit diesem leiterartigen Gebilde einige Kilometer weiter unten die Brückenpfeiler. Ein Stück weiter sah ich, daß von der aus dem Felsen geschlagenen Straße nur noch die Hälfte da war. Der Prut bombardierte einige Tage lang die steinerne Wand mit Felsbrocken, so daß von der ganzen Straße nur die Hälfte der ursprünglichen Breite übrig blieb. Der Zug, in den wir dann in Podleśniów einstiegen, fuhr ganz langsam über die Dnjestrbrücke, denn das Wasser reichte schon fast bis zu den Gleisschwellen. Über dem entstandenen See riesigen Ausmaßes kreisten Wasservögel, Möwen, Störche und eine mir unbekannte Art der Seeschwalben. Das Hochwasser hatte sie alle hierher gezogen.

Der Kongreß* in Lemberg hatte einen sehr guten Erfolg. Damals hatte ich die Idee, in Lemberg eine neue internationale mathematische Zeitschrift zu gründen. Diesen Gedanken teilte ich Banach mit, und bald unternahmen wir die ersten Schritte. Sofort kam aber aus Warschau der Widerspruch, man drohte uns mit dem „Gericht" der Polnischen Mathematischen Gesellschaft. Der Grund dafür ergab sich daraus, daß diese durch Subventionen vom Ministerium unterstützte Zeitschrift die Dotationen für die Zeitschrift „Fundamenta" verringern könnte. Diese Position wäre zutreffend, wenn die „Fundamenta" die gesamte damalige polnische Mathematikproduktion umfaßt hätten, was aber nicht zutraf. Die „Fundamenta" hatten vom Grundsatz her sich nur um die Mengenlehre und die ihr am nächsten liegenden Gebiete zu kümmern. Daher hielt ich sehr wenig von dieser Drohung. Vom Ministerium wurden uns die Subventionen zuerkannt, und so gingen wir an die Arbeit. Bevor aber die erste Ausgabe erschien, verging noch eine gewisse Zeit.**

Im Frühjahr 1928 fuhr ich erneut nach Frankreich, hauptsächlich zu einer Heilkur nach Vichy. Unterwegs kehrte ich kurz in Leipzig bei Lichtenstein ein. Er redete mir dringend zu, in Paris Meyerson zu besuchen. Meyerson begann erst im fünfzigsten Lebensjahr sich mit rein wissenschaftlicher Arbeit zu beschäftigen, besonders interessierte ihn die Methodologie. Er verfaßte eine interessante Geschichte der Chemie und danach das Buch „Explication dans les sciences i Identité et réalité". Als ich bei ihm war, arbeitete er an dem großen Werk. Er konnte aber höchstens zwei Stunden am Tag schreiben, denn die Ärzte bezeichneten ihn, wie er selbst sagte, als „wandelnde Klinik", weil er an so vielen Krankheiten gleichzeitig litt. Lichtenstein verehrte ihn als Philosophen und stellte ihn Ernst Mach gegenüber, den er einen „Trivialisten" nannte.

---

* 1. Polnischer Mathematikerkongreß, Beginn am 7. September 1927.

** Die „Studia Mathematica" unter der Redaktion von Stefan Banach und Hugo Steinhaus begannen ihr Erscheinen im Jahre 1929.

Lichtenstein selbst interessierte sich zunehmend für mathematische Fragen der Kosmogonie. Er verfolgte ein wissenschaftliches Programm großen Stils und erfüllte auch einen nicht geringen Teil seiner Vorhaben. Er kritisierte die Einseitigkeit der polnischen Mathematik, aber zu dieser Zeit wich diese Einseitigkeit mehr und mehr einer vielseitigeren Entwicklung (Gespräche mit Zeltner).

Immer öfter besuchten ausländische Mathematiker unser Land. Allein nach Lemberg kamen Mathematiker aus Frankreich, Deutschland, Amerika, England, Belgien und weiteren Staaten. Zu ihnen gehörten Zermelo, John von Neumann, Ayres, Whyburn, Ward, Lebesgue und andere und außerdem die uns benachbarten Rumänen. Fahrten nach Warschau und Krakau waren leicht durchzuführen, weil Bartel für die Polnische Mathematische Gesellschaft eine kostenlose und „übertragbare" Fahrkarte erster Klasse besorgt hatte. Er besorgte auch den Zuschuß, der einer größeren Gruppe von Mathematikern die Teilnahme am Kongreß in Bologna 1929 ermöglichte.

In Paris nahm ich am fünfzigjährigen Jubiläum der wissenschaftlichen Arbeit von Emile Picard teil. In der Festveranstaltung repräsentierte ich die mathematische Fakultät der Jan-Kasimir-Universität. Ich hatte auch den Auftrag, mich um theoretische Physiker zu bemühen, denn wir hatten in Polen keinen, der einen freigewordenen Lehrstuhl besetzen könnte. Zu diesem Ziel war ich bei Paul Langevin, der mir Maurice de Broglie nannte. (Ich weiß nicht, ob de Broglie davon wußte.)

In Vichy nahm ich ein Zimmer im Hôtel de Genève. Das war ein einfaches, aber sehr ordentliches und bequemes Hotel. Der ganze vierwöchige Aufenthalt einschließlich Kur und ärztlicher Betreuung kostete mich 100 Dollar. Das war für mich wichtig, aber nicht jeder kann es verstehen. Die Hotelbesitzerin erzählte mir, daß der Manager der großen „Palace-Hotels", die der Gesellschaft „Vichy-Etat" gehören, ein gewisser Aletti war, ein Italiener aus Triest. Einmal ging bei ihm eine telegraphische Anfrage ein, wieviel ein Tagesaufenthalt in Vichy im besten Appartement, mit einem Zimmer für den Chauffeur, mit Garage, Bedienung, Arztkosten, hydropathischen Behandlungen, Trinkgeldern usw. koste. Dieses Telegramm kam von einem in Paris weilenden amerikanischen Millionär. Aletti hatte ein entsprechendes Appartement für 200 Francs pro Tag. Er beschloß, die Situation zu nutzen und berechnete reichliche Zuschläge für das Zimmer und die Unterbringung des Chauffeurs, für das Frühstück im Hotelzimmer, für den Arzt, die Massage, für die Nutzung des Golfplatzes usw. So gelang es ihm, den Preis auf 500 Francs täglich zu erhöhen. Der Kurs des Dollars betrug damals 25 Francs, so daß sich die Gesamtkosten auf kaum 20 Dollar pro Tag beliefen. Der Amerikaner antwortete daraufhin, daß ihm ein solcher Preis zu niedrig erscheine und er deshalb nicht kommen werde!

Vichy ist ein Ort, den reiche Leute aus Amerika, Frankreich und England, indische Maharadschas und französische Missionare aus China und Indochina besuchen. Sie alle haben das gleiche Anliegen, sie leiden an Beschwerden des Herzens, der Milz oder der Galle.

Im Zentrum, unweit der Hauptpavillons, befindet sich das Casino, in dem man das Boulespiel pflegt. Das ist ein Spiel, das der Bank 5 von 9 Chancen einräumt, also ein weit schlechteres Hasardspiel als das Roulette. Bis Mitternacht stehen vor dem Casino die Limousinen, die die Gäste in die 150 Schritte entfernten Hotels fahren. Einer der Missionare wies auf die in den Autos schlafenden Chauffeure hin und meinte: Nicht die Taten Moskaus, sondern die der Besitzer dieser Autos sind die beste bolschewistische Agitation.

Der Fluß Allier besitzt eine Vorrichtung, die es erlaubt, eine große Fläche zu überfluten und dann Regatten auszurichten. Hinter dem Fluß befindet sich eine herrliche Golfanlage, außerdem gibt es hier in der Saison Reitturniere, alles für die reichen Engländer und Amerikaner berechnet, sogar auch die mehreren tausend Kokotten aus Paris, die Vichy in der Saison bevölkern.

Die armen Milzkranken können die ausgezeichnete französische Küche nicht nutzen und teilen das Los der Reichen der Welt, die nicht fürs Essen, sondern fürs Fasten zahlen. In meinem Hotel hatte jeder seine Karte vom Arzt, auf der die Diät, das *régime*, eingetragen war. Im Speisesaal hatten 30 bis 40 Personen Platz. Das Mittagessen wurde pünktlich gereicht, es bediente ein einziger Kellner. Es war so organisiert, daß alles, was nicht warm gereicht werden mußte, schon vor dem Essen auf den Tischen stand. Der Kellner trat alleweil zur Essenausgabe und rief: *trois entremets A*! (d. h. drei Diätessen A), und aus der Küche kamen mit einem Fahrstuhl sofort die gewünschten Speisen. Wasser, Wein, Essig, Öl, Löffel, Gabeln und Trinkgläser waren selbstverständlich schon vorher vorbereitet. Nach dem Mittagessen schaute ich von einer Bank, die vor dem Haus stand, dem Straßenverkehr zu. Der Hotelbesitzer zeigte mir einen stämmigen Arbeiter, der einen zweirädrigen Wagen mit Gemüse vor sich her schob: Das ist ein russischer Major, der vor den Bolschewiken hierher geflohen ist.

Im Stadtzentrum gab es nicht viele interessante Dinge, dafür aber eine große Zahl Läden mit großen Schaufenstern, besonders Juwelierläden. Vor einem lagen riesige Felssteine, aus denen ganze Kristallkolonien aus Amethyst oder Rosenquarz herausquollen. Das waren die sog. Ouverniesteine.

Die Spaziergänge in die Umgebung wurden durch den starken Autoverkehr sehr behindert. Die Straßen waren schmal, und immer wieder mußte man in den Graben treten, um nicht von den Kotflügeln gestreift zu werden. Dafür waren sie ausgezeichnet gepflegt und hatten einen Belag aus kleinen Steinchen, die mit Teer festgewalzt waren.

In der Umgebung von Vichy befinden sich einige zig Quellen. Es sind dies Thermalquellen unterschiedlicher Zusammensetzung und Temperatur. Bei vielen von ihnen gibt es periodisch wiederkehrende Ausbrüche. Das Wasser einiger Quellen wird ins Badehaus geleitet. Da gibt es berühmte hydropathische Vorrichtungen, u. a. Unterwassermassage, die ich einige Male probierte. Für mich war der Arzt Dr. Raymond zuständig. Er stellte mir völlig andere Fragen als unsere Ärzte, legte auch die Diät völlig anders fest, und sogar das von ihm verordnete Abführmittel (Magnesiumsulfat) war unseren Ärzten in Lemberg überhaupt nicht bekannt.

Die Kur verlief ausgezeichnet. Gesellschaft hatte ich keine, so daß ich ungestört meine Arbeit schreiben konnte, die später im 1. Band der „Studia Mathematica" abgedruckt wurde.

Aus Paris zurück reiste ich über Deutschland. Mit einem Personenzug, in dem französische Soldaten aus dem Urlaub ins Rheinland zurückkehrten, fuhr ich nach Trier. Sie gehörten den Einheiten an, die ihren Dienst als Besatzer erfüllten. Weil mit diesem Personenzug, der keine weitere Verbindung hatte, normalerweise keine Zivilpersonen fuhren, gab es an der Grenze keine Paßkontrolle, und niemand notierte mein Ausreisedatum. So konnte ich zwei Wochen in Deutschland verbringen anstelle von drei Tagen, wobei ich mich selbstverständlich nirgends anmeldete. In Trier besichtigte ich die Porta Nigra, und dann fuhr ich nach Bonn, wo ich Toeplitz und Hausdorff besuchte. Von dort begab ich mich nach Göttingen, wo ich mich mit Courant traf. Bei ihm lernte ich junge deutsche Mathematiker kennen: Hans Lewy, Otto Neugebauer, Emma Noether und Willy Feller. Als bei einem Empfang bei den Courants die Sprache auf Karl Kraus kam, zollte Willy Feller meiner Begeisterung für ihn heißen Beifall. (Dieses Gespräch sollte sich noch einmal wiederholen, allerdings neun Jahre später.) Mit Courant besprachen wir die Angelegenheit des internationalen Kongresses in Bologna. Er war der Meinung, daß die Deutschen zu dem Kongreß fahren sollten. Ebenso dachten Hilbert und Landau. Damals lernte ich auch Gabor Szegö kennen, den ausgezeichneten ungarischen Mathematiker.

In Lemberg begann sich alles allmählich zu verändern. Man konnte sich in der Kadettenstraße nachmittags nicht mehr auf dem Rasen gegenüber dem Haus schlafen legen. Man sah da auch keine Hasen mehr, denn auf der Ostseite wurde eine Reihe neuer Gebäude gebaut. Es gab auch immer mehr Diebe. Die Prämien für die Versicherung gegen Diebstahl erreichten mexikanische Höhen. Der Garten hinter unserem Haus lag auf dem Niveau unserer Wohnung in der 1. Etage, so daß die Diebe gern diesen Weg wählten. Eines Morgens stellte meine Frau fest, daß über Nacht alle Rosenbüsche im Garten, an denen am Tag zuvor noch einige zig Rosen blühten, vollkommen leergeräumt worden waren. Ich überlegte daraufhin, wie man das in Zukunft verhüten könnte und dachte mir eine elektrische Alarmanlage aus, die dann ein Elektromonteur, der Sohn des Hauswarts, errichtete. Sie bestand aus vier horizontalen, an Isolatoren befestigten Drähten, die um den ganzen Garten herum in 30, 60, 90 und 120 Zentimeter Höhe verliefen. Zwischen ihnen waren vertikale Haken angeordnet, die aber den darunter verlaufenden Draht nicht berührten. Beim Versuch, zwischen den Drähten hindurch zu schlüpfen oder sie nach unten zu drücken, berührte stets einer der Haken den darunter liegenden Draht, wodurch die Alarmglocke ausgelöst wurde und sich eine elektrische Lampe einschaltete, die den ganzen Garten erleuchtete. Außerdem elektrisierte der Strom (durch die Lampen auf 60 Volt reduziert) den Dieb, und manchmal gab eine kleine Kanone einen Alarmschuß ab. Diese akustischen, optischen und sensorischen Signale reichten, wie sich später erwies, um einige zig Einbruchversuche abzuwehren (umso mehr, als ich bei einem Alarm stets den Flur betrat und mit meinem Revolver einige Schüsse in Richtung Abhang abgab).

Im Herbst 1929 fuhren wir zum Kongreß nach Bologna. Aus Lemberg nahmen an ihm Antoni und Zbigniew Łomnicki, Stożek, Ruziewicz, Żyliński, Banach, Łomnicki jun., Chwistek, Kaczmarz, Nikliborc und Schauder teil. Der Kongreß wurde ein Erfolg. Zu ihm kamen auch Hilbert, Weyl, Kellog, Landau, Hadamard, Lichtenstein, de la Vallée-Poussin, Serge Bernstein, Chinczyn, Mieruszow, Haar, Denes König und viele andere. Selbstverständlich waren auch Italiener anwesend, aber nicht alle. Es fehlte, zum Beispiel, Vito Voltera, der seit dem faschistischen Putsch in Paris wohnte. Es fehlten auch einige Deutsche, die beleidigt waren, daß man erst zehn Jahre nach Versailles beschlossen hatte, mit ihnen wieder Kontakte zu knüpfen. Sie hatten augenscheinlich die Deklaration vergessen, in der die deutschen Wissenschaftler erklärt hatten, daß sie alles unterstützen, was die Armee tut. Erst als die Monstrosität dieser Billigung ans Licht kam, verteidigte sich Planck, daß er unterschrieben habe, ohne zu wissen, was das Papier beinhaltet.

Bologna ist eine sehr eigenartige Stadt. Man kann sagen, sie ist aus Ziegeln gebrannt. Längs der Straßen verlaufen Säulengänge, der nach San Luca hat vier Kilometer Länge. Die Säulen bestehen aus Ziegelsteinen, aber man sieht keine Fugen, sondern glatte Oberflächen, wie in einem Stück gebrannt. In der Stadtmitte steht ein schönes mittelalterliches Rathaus, und der auf ihm in Stein gemeißelte „Siegesbericht" gibt phantastische Zahlen von Gefangenen und Geschützen an, die 1918 bei Vittorio Veneto erbeutet wurden. Jeder weiß, daß damals nach dem vom Grafen Karolyi angeordneten Rückruf der ungarischen Truppen in die Heimat die österreichischen Truppen beschlossen, dasselbe zu tun und sich so unter Zurücklassung der Waffen über die Alpen zurückzogen. Kleine italienische Abteilungen in Autos, die sich durch die ungeordneten Massen der in der Mehrzahl bereits unbewaffneten Soldaten den Weg bahnten, versperrten diesen die Übergänge und trieben sie völlig unnötig in die Kriegsgefangenschaft. Der italienische Stab befand sich zu der Zeit bereits in Wien.

Der Torre Asinelli auf dem Platz, wo wir viel Zeit an den im Hof stehenden steinernen Tischchen verbrachten, steht etwas schief. Nach einem Stich, der Bologna im 15. Jahrhundert zeigt, gab es in der Stadt eine große Zahl solcher schiefer Türme. Interessant daran ist, daß man bis heute nicht weiß, ob absichtlich so schief wie in Pisa gebaut wurde, oder ob die Türme sich selbst neigten. Das konnten uns auch die Bologneser Professoren nicht sagen.

Aus Bologna stammen Galvani und Volta. Die Universität hat eine großartige Tradition. Die Stadt ist etwas philisterhaft, sie ist berühmt durch die Herstellung von Bologneser Wurst. Die norditalienische Küche unterscheidet sich etwas von der süditalienischen. Eine Besonderheit ist dort das mit Tomatensalat und frischer Paprika gereichte Brathähnchen.

Die Gemäldegalerie der Bologneser Schule besitzt keine großen Meisterwerke. Seitens der Architektur ist die Kirche Santo Stefano recht interessant. Sie stellt einen Komplex von fünf Gotteshäusern dar, die übereinander und nebeneinander gebaut wurden, wobei das älteste, heidnische, heute gänzlich unter dem Niveau der Straße liegt.

Die Stadt als die Hauptstadt der Provinz Emilia ist im ganzen herrlich wie fast alle italienischen Städte. Die faschistischen Machthaber bauten dort nach antikem Vorbild ein herrliches Schwimmbad, das von einem steinernen Amphitheater umgeben ist. Faschisten in Schwarzhemden begegneten uns beim Prüfen der Reisepässe. Diese mit Revolvern bewaffneten Leute verhielten sich gegenüber uns Ausländern, die die italienische Regierung zu dem unter der Schirmherrschaft eines Fürsten aus dem Herrscherhaus stehenden Kongreß eingeladen hatte, in keiner Weise höflich. Sie behandelten uns mit gendarmenhaftem Mißtrauen und ordinärer Unhöflichkeit. In der Stadt sah man sie vor allem auf dem Marktplatz, wo sie die pünktliche Abfahrt der Straßenbahnen überwachten, deren Strecken dort ihren Anfang hatten. Man erklärte uns, daß die italienischen Schaffner in früheren Zeiten an der Endstation oft 20 Minuten lang Zigaretten rauchten und sich unterhielten und man diese zu ständigen Verspätungen führende Arbeitsweise nicht ausmerzen konnte. Erst die Faschisten haben hier, ähnlich wie bei der Eisenbahn, mit Knüppeln „für Ordnung gesorgt".

Die Landschaft der Provinz Emilia öffnete sich uns bei einem Ausflug, den wir mit dem Ehepaar Knaster unternahmen. Das ganze Land ist durch Bewässerungsgräben in rechteckige Felder aufgeteilt. An den Gräben wachsen Bäume, die durch Gehänge aus Weinreben miteinander verbunden sind. Innerhalb der Gräben liegen üppige grüne Gärten mit Kürbissen, Melonen, Tomaten, verschiedenen Gemüsearten und Rasen. Ein solches Landschaftsbild breitet sich nach allen Seiten aus. Dieses Land gehört zu den am dichtesten bevölkerten in Europa.

In Bologna erledigten wir auch verschiedene eigene Angelegenheiten. So hatten die Warschauer Schwierigkeiten mit Herrn Grużewski, der eine Vorlesung angemeldet hatte, in der er behauptete, daß es keine zweiseitigen Streifen mit verjüngtem Rand gebe. Weil diese Behauptung den Warschauer Topologen verdächtig schien, überfielen sie den Vortragenden im Hotel und forderten von ihm die Komplettierung des Beweises. Sie strichen seinen Vortrag aus dem Programm. Tatsächlich fanden einige Jahre später Frenkl und Pontriagin einen zweiseitigen Streifen, dessen Rand eine „gliedrige" Schleife ist. Die Angelegenheit „Studia Mathematica" war bereits erledigt. Wir erörterten dort eine neue Edition der „Monografie Matematyczne"*, die später auch realisiert wurde.**

Selbstverständlich zeigte man uns Italien. Man brachte uns nach Ravenna, wo wir das Grab Theoderichs besuchten. Noch schöner ist die Gruft der Placidia***, wo das Licht durch dünne Platten cremefarbenen Marmors in das unterirdische Gewölbe dringt und byzantinische Mosaiken den Besucher sogleich in die wundersame Welt des frühen Mittelalters entführen. San Vitale und andere Kirchen Ravennas sind ebenfalls Monumente des Kampfes mehrerer Elemente und mehrerer Kulturen um die Seele Europas. Dieses Spiel sollte erst tausend Jahre später entschieden werden. Ravenna, das zu jenen Zeiten am Meer lag, ist heute einige Meilen vom diesem entfernt. Mit Autobussen wurden wir auch dahin gefahren und danach in die sog. Pineta, einen Hain, wo man allerdings die Bäume zählen konnte. Aber in Italien hat jedes Wäldchen einen Namen und wird als touristisches Ziel betrachtet. Sicher kommt das daher, daß schon die Römer die Wälder für ihre Schiffe und Häuser abgeholzt haben.

Beim Mittagessen unter Pinien, wo man Tische und Stühle für mehrere hundert Personen vorbereitet hatte, saß neben mir Herr C. Karpiński, ein amerikanischer Geometer. Ich fragte ihn, ob er etwas über den Autor von „Laura und Philon" weiß. Es erwies sich, daß er dessen Nachkomme ist. Das

---

* Die „Monografie Matematyczne" waren die dritte (nach „Fundamenta Mathematicae" und „Studia Mathematica") Originalinitiative der polnischen Mathematiker. Sie war als Serie gedacht, in der eine Synthese der Bereiche der Mathematik dargestellt werden sollte, zu denen polnische Mathematiker einen wesentlichen Beitrag geleistet haben. Bis 1939 erschienen 10 Bände dieser Serie (R.D.).

** Im Jahre 1931.

*** Eigentlich der Galia Placydia, der römischen Kaiserin.

ist wohl eine den Literaturhistorikern wenig bekannte Tatsache, und ebenso die, daß Sienkiewiczs „Selim Mirza“ die literarische Verewigung von Abdank-Abakanowicz ist, dessen von der Firma Conradi in Zürich produzierter Integraph den Mathematikern bekannt ist, die sich mit der praktischen Seite dieser Wissenschaft beschäftigen. (Ebenso weiß kaum jemand, daß das Geschlecht der Lobaczewskis, aus dem ein genialer russischer Geometer hervorging, einen polnischen Zweig hat, der bis heute in Kleinpolen lebt.)

Der Dichter Antoni Słonimski hat unter seinen Ahnen gar zwei Mathematiker, deren Namen in der Geschichte der Rechenmechanismen und Rechenapparate genannt werden. Der eine von ihnen ist Abraham Stern, der die Wissenschaftliche Gesellschaft in Warschau in der Zeit ihrer Gründung in Erstaunen versetzte, der andere hat denselben Namen wie der heutige Literat.

Aber diese thematische Abschweifung hat uns vom Kongreß abgelenkt.

Der zweite Teil des Kongresses fand in Florenz statt, wohin uns die neue elektrifizierte Eisenbahnlinie mit einer Fahrt über die Apenninen brachte. Dort wohnten wir in der Via degli Calzaniolli und hatten genügend Zeit, um die Stadt, ihre Galerien und Kirchen kennenzulernen, denn der Kongreß hatte dort nur noch die abschließende Plenarsitzung. Die Hauptveranstaltung war die Dissertation des großen amerikanischen Topologen Birkhoff, des Mathematikers, der Poincarés *le dernier théorème* bewiesen hat. Diese Vorlesung war ein Versuch mathematischer Ästhetik. Der Vortragende versuchte am Beispiel etruskischer und griechischer Vasen zu zeigen, welches die mathematischen Kriterien der schönen Linie sind. Der neben mir sitzende Franzose sagte nach einem Viertel dieser Ausführungen mit halblauter Stimme: „C'est d'une puérlité déconcertante.“*

Aber die Amerikaner fürchten sich nicht vor Lächerlichkeiten. Sie veranstalten Schönheitswettbewerbe und prämiieren junge Damen, die sich in ihren körperlichen Proportionen am wenigsten von der Venus von Milo unterscheiden. Sie wiegen den Menschen im Moment des Todes, um aus der Differenz der Anzeige an der Waage das Gewicht der davonfliegenden Seele zu berechnen. Sie flüchten in Schutzräume, wenn das Radio meldet, daß der Mars der Erde den Krieg erklärt hat.

---

* (frz.) Das ist eine störende Absurdität.

Florenz hat wegen seiner geographischen Lage Berühmtheit erlangt. Es ist nicht nur seine Lage am Arno, wo eine alte steinerne Brücke mit kleinen Läden besetzt ist, die wie Schwalbennester an die Brückenpfeiler geklebt sind, wo Goldschmiede Fingerringe verkaufen, die nach den Mustern von Cellini gefertigt sind (mit einem kleinen Versteck für Gift unter dem Smaragd), wo ein im mittleren steinernen Pfeiler eingravierter Vers aus der Göttlichen Komödie daran erinnert, daß schon Dante von diesem, das ewig fließende Wasser überspannenden Steinbogen ergriffen war, wo heute junge Engländer, die gegenüber den gefühlvollen Einflüssen eines toskanischen Abends resistent sind, mit ihren Booten entlangfahren, als wäre es auf der Themse und nicht auf dem Arno.

Also nicht nur das. Nicht nur das alte Kastell der Medici, nicht nur die riesigen Monolithe als Grundmauern des Palazzo Pitti, nicht nur die Gärten auf der anderen Seite des Arno, sondern vor allem das, was man sieht, wenn man von Fiesole aus auf die Florentiner Berge blickt. Das was Goethe bewegte: die Sanftheit und Süße der durch drei tausend Jahre Kultur gestreichelten Landschaft. Es gibt dort wohl keinen Stein, den nicht die menschliche Hand durch ständiges Berühren geglättet hätte.

Die Italienerinnen sind nicht schön. Aber gegenüber unserem Hotel war ein Tabakladen, in dem stundenlang ein junges Mädchen mit idealem Oval des Gesichts, matter und goldfarbener Haut und schwarzen, mandelfarbigen Augen saß. Diese florentinische Madonna schaute sich stundenlang die Augen nach einem Subjekt aus, das diese Verehrung recht gleichgültig aufnahm.

Die jungen Kongreßteilnehmer kehrten auf dem Rückweg aus Florenz in Venedig ein. Sie machten dort mit einer jungen Venezianerin Bekanntschaft, die sie zur großen Freude dieser jungen Männer überallhin begleitete. Bei der Abfahrt fragten sie, wie sie belohnt werden wolle. Sie wollte kein Geld, sondern bat nur, daß sie ihr ein Paar Strümpfe kaufen möchten. Dafür reichte allerdings die Zeit nicht mehr, und so fragten sie, was wohl so ein Paar kostet und empfahlen ihr, sich die Strümpfe selbst zu kaufen. Sie kannte den genauen Preis nicht, und da gab man ihr zwanzig Lire. Zwei Wochen später erhielt Zbigniew Łomnicki in Lemberg eine Geldsendung und einen Brief, in dem die Venezianerin mitteilte, daß sie den Restbetrag zurücksendet, weil die Strümpfe weniger als zwanzig Lire gekostet haben.

In Florenz gibt es herrliche griechische Plastiken aus der Zeit des Praxiteles*. Wunderbar sind die marmornen Ringer, wohl auch schöner als die Venus von Medici.

Wir fuhren auf der Rückreise nicht über Venedig, weil wir dort schon auf der Hinfahrt waren. Eine Woche wohnten wir am Lido in der Straße Quattro Fontane. Da unsere Villa der Lagune näher lag als dem Meer, war der Preis für ein großes Zimmer bedeutend niedriger, der Komfort aber größer als in Venedig selbst, wo man vor Moskitos nicht schlafen kann.

In Venedig fuhren wir mit dem Fahrstuhl auf den Campanile, um die Lagunen bei Sonnenuntergang zu betrachten. Das ist ein Anblick von seltener Schönheit.

Unser Ziel war Verona. Während einer unserer Reisen hatten wir im Abteil einen sehr gesprächigen italienischen Kaufmann kennengelernt. Als wir ihm sagten, daß wir zum Mathematischen Kongreß fahren, erklärte er uns geradezu, daß er solche Kongresse für einen Humbug hält, da die Mathematik schon längst abgeschlossen ist. Solche Kongresse dienen daher nur dazu, auf Kosten der Regierung herumzureisen, sich satt zu essen und zu trinken. Zwar saß in unserem Abteil auch ein Chemiestudent, der eine andere Meinung vertrat, aber die Ansicht dieses Kaufmannes war für mich noch ein Beweis dafür, daß eine Wissenschaft nicht auf die freundliche Meinung breiter Kreise vertrauen kann. Die einfachen Menschen glauben aufs Wort, daß Wissenschaft nötig ist, sie sind dieses Glaubens, weil sie selbst manchmal vom Analphabetismus, der Unkenntnis von Fremdsprachen und des Rechts geplagt sind. Die besser gebildeten Menschen haben individuelle Meinungen. Manche halten Latein als „tote Sprache“ für unnötig, andere wiederum halten die Mathematik für eine abgeschlossene Wissenschaft. Studienrat Petelenz, der Direktor des privaten Gymnasiums in Lemberg, erklärte mir, daß die Menschen in Polen mit Liedern und Gedichten gefüttert werden, anstatt daß man sie das Handwerk lehrt und ihnen für das Leben erforderliche Kenntnisse vermittelt. Als ich einmal wagte, dem nur wenig älteren Herrn Ingenieur Lauterbach zu sagen, daß in der Zeitschrift „Krytyka“ (die vom Club, den der Ingenieur ständig besuchte, abonniert wurde) ein interessanter Beitrag veröffentlicht ist, setzte er mit großem Pathos auf mich an und erklär-

* In der Galerie der Uffizien. Dieselben Plastiken entzückten den Autor bereits 1913.

te, wenn in Polen alle diejenigen, die solche Artikel schreiben, „sich an die Arbeit machten", wäre das besser. Aller Wahrscheinlichkeit nach war er der Meinung, daß in den Ländern, wo es „Arbeit" gibt, also in Deutschland, in der Tschechei, Dänemark, England und Holland, alle „arbeiten", d.h. niemand irgendwelche Artikel in literarischen Monatsschriften veröffentlicht.

Herr Henry Ford müßte der Ehrenvorsitzende dieser Utilitaristen werden. Für ihn ist nicht nur Latein, sondern ebenfalls Mathematik, Geschichte und Philosophie gleichermaßen überflüssig.

Unser italienischer Kaufmann anerkannte allerdings die Astronomie als zulässige Wissenschaft. Wahrscheinlich betrachtete er die Wettervorhersage als erwünscht und übertrug diese Funktion der Astronomie, oder er fühlte auch ein rein ideelles Bedürfnis der Ergriffenheit für die unvorstellbaren Entfernungen der Sterne. Ich hatte Begegnungen aber auch mit Ingenieuren, die besser als jener Kaufmann wissen, was die Astronomie eigentlich ist, die sie aber trotzdem als Luxuswissenschaft ansehen. Dieses ganze Chaos in den Köpfen der Halbintelligenz ergibt sich daraus, daß Wissenschaft w a h r l i c h n i c h t j e d e m M e n s c h e n l i e g t. Der großen Mehrheit der Menschen sind weder die wissenschaftlichen Fragen noch die wissenschaftliche Methode zugänglich. Die Sache liegt hier ähnlich wie mit der Poesie. Ich kannte Menschen, die die Poesie einzig als ein Mittel für schulische Übungen zur Ausbildung der Jugend in Stilistik ansehen. Mir scheint, daß alle diese Angelegenheiten zu einfach sind, als daß sie verständlich wären.

Frigyes Riesz empfahl uns ein Hotel in Verona, aber er hatte wohl unsere finanziellen Möglichkeiten überschätzt. Das Hotel war altmodisch, hatte riesige mit antiken Möbeln ausgestattete Zimmer, aber es wohnte niemand darin, mit Ausnahme des in der Umgebung ansässigen Adels, der augenscheinlich diesen düsteren Palast als sein traditionelles Quartier betrachtete. Das Hotel war so teuer, daß wir den Aufenthalt verkürzen mußten, um nicht ganz blank zu sein.

Verona besitzt zwei wirklich schöne Plätze: die Piazza Erbe und die Piazza della Signoria. Die Stadt hat prachtvolle gotische Grabmäler der Ritter von der Leiter bzw. Scaligeri. Diese bewaffneten, aus weißem Marmor gemeißelten Ritter mit dem Siegeslächeln nordischer Eroberer heißen Can Grande, Can I. und Can II. „Can" heißt Hund. Ihre Grabstatuen stehen unter marmornen Baldachinen und weisen nicht die geringsten Beschädigungen auf. In Verona befinden sich auch eine befestigte, mit einem Graben umgebene Burg und ein unlängst wieder aufgebautes griechisches Amphitheater. Da gibt es Straßen, die an das alte Krakau erinnern, aber auch große Plätze und Gebäude im Kasernenstil Österreichs.

Da ist eine herrliche, dem schwarzen Bischof St. Dionysius geweihte Kirche. Von dort aus fuhren wir nach Desenzano am Gardasee und mit einem Schiff nach Gardone, wo wir zwei Tage verweilten. Der Gardasee wirkt ein wenig melancholisch. Eine mit Pinien und Zypressen bewachsene Insel wird als Modell von Böcklins „Insel der Toten" gezeigt. Am See wachsen Agaven und Palmen. Vom nördlichen Ufer aus fährt man mit einer Kleinbahn über Riva und Arco nach Meran. Weinreben stoßen überall fast an die Fensterscheiben der kleinen Waggons.

Im einige hundert Meter über dem See liegenden Fels sieht man ein horizontales Regal. Das ist die berühmte, aus dem Weltkrieg stammende Straße „Poenale", das Grab vieler Soldaten. Wir unterbrachen unsere Fahrt zum Brennerpaß und nahmen in der Wirtschaft „Zur Post" Quartier. Diese große Raststätte hat sich seit der Zeit, da hier Goethe übernachtete, nur wenig verändert. Unten saßen italienische und österreichische Zöllner beim Kartenspiel, rundum liegen riesige Fichtenwälder.

In Innsbruck unterbrachen wir die Reise erneut. Das von der hoch oben fahrenden Eisenbahn aus gesehene Inntal erscheint wie ein völlig ebener grüner Teppich. Die dazwischen zusammengedrängten Dörfchen, der glänzende Fluß und der alpine Rahmen erzeugen den Eindruck ländlicher Glückseligkeit.

In Innsbruck wollten wir eine Brotbüchse aus Aluminium kaufen. Im Laden für touristische Ausrüstungen stand hinter dem Ladentisch der Besitzer in kurzer Hose mit bloßen Knien, den Tirolerhut mit einer riesigen Feder auf dem Kopf. Wir mußten schnell bezahlen und hinausgehen, um nicht vor Lachen zu platzen.

Da der Zug nach Salzburg erst am Abend fuhr, nutzten wir die Gelegenheit, mit einer Seilbahn in die Berge zu fahren. Solche Seilbahnen sind hinausgeworfenes Geld. Sicher bedeutet es ein gewisses Vergnügen, in einer Viertelstunde tausend Meter Höhe zu überwinden, aber wer meint, daß ihn die Bahn in die Berge befördert, irrt gewaltig. Da, wo sich die Station der Seilbahn befindet, gibt es keine Berge. Hier geht es gar nicht um die Bewahrung einer unberührten „jungfräulichen" Natur, wie sie die romantische Phraseologie bezeichnet. Es geht schlechthin darum, einen Platz zu finden, wo keine Sardinenbüchsen und alten Zeitungen herumliegen und weder Kaffeeduft noch Reklameaufschriften stören.

Wenn man die Berge genießen will, muß man das anstrengende Gehen über steile Pfade auf sich nehmen, muß allmählich die „Aura" der Täler, den Dunst der Städte, den Lärm der Menschenmassen und die Aufdringlichkeit von Menschenansammlungen aus dem Gedächtnis streichen. Aber die Seilbahn zieht diese Atmosphäre bis zur Endstation mit sich.

Unterwegs besichtigten wir Salzburg. Es ist eine schöne Stadt in österreichischem Barock. Wir sahen dort das „Vaterlands- und Armeemuseum", in dem alte Hosen österreichischer Generäle sorgsam aufbewahrt werden. Auf großen Landkarten sind die Orte gekennzeichnet, wo österreichische Waffen gesiegt haben. Aber man wundert sich, daß nach jedem solchem Sieg die Grenzen des Landes enger wurden, bis sie zu den in Saint-Germain* festgelegten Grenzen der Republik Österreich schrumpften.

In Wien trafen wir uns mit der Schwester meiner Frau und dem Schwager. Sie nahmen uns mit nach Preßburg, wo der Schwager Direktor der Raffinerie „Apollo" war. Preßburg hat heute den Charakter einer österreichischen Provinzstadt mit eleganten Cafés, einer alten Burg und Gewohnheiten einer Epoche, die 1918 in der ganzen Welt zu Ende ging. Hier aber wird sie weiter gepflegt von einigen Grafen vom Ballhausplatz, von einigen Hofdamen, die hartnäckig in Equipagen fahren, die sie an den Stil des Praters aus der Vorkriegszeit erinnern, von reichen Ungarn, die die österreichische der tschechischen Gesellschaft vorziehen, und *last but not least* von der polnischen Kolonie, die es unter dem moralischen Patronat des Konsuls für schicklich hält, in Gesellschaft mit den Slowaken über die Tschechen zu lachen. Auf die Hoffnungen, den Zusammenhalt des tschechoslowakischen Staates, dessen Volk die Freundschaft Polens verdient hätte, durch Liebedienerei gegenüber den Slowaken zu erschüttern, haben die Ereignisse des Jahres 1939 ein eigenartiges Licht geworfen. Die nun zum eigenen Staat beförderte Slowakei wurde

---

* In Saint-Germain-en-Laye schlossen die Mächte der Entente 1919 den Vertrag mit Österreich über die Grundsätze der Auflösung der österreichisch-ungarischen Monarchie nach dem 1. Weltkrieg.

sogleich als Ausgangsbasis für den Einmarsch ins Land der „nach dem Schaden klug gewordenen" durch die Armeen desselben Hitlers genutzt, der ihnen diese Beförderung verliehen hatte.

Das Schönste in Preßburg ist die dort schon recht breite Donau. Nach 1918 wurde die Donau in der Weise internationalisiert, daß sie nicht mehr der Oberhoheit der Tschechoslowakei unterstand. Es fand sich ein Franzose, der auf einem großen, am Ufer vertäuten Flußdampfer ein Café einrichtete. Er lehnte es ab, Steuern zu zahlen, wobei er sich darauf berief, daß der Fluß aus dem Staatsgebiet ausgegliedert ist. Aber die Stadt fand einen Weg: Sie erlaubte ihm nicht, aus dem städtischen Netz Strom für die Beleuchtung zu entnehmen.

Die Aufschriften in Preßburg sind dreisprachig: an erster Stelle slowakisch, darunter deutsch und unten ungarisch. Tschechische gibt es überhaupt nicht. Die Angelegenheit der Amtssprache ist in der Tschechoslowakei so festgelegt, daß beide Sprachen als solche gelten. So braucht ein in Prag slowakisch vortragender Professor keine besondere Genehmigung.

In Preßburg wohnte Svoboda, ein großer Turbinenspezialist, wohl der einzige über die Grenzen seines Landes hinaus bekannte slowakische Wissenschaftler.

Nach der Rückkehr nach Lemberg war ich mit Arbeit überhäuft. Die „Studia Mathematica" erforderten intensive Redaktionsarbeit. Bisher gab es in Lemberg keine Setzer, die in der Lage waren, einen mathematischen Text in einer in der Welt anerkannten Weise zu setzen. Es war z. B. nicht bekannt, daß algebraische Zeichen stets kursiv gesetzt werden müssen, Kurzsymbole von Ausdrücken, wie log, sin, lim dagegen in Antiqua. Es mußten die laufenden Lettern für den Text ausgewählt werden, die Art der Überschriften zu den Paragraphen und Kapiteln. Ich befaßte mich damit sehr pedantisch, denn ich wollte nicht zulassen, daß einige Autoren die Vornamen ausschrieben, während andere nur die Anfangsbuchstaben verwendeten, daß die einen in einem französischen Text „Warszawa" und die anderen „Varsovie" schrieben. Am Ende legte ich auch die Art der Numerierung der Fußnoten und der Wiedergabe der Titel zitierter Arbeiten in diesen fest.

Die „Studia" präsentierten sich in vier Sprachen, in Französisch, Deutsch, Englisch und Italienisch, die überwiegende Zahl der Arbeiten aber war in

Französisch geschrieben, etwas weniger in Deutsch, wenig in Englisch, und in Italienisch gab es nur eine Arbeit. Mit den Autoren hatten wir Probleme, denn entweder benötigten sie für die Korrektur zuviel Zeit oder sie machten sie zu oberflächlich.

Es gab auch viel Arbeit mit dem Austausch zwischen den „Studia" und periodischen Publikationen im In- und Ausland. Am Ende hatten wir einen Austausch mit 130 Zeitschriften. Dafür brauchte man jemanden, der diese Publikationen ordnete und katalogisierte. Die Assistenten waren eigentlich dazu nicht verpflichtet. Zum Glück fand ich in der Person von Herrn Ludwik Sternbach einen Menschen, der diese Arbeit mit Intelligenz und Gewissenhaftigkeit erledigte. Selbstverständlich arbeitete er ohne Bezahlung, so wie die gesamte Redaktion. Zu seiner Tätigkeit gehörte die Buchführung, d. h. die Auflistung der Ausgaben und die jährliche Rechenschaftslegung für das Ministerium bei der Beantragung finanzieller Unterstützung. Anfangs erhielten wir diese aus dem Fonds für die nationale Kultur, später aus dem Ministerium. Als es zur Finanzkrise kam, besorgte uns Professor Bartel eine finanzielle Unterstützung vom Erdölkonzern „Małopolska" [Kleinpolen]. Gewisse Einnahmen flossen uns auch aus dem Verkauf im Ausland zu. Uns erreichten Schecks über Dollars, schweizerische Franken und deutsche Reichsmark. Aus der 500 Exemplare zählenden Auflage waren 200 für den Austausch vorgesehen, ebenso viele wurden im Ausland verkauft, 100 im Inland. Was die Letzteren betrifft, hatten wir schlechte Erfahrungen mit den Buchhandlungen! Viele gingen davon aus, daß der Verleger die Bücher an die Buchhandlung zu liefern hat. Ob und wann diese dann die Bezahlung vornimmt, sei ausschließlich ihre Sache. Einige Buchhändler hatten ihre eigene Methode. Nachdem sie die Geduld des Verlages erschöpft hatten, dann aber einem Kunden, der nach dem Buch fragte, nicht sagen wollten, daß sie es nicht mehr auf Kredit bekommen, weil sie die Bezahlung verweigert hatten, wandten sich an die Redaktion, ob sie nicht die „Fundamenta Mathematicae" liefern könnte. Aber wir wußten schon von Bronisław Knaster, der die Verwaltung der „Fundamenta" leitete (und später der „Monografie Matematyczne"), was eine solche Frage bedeutet und legten fest, daß ohne vorherige Bezahlung nichts geliefert werden kann.

Die Warschauer Kollegen forderten von uns die Verpflichtung, daß wir keine Arbeiten zur Mengenlehre drucken. Eine solche Verpflichtung war überflüssig, denn unser Programm beinhaltete die Theorie der Operationen, die Wahrscheinlichkeitsrechnung und andere in Lemberg gepflegte Disziplinen, nicht aber die Mengenlehre, der man in Polen eher zu viel Aufmerksamkeit widmete. Unsere Verwunderung war groß, als derjenige, der von uns diese Verpflichtung gefordert hatte, eine eigene Arbeit zur Mengenlehre einsandte. Wir haben sie nicht veröffentlicht.

In Lemberg entwickelte sich die Mathematik immer erfolgreicher. An der Universität gab es schon vier Professoren und drei Dozenten, und Prof. Bartel hatte den Ehrgeiz, an der Technischen Hochschule die theoretischen Wissenschaften zu pflegen. Wie ich bereits erwähnte, schuf Bartel unter Ausnutzung seines Einflusses in Regierungskreisen an der Technischen Hochschule eine Allgemeine Fakultät. Die Vorlesungen in Mathematik hielt dort der aus Warschau gerufene ausgezeichnete Mathematiker Kuratowski. Antoni Łomnicki und Władysław Stożek, die Lehrstühle für Mathematik in den Bereichen Ingenieurwesen und Mechanik bekleideten, hielten auch an der neuen Fakultät Vorlesungen. Vorlesungsaufträge hatten Banach und Ruziewicz von der Universität, Rubinowicz hielt Vorlesungen zur theoretischen Physik und Bartel zur darstellenden Geometrie.

Es war nicht geklärt, welche Befugnisse die Absolventen der Allgemeinen Fakultät haben sollten. Man beabsichtigte, für sie die Stellen der Mathematiklehrer an technischen Lyzeen zu reservieren, aber diese gab es damals noch nicht. Doch jede gute Schule hat ihren Nutzen. Aus der Allgemeinen Fakultät gingen Jan Blaton, der später Direktor des Staatlichen Instituts für Meteorologie wurde, und Stanisław Ulam, der später Vorlesungen an der Harvard-Universität (Cambridge, Massachusetts) hielt, hervor.

Als die Reduktionswelle kam, wurde diese Allgemeine Fakultät geschlossen. Kuratowski ging nach Warschau und Rubinowicz an die Universität.

Die Mathematische Gesellschaft entwickelte sich ungewöhnlich erfolgreich. Jede Woche fanden Sitzungen statt, und manchmal gab es in einer Sitzung drei Referate. Die Zahl originaler Arbeiten in Lemberg betrug einige zig pro Jahr.

Banachs Frau hatte eine originelle, lustige Idee. Da sich die Mathematiker gewöhnlich im „Schottischen Café“ trafen, kaufte sie ein dickes gebundenes Heft, dem der Name „Schottisches Buch“* verliehen wurde. Dieses Buch wurde im Café aufbewahrt, und jeder konnte es sich ausbitten, um Probleme mit Datum und Unterschrift darin einzutragen, aber auch die Lösung. Dieses Buch verzeichnete einige hundert Probleme, und zu vielen waren von der Person, die das Problem notiert hatte, Prämien ausgesetzt. Da waren Probleme, für die nur ein kleines Bier oder ein schwarzer Kaffee versprochen wurde, aber auch solche, für die man ein ganzes Mittagessen oder sogar eine lebende Gans gewinnen konnte. Dann gab es auch welche, für die man ein *fondu à la crème* in Genf erhalten konnte. Von der Existenz dieses Buches wußten auch Leute, die nie in Lemberg gewesen waren. Sehr viele Probleme stammten von Banach, Mazur und Ulam.

Der Charakter der Lemberger Mathematik begann sich deutlich zu verändern. Es begannen sich auf verschiedenen Gebieten Spezialisten zu entwickeln. Mazur beschäftigte sich mit linearen Methoden der Summierung, Auerbach mit Differentialgeometrie, Schauder mit partiellen Differentialgleichungen, Kaczmarz und Orlicz mit orthogonalen Reihen, Nikliborc mit Himmelsmechanik und Gleichgewichtsfiguren – um einige Beispiele zu nennen.

Die interessanteste Eigenschaft war die Zusammenarbeit. Die Arbeit über das Prinzip der Konzentration von Singularitäten z. B. schrieb ich zusammen mit Banach, die Arbeit über die Zerlegung einer Kugel in Teile, aus denen man danach eine größere Kugel zusammenfügen kann, schrieb Banach mit Tarski. Gemeinsam schrieben auch Mazur mit Orlicz, der jüngere Łomnicki mit Ulam, Ruziewicz mit Sierpiński usw. Wenn man die Namen der Zusammenarbeitenden durch Linien verbände, könnte man von Polen aus zu Mathematikern aller der wichtigsten Länder der Welt gelangen.

Man konnte sog. „Schulen“ unterscheiden. Die Banachsche Schule beschäftigte sich mit der Theorie der Operationen, Kuratowskis Schule mit

* Das Original des Schottischen Büchleins brachte Frau Banach nach Breslau, wo sie nach dem Krieg wohnte. Heute befindet es sich in der Bibliothek des Mathematischen Instituts der Breslauer Universität. Das Büchlein war schon mehrmals Gegenstand von Bearbeitungen. Die Traditionen des Lemberger Büchleins wurden über viele Jahre in Breslau in Form des sog. Neuen Schottischen Buches fortgeführt (R.D.).

Topologie, Chwisteks mit mathematischer Logik. Ich bemühte mich, die Interessen meiner Schüler in die Richtung der Wahrscheinlichkeitsrechnung und der angewandten Mathematik zu lenken. An der Technischen Hochschule beschäftigte sich Bartel mit dem Verhältnis zwischen darstellender Geometrie und künstlerischer Darstellung des Raumes. Zu dem Zweck studierte er auch italienische Stiche und Gemälde und gab über sie eine herrliche Abhandlung heraus. Lange Zeit beriet ich mich mit Freunden, ob ich das Wagnis eines Seminars über mathematische Physik auf mich nehmen sollte. Nach Fürsprache von Dr. Blumenfeldt entschloß ich mich dazu, und so führten wir zusammen mit Banach und unter Mithilfe von Dr. Blumenfeldt ein Jahr lang ein solches Seminar durch. Da ging es zwar recht holprig zu, aber wir nötigten einige Studenten, sich mit Dingen zu befassen, die sie sich sonst sicher nicht angeschaut hätten.

Eine andere Arbeit lieferte uns das Ministerium durch ständige Veränderungen, Reformen und Umfragen. Die Einführung des Titels Magister und des Trimestersystems zwang uns, dreimal im Jahr einige zig Personen zu prüfen. Anfangs führten wir diese Prüfungen gemeinsam in einem Raum an mehreren großen Tafeln gleichzeitig durch. Das war allerdings sowohl für uns als auch für die Studenten sehr anstrengend. Dann gingen wir zu einem anderen System über: Jeder examinierte in seinem Kabinett, der Kandidat mußte allerdings zwei derartige Prüfungen über sich ergehen lassen. Die Prüfer legten dann nach einer gemeinsamen Beratung das Ergebnis als Mittel aus der schriftlichen und zwei mündlichen Prüfungen fest. Diese Art der Prüfungen hatte den Vorteil, daß die Prüfer selbst sehen konnten, ob sie in der Lage sind, korrekt zu prüfen. Bald kam es dazu, daß die Zahl der Kandidaten, bei denen man die Note diskutieren mußte, nicht mehr als 10 Prozent betrug. Solche Fälle, bei denen die einzelnen Noten kraß unterschiedlich waren (sehr gut – ungenügend) gab es wohl nicht häufiger als einmal auf hundert.

Neben Prüfungen dieser Art hatten wir auch andere zu bewältigen. Einmal gab es an unserer Fakultät die Festlegung, daß die Zahl der aufzunehmenden Studenten begrenzt und dabei die Aufnahme vom Ergebnis einer Aufnahmeprüfung abhängig gemacht werden soll. Es passierte mir einmal, daß die Mutter einer von mir abgelehnten Kandidatin zu mir kam, daß ihre Tochter, die in der Schule als gute Mathematikerin bekannt war, es nicht verwinden könne, daß ihre Mitschülerinnen, denen sie oft beim Bewältigen der Aufgaben half, die Prüfung bestanden haben, sie selbst aber nicht. Ich riet der Mutter, die Tochter zu mir zu schicken, und ich wolle ihr erklären, wie wenig ein Student beim formellen Verlust eines Jahres eigentlich verliere, wenn er in dieser Zeit arbeite. Nur ein geringer Prozentsatz der Studenten beendet sein Studium im gesetzlich festgelegten Zeitminimum, und fast immer hängt der Student am verzögerten Abschlußexamen. Die Mutter ließ sich überzeugen und schickte ihre Tochter zu mir. In der Unterredung mit mir bekannte diese, daß sie eigentlich ein Architekturstudium an der Technischen Hochschule in Lemberg aufnehmen wollte, wo sie aber abgelehnt wurde und sich daraufhin an der mathematisch-naturwissenschaftlichen Fakultät der Universität angemeldet hätte. Ich fragte sie, welches Gebäude in Lemberg ihr am besten gefällt. Sie nannte das Haus des Cafés „Ritz" („Louvre"), ein riesiger Bau im Stil der Wiener Sezession, der mit schweren Stuckarbeiten aus dunklem Zement beladen ist. Ich fragte nach der lateinischen Kathedrale. Sie wußte gar nicht, wo sich diese Kirche befindet, obgleich sie die ganzen Gymnasialjahre in Lemberg verbracht hatte. Daß sie Jüdin war, bedeutete wohl keine Entschuldigung.

Als Kurator der Jüdischen Studentenvereinigung hatte ich mit dieser Jugend Kontakte. Sie waren mit Sicherheit nicht schlechter als der Durchschnitt, aber mit Sicherheit besser als jene, die mit Messern und Schlagringen bewaffnet Überfälle auf diese Studenten unternahmen. Sie besaßen jedoch wenig Bildung und angeborene Kultur, besaßen auch überhaupt keinen politischen Instinkt. Von der Gesamtzahl der Studenten stellten sie etwa 30 Prozent. Da sie aber selten von den Studiengebühren befreit waren, betrug ihr Anteil an den Fonds, aus denen der Großteil der Mittel, d. h. etwa 90 Prozent, für den Bau von Studentenwohnheimen und Internaten verwendet wurde, in die sie selbst keinen Zutritt hatten, etwa 50 Prozent. Nach Beendigung des Studiums war für sie eine Karriere in der Verwaltung verschlossen, fast unerreichbar war der Lehrerberuf, und weil die medizinische Fakultät bei bedeutender Begrenzung der Zulassungen überhaupt kaum 10 Prozent von ihnen aufnahm, konnten nur sehr wenige damit rechnen, ein ärztliches Diplom zu erlangen. An der Technischen Hochschule stand es für sie nicht besser. Statt aus dieser Lage die einzige politisch klare Schlußfolgerung abzuleiten und überhaupt auf ein Hochschulstudium zu verzichten, anstatt daß sie diese ihre Situation klar *urbi et orbi* vorstellten, beklagten sie die verschiedenen Benachteiligungen in der zionistischen Presse. Dabei zählten sie die verschiedenen Fälle der Diskriminierung auf, beriefen sich auf die Prinzipien der Menschlichkeit und Demokratie und verstanden überhaupt nicht, daß die sie umgebende Gesellschaft wenig mit Demokratie gemein hat. Sie hatten keine Geschichtskenntnis und wußten nichts vom Schulstreik im Königreich im Jahre 1905. Sie verstanden es jedoch ausgezeichnet, privaten, geheimen und auch öffentlichen Unterricht zu organisieren, so wie die Polen im Jahre 1905. Tatsächlich organisierten sie so etwas, aber nicht als Gemeinschaft, sondern es waren einzelne Gewitztere, die Vorbereitungslehrgänge für Prüfungen durchführten. Für einige hundert Złoty konnte man sich dort auf jede Prüfung vorbereiten, und noch mehr, man konnte für einige hundert Złoty sogar eine Diplomarbeit, Abschlußarbeit oder Doktorarbeit aus jedem beliebigen Wissensbereich kaufen. Als die Sache einmal an die Öffentlichkeit kam und an der Technischen Hochschule eine derartige Arbeit entdeckt wurde, beruhigte sich die Aufregung der Professoren schnell wieder. Aus den gewissenhaft geführten Aufzeichnungen des „Rektors" der geheimen „Akademie der Allwissenheit" ergab sich unwiderlegbar, daß einige Söhne von Professoren der Technischen Hochschule durch Einkauf von Arbeiten bei eben dieser „Akademie" ihr Ingenieursdiplom erworben hatten. So wurde ein sehr typisches Abkommen mit derjenigen Jugend geschlossen, die sie aus den Bänken der Auditorien expedierte. Dank dieser Vereinbarung verkaufte praktisch der clevere Teil der jüdischen Jugend sein Wissen insgeheim dem Teil der polnischen Jugend, der sich eher durch Geld und Skrupellosigkeit als durch Wissensdurst auszeichnete.

Wenn ich jetzt über diese Angelegenheiten schreibe, muß ich daran erinnern, daß in diesen Jahren die Philosophische Fakultät der Universität in zwei aufgeteilt wurde: in die Humanistische und die Mathematisch-Naturwissenschaftliche Fakultät, so daß die Professoren neu berufen wurden. Das Hochschulgesetz vom Juli 1920 hatte große Vorzüge. Es war kurz, wir kannten es fast auswendig. Es war von einem Professor verfaßt worden, also von jemandem, der wußte, was Hochschulen sind. Uns wurde dann ein Universitätsstatut übergestülpt. Die Bestimmungen dieses Statuts standen im Widerspruch zum Gesetz. Einige von uns Professoren beschäftigten sich auf Initiative des verstorbenen Professors Negrusz mit dem Statut. Wir fanden in ihm einige zig Widersprüche zum Hochschulgesetz, worauf wir gegen das Statut beim Verwaltungsgericht Klage einreichten und den Prozeß gewannen.

Dann kam die Sache mit Brest*, die Einkerkerung von Abgeordneten in der Festung Brest am Bug, wo diese geschlagen, mißhandelt und mit Hunger gequält wurden. Viele von uns (ich war mit dabei) unterzeichneten den Brester Protest. Das brachte das Ministerium zur Weißglut. Es wurde beschlossen, für die Hochschulen ein neues Statut zu erarbeiten, das die Liquidierung von Lehrstühlen gegen den Willen der Fakultäten möglich machte. Das Schlimmste daran war, daß die Autorität der Professoren in der Öffentlichkeit schon beschädigt war. Diejenigen Professoren, die neben dem Gehalt bedeutende Einkünfte aus Prüfungen und Auftragsvorlesungen hatten, rechtfertigten ihr Wohlergehen nicht immer durch wissenschaftliche Arbeit. Viele von ihnen betrieben eine ordinäre politische Agitation, sei es durch Veröffentlichung von Beiträgen in der Tagespresse, durch Organisierung verschiedener politischer Mafien, oder schließlich auch dadurch, daß sie sich der Verwaltung von Instituten und Fakultäten bemächtigten, als wären diese private Vorwerke.

Hinter den Mauern der Hochschulen vollzogen sich leider skandalöse Vorgänge. Es gab Professoren, die ihre Geliebten zu Assistenten ernannten (oder auch umgekehrt, machten ihre Assistentinnen zu Geliebten), sich Aufträge für Vorlesungen verschafften, dieses oft einzige Unterhaltsmittel der Dozenten. Dann ließen sie viele Stunden ausfallen, weil sie die große Zahl ihrer Verpflichtungen nicht bewältigten. Insgeheim schürten sie anarchistische Neigungen der Studenten, insbesondere der aus dem national-radikalen Lager, und aus den Lehrstühlen machten sie Bastionen, von denen aus sie die verhaßte Vorkriegsregierung ungestraft angriffen. Heuchlerisch rangen sie die Hände in Anbetracht der bedrohten „akademischen Freiheit“, da sie wußten, daß die Studenten und ein nicht geringer Teil der Erwachsenen die akademische Autonomie als ein Gesetz auffaßten, das keine polizeiliche Intervention gestattet, wenn Jugendliche die Juden mit Stöcken schlagen, Vorlesungen sprengen und alle paar Tage „Streiks“ veranstalten. Und darin eben verbarg sich die Gefahr von unten: Die gegen den Volksbildungsminister der Vorkriegsregierung Jędrzejewicz demonstrierende Jugend, die Regierung, die sich fürchtet, gegen diese Jugend vorzugehen, die aber der Öffentlichkeit zu

* Im September 1930.

verstehen gibt, daß diese Auftritte von Professoren organisiert sind, und schließlich die sich auf die heiligen Privilegien der Autonomie berufenden und das Schicksal der polnischen Wissenschaft beklagenden Professoren, die vorgeben, daß diese Wissenschaft bedroht ist, wenn man denjenigen Banditen ins Gefängnis wirft, der Kommilitoninnen von den Treppenstufen hinabstößt. So verlief die konzentrische Attacke, die es uns unmöglich machte, die hervorragenden Möglichkeiten zu nutzen, die uns die Arbeit einer Anzahl begabter und arbeitsamer Menschen gab. Die Teilung der Fakultät beschleunigte den Wechsel des Dekans, und so wurde ich für das Studienjahr 1930/31 zum Dekan der Mathematisch-Naturwissenschaftlichen Fakultät gewählt. Als ich in Universitätsdingen beim Vizeminister Pieracki in Warschau war, wurde ich von ihm nicht empfangen. Es war dies ein Affront wegen meiner Unterschrift unter den Brester Protest.

In dieser Zeit besuchte mich Prof. Gröer, ein Lemberger Kinderarzt, den ich im Jahre 1915 kennenlernte, als er Assistent bei Pirquet in Wien war und manchmal in die Währingerstraße 33 in die „Atlanta" kam, wo seine Verlobte wohnte. Pirquet wandte die Tuberkulinprobe von Koch zur Diagnose der Tuberkulose bei Kindern an. Die Impfung erzeugte beim kranken Kind an der Einstichstelle eine recht große rote Pustel, bei einem gesunden gab es diesen Effekt nicht, beziehungsweise war die Pustel bedeutend kleiner.

Gröer beschäftigte sich mit systematischer Forschung bezüglich des Durchmessers der Pustel und entdeckte, daß eine Beziehung zwischen dem Durchmesser *d* der Pustel und der Konzentration der Tuberkulinlösung besteht. Diese Konzentration, die die Menge von 10^{-k} Kubikzentimeter Tuberkulin in 1 Kubikzentimeter Wasser bedeutet, bezeichnen wir mit dem Symbol *k*. Gröer zeichnete ein *d*-*k*-Diagramm, das diese Beziehung darstellte. Um dieses Diagramm an einem bestimmten Tage für einen bestimmten Patienten zu zeichnen, mußte er diesem Patienten eine gewisse Anzahl Injektionen unterschiedlicher Konzentration unter die Haut verabreichen. Gröers Idee bestand darin, diagnostische Aussagen in Form einer Kurve zu erhalten. Ich empfahl ihm, er möge logarithmisches Papier verwenden, wie es die Firma Schleicher und Schüll herstellt, bei dem beide Achsen logarithmisch geteilt sind. Solches Zeichenpapier ist dann geboten, wenn die Beziehung zwischen den Logarithmen der untersuchten Größen einfacher ist als die Beziehung zwischen den Größen selbst. Es zeigte sich, daß in diesem Fall eine lineare Beziehung bestand, auf dem Logarithmenpapier ergab sich eine gerade Linie. Diese Entdeckung erleichterte die Darstellung der „Allergiekurve", d. h. der Beziehung *d,k* für den einzelnen Patienten ungemein. Es genügten zwei Injektionen und die Messung der beiden Durchmesser.

Dieses sog. Allergiegesetz sah Gröer für die Diagnose der Tuberkulose bei Kindern als sehr bedeutsam an. Aber eigentlich hatte es selbst noch keine diagnostische Bedeutung. Man müßte eine Allergielinie mit Hilfe von zwei Parametern darstellen können. Dieses Ziel schwebte Gröer vor. Noch bevor wir diese Aufgabe lösten, hatte er für diese Parameter schon Namen gefunden: „Reaktivität" und „Sensitivität". Ich nahm für diese Parameter einfach die durch die Schnittpunkte der Allergiegeraden mit den Achsen sich ergebenden Abschnitte. Auf diese Weise war der Zustand des Patienten zur gegebenen Zeit charakterisiert durch die beiden Parameter *R* (Reaktivität) und *S* (Sensitivität), die sich leicht mit Hilfe zweier Injektionen bestimmen ließen. In der Ebene (*R*, *S*) ergaben diese Parameter einen Punkt (mit den gewöhnlichen Koordinaten *R*, *S*). Damit kennzeichnete also ein Punkt den aktuellen Zustand des Patienten. Wenn man nun täglich einen Punkt ermittelte, erhielt man nach einem Monat in der „Allergieebene" die Bahnkurve des Patienten. Die Erfahrung zeigte, daß der Punkt eines Patienten, dessen Zustand sich verbessert, in anderer Richtung wandert als der Punkt eines Patienten, dessen Zustand sich verschlechtert. Auf diese Weise hatten wir uns weit von Pirquets Methode entfernt, nach der aus einer einzigen Injektion geschlossen wurde.

Die Gröersche Methode hat den Nachteil, daß sich der Durchmesser der Pustel nicht genau ausmessen läßt. Daher entschlossen wir uns, die Fläche der Pustel zu messen. Zu diesem Zweck verwendete Gröer auf meinen Rat hin ein kleines Netz aus 3,16 Millimeter voneinander entfernten Punkten. Diese waren in Glas eingeätzt und wurden auf die Pustel gelegt. Wenn man die Punkte abzählt, erhält man nach Multiplikation mit 10 die Fläche der Pustel in Quadratmillimeter.

Nach der Veröffentlichung alles dessen in mehreren Publikationen durch Gröer und seine Mitarbeiter (Kochanowski, Chwalibogowski u. a.) erschien in der Zeitschrift „Pediatria Polska" ein nach meiner Meinung außerordentlich witziger Artikel des Warschauer Kinderarztes Michałowski, eines sehr ehrwürdigen Mannes. Michałowski attackierte in keiner Weise die Schwächen von Gröers Methode, also die Unmöglichkeit einer genauen Ausmessung der Pustel, die Abhängigkeit einer so komplexen Erscheinung, wie sie eine Pustel darstellt, von ganz anderen Faktoren als der Tuberkulose, wofür die totale Nichtanwendbarkeit der Methode bei Erwachsenen der beste Beweis ist. Schließlich erwähnte er auch nicht die grundsätzliche Frage: Wie kann man den diagnostischen Wert der Gröerschen Methode nachweisen, wenn es keine andere Skala zur Bewertung des klinischen Zustandes eines Tuberkulosekranken gibt? Anstelle solcher – wahrlich ernsthaften – Vorwürfe machte er einige unerhört unsinnige Bemerkungen wie, daß „die gewöhnliche Mathematik für solche biologischen Erscheinungen, mit denen es die Medizin zu tun hat, nicht geeignet ist". Diese Bemerkung würde ich ihm noch vergeben, nicht aber die Behauptung: „Dafür geeignet ist die vierdimensionale Mathematik von Łukasiewicz und Leśniewski!" Ich kannte diese beiden Logiker recht gut, doch bis heute weiß ich nicht, was Dr. Michałowski von ihnen wollte. Außer diesem Artikel erschienen noch zwei weitere, einer von Herrn Grączewski und einer von einem Weisen, an dessen Namen ich mich nicht mehr erinnere. Einer von diesen war eine Fundgrube mathematischer Ignoranz (der Autor versteht z. B. nicht, daß aus $a = b$ folgt $\log a = \log b$). Der zweite war eine Flut von Ungereimtheiten und war mit Namen gespickt (solchen wie Planck, Einstein, Eddington) sowie mit Quanten, Elektronen, Sternen. Er hatte Ähnlichkeit mit dem Sachverzeichnis im gestohlenen Rucksack des Kurden im arabischen Märchen vom Perser Ali. Alles das hat, wenn ich mich nicht irre, Stanisław Mazur in der „Mathesis Polska" beantwortet. Aber diese Antwort war übertrieben ernst. Mir aber kam das von unserem Dienstmädchen geliebte Sprichwort in den Sinn: „Dumme gibt es viele auf der Welt, aber das fällt einem nicht auf, weil sie nicht zusammen auftreten."

Ich hatte auch andersartige Aufträge und Bestellungen. Meine damals zehnjährige Tochter beklagte sich, daß sie die Aufgabe habe (als Hausaufgabe), die Länge der Weichsel zu messen, und daß die von der Lehrerin empfohlene Methode, mit einem Faden zu messen, in der Praxis ungeeignet ist. Damals entwickelte ich ein Netz zum Messen, genannt Longimeter, das später der Landkartenverlag Książnica Atlas seinen Landkarten beilegte.

Als Dekan hatte ich Aufgaben genug. Alle zwei Wochen gab es eine Fakultätssitzung. Sie begann nachmittags um fünf Uhr, und oft zog sie sich bis zehn Uhr hin. Dann gingen wir ins „George" zum Abendbrot. Gewöhnlich behaupteten Krzemieniewski, Rogala, Kulczyński, Ruziewicz und Tokarski die Arena, die anderen seltener. Dann gab es die Sitzungen verschiedener Kommissionen, die vom Dekan geleitet wurden. Zweimal in der Woche mußte man zu festgelegten Zeiten Petitionen der Studenten entgegennehmen. Und schließlich mußte man amtliche Schreiben im Zusammenhang mit Beschlüssen der Fakultät absenden. Eben damals stand das Problem der Besetzung des Lehrstuhls für Geographie nach dem Rücktritt von Eugeniusz Romer. Der von Romer empfohlene Mieczysław Limanowski aus Wilnius nahm den Vorschlag nicht an. So wurden Korrespondenzen mit Stanisław Pawłowski in Posen geführt. Dieser erschien zu einem Gespräch, aber es gab von ihm weder eine Zusage noch eine Absage. Später erfuhr ich, daß er gewartet hat, daß man ihn in Posen zum Rektor wählt, wo man ihn auf diese Weise behalten wollte. Am Ende wurde Julian Czyżewski Professor.

Die für mich unangenehmste Verpflichtung waren die Sitzungen des Senats. Da saßen dann, jeweils zu dritt, die Repräsentanten der fünf Fakultäten sowie der Rektor und der Prorektor. Das waren zum größten Teil Menschen, die ich wenig kannte, und die die Angelegenheiten der Universität völlig anders behandelten als meine engeren Kollegen. Der Senat war in Fragen der Jugend kompetent. Daraus ergaben sich permanente Schwierigkeiten. Wenn schon einmal ausnahmsweise in der Sitzung keine aktuelle Angelegenheit zu behandeln war, tauchte z. B. ein Antrag von „Odrodzenie“ [Wiedergeburt] oder von anderen jungen religiösen Schwärmern auf, in denen der Senat gebeten wurde, er möge die Entfernung von Schildern, Kinoplakaten und anderen veranlassen, auf denen halbnackte Frauen abgebildet sind, denn solcher Art Reklame raube den Jugendlichen, die lernen wollen, die Ruhe. Ich erinnere mich, daß ich zu dieser Sache das Wort nahm und beantragte, daß der Senat ein Ersuchen an die Wojewodschaft, an die dafür kompetente Institution, richten möge, erhielt aber dafür keine Unterstützung. Kann es etwas Idiotischeres geben als einen „Jugendlichen“, der gegenüber Verlockungen so anfällig ist, daß er ins Stadtzentrum läuft, um auf einem Kinoplakat den Hintern eines Mädchens zu sehen und dann zum Lernen nicht mehr in der Lage ist? Also muß er einen Antrag an den Senat stellen, daß dieser ihn vor einer solchen Papieraphrodite schützen möge.

Rektor Krzemieniewski war seines hohen Amtes würdig. Er gehörte nicht zu denen, die vor der Paidokratie in die Knie gehen. Aber gerade in seiner

Amtszeit* gab es Demonstrationen aus Anlaß des Todes des Studenten Wacławski in Wilnius und des Totschlags des Studenten Grodkowski in Lemberg. Er liebte öffentliche Auftritte und begab sich, wie ich mich erinnere, einmal zusammen mit dem kleinen Senat (d. h. dem Dekan und Prorektor) zu einer Kundgebung, die in der Vorhalle der Universität stattfand. Ich sah aus geringer Entfernung den Präsidiumstisch dieser Kundgebung. Daran saßen Akademiker, die lange Jahre demagogischer Arbeit hinter sich hatten. Von einer Diskussion und von Argumenten war nicht die Rede. Um unser Wohlwollen zu erringen, traten diese Herren als Verteidiger der Wissenschaft gegen die Pläne des Ministeriums auf, das angeblich an die Stelle von Berufungen der Professoren durch die Fakultäten ihre Nominierung durch das Ministerium einführen wollte. Ihr Hauptziel allerdings war die Beschlußfassung zu antisemitischen Resolutionen. Als der Ruf „Tod den Juden" ertönte, mußte der Kurator der Kundgebung, Prof. Longchamps, intervenieren. Im Präsidium saß auch eine gewisse Vertreterin der Studentinnen namens Piepes-Poratyńska, die sich die rassistischen Elukubrationen ihrer Kommilitonen anhörte und sich dann wunderte, daß ich sie nicht grüße. Ganz selbstverständlich wurden alle paar Wochen „Tage ohne Juden" ausgerufen, d. h. man verwehrte diesen den Zutritt zur Universität. Meist unterbrachen dann zehn und mehr Professoren ihre Vorlesungen und das Rektorat setzte sie für unbestimmte Zeit aus. So verwandelte sich der „Streik" in ein „Lockout". Während eines dieser Lockouts ging ich einmal aus dem Gebäude an der Kościuszkostraße, wo die Hausmeister im Auftrag des Rektors das verschlossene Tor bewachten. Da wurde das Tor von Jugendlichen gestürmt, die sich offensichtlich vor Wissensdurst nicht mehr beherrschen konnten. Vor meinen Augen drängte sich ein klein gewachsener junger Mann durch die Tür, ergriff den Hausmeister und stieß ihn mit einem Holubiec [Figur beim Tanzen] wie beim Masurkatanz vom Tor weg. Ich trat zu ihm heran und forderte seinen Namen. Daraufhin er: „Ich sage meinen Namen nicht, möge mich die Polizei festnehmen!"

Ich belehrte ihn, daß die Polizei hier keine Befugnisse besitze und daß ich der Dekan der Mathematisch-Naturwissenschaftlichen Fakultät sei. Er verneigte sich und gab mir seinen Index eines Studenten im ersten Studienjahr

* Seweryn Krzemieniewski war Rektor der Lemberger Universität im Studienjahr 1931/32.

an der Technischen Hochschule. Ich gab den Index im Rektorat ab und beschrieb dem Rektor den Vorgang. Aber am nächsten Tag fragte mich der Prorektor, Prof. Edmund Bulanda, ob ich der Rückgabe des Index an den Studenten zustimme, denn seine Mutter sei verzweifelt und flehe darum. Ich antwortete ihm, daß das nicht meine Sache ist, sondern die des Rektors und daß ich persönlich daran nicht interessiert bin. Es erwies sich dann, daß Prof. Bulanda den Index ohne Wissen des Rektors zurückgab.

Die sog. „Jugend“ erlaubte den Schulen nicht einmal, einen Monat lang ungestört zu arbeiten. Die Professoren gaben der Regierung zu verstehen, daß die Unruhen durch ihre in Bezug auf die Autonomie der Hochschulen unfreundliche Politik hervorgerufen werden. Die Regierung wiederum gab dem Sejm zu verstehen, daß Professoren die Jugendlichen zu Protesten aufwiegeln und damit ihr politisches Spielchen gegen das Lager von Marschall Piłsudski führen. Die Jugend wiederum verteidigte sich gegenüber der Öffentlichkeit, daß sie im Namen der heiligen Losungen des Patriotismus die Juden aus den Universitäten hinauswerfen muß, da sie das Polentum, die Religion und die Tugenden gefährden und Brutstätten des Kommunismus, des Bolschewismus, Internationalismus und Pazifismus sind. Die mit der „territorialen Autonomie“ zufriedene Polizei behandelte die Jugend mit übertriebener Korrektheit, so als wüßte sie nicht, daß sie in einem Augenblick, in dem durch diese Exzesse Menschenleben oder die Gesamtheit staatlicher Güter gefährdet sind, zum Einschreiten in das autonome Territorium verpflichtet ist. Die Öffentlichkeit hatte keine große Lust, sich mit solchen komplizierten Fragen zu befassen und konnte sich darüber keine rechte Meinung bilden. Aber ich muß den sog. „niederen Kreisen“, den Arbeitern, den Dienstleuten und alten Frauen auf dem Land meine Anerkennung zollen, daß sie die studentischen Exzesse für einen Ausdruck strafbarer Willkür hielten. Sie übten Kritik an den Demonstranten. „Anstatt Gott zu danken, daß sie nicht schwer schuften müssen, sondern für Vaters Geld studieren können, treiben sie Unfug“, hörte man in Kommentaren.

Im Jahre 1931 starb mein Schwiegervater in Krakau. Dann kam im Frühjahr 1932 ein höherer Beamter des Ministeriums nach Lemberg zum Zwecke einer Lustration der Universität. Im Auftrag des Rektors mußte ich diesen doch sehr gewissenhaften Beamten durch alle Institute der Fakultät führen. Bei uns herrschte der Grundsatz, daß wir uns in allen Fragen, in denen das den Charakter eines Rahmens darstellende Statut aus dem Jahre 1920 keine klare Antwort gab, die Sammlung österreichischer Gesetze und Verordnungen (Beck-Kelle) zu Hilfe nahmen. Wir waren der Auffassung, daß es müßig wäre, sich erneut mit Fragen zu befassen, auf die die langjährige Praxis einer großen Anzahl von Hochschulen der vergangenen Monarchie bereits eine Antwort gefunden hatte. Es zeigte sich jedoch, daß jener Referent für das Hochschulwesen dieses Buch überhaupt nicht kannte. Aber das war noch Gold im Vergleich zu einem Vertreter des Ministeriums für Angelegenheiten der Religion und öffentlichen Aufklärung, der zum Dekan der Mathematisch-Naturwissenschaftlichen Fakultät kam und ihn fragte: Können Sie mir erklären, welche Funktion ein Dekanat in der Organisation einer Universität besitzt? Man könnte meinen, daß sich die Antwort auf diese Frage im Statut aus dem Jahre 1920 finden läßt, das so herrlich kurz war, daß dieser Vertreter während der Straßenbahnfahrt vom Ministerium zur Krakowskie Przedmieście [Krakauer Vorstadt] es von Anfang bis Ende hätte durchlesen können. Eher hätte jener Dekan das Ministerium fragen können (sicher mußte er das manchmal tun), welche Vorrechte der Minister den Dekanen gewährt außer denen, die im Statut ausdrücklich aufgeführt sind. Aber solche Überlegungen können nur in den Köpfen galizischer Juristen geboren werden, für die von fröhlichem Schöpfertum in der Kunst des Regierens erfüllten hauptstädtischen Laien sind sie jedoch völlig unerreichbar.

Im Jahre 1931 fuhren wir mit Rücksicht auf Lidkas Gesundheit alle drei nach Kosów. Diese Fahrt bedeutete eine Art Hasardspiel, denn von Kołomyje aus mußten wir mit einem Auto fahren, und gewöhnlich war auf dem Bahnhof nur ein Auto zur Verfügung, dessen Fahrer dann phantastische Preise verlangte. Das Auto wurde von einem Fahrer gelenkt, der während der Fahrt alleweil einmal einnickte, weil es so heiß war. Er hatte allerdings einen „Helfer", der ihn jedes Mal wieder weckte. Kosów hat eine so sonderbare Lage, daß die das Tal durchziehenden Wolken in die seitlichen, schräg zum Haupttal liegenden Gebirgstäler abfließen. Regen fällt da nur sehr selten. Was das Obst betrifft, gab es da recht viel, aber man kann es nur mit großer Übertreibung als solches bezeichnen.

Die Pension „Halina" war nicht schlecht. Sie wurde von vielen Personen aus Warschau genutzt. Den Ton gab das Sanatorium von Dr. Tarnawski an. Seine Kurgäste liefen pflichtgemäß in Anzügen aus weißem Netzgewebe herum. Ich ließ mir von einem dortigen Fachmann auch solch einen Anzug anfertigen, der mich 22 Złoty kostete (Stoff und Anfertigung) und über viele Saisons hielt. Für mich war das ein Beweis für jüdische Ausbeutung. Ich will damit sagen, daß ich den Schneider ausgebeutet habe.

Neben den gewöhnlichen Beschäftigungen der Urlaubsgäste, den Waldspaziergängen und dem Faulenzen am Bach, fanden wir schnell noch eine andere. In Kosów gab es nämlich kleine jüdische Kaffeestuben, in denen man „Makagigs" und „Gluden" essen konnte. Das waren mit verschiedenem Obst belegte kleine Mandelkuchen. Es gab da auch Läden, in denen man Ziegenfleisch als armenische Spezialität kaufen konnte. Im nahen Ort Kuty war eine recht ordentliche Gaststätte, wo man immer wieder die Kurgäste aus dem Sanatorium antreffen konnte, die dort heimlich ihre Beefsteaks verzehrten, die ihnen das vegetarische *régime* im Hause verbot. Auf dem Markt in Kosów konnte man in russischer Polychromie gestickte Tücher, Hemden und Söckchen kaufen. Aber am interessantesten waren die in kleinen Marktbuden von Händlerinnen verkauften kleinen Kügelchen. Die Lieferantinnen waren Frauen aus den Dörfern, die ihren altmodischen Halsschmuck gegen modernen Kitsch eintauschten. Diese Kügelchen waren recht groß, bis zu einem Zentimeter Durchmesser und bestanden aus gefärbtem Glas oder Porzellan. Da gab es weiße, pastellfarbige, schwarze mit Vergoldungen, auch gläserne, geschnittene, in herrlicher grüner Farbe und durchsichtige. Der Preis schwankte zwischen 5 und 12 Groschen pro Stück. Es gab auch Schnüre mit Ponyperlen, etwa in der Größe eines Kirschkerns und in Kirschholzfarbe. Sie waren sehr schön und bestanden aus einem mir unbekannten Material.

Woher diese Perlen stammten, die es sonst nirgends in Polen im Handel gab, war nicht bekannt. Erst Vincenz erklärte mir schließlich, daß vor hundert Jahren, als Venedig zu Österreich gehörte, ein im Land der Huculen rekrutiertes Regiment über viele Jahre in dieser Stadt stationiert war. Die Soldaten kauften die venezianischen Kügelchen und brachten sie ihren

Mädchen. Weil das aber sehr lange andauerte, sättigten tausende Soldaten den ganzen Kreis mit diesen Schmuckstücken, die dann später nicht mehr hergestellt wurden.

Ich erinnere mich an einen Spaziergang nach Kuty mit meiner Frau, mit Frau Smolińska sowie Frau G. und ihren Kindern. Unterwegs erlebten wir einen fürchterlichen Hagelschlag, so daß die im glitschigen Gras liegenden Hagelkörner uns den Aufstieg auf den Berg unmöglich machten. Ein andermal machten wir mit Herrn Smoliński aus Posen einen Ausflug und beschlossen, nachts auf unbekannten Wegen durch den Wald zurückzukehren. Der Weg endete und die Sonne ging unter. Rechts und links von uns hatten wir nur die Gabelung des Baches. Da schlug meine Frau vor, daß wir versuchen sollten, uns mit Hilfe unserer Spazierstöcke und gegenseitiger Unterstützung ein paar Meter nach oben zu ziehen. Wir gelangten so auf eine Ebene, die wir, mit den Sternen als Orientierungshilfe, zwei Meilen weit durchschritten und kamen so am Ende zur Landstraße unweit Kosów.

Wir begaben uns auch nach Jaworów, um zottige Huculendecken zu kaufen. Diese waren sehr dekorativ und warm, aus Schafwolle gewebt und in lebhaften Farben (leider mit Anilinfarben anstelle der früher verwendeten Erdfarben gefärbt). Wir kauften damals eine solche Decke, die mir bis zum Krieg als Decke für mein Sofa diente.

Während unserer Ferien zogen sich am Horizont der Hochschule verschiedene Wolken zusammen. Das Ministerium arbeitete am Projekt eines Statuts für die Hochschulen. Der Stachel dieses Projekts war die Bestimmung, daß das Ministerium eigenmächtig Fakultäten, Institute und Lehrstühle schließen kann. Ein Professor, dessen Lehrstuhl geschlossen wurde, war *eo ipso* dann kein Professor mehr. Diese Bestimmung hatte den Anschein von Objektivität, da es mit finanziellen Notwendigkeiten und der Erklärung begründet wurde, daß sie sich nicht gegen Personen richtet, sondern nur teure und überflüssige Institutionen beseitigt. Die Jan-Kasimir-Universität berief eine Versammlung der Professoren ein, und diese sprachen sich geschlossen gegen ein solches Statut aus. Das war allerdings keine offizielle Resolution, denn eine Institution wie die Versammlung der Professoren gab es bei uns nicht. So mußte also in der Sitzung des Senats jemand diese Resolution als die seine erklären. Man schlug mich dazu vor, und ich war einverstanden. Das war im März 1932.

Ende 1932 erkrankte mein Vater. Man rief mich aus Jasło an, ich lief zu Professor Rencki und fuhr mit ihm hin. Der Zustand des Vaters war sehr ernst. Im Dezember hatte er eine Grippe gehabt. Nach der Genesung ging er an einem eisigen Tag ins Büro und bekam einen Herzanfall. Als er sich niederlegte, erlitt er einen „Infarkt", bzw. eine Verengung der Blutgefäße im Bein, was durch einen blauen Fleck an der Wade in Erscheinung trat. Diese Symptome in Verbindung mit Zuckerkrankheit und Sklerose stellten für einen 78-jährigen Menschen einen hoffnungslosen Krankheitskomplex dar. Als Rencki aus Vaters Zimmer trat, warnte er mich, daß in Kürze der Tod zu erwarten sei. Der Vater rief mich zu sich und gab mir detaillierte Anweisungen zum Abendbrot für Professor Rencki, zur Sitzordnung, zu den zu reichenden Getränken usw. Nach dem Abendbrot begleitete ich den Professor zum Bahnhof, aber er forderte mich auf, sofort nach Hause zurückzukehren, da in diesem Zustand des Vaters jede Minute zählt. Ich wußte aber, daß der Vater noch Kraftreserven besaß. Und tatsächlich begann ein Kampf gegen den Tod, den wir mit meiner Mutter, den Geschwistern und meiner Frau über mehr als vier Monate führten.

Die laufenden Exzesse an der Universität und die damit verbundene Streichung von Vorlesungen machten es mir möglich, fast ununterbrochen in Jasło zu weilen. Zur Blutuntersuchung riefen wir Dr. Ostern aus Lemberg herbei, zur Verabreichung verschiedener Infusionen wurde mir von Prof. Parnas Dr. Baranowski empfohlen, der mehrere Wochen bei uns wohnte. Wir holten eine deutsche Krankenschwester. Zwei Ärzte (Dr. Kornmehl und Dr. Lanes) kamen fast täglich. Da es sich um die Behandlung der Zuckerkrankheit mit Insulin handelte, mußten die Ärzte für den Patienten täglich die Diät festlegen. Das erforderte für jede Nahrungsportion die Berechnung des Gehalts an Eiweiß, Fett und Kohlenhydraten. Trotzdem verließ meinen Vater seine gute Laune nicht. – „Schau", sagte er zu mir, „die beiden dort rechnen schon eine Stunde lang, und den Rechenfehler bekomme ich morgen zum Frühstück."

Wenn sie sich verspäteten, sagte er: „Die Unpünktlichkeit der beiden Ärzte macht es mir nicht einmal möglich, zur rechten Zeit zu sterben."

Der Vater litt, ließ es sich aber nicht anmerken. Er war nicht ungeduldig. Stundenlang blieb er mit der Krankenschwester allein. Mein Freund Janek Adamski besuchte ihn manchmal und berichtete ihm von den Geschehnissen in der Stadt. Dafür war ich ihm sehr dankbar. Wir führten einen hartnäckigen, aber hoffnungslosen Kampf mit dem Tode. Zwei unserer Häuser belasteten wir mit Schulden. Aus Krakau riefen wir Dr. Blassberg, einen Spezialisten für die Zuckerkrankheit, herbei. Der Kampf mußte natürlich mit einer Niederlage enden. Am bedrückendsten war, daß der Gangränefleck sich vergrößerte und über eine Amputation des Beines nachgedacht werden mußte. Trotz dieser Ankündigung von Dr. Kornmehl waren wir der Meinung, daß für einen 78-jährigen Menschen eine solche Amputation eine unnötige Qual bedeutet. Mutter erklärte schließlich, daß Vater ein Leben am Krückstock nicht als Leben ansehen würde.

Im Mai 1933 starb Vater. Das war ein Schlag, der uns tief traf. Doch schon vorher gab es einen anderen. Im Februar 1933 zündete Hitler in Berlin den Reichstag an, was den Anfang zur Anstiftung des Weltbrandes bedeutete. Der Trauerzug für meinen Vater bewegte sich die Kościuszkostraße entlang, die Läden waren geschlossen, die Laternen der Stadtbeleuchtung mit Trauerfloren versehen. An der Sparkasse, am Rathaus, an der Kreisverwaltung, am Sokół hingen schwarze Fahnen. Alle kamen zur Beerdigung, und mancher, den ich traf, sagte: „Sie wissen es nicht und können es nicht wissen, wie Ihr Vater war. Er erwies den Menschen Wohltaten, von denen nur er selbst und der Beschenkte wußte."

Für mich bedeutete Vaters Tod das Ende des sorglosen Lebens. Es war nötig, über die Besitzverhältnisse der Familie nachzudenken. Diese waren recht verworren, denn der Besitz bestand aus Häusern, Plätzen, der alten Ziegelei, einigen Morgen Nutzland und 30 Morgen Wald. Bargeld war nicht vorhanden, dafür aber Schulden aus der Zeit der Krankheit, die reguliert werden mußten. Wir bemühten uns um den Erbschein, wobei mir mein Schwager Wiesław, der Rechtsanwalt war, Unterstützung gab. Von ihm und vom zweiten Schwager (Zgliński) liehen wir uns etwas Geld zur Bezahlung der Schulden. In Lemberg hatten wir einen Kredit bei der Stadtsparkasse zurückzuzahlen. Übrigens waren die Kreditbeziehungen in Polen der Art, daß ein mit den Unterschriften mehrerer Personen abgesicherter Kredit, von denen jede Besitzer einer unbelasteten Immobilie war, lange Wege erforderte. Die Arroganz der Bankdirektoren war wohl nur noch mit dem Zinssatz dieser Institutionen vergleichbar.

Im Jahre 1933 erfolgte die „Machtübernahme“ durch Hitler und seine Kumpanen. Wie bekannt, begann diese „Revolution“, wenn man sie so nennen darf, mit dem Reichstagsbrand. Dieser Brand, den angeblich Kommunisten gelegt hatten, war Gegenstand des Prozesses, den die neue Regierung gegen einen gewissen van der Lubbe, einen niederländischen Kommunisten, und andere inszenierte. Jeder, der ein Radio besaß, konnte die haßerfüllte Rede des neuen Reichsministers Göring gegen den Mitangeklagten Dimitrow hören. Mit Ausnahme der dümmsten deutschen Kleinbürger glaubte wohl niemand dem Akt der Anklage.

Unser Arzt war Dr. Ziemilski. Seine mit uns befreundete Frau, eine geborene Askenazy, hatte einen berühmten Bruder, einen Pianisten*. Dieser wiederum kannte einen hervorragenden belgischen Geiger, der ein Jahr später von Ribbentrop nach Berlin eingeladen wurde. Die Fahrt dahin dauerte die ganze Nacht. Weil aber Ribbentrop, der ihn erwarten sollte, nicht am Bahnhof war, fuhr der Geiger allein zum Palast in der Wilhelmstraße. Ribbentrop empfing ihn gastfreundlich und ordnete an, auf einem fahrbaren Tischchen ein üppiges Frühstück zu bringen. Der hungrige Gast machte sich sogleich an die Sache heran. Da sagte Ribbentrop vergnügt: „Wie denn! Haben Sie keine Angst vor Gift?“ – „Warum wohl auch, mich würde doch niemand zu vergiften versuchen“, antwortete der Geiger. „Aber mich!“ rief da Ribbentrop.

Dann nahm er den Belgier mit auf eine Spazierfahrt. Als sie an der Reichstagsruine vorbeifuhren, flüsterte er ihm ins Ohr: „Was Sie jetzt gesehen haben, ist die größte Dummheit, die Hitler begangen hat.“ Ich nehme an, daß er später Gelegenheit hatte, noch größere kennenzulernen.

Selbstverständlich blieb die Tat des Ex-Gefreiten nicht ohne Wirkung auf das Schicksal der einzelnen Menschen. Vor allem wir an der Universität spürten schnell die Reaktion unserer Jugend auf das vom westlichen Nachbarn ausgehende Beispiel. Wir luden damals für einige Monate Professor Lichtenstein aus Leipzig zu Vorlesungen ein. Da mir die Aufgabe zufiel, für ihn ein geeignetes Zimmer zu finden, hatte ich zum ersten Mal Gelegenheit, Lemberg aus dem Blickwinkel eines angereisten Menschen kennenzulernen. Eigentlich fand ich nirgends ein geeignetes Zimmer. In den Wohnungen gab es zumeist dunkle Treppenhäuser und übelriechende Korridore. Die Möbel

---

* Stefan Askenazy.

waren der Art, daß man ihre Bestimmung nicht recht erkennen konnte und auch nicht den Grund ihrer Zusammenstellung. Da waren gewöhnlich im Bad Unmengen von Gläsern mit Konfitüre, bestenfalls auf Brettern, die auf dem Wannenrand lagen. Haufen von Gerümpel, Koffern und Körben lieferten den Beweis, daß die Wohnungsinhaber sich in keinem Fall nach den Wünschen des Bauherrn richten wollten, der an diesem Ort ein Bad vorgesehen hatte. Am Ende mietete ich ein einigermaßen erträgliches Zimmer. Lichtenstein erzählte mir dann von seinen Nachbarn. Es war ein junges Ehepaar, das ständig Telefonate empfing und sendete, deren Inhalt folgender war: „Was macht ihr? Wir machen auch nichts. Na, dann kommt doch! Wer soll kommen, wir oder ihr? Dann kommt also! Ja, abends. Na dann kommt doch! Wieso nicht? Dann schon lieber zu Roma? Na dann tschüß! Was? Ja! Na dann tschüß!" Das war für ihn sehr amüsant.

Lichtenstein hielt sehr spezielle Vorlesungen. Es ging um differentiell-integrale Gleichungen und um Gleichgewichtsformen rotierender Körper. In einer dieser Vorlesungen zitierte er ein englisches Werk, wohl aus dem Bereich der Mechanik, und empfahl es den Hörern mit den Worten, daß es sehr lesenswert sei, obgleich in ihm „kein Wort über die Mengenlehre vorkommt". Banach besuchte Lichtensteins Vorlesungen aus Prinzip nicht. Als er von dieser seiner Aussage hörte, tat er sehr empört, daß Lichtenstein damit „die polnische Mathematik beleidigt" habe. Nebenbei gesagt hat Banach die Finanzen der „Studia Mathematika" so durcheinandergebracht, daß später erst eine durch Bartel vermittelte Subvention des Erdölkonzerns „Małopolska" und eine von meinem Vater erhaltene den Verlag 1933 aus der Krise herausführten.

Als Dekan hatte ich auch mit der russischen Frage zu tun. Einmal wurde ich um ein Gutachten gebeten, ob die Herstellung von Sprengstoffen zum Lehrprogramm der Chemie gehört. Ein andermal kam ein polizeilicher Ermittler und forderte Einblick ins Studentenverzeichnis, um aus ihm die Namen der „Ukrainer" herauszuschreiben. Er sprach mit der Sekretärin, und sie wandte sich an mich. Ich ordnete an, sie möge ihm mitteilen, daß die Universität mit anderen Behörden über das Rektorat Verbindung hält, und so wie wir, wenn wir irgendeine Information vom Wojewoden wünschen, einen Boten zum zuständigen Referenten im Wojewodschaftsamt schicken, möchte sich auch der Herr Stadtstarost, wenn er etwas von uns will, schriftlich, persönlich oder telefonisch an den Rektor wenden. Wenn der Rektor mir den

Auftrag erteilt, gestatte ich dem Agenten, die Namen herauszuschreiben. Interessant für die Auffassungen und Methoden der Polizei ist die Tatsache, daß der Kundschafter verschwand und sich nie mehr blicken ließ. Selbstverständlich informierte ich den Rektor über den Vorfall, und er zollte meinem Verhalten Anerkennung.

Mit der Polizei hatte ich selten zu tun, aber jede Begegnung mit dieser Institution hatte einen gewissen Beigeschmack. Unsere Automobilsportler kamen auf die große Idee, in den Straßen von Lemberg nach dem Vorbild des circuit de Monte Carlo ein Rennen zu veranstalten. Mit großem Kraftaufwand wurden Straßen abgesperrt, und zwar die Pełczyńska, Stryjska und Kadecka, es wurden Tribünen errichtet, und gleich nach der Morgendämmerung wurden alle Einwohner durch das Gedröhn der ungedämpften Motoren geweckt, die auf der nahezu drei Kilometer langen Rennstrecke ihre Proberunden fuhren. Am Renntag hatte ich immer Gäste, die von meinem Balkon aus dem Rennen zuschauten. Vorher aber hatte ich Besuch von einem Ermittler, der sich nach den Bewohnern des Hauses erkundigte. Das Gespräch verlief etwa folgendermaßen:

– Kennen Sie die Familie Potylicki?

– Selbstverständlich, sie wohnen hier schon mehr als zehn Jahre.

– Ich kann Ihnen nicht sagen, worum es sich handelt, das ist geheim.

– In Ordnung.

– Aber ich sage Ihnen etwas.

– In Ordnung.

– Es handelt sich um das Automobilrennen.

Ich sage nichts.

– Es handelt sich darum, daß die Ukrainer angeblich während des Rennens eine Bombe auf die Straße werfen wollen.

Daraufhin ich:

– Ja aber, das wäre für sie ungünstig, denn es handelt sich hier um ein internationales Rennen unter Teilnahme von Italienern und Deutschen. Es gäbe also einen Skandal, der für sie in keiner Weise wünschenswert wäre.

– Sie haben tatsächlich Recht. Das ist ein sehr richtiger Hinweis.

– Aber, spreche ich weiter, wäre es doch für uns sehr vorteilhaft, wenn die Ukrainer eine Bombe zündeten.

– So ist es, antwortet der selbsternannte Sherlok Holmes, auf diese Idee bin ich nicht gekommen, aber das ist ein genialer Gedanke.

– Warten Sie doch, spreche ich weiter, aber bedenken wir, was los wäre, wenn sich herausstellte, daß unsere Polizei ein Attentat auf die ausländischen Gäste organisiert habe, um die Ukrainer zu kompromittieren! Was erst wäre das für ein für uns fataler Skandal!

– Selbstverständlich! Daran habe ich überhaupt nicht gedacht. Aber Sie haben vollkommen Recht.

Der Detektiv fühlte sich nicht wohl. Er wußte nicht, ob meine Hinweise ernst gemeint sind oder nicht. Er ging ohne weitere Nachforschungen, und ein Attentat gab es selbstverständlich nicht, weder diesmal noch bei den späteren Rennen.

In diesen Jahren begannen unsere Ausfahrten nach Krynica. Ich erinnere mich, daß meine Mutter 1933 in der „Kasztelanka“ [Burgfräulein] Unterkunft fand und ich in der „Skarbówka“ [Schatzkammer]. Ich wohnte dort gern, denn es war da schön, sauber, eine gute Bedienung, schmackhaftes Essen, niedrige Preise und ein beide Villen umgebender Garten am nach Süden geneigten Hang, der voll war von herrlichen Blumen, besonders Dahlien, Chrysanthemen und Rosen. In diesem Garten hatte ich das nachfolgende Gespräch mit einer jungen Dame. Sie war eine Studentin aus Warschau, die anscheinend nicht recht wußte, mit wem sie spricht. Sie bekannte mir, daß sie Aufnahmeprüfungen an der Universität für ungefährlich hält, weil ihr Ziel darin besteht, Juden den Zutritt zu den Hochschulen zu verwehren.

– Und was soll man machen, sage ich darauf, wenn sie gut vorbereitet sind?

– Unsere Professoren stellen den Juden gänzlich andere Fragen, meinte sie.

– Ich versichere Ihnen, daß unsere Professoren, d. h. die Professoren der Mathematisch-Naturwissenschaftlichen Fakultät der Jan-Kasimir-Universität allen Studenten gleiche Fragen stellen, sage ich.

– Was aber, ich bitte Sie, wenn an der Technischen Hochschule in Warschau zum Beispiel der Jude aufgefordert wird, aus dem Gedächtnis das Portal irgendeiner Kirche zu zeichnen. Das kann er natürlich nicht, denn er geht nicht zur Kirche.

– Ich zweifle, ob das, was sie sagen, möglich ist, antworte ich, denn die Professoren legen einen Diensteid ab, der ausdrücklich besagt, daß die Gesetze gegen jedermann gleich anzuwenden sind.

– Ich bitte Sie, wer wird wohl so etwas wie einen Eid ernst nehmen!

Der Leiter der „Skarbówka" war Herr Zamorski. Sein Sohn rühmte sich dessen, daß er bei einer Studentendemonstration eine Petarde [Knallkapsel] geworfen habe und danach auf den von seiner Seite aus ersten Juden als Schuldigen gezeigt habe. Die Mediziner der Lemberger Fakultät sahen diesen als den Täter an, und es fanden sich einige, die aus diesem Grund die freundschaftlichen Beziehungen zu ihm abbrachen.

Das neue Hochschulstatut begann schon zu wirken. Einer der Lehrstühle für Mathematik wurde kassiert. Man rief mich telegrafisch nach Lemberg zurück, um mit anderen zu beraten. Ich wußte nicht, um wessen Lehrstuhl es geht und hatte Grund anzunehmen, daß es meiner sein würde, aber darüber machte ich mir keine großen Sorgen. Es traf dann aber Prof. Ruziewicz. Das Ministerium wollte ihn für seine Anhängerschaft bei den Nationaldemokraten bestrafen. Unser Beschluß in dieser Sache hat natürlich nichts geholfen, und so wurde der Lehrstuhl kassiert. Insgesamt wurden mehr als 50 Lehrstühle kassiert. An der Technischen Hochschule wurde die Allgemeine Fakultät abgewickelt, Kuratowski erhielt eine Berufung nach Warschau. Prof. Ruziewicz erhielt eine Stelle an der Handelsakademie und behielt seinen Anspruch auf die Alterspension. Außerdem durfte er als Dozent weitere Vorlesungen halten, und den Titel eines Professors konnte man ihm auch nicht nehmen.

In dieser Zeit begann ich zusammen mit Stanisław Kaczmarz ein Buch über orthogonale Reihen zu schreiben. Das nahm recht viel Zeit in Anspruch, allein hätte ich die Arbeit an einem solchen Werk niemals auf mich genommen. Ich beschäftigte mich auch mit Anwendungen, bearbeitete z. B. für die Geographen das Verfahren zur Berechnung der Siedlungsverdichtung. Die Begriffe Verdichtung und Zerstreuung lassen sich nicht durch eine Zahl angeben, sondern erfordern die Darstellung entsprechender Verdichtungskurven in Diagrammen. Diese Methode ließe sich auch für die Einschätzung der Verteilung von Grundeigentum anwenden.

In Jasło fehlte die starke Hand. Ich mußte ab und zu hinfahren und Ordnung schaffen. Das war nicht leicht, denn alle wußten, daß ich nur kurze Zeit bleiben könnte. Mutter und Tante waren zu alt, um sich gegen die Maurer zu verteidigen, die für Reparaturen überhöhte Löhne forderten. Sie konnten sich auch gegen die Habgier des Fiskus, gegen Waldfrevel, gegen Mieter, die mietfrei wohnen wollten, gegen die Gemeinde, die spezielle Gebühren für die Genehmigung zur Aufstellung eines Gedenksteins auf dem Grabe des Vaters forderte, nicht durchsetzen. Bei dieser Gelegenheit stellte ich fest, daß die Hälfte der Pächter, Handwerker und Arbeiter Menschen waren, die im Ausland wohnten: in Deutschland, Frankreich, Amerika, sogar in Syrien und Rußland. Weil die Ziegelei nicht mehr funktionsfähig war, beschloß ich, die mit Wasser gefüllten Gruben mit städtischem Müll zu füllen, um fruchtbaren Boden zu gewinnen.

Ich mußte mich auch um die Auszahlung der Erdölanteile, die der Mutter gehörten, kümmern. In einem Falle erklärte mir der zuständige Referent im Konzern „Małopolska", daß die Auszahlung der Anteile vom Beschluß der Juristen des Konzerns abhängen werde. Ich mußte ihn darauf hinweisen, daß ich nicht der Rechtsprechung des Konzerns „Małopolska" unterliege, sondern daß „Małopolska" der allgemeinen Gerichtsbarkeit unterliegt. In einem anderen Falle mußte ich die Sache dem Gericht übergeben. Die zum Konzern „Małopolska" gehörende Firma „Gazy ziemne" [Erdgas] hatte sich einen besonderen Betrug ausgedacht, der darin bestand, daß sie eine neue Gesellschaft gegründet hatte (die zu 100 Prozent der alten Firma gehörte). Diese kaufte die Verlängerungen der Erdölrechte vom Grundeigentümer „für den Fall, daß die alte Firma auf die Verlängerung verzichten würde". Selbstverständlich bezahlte die alte Firma die Verlängerung nicht, und so gingen die Rechte auf die neue über. Diese aber war nicht mehr verpflichtet, die Anteile zu bezahlen, denn sie hatte ohne unsere Vermittlung die der alten Firma gehörenden Rechte vom Grundeigentümer gekauft. Die Richter wußten sehr gut, daß sie es hier mit Betrug zu tun haben, konnten diese Transaktion aber rechtlich nicht einordnen. Mein Prozeß erreichte allerdings nicht die dritte Instanz, da er sich bis 1939 hinauszögerte. Es gab auch einen Juden in Ulaszowice, der noch vom Vater eine ganze Parzelle gekauft, aber nur einen Teil bezahlt hatte. Ich wollte ihm den entsprechenden Teil vom Ganzen abtrennen, aber ihm und seinem Sohn, einem unerträglichen Schwindler, war nicht beizukommen. Am Ende verkauften sie ihre Rechte an Bauern und emigrierten nach Südamerika.

Meine Schwester aus Krakau kam zum Glück ab und zu nach Jasło und erledigte die laufenden Angelegenheiten. Die Schwierigkeiten nahmen aber zu, denn die zu geringen Einnahmen reichten nicht für die erforderlichen Reparaturen, die Abzahlung von Schulden, Steuern und einen angemessenen Unterhalt der Mutter. Am schwierigsten ist die Unredlichkeit zu bekämpfen, mit der man es bei uns im Geschäftsverkehr zu tun hat. Die Menschen halten Wortbrüchigkeit und Betrug für einen Bestandteil jedes Geschäfts.

Wir trafen uns alle gern in Jasło, wegen der Sympathie für unser Haus, wegen der Mutter, wegen der Freunde wie Janek Adamski, Ludwik Oberländer und anderer, auf die wir uns verlassen konnten, und schließlich aus dem Grunde, daß wir hier den billigsten Urlaubsaufenthalt fanden, den man sich denken kann. Es gab sogar Tanzveranstaltungen. Der Gastwirt vom Dunaj hatte erkannt, daß Musik an zwei Abenden in der Woche sich bezahlt macht. Die Mehrzahl der Gäste waren sog. Jugendliche und von ihnen drei Viertel Juden. Die an der Universität nicht aufgenommenen, für verschiedene Dienste und Ämter nicht zugelassenen Jugendlichen lernten Foxtrott tanzen und gaben ihr (eigentlich unbedeutendes) aus dem im allgemeinen auch dahinschwindenden elterlichen Handel stammendes Taschengeld aus.

Wenn abends vor unseren Fenstern der Gesang eines Pirols ertönte, war das ein Zeichen, daß Janek Adamski uns erwartet. Bis sich die Damen angezogen hatten, war Zeit, ein Stück Torte zu essen, wofür sich Janek mit einem Cognac revanchierte. Wenn es von ihm abhinge, wäre genügend Cognac da gewesen, um die ganze Tischrunde betrunken zu machen. Mein Cousin Dyk Schoenborn, der ausgezeichnet in diese Tischrunde gepaßt hätte, gehörte schon nicht mehr zu dieser Gesellschaft. Als Chef des BBWR (Parteiloser Block für Zusammenarbeit mit der Regierung) im Kreis Jasło tat er alles, um gehaßt zu werden. Er drohte ungehorsamen Mitarbeitern, daß er ihre Versetzung veranlaßt, weil aber seine Einflüsse zu klein waren, vergrößerte er damit die Zahl seiner Feinde, statt sie zu verkleinern. Aber manchmal besuchten wir auch ihn. Da tanzten wir nach Musik vom Grammophon und hörten Radio. Manchmal gehörte zu unserer Gesellschaft Frau Juniewicz, die Tochter des Starost Zoll, manchmal erschien der junge Graf Józef Michałowski mit seiner irischen Frau. Mit ihnen kam Herr de Grouchy, der

Nachkomme des Napoleonischen Obersten, dessen Porträt in Paris im Musée Carnavalet hängt. Von Zeit zu Zeit zeigten sich gewisse exotische Erdölleute, gewisse männliche und weibliche Bekannte Dyks aus Krakau. Alles das brachte für uns Abwechslung in den Sommer. Ich bildete mich in dieser Zeit auch in einigen kulinarischen Spezialitäten, z.B. in der Zubereitung von Heringen.

Währenddessen zogen immer schwärzere Gewitterwolken auf. Nach Krzemieniewski wurde der Priester Gerstmann als Rektor berufen, der zur Beerdigung des Studenten Grodkowski mit seiner Rektorenkette erschien. Die jüdischen Studenten betrachteten das als eine Demonstration und brachten ein Schreiben mit Forderungen an den Senat ein. Dieses Schriftstück war scharf redigiert, aber da es keine Unwahrheiten enthielt, gab ich, nachdem ich sie im voraus gewarnt hatte, daß sie für dieses Schreiben mit Sicherheit eine Strafe zu erwarten haben, als Kurator mein *vidi*. Natürlich wurde die Gesellschaft für ein ganzes Semester suspendiert, die Fakultät wurde aufgelöst usw. Für eine empfindliche Strafe sprach sich u. a. der Juraprofessor Kamil Stefko aus. Als das neue Statut in Kraft trat, wurde keiner der von uns gewählten Kandidaten vom Minister bestätigt, sondern er machte jenen Stefko zum „kommissarischen Rektor".

In dieser Zeit war im Ministerium für Konfessionen und Öffentliche Bildung der von der Petersburger Geistlichenakademie gekommene Priester Żongołłowicz der allmächtige Mann. Er war ein Anhänger Piłsudskis. Referent für Personalfragen war ein gewisser Lipski. Es herrschte eine solche Stimmung, daß eigentlich jeder verdächtig war. Am treffendsten formulierte das ein als Zeuge in einem Prozeß auftretender Polizist in der Weise, daß er „plötzlich ein gewisses verdächtiges Individuum erblickt hatte". Der Richter fragte ihn daraufhin, woran er erkannt habe, daß dieser Mensch verdächtig sei. „Ehrenwertes Gericht", antwortete dieser, „für mich ist jede Zivilperson ein verdächtiges Individuum." So war es auch bei Herrn Lipski. Als z. B. Kazimierz Borsuk, einer der begabtesten Schüler der Warschauer Schule, einen Antrag auf Habilitierung stellte, leitete Lipski das Schreiben nicht an den Minister weiter, denn als Student des ersten Studienjahres war Borsuk Mitglied der national-radikalen Jugend. Ich nutzte die Tatsache, daß der Lemberger Historiker Konstanty Chyliński Vizeminister war. Er traf sich mit mir öfters in der Konditorei „Wisła" in Krynica, nebenbei gesagt eine der besten, die ich in meinem Leben kennenlernte, und ihm berichtete ich von Borsuk. Da ich wußte, mit wem ich es zu tun hatte, erinnerte ich ihn an das Buch von Wańkowicz „Szczenięce lata“ [Flegeljahre], in dem die Familie Borsuk als bodenständiger Adel im Grenzgebiet zitiert wird. Aus eben dieser Familie stammte jener Kandidat. Natürlich stand dem Priester Żongołłowicz die Heraldik näher als die Topologie, und so nahm die Bestätigung der Habilitierung einen guten Verlauf.

In Krynica traf ich mich auch mit dem damaligen stellvertretenden Finanzminister Leon Kozłowski. Der versuchte mich zu überzeugen, daß es keinen Krieg geben werde, denn „zwischen Polen und Deutschland gibt es keine Streitpunkte und keine widersprüchlichen Interessen“. Man sagt, dieser Herr Kozłowski habe einmal zur Unterhaltung des deutschen Botschafters auf dem Tisch den Plan zur Aufteilung der Tschechoslowakei skizziert. Daneben stand der tschechische Botschafter, der das sah und hörte. Als ich Herrn Kozłowski fragte, ob er das tatsächlich in einem Café getan habe, antwortete er: „Nein, das war woanders.“ Er erläuterte mir in Krynica, daß während des Krieges eine Geldabwertung nicht möglich sei, denn da wird das Verkünden der ausländischen Börsenkurse verboten sein. Es gelang mir im Laufe von zehn Minuten, ihn zu überzeugen, daß eine Geheimhaltung der Wechselkurse nicht möglich sei. Es erschien mir sehr komisch, daß sich der stellvertretende Finanzminister von einem Laien so leicht in einer solchen Materie überzeugen läßt.

In Krynica traf ich mich auch mit Samuel Dickstein. Das war ein ungemein lebendiger Mensch. Noch mit 80 Jahren wohnte er in einer hochgelegenen Villa und machte jeden Tag einige Spaziergänge auf diesem steilen Weg. Ich lernte auch Julian Tuwim kennen. Er wohnte im Kurhaus und hatte am Vormittag die Fensterläden immer dicht geschlossen, denn er wollte nicht, daß ihn die Sonne aufwecke. Ständig kamen da verschiedene Verehrerinnen, um ihm Blumen zu bringen. Er sagte mir, daß er diese zeitweilige Popularität der Tatsache verdankt, daß Kiepura gerade mal nicht in Krynica weilt, denn für die Öffentlichkeit sind Kiepura und Tuwim anerkannte Größen gleichen Ranges. Es gab da auch Damen, die sich durch Vermittlung der Vortänzer im Kaffeehaus um die Bekanntschaft mit Tuwim bemühten.

Die poetische Kraft und Treffsicherheit Tuwims schätze ich sehr hoch. Das Gedicht der Pawlikowska über ihn als einem Bogenschützen trifft genau den

Kern seiner poetischen Individualität. Wittlin, der es versteht, sich auf die Menschen sehr direkt zu beziehen, verglich ihn mit einem lodernden Busch. Tuwim kennt viele seiner Gedichte auswendig. Er kennt auch viele Gedichte von Puschkin. Seine Übersetzung der Erzählung von Andrej Biely über die Meister von Tula ist einfach genial in der Wiedergabe des russischen Wesens auf Polnisch.

Der Kult um Kiepura, der den um Paderewski ersetzte, ist ein Maß für den moralischen Verfall unserer ästhetischen Ansichten im Laufe von 15 Jahren. Die Gebrüder Zigeunerbarone des polnischen Gesangs wohnten im Hotel „Patria". Das war ein hervorragendes Hotel, das der „Meister" in Krynica gebaut hatte. „Herr Meister" war der amtliche Titel, den die Kellner des „Patria" dem Sänger verliehen. Seinen jüngeren Bruder nannte man „Herr Bruder" und den Vater „Herr Vorsitzender". Mit dem „Herrn Bruder" machte man mich im „Patria" an einem Tisch bekannt. Er reichte mir die Hand mit einer Gelassenheit, wie sie einem Menschen, der nicht singt, zusteht. Manchmal sah ich Kiepura in Gesellschaft von Martha Eggert. Sie beide, die mit ganz neuen Schlägern in der Hand, in weißen Tennisschuhen, mit roten Wangen und lachend anscheinend vom Tennis zurückkehrten, sahen aus wie das Titelblatt des „Światowid". Im Patria-Hotel spielte die ausgezeichnete Jazzband von Witkowski, man tanzte nachmittags und abends, das Publikum rief „mehr, mehr". Dasselbe rief der Besitzer, wenn er mit Metro-Goldwyn oder mit Paramont telefonierte, die ihm eine Gage von einer halben Million Dollar für das drei Monate dauernde „Besingen" eines Films anboten. Kiepuras Finanzberater war Adam Didur. Ich kannte ihn nicht persönlich, obgleich er oft zu seinem Freund Antoni Zoll nach Jasło kam. Mary, eine von Didurs Töchtern, die Frau des Grafen Załuski, wohnte in Iwonicz bei Jasło. Dort wohnte auch Didurs Frau, die eine Kreolin war. Die Gesellschaft traf sich manchmal in Jasło und erregte da großes Aufsehen, besonders wenn manchmal auch der „Herr Meister", also Kiepura, persönlich mit anwesend war.

In Krynica lernte ich auch Maximilian Rose kennen. Er war Neurologe, Professor der Physiologie und Spezialist der Erforschung der Hirnstruktur. Er hatte in Wilna einen Lehrstuhl. Im Jahre 1935, nach dem Tode Piłsudskis, zahlte ihm die Regierung hohe Beträge für die Untersuchung des Gehirns des Marschalls. Vom wissenschaftlichen Standpunkt waren diese Untersuchungen allerdings nicht so interessant, wie es sich verschiedene Herren vom

BBWR vorstellten. Insbesondere konnte man aus den Windungen dieses Gehirns nichts herauslesen, was Polen tun sollte, um sich zwischen Hitler und Rußland zu behaupten. Prof. Rose erzählte mir, daß einer der Professoren der Wilnaer Universität sein Gehirn dem Institut überschrieben hat. Das Testament wurde vollstreckt und das Objekt genau untersucht. Es erwies sich, daß bestimmte optische Zentren schwach entwickelt waren. Professor Rose wandte sich daraufhin an die Familie und an Bekannte des Verstorbenen, um zu erfahren, ob er im Leben an irgendwelchen Sehbehinderungen gelitten habe. Es ergab sich jedoch, daß er ein durchschnittliches Sehvermögen gehabt und erst in einem Alter von über vierzig Jahren eine Brille für Weitsichtigkeit benutzt hat, was eine ganz normale Erscheinung ist. So machte sich der Wissenschaftler an die Lektüre seiner Tagebücher, konnte aber auch da keinen Hinweis finden. Schließlich gelangte er im Verlauf von Gesprächen mit Kollegen des Verstorbenen zu einer interessanten Entdeckung: Jener Professor war als Dekan das ganze Jahr nicht in der Lage sich zu merken, welche Tür aus dem Dekanat in den Korridor führt und wie man gehen mußte, um aus dem Gebäude auf die Straße zu gelangen. Jeden Tag mußte ihm die Sekretärin den Ausgang zeigen. Daraus ergibt sich die Schlußfolgerung, daß das Orientierungsvermögen eine enge Verbindung zu den Sehzentren besitzt. Der berühmte Neurologe erzählte mir auch, daß die Anzahl der möglichen Verbindungen zwischen den Teilen des Gehirns die Zahl der wahrscheinlichen Reflexbewegungen und Denkvorgänge bei weitem übersteigt. Selbst wenn man annimmt, daß der Mensch pro Sekunde Millionen solcher Vorgänge durchführen kann, schöpft er damit nicht einmal einen geringen Teil dessen aus, was die Natur in Form möglicher Verbindungen vorrätig hat.

Die Ereignisse in der politischen Szene setzten sich fort, obgleich wir als unachtsame Beobachter ihren Sinn und ihre Tendenz noch nicht erkannten. Als ich in Jasło war, fragte ich meinen Cousin Dyk als einen der in die Pläne der regierenden Clique Eingeweihten, was wohl geschehen wird nach dem Tode Piłsudskis, dessen Name für die Unfehlbarkeit der Menschen steht, die freiwillig die Verantwortung für das Schicksal des Landes auf sich genommen haben. Was empfehlen diejenigen, die bisher den Glauben an die Legende Piłsudski verbreiteten, den Menschen dann zu glauben? Er antwortete mit einem für diese politische Klasse charakteristischen Zynismus: Es wird eine neue Legende entstehen! Wir haben sogar schon das Objekt dieser Legende: Rydz Śmigły!

Im Jahre 1935 starb Józef Piłsudski. Es ergab sich, daß ich zu der Zeit zum zweiten Mal Dekan war, allerdings nur für ein Trimester, weil der damalige Dekan seine Funktion vor Beendigung der Wahlperiode niederlegen mußte. Daher nahm ich mit der Vertretung unserer Universität an der Beerdigung Piłsudskis teil und konnte viele Menschen im Trauerzug gut sehen. Als in Krakau unter einem Trommelwirbel der Sarg aus dem Bahnhof getragen wurde, standen wir in unseren Talaren da und warteten, daß unsere Gruppe an die Reihe käme. Dem Sarg folgte seitlich Wieniawa-Długoszowski, dann die Familie des Verstorbenen, bescheidene Menschen, die durch ihr äußeres Bild zeigten, daß der Marschall auf persönliche Vorteile niemals Wert gelegt hatte. Nach den Familienangehörigen folgte der Präsident der Republik, dann Botschafter und Gesandte. Von diesen erregten in erster Linie der Vertreter Englands, Lord Cavan und der dicke Göring, der offensichtlich froh war, daß er Zeuge dieser Beerdigung sein durfte, die Aufmerksamkeit.

Bischof Sapieha schritt vor dem Sarg und betete ununterbrochen. Es war zu erkennen, daß er die Pflicht zur Führung des Trauerzuges als Sühne für die Sünden seines Lebens auffaßte. Als wir uns dann selbst in den Zug eingereiht hatten, sah ich nicht mehr viel. Die Zugordnung war so festgelegt, daß Sejm und Senat hinter uns gingen, sogar noch hinter der Vertretung der obersten Gerichtsbarkeit, was sehr ungebührlich war. Auch der für die Akademie der Wissenschaft festgelegte Platz hinter der neu gegründeten Literaturakademie war eine grobe Taktlosigkeit. Auf dem Wege zum Wawel gingen wir an seitlich stehenden Bannerträgern verschiedener Regimenter vorüber. Die Gesichter der Jugendlichen unter ihren antiken Helmen nachempfundenen Stahlhelmen boten einen schönen Anblick. Ich mußte sie mit Bewunderung anschauen. Sie aber amüsierten sich offen über unseren Anblick, aber besonders komisch fanden sie den dicken Rektor der Bergakademie (als Malteserritter).

Die Beerdigung des Marschalls Piłsudski war die letzte Manifestation der Macht des Staates. Von diesem Moment an ging alles bergabwärts. Das Geschlecht der Mościckis trug dazu nicht unwesentlich bei. Ich erinnere mich an den Besuch des Präsidenten in Jasło. Er führte damals eine Rundfahrt mit dem Auto durch die Krakauer Wojwodschaft durch. In Jasło kehrte er ein und wohnte im Rathaus.* Von unserem Fenster aus sah ich seine Abfahrt. Seinem Auto folgten mehr als zehn andere, in denen junge Herren in steifen Melonen saßen. Das Fahrtempo war etwas zu schnell und alles sah wie die Flucht einer gut organisierten Bande aus. Das war nur mein Eindruck, aber der war sehr stark, bezog sich jedoch mehr auf die Umgebung als auf den Präsidenten selbst. Es scheint, daß sich verschiedene Herren in der Hauptstadt schnell über die recht mittelmäßige Intelligenz dieses Mannes im klaren waren. Vielleicht aber irre ich mich auch. Paderewskis Intelligenz war überdurchschnittlich, und ich erinnere mich, was der Onkel erzählt hat. Als er zu Paderewskis Zeit ins Präsidium des Ministerrates trat, verschloß er instinktiv die Tasche, in der er seine Geldbörse hatte. Das geschah unter dem Eindruck, den damals jene Menschen machten, die sich in den Vorzimmern als Sekretäre und Hausdiener bewegten.

Im Jahre 1935 lernte ich in Krynica den Ingenieur Lejwa näher kennen, den mir Dr. Blumenfeld empfohlen hatte. Die Geschichte dieses Menschen war ungewöhnlich. Er stammte aus Kielce, wo er die Talmudschule absolviert hatte. Erst im jugendlichen Alter lernte er Polnisch. Damals wurde er auf den Roman „Ogniem i mieczem“ [Mit Feuer und Schwert] aufmerksam und war von diesem begeistert. An nachdenkliche Betrachtungen gewöhnt, gelangte er zur Schlußfolgerung, daß nicht stimmen kann, was man ihn an der Talmudschule gelehrt hatte, daß alle „Gojime“ [Ungläubigen] keine geistige Bildung besitzen und ihre Schriften nicht der zum Lesen nötigen Kerze wert seien. Daraus zog er eine weitere Schlußfolgerung: Wenn die Talmudschüler nichts von Sienkiewicz wissen, fehlt ihnen sicher auch das Wissen über viele andere Dinge, die wert sind, kennengelernt zu werden. Also begann er sich mit der Wissenschaft der Ungläubigen zu beschäftigen, machte das Abitur, fuhr nach Paris, erzielte dort an einer Chemiehochschule einen sehr guten Abschluß als Ingenieur und entwickelte sich nach der Rückkehr nach Polen zu einem Fachmann auf dem Gebiet der Hormone. Als solcher war er später im Staatlichen Hygieneinstitut angestellt. Von ihm erfuhr ich auch, daß das in Krynica praktizierte Verschreiben von männlichen Hormoninjektionen für

* Geschrieben am 24. Juli 1944. Schließung der Post. Attentat am 29. Juli – Bemerk. d. Autors.

Ehefrauen als reine Kurpfuscherei anzusehen ist. Diese Hormone sind in der Lage, eine Vermännlichung hervorzurufen, was sich diese Patientinnen wohl aber nicht wünschen. Am interessantesten waren seine Erzählungen aus seiner Zeit in Kielce. Er wußte nicht, was es heißt. im Wald spazierenzugehen, er hatte kein Verständnis für die Natur. Er erklärte es damit, daß die Kielcer „Bücherwürmer“ entweder zu Hause oder in der Schule saßen, um den Talmud zu lesen. In der Freizeit fürchteten sie sich, in die Stadt zu gehen, wo es Hunde geben könnte oder auch Gassenjungen, die bereit wären, Steine zu werfen. Als er aus Paris nach Kielce zurückgekehrt war, besuchte ihn sein Schulfreund aus der Rabbinerschule, um endlich in einem Satz zu erfahren „wusy dues Einstein?“* Wer die ausgezeichnete Mimik und Gestikulation des Ingenieurs Lejwa nicht gesehen hat, als er diesen Dialog imitierte, kann sein Redetalent nicht beurteilen. Er stellte mir einmal ein interessantes Problem aus dem Bereich der Biologie vor: Es gibt bei uns nicht allzu große, aber weit verbreitete weißliche Fische, deren Bauch in der Laichzeit im Laufe von 24 Stunden eine rötliche Färbung annimmt. Es wurde festgestellt, daß in der menschlichen Hypophyse eine Substanz existiert, die nach einer Injektion bei den Fischen dieselbe Färbung erzeugt. Daraus ergibt sich die Frage: Welche Funktion hat diese Substanz im menschlichen Organismus? Dr. Lejwa machte mich auch darauf aufmerksam, wie wichtig für einen Biologen die schnelle Berechnung empirisch gegebener Flächen ist. So mißt man z. B. den Wirkungsgrad bestimmter Hormone durch die Vergrößerung des Kammes beim Hahn, dem man vorher eine Einheitsdosis eines Hormons injiziert. Es gibt bisher kein Gerät, das eine einfache Messung solcher unregelmäßigen Flächen ermöglicht, wie es der Kamm eines Hahnes ist.

Es vergingen Tage und Monate, das Buch über orthogonale Reihen erschien, es ergaben sich immer wieder neue Probleme und Pläne, und die Situation verschärfte sich immer weiter. Die Unzufriedenheit wurde immer deutlicher erkennbar, schon führte die Volkspartei ihren berühmten „Streik“ durch, schon erschien der idiotische Held, Doboszyński, jener, der in seinem jugendlichen Werk die Einführung des *ius primae noctis*** als Benefizium aller Hochschulstudenten vorgeschlagen hatte. Natürlich weitete sich die allge-

---

* (Jüdischer Jargon) Was ist das – Einstein?

** Vgl. Adam Doboszyński: Ein gewichtiges Wort, Warschau 1932.

meine Geisteskrankheit, genannt Antisemitismus, aus, und es sah so aus, als sei die Frage des sog. Bankgettos das wichtigste Problem des polnischen Lebens. Verzeihung, ich vergaß die rituelle Schlachtung. Die Anhänger der humanen Schlachtung des Viehs würden gern Menschen morden, wenn nur das Vieh nicht gequält würde. Die frisch beschlossene Verfassung, von der man nicht weiß, wozu sie eigentlich erforderlich war, beschäftigte die Geister nicht im geringsten so stark wie die Denkschriften des Priesters Trzeciak, der vom Sejm als Sachverständiger in Talmudfragen berufen worden war.

Über diesen Geistlichen Trzeciak erzählte mir seinerzeit Prof. Ruziewicz folgendes: Da gab es in Lemberg einen hervorragenden Orientalisten, Andrzej Rawita Gawroński. Da war aber auch der Judaist und Universitätsdozent, der spätere Titularprofessor der Warschauer Universität, Mojzes Schorr. Priester Trzeciak ließ sich auf eine Polemik mit Schorr ein, der ein anerkannter Wissenschaftler war. Mit dem hartnäckigen Antisemitismus Gawrońskis rechnend, schrieb er ihm einen Brief mit der Bitte, als Autorität das Wort zu ergreifen und jenen Schorr ordentlich niederzumachen. Darauf antwortete ihm Gawroński, daß er sich in wissenschaftlichen Fragen nicht davon leiten lasse, was jemandem aus politischen Gründen angenehm oder unangenehm sei und ließ den Priester Trzeciak abblitzen. Aber Gawroński kannten nur die Spezialisten, den Priester Trzeciak aber alle. Die Juden, die sich in politischen Fragen leicht anführen lassen, bemerkten nicht, daß es sich um einen Vorwand handelte. Sie übernahmen die Rolle, die sich die klügeren Gegner für sie ausgedacht hatten: Sie begannen die rituale Schlachtung hartnäckig zu verteidigen. Im Grunde genommen hatten es solche wie ich am besten, denn die neuen Vorschriften gestatteten, das gute Fleisch der von den Juden geschlachteten Tiere zu essen. Juden durften dieses Fleisch aus religiösen Gründen nicht essen, Christen aus Verfassungsgründen nicht. Wer sich, wie ich, zu den ersteren zählte, jedoch nicht auf die Rabbiner hörte, konnte billiges und dennoch gutes Fleisch kaufen. Es gab allerdings nur wenige, die diese Frage mit Humor aufnahmen.

In dieser Zeit lernte ich in Krynica die in der „Skarbówka“ wohnende Frau Knoff kennen. Sie trat einmal im Park an mich mit der Frage heran, womit sich die Mathematiker eigentlich beschäftigen. Mit einem Stöckchen begann ich daraufhin im Sand Skizzen zu zeichnen, die topologische Fragen ausdrücken sollten, und da kam mir der Gedanke in den Kopf, ein „Buch mit Abbildungen" zu schreiben, die auf die Frage der schönen Frau eine Antwort geben könnten. Zum Glück fand ich in dieser Frage eine Hilfe. Ich hatte einen Schüler, den Zögling des Krzemieniecki-Lyzeums, Marek Kac. Ich erkannte seine Fähigkeiten und stellte ihm eine Frage aus dem Bereich der Funktionstheorie, oder besser, ich gab ihm die Definition für die „Funktion unabhängiger Größen". Das ist eine bestimmte Konzeption aus der Wahrscheinlichkeitsrechnung, von der ich später erfuhr, daß sie von Kolmogorow stammt. Das war vor den großen Ferien 1935, und nach diesen Ferien brachte mir Marek Kac einige sehr interessante Lehrsätze zu solchen Funktionen. Mit ihm als Assistenten nahm ich eine zweifache Arbeit auf: Wir schrieben gemeinsam Arbeiten über Funktionen unabhängiger Größen, und nebenbei verfaßten wir jenes Büchlein mit Abbildungen. Beide Aufgaben waren sehr interessant und nahmen uns vollständig in Anspruch. Als auf einem von mir geleiteten Seminar Dr. Marcinkiewicz aus Wilna über die mathematische Theorie der Brownschen Bewegung referierte, zeigte es sich, daß man die gesamte Theorie dieser Bewegung von Einstein und Smoluchowski korrekt auf solchen Funktionen unabhängiger Größen aufbauen kann. Damit sind alle statistischen Hypothesen auf eine reduziert: auf die Unabhängigkeit der aufeinander folgenden Stöße der Moleküle gegen die Partikel. Diese Unabhängigkeit besitzt aber einen vollständig bestimmten mathematischen Inhalt und ist nicht mehr wie bisher nur ein nebulöser Begriff.

Davon ermuntert, wandten wir die neue Theorie auf das Modell von Ehrenfest, auf die Zahlentheorie und auf die Peany-Funktion* usw. an. Gleichzeitig machten wir die „Abbildungen". In der Fredro-Straße befand sich das Fotoatelier von Fräulein Wanda Diamandówna, der meine Idee des Fotografierens mathematischer Objekte gefiel. Mit unglaublicher Geduld widmete sie dieser Idee ihre Zeit und ihre Räume. Solche Aufnahmen erfordern die Anfertigung von Modellen, was Fräulein Wanda ebenfalls übernahm. Man könnte meinen, daß das Aufnehmen z. B. eines verdrehten und zusammengeklebten Papierstreifens eine einfache Sache ist. In Wirklichkeit aber ist das schwieriger als das Fotografieren einer schönen Frau. Man muß die Beleuch-

* Die Peany-Funktionen transformieren einen linearen Abschnitt in ein Fragment des Raumes (ihr Bild füllt dieses Fragment aus) (R.D.).

tung so aufstellen, daß die Sache erklärt wird, daß der Schatten des Papierstreifens nicht mit dem dunklen Hintergrund zusammenfließt und daß das Ganze plastisch erscheint. Es waren zehn bis zwanzig solcher Modelle anzufertigen und zu fotografieren, wobei die Aufnahme selbst mindestens zwei Stunden pro Objekt erforderte. Auf eines dieser Objekte mußte zum Beispiel eine künstliche Fliege gesetzt werden. Ich wollte diese im Souvenirgeschäft in der Mikolasch-Passage kaufen. Der Händler hatte keine Fliege, aber nachdem er seinen Laden durchgesehen hatte, empfahl er mir einen ... Elefanten. Da verneigte ich mich vor ihm und sagte in der Art des Märchens aus 1000 und einer Nacht: „Wirklich, mein Herr, du bist der Begabteste aller Verkäufer, wenn du ohne zu stottern oder zu lächeln aus einer Fliege einen Elefanten machen kannst, was bisher nur im Sprichwort möglich war."

Ich mußte eine ganze Armee von 500 Bleisoldaten mobilisieren. Das Aufstellen einer solchen Armee auf dem Tisch und ihr Fotografieren war ein Spielchen, das Marek Kac fast eine ganze Woche in Anspruch nahm. Zur Illustration des Gauss-Poissonschen Gesetzes* verwendete ich Schrotkügelchen, die auf einem schrägen Brett herunterrieseln. Das war schwierig aufzunehmen, aber es erwies sich, daß ein gewöhnliches Brett ohne Nägel eine bessere Illustration ergibt als sechseckige Inselchen. Die Aufnahme einer Honigwabe war recht einfach. Dagegen erforderte das Erzeugen und Fotografieren von vier nebeneinander angeordneten Seifenblasen zweiwöchiges Üben in Seifenblasen! Ich wollte in diesem Buch unbedingt ein wirkliches Pappmodell haben. Aber wie soll man es anstellen, daß ein aus zwei Hälften zusammengesetztes regelmäßiges Dodekaeder sich wie ein Klappzylinder entfaltet, wenn man das Buch aufklappt? Diese Frage kostete mich eine schlaflose Nacht. Es zeigte sich, daß ein auf das Modell aufgelegter Gummifaden das Problem in ideal einfacher Weise löst. Für die Anaglyphen, d. h. zweifarbigen Zeichnungen, die bei Verwendung einer zweifarbigen Brille einen stereoskopischen Eindruck vermitteln, mußte ich Herrn Franciszek Otto, den Assistenten von Professor Bartel, um Hilfe bitten. Er machte diese Sachen sehr genau und pedantisch und verstand es auch, die stereoskopischen Aufnahmen zu den Anaglyphen zu machen.

---

* Das Gesetz von Gauss-Poisson ist, mit anderen Worten, das Gesetz der Normalverteilung (R.D.).

Das Buch sollte gleichzeitig in zwei Ausgaben erscheinen, in Englisch und in Polnisch. Mit dem Atlas-Verlag schloß ich einen Vertrag über 4000 Exemplare ab, wobei die 2000 Exemplare der polnischen Ausgabe Eigentum des Verlages sein sollten, während ich für die Lieferung aller auf eigene Kosten erstellten Zeichnungen die 2000 englischen Exemplare erhalten sollte. Das Buch wäre im Jahre 1937 erschienen, wenn es nicht den Brand im Verlag gegeben hätte, der die Herausgabe um ein Jahr verzögerte.

Aber in dieser Zeit übten sich die jugendlichen Idioten und die sie ausnutzenden älteren Lumpen nicht im Nichtstun. Im Studienjahr 1935/36 wurde Professor Jan Czekanowski zum Rektor der Jan-Kasimir-Universität berufen. Dieser Anhänger der Universitätsautonomie ließ sich dazu verleiten, die Eröffnungsrede des Rektors zum neuen Studienjahr einer vorbeugenden Zensur des Ministers Kozłowski* vorzulegen. Nach ihm trat Kulczyński auf, ein mutiger, entschlossener und den Ernst der Lage verstehender Mensch, ein Gegner aller Tricks und Finessen. Er faßte den Bock bei den Hörnern und veranstaltete in der Frage des Bankgettos eine Befragung, die ergab, daß das „Getto“ unter der polnischen Jugend nur von einer deutlichen Minderheit unterstützt wird. Die Wut aller Art von Lumpengesindel kannte keine Grenzen. Kulczyński löste die widerspenstige Vereinigung auf und schloß die Universität. Da er aber weder die Unterstützung der Kollegen hatte, noch die anderer Universitäten, noch die des Ministers, damals Wojciech Świętosławski, mußte er unterliegen und somit die Würde des Rektors abgeben. Von Świętosławski kann man dasselbe sagen wie von Kulczyński, allerdings mit entgegengesetztem Vorzeichen. Er war ein Feigling und Dummkopf, ein Mensch ohne Intelligenz und politische Linie.

Im Sommer 1936 lernte ich in Krynica den Rechtsanwalt Szumański aus Warschau kennen. Er verteidigte damals einen Angeklagten X, dem vorgeworfen wurde, während der Zwischenfälle in Przytyk durch Schüsse aus einem Fenster im ersten Stock einen Bauern getötet zu haben. Da die Einschußrichtung in den Körper durch eine Obduktion ermittelt worden war, ging es darum, ein Gutachten zu erstellen, ob ein Schuß dieser Art mit den Gesetzen der Mechanik im Einklang steht. Da ich in diesen Dingen keine Erfahrung hatte, schrieb ich einen Brief an den Verteidiger mit der Erklärung,

---

* Damals bereits Ex-Minister, Ex-Premier, aber Senator der RP.

daß eine Lösung dieses Problems grundsätzlich möglich ist und daß die am besten geeigneten Fachleute dafür die Professoren Antoni Przeborski und Maximilian Huber wären. Der erstere war Professor für theoretische Mechanik an der Warschauer Universität, der zweite Professor für Mechanik an der Technischen Hochschule in Lemberg. Um diese Zeit zu charakterisieren, sei gesagt, daß das Verfassen eines solchen Briefes mit der Ermächtigung, ihn dem Gericht vorzulegen, als Akt unerhörter Zivilcourage anerkannt wurde!

Wer regierte überhaupt in Polen? Der Präsident der Republik feierte in Spała ein Erntefest. Von seinem mit farbigem Papier umwickelten Hut hatte der Regen die Farbe auf sein Gesicht geschmiert, und seine Gattin, eine kluge Frau, weinte, als sie sah, zu welch einer Spottfigur dieser Fachmann der Chemie sich gemacht hatte. Vorsitzender des Ministerrates* war Leon Kozłowski, der Verfasser der Verordnung über Bereza Kartuska, auf deren Grundlage die Behörden Personen, denen keine Schuld nachgewiesen wurde, die aber möglicherweise schuldig werden könnten, ins Lager stecken konnten**. Einen solchen Inhalt hatte diese Verordnung. In der Begründung erklärte er vor dem Sejm: „Der Arm der Gerechtigkeit wird die in der Isolation festgehaltenen Personen hart treffen. Der nationaldemokratische Schläger, der ukrainische Brandstifter und der jüdische Kommunist werden beim Straßenbau in der Region Polesie gemeinsam nützliche Arbeit leisten." Am 1. Januar 1939 fragte ich Herrn Leon Kozłowski in Lemberg, wie sich diese Verordnung mit der Verfassung verträgt. Er antwortete, das sei zwar Unrecht, aber solches sei unvermeidlich. Darauf fragte ich ihn, warum er im Sejm von der „harten Hand der Gerechtigkeit" gesprochen habe, wenn es im Wortlaut der Verordnung ausdrücklich heißt, daß der Nachweis einer Schuld nicht Bedingung für eine Einlieferung nach Bereza ist? – Das war ein Ausrutscher, antwortete der ehemalige Regierungschef.

Das Lager in Bereza wurde in grausamer Weise betrieben. Die Gefangenen wurden geschlagen, und man ließ sie hungern. Mit seiner Grausamkeit übertraf es sein Vorbild, das bayrische Dachau. Die Behauptung von der nützlichen

---

* D.h. Regierungschef. Kozłowski übte diese Funktion vom 15. Mai 1934 bis zum 28. März 1935 aus.

** Als Regierungschef übte Leon Kozłowski damals für 12 Tage auch die Funktion des Innenministers aus (16. bis 28. April 1934) Am 17. April unterzeichnete er die Verordnung über Bereza.

Arbeit im Straßenbau war auch eine Lüge. Aber das Wichtigste, das hier den staatlichen Behörden in die Hand gegebene Recht, Menschen ohne Gerichtsurteil nach Bereza zu schicken, war eine völlige Mißachtung der Verfassung des Landes. Als Beispiel möchte ich ein Ratsmitglied von Krakau nennen, das in der Diskussion über den Zuschuß der Stadt Krakau an die Brüderliche Hilfe der Studenten der Jagellonen-Universität die Senkung desselben auf 1 Złoty forderte! Damit sollte auf die Unzufriedenheit mit den von diesen Studenten organisierten Krawallen hingewiesen werden. Dieser Ratsherr wurde wenige Tage nach der Antragstellung in Bereza Kartuska eingekerkert.

Volksbildungsminister war Herr Wojciech Świętosławski, den ich bereits charakterisiert hatte. In dieser Zeit wurde bei uns der Lehrstuhl für Chemie vakant. Wir hatten keinen ernsthaften Kandidaten außer Kazimierz Fajans aus Warschau, der als Professor an der Münchener Universität lehrte. Von den Nürnberger Gesetzen bedroht, wäre er gern nach Lemberg gekommen. Er war (gemeinsam mit Soddy) der Schöpfer der Isotopentheorie, einer der wesentlichen Entdeckungen auf dem Gebiet der physikalischen Chemie. Ihm wurde vorgeworfen, daß er sich erst jetzt um einen Lehrstuhl in Polen bemühte. Wer aber die Verhältnisse kannte, konnte die Falschheit dieses Vorwurfs verstehen. Fajans kam nach Lemberg und quartierte sich bei seinem Cousin, Prof. Parnas, ein. Als er von dort aus nach Warschau fahren wollte, fand sich ein Jugendlicher, der ein Ei nach ihm warf, als er ins Auto einstieg. Der Fakultätsrat berief Professor Roman Małachowski auf den Lehrstuhl für Chemie. Der stimmte gegen Fajans, denn „die Juden sind Feinde des polnischen Volkes" und schlug vor, einen Deutschen aus Königsberg zu berufen. Der Senat schickte den Beschluß an den Minister, aber Świętosławski erklärte, daß er diese Berufung nicht dem Präsidenten zur Unterschrift vorlegen werde. Auf diese Weise rettete der Eierwurf Herrn Fajans das Leben. Er nahm eine Einladung nach Ann Arbor im Staate Michigan in den Vereinigten Staaten von Amerika an.

In dieser Zeit war ich ununterbrochen stark beschäftigt. Eine Aufgabe war die Einführung eines *modus vivendi* verschiedener Sektionen der Polnischen Mathematischen Gesellschaft. Der dominierende Anspruch vonseiten Warschaus und der argwöhnische Starrsinn Krakaus hätten zum Bruch geführt, wenn nicht die Vermittlung vonseiten Lembergs gewesen wäre. Da ich damals der Vorsitzende der Lemberger Sektion war, fiel mir die Aufgabe zu, die Delegierten einzuladen und die Verhandlungen zu leiten. Nach mehrstündiger Sitzung gelang es mir, von allen die Zustimmung für ein neues Statut zu erlangen. Die größte Not hatte ich mit Zaremba sen. und Kazimierz Kuratowski.

Im Herbst 1936 fand der polnische Mathematikerkongreß in Warschau statt. Die Taktlosigkeit der Warschauer Kollegen zeigte sich darin, daß sie für sich ebenso viele Plenarvorträge festlegten wie für die vier übrigen Sektionen zusammengenommen! Ich hielt dort einen Vortrag über unabhängige Funktionen. Zu der Zeit beschäftigte ich mich auch mit Problemen der Röntgenlokalisierung. Diese Aufgabe hatte mir der Lemberger Röntgenologe Prof. Meisels vorgelegt. Es ging ihm vor allem um die gynäkologische Diagnose: Wie läßt sich feststellen, ob der Kopf des Kindes durch die Beckenöffnung paßt, deren kleinster Durchmesser (sog. *coniugata vera*) durch den Abstand zwischen dem Schambein und dem letzten Wirbel gegeben ist. Trotz verschiedener Versuche fand ich keine praktikable Lösung, aber dafür entflammte ich mich für ein anderes, allgemeineres Problem: Wie läßt sich ein Weg zur Sichtbarmachung im menschlichen Körper verborgener Objekte finden? Die Röntgendurchleuchtung zeigt nur die Projektion dieser Objekte auf dem Bildschirm, aber nicht, wo sie sich befinden.

Ich traf im Herbst 1936 Dr. Meisels auf dem Marienplatz und versprach ihm, das Problem zu lösen. Ich wußte zwar selbst noch nicht, wie ich das vollbringen sollte, war aber überzeugt, daß ich hierbei die Möglichkeiten der Stereoskopie nutzen müsse. Ich begann die verschiedensten Dinge zu probieren. Dabei half mir wieder Bartls Assistent, Herr Otto. Zuerst hatte ich die Absicht, Anaglyphen auf Glas zu bringen und diese gleichzeitig mit dem unter dem Glas angeordneten Objekt zu betrachten. Dabei ergab sich die Schwierigkeit, daß die automatische Verknüpfung zwischen den Konvergenzmuskeln des Auges mit den Akkomodationsmuskeln gelockert werden muß, wenn man den Anaglyphen räumlich sehen will. Am Ende gab ich diese

Versuche auf und experimentierte in Jasło mit zwei Gläschen, die ich so an einer Glasscheibe zu spiegeln versuchte, daß ich sie als eines sah. Meine Versuche nahmen lange Zeit in Anspruch, aber schließlich entdeckte ich die Möglichkeit der stereoskopischen Röntgenfotografie.

Damals sagte mir Dr. Meisels, der gerade von einem Röntgenologenkongreß aus Amerika zurückkehrte, daß er etwas Ähnliches gesehen habe, aber nicht genau wisse, was es ist. Schließlich erinnerte er sich an den Namen von Prof. Hasselwanger aus Erlangen. Ich schrieb diesem einen Brief und erhielt daraufhin einen Stapel Berichte: Hasselwanger hat schon in der Kriegszeit 1914–1918 die Röntgenstereoskopische Fotografie praktisch angewendet, die Ernst Mach nur wenige Jahre nach Röntgens Entdeckung angeregt hatte und die von Franzosen realisiert worden war. Ich war am Boden zerstört, so richtig zerschmettert. In dieser Stimmung traf mich Otto an. Ich fragte ihn, ob wir aufgeben sollten. Er verneinte. Ich begann wieder nachzudenken und kehrte ständig zu meinem Gläschen zurück, das ich mit seinem Spiegelbild als ein Objekt sah. Im Jahre 1937 gelang es mir nicht, mich davon zu befreien.

In diesem Jahr promovierte mein Schüler Marek Kac zum Doktor, und nach der Promotion lud er mich mit meiner Tochter zu einem studentischen Empfang ein, den er und seine Tante, Fräulein Bronia, bei Hepter veranstalteten. Dr. Hepter war Assistent von Prof. Chwistek. Er beschäftigte sich mit mathematischer Logik, war ein ideal rechtschaffener Mensch und tief gläubiger Katholik. Dazu war er von hohem Wuchs, anmutig und ein ausgezeichneter Sportler. Sein Freund war Herzberg, auch ein mathematischer Logiker und Kommunist. Er hatte seiner Zeit eine Verhandlung in Krakau, da man bei ihm angebliche chiffrierte Aufzeichnungen gefunden hatte. Erst der als Zeuge angerufene Prof. Chwistek stellte fest, daß dies Aufzeichnungen zu mathematischer Logik sind. Herzberg war ein Mensch von evangelischen Überzeugungen. Obgleich er selbst in Armut lebte, schlug er keinem eine Hilfe ab und teilte mit den Ärmsten. Ich hatte ihn bisher nicht gekannt und lernte ihn erst auf diesem Empfang kennen.

Seit einigen Jahren war ich der Vertreter unserer Universität im Stipendienausschuß von Emil Parnas. Dem Ausschuß gehörte auch ein Vertreter der Technischen Hochschule an und drei Herren, die mehrere Ölgesellschaften repräsentierten, die in diese Stiftung einzahlten. Den Vorsitz hatte Herr

Hłasko, der Direktor der Gesellschaft „Małopolska“. Im allgemeinen wurden die Stipendien an Ingenieure vergeben, besonders an Öltechnologen aus der Schule von Prof. Piłat und an Mediziner. Seltener gelang es, ein Stipendium für einen Studenten theoretischer Disziplinen zu erlangen. Auf diesem Hintergrund kam es zwischen den Herren aus der Industrie und mir zu einer Diskussion. Ich erinnere mich, daß es mir einmal um einen Kandidaten der Semitistik ging, der eine ausgezeichnete Beurteilung vom Priester Prof. Aleksy Klawek bekommen hatte, weil er einen bestimmten aramäischen Text entziffert hatte, was ausländischen Spezialisten vorher nicht gelungen war. Als man mir dann zu erklären begann, welche Bedeutung die Ölspezialisten für unser Land haben, antwortete ich folgendermaßen: Als Mensch, der aus dem ältesten Gebiet der Ölgewinnung des Landes stammt, schätze ich das Erdöl und liebe sein Aussehen und seinen Geruch. Dabei vergesse ich aber nicht, daß das Ziel der Ölgewinnung darin besteht, das gewonnene Produkt in die Lampe zu gießen, bei deren Licht ein Gelehrter die Schriften vergangener Jahrhunderte entziffern könnte.

Dem Ausschuß gehörte auch Dr. Józef Parnas an, der gewöhnlich solchen Streit besänftigte. So war es auch im Jahre 1938, als es mir gelang, ein Stipendium für meinen Schüler Marek Kac für eine Reise nach Amerika zu erlangen. Da ich weiterhin mit ihm zusammenarbeiten wollte, nahm ich gern seine Einladung für den Sommer nach Krzemieniec an, wohin ich mich dann mit der Tochter begab.

Meine Tochter hatte damals das erste Studienjahr ihres Jurastudiums beendet. Das war nicht ohne Zwischenfälle abgegangen. Selbstverständlich folgte sie nicht den Wünschen der Kommilitonen und wählte ihren Platz auf den Bänken selbst. Weil sich die jungen Helden ein wenig vor den Disziplinargerichten fürchteten, nahmen sie sich die Kommilitonen der Technischen Hochschule zu Hilfe. Einmal bedurfte es vier solcher Kämpfer, um meine Tochter von ihrem Platz zu entfernen, obgleich sie überhaupt nicht besonders kräftig war und auch keinen körperlichen Widerstand leistete. Sie waren jedoch der Meinung, daß weniger als vier Männer eine zu kleine Kraft darstellten. Das war aber nicht immer so. Zur Vorlesung eines der Juradozenten erschien ein gewisser junger Mann; er stand mit der Mütze auf dem Kopf im Saal auf und forderte eine Unterbrechung der Vorlesung, denn „es wird gleich schlimm“. Auf die Frage des Dozenten nach dem Namen gab er keine

Antwort, sondern forderte seinerseits den Namen des Dozenten. Dieser stellte sich tatsächlich dem Schurken vor, ohne dann dem Rektor den Vorgang zu melden! So hatte tatsächlich Alexander Rajchman Recht, wenn er in einer politischen Wochenschrift schrieb, daß die Schuld für solche Exzesse bei den Professoren liegt. Dafür sollte dieser vor ein Disziplinargericht gezerrt werden. Das Gericht erklärte sich aber für nicht kompetent, da das Universitätsstatut die Dozenten nicht einbezog. Man wandte sich daher an Rajchman mit der Bitte um Zustimmung, daß man ihn auf der Grundlage des für die Professoren gültigen Disziplinarstatuts richten dürfe. Selbstverständlich war Rajchman damit nicht einverstanden und damit die Blamage komplett.

Mit was für Lumpen man damals in Polen zu tun hatte, möge die folgende Geschichte belegen, die mir mein Schwiegersohn* (die Beziehung entstand erst zwei Jahre später) berichtete. Eines Tages besuchten ihn zwei junge Männer aus dem radikal-nationalen Lager und baten ihn, daß er für sie eine „ideologische Erklärung" verfassen möge. Sie erklärten, daß sie ihn dafür bezahlen würden, daß aber die Deklaration in national-radikalem Geist abgefaßt sein solle. Der Inhalt sei ihnen vollkommen gleichgültig. Sie hatten nämlich in ihrem Verband, dem sie angehörten, beschlossen, den bisherigen Vorstand zu verjagen und selbst die Macht zu übernehmen. Als Janek sie fragte, ob sie seine Herkunft nicht störe, erwiderten sie, daß ihnen das egal sei. Sie wüßten aber, daß er so etwas schaffe. Ihre Sache werde es sein, sich kräftige Schläger zu beschaffen, die diese Sache mit so ausdrucksvollen Argumenten unterstützen, daß der Erfolg hundertprozentig gesichert sei.

In Krzemieniec wohnte ich mit meiner Tochter bei der Familie Kac. Der Vater meines Schülers hatte an der Leipziger Universität bei Professor Wundt promoviert. Kac-Senior lebte mit seiner vierköpfigen Familie von privaten Unterrichtsstunden in Deutsch und Hebräisch. Er unterrichtete auch Religion am Krzemieniecker Lyzeum. Bei ihnen wohnte auch Frau Bronisława R., Frau Kac' Schwester, die mir die Umgebung von Krzemieniec zeigte: das Schloß der Königin Bona, den Palast in Wiśniowiec, den Fluß Ikwa, der entgegen den Worten von Słowacki nicht an Krzemieniec vorbeifließt. Sie wies mich

* Dieser zukünftige Schwiegersohn war Jan Kott (1914–2001) (R.D.).

auch auf eine türkische Konditorei hin, wo es ausgezeichneten schwarzen Kaffee gab.

Krzemieniec ist sehr schön. Der Gebäudekomplex des Lyzeums bildet den Kern der Stadt. Es gibt in ihr Türme, Arkaden und Höfe, alles das, auf hohen Grundmauern, wirkt zusammen mit dem Lyzeum wie eine herrliche Burg. Rundherum stehen kleine Häuschen, die früher einmal Adels- und Bürgerhöfe waren. Heute gehören sie überwiegend Juden. Jedes dieser Gebäude hat eine andere Farbe, jedes ist mit Treppchen und kleinen Galerien ausgestattet, jedes auf eine andere Seite geneigt. In Krzemieniec traf sich damals eine ganze Schar von Malern. Unter ihnen war auch Stanisław Szczepański aus Jasło, und auf der Straße traf ich einmal auch die Malerin und Frau des Krakauer Malers Cybis. Dieses Ehepaar hatte ich vor einem Jahr bei uns zu Hause in Jasło auf einem Empfang kennengelernt, den mein Schwager Leon Chwistek initiiert hatte. Er hatte das Ehepaar Cybis, das bei dem Grafen Mycielski in der Kirschstraße wohnte, eingeladen. Der Maler, Herr Mycielski, seine Frau, ebenfalls Malerin, ihre Schwester, Frau Kinga Turno und ihr Mann sowie Schwager kamen auch zu uns. Damals hatte ich Gelegenheit, meine belegten Brötchen auszuprobieren, deren Hauptbestandteil Tomaten mit Mayonnaise darstellten. Im Keller war noch etwas Wein, und nach dem Abendessen tanzten wir in der Gaststätte Dunaj. Dies war der letzte Empfang bei uns. Frau Turno starrte mich an wie ein Wundertier und fragte, ob ich großen Haß gegen sie verspüre, was mich ungemein amüsierte … Dasselbe Experiment mit Tomaten und Mayonnaise versagte jedoch in Krzemieniec, weil echtes Olivenöl fehlte. Es sei gesagt, daß Olivenöl auf Russisch *provanskoje maslo* heißt. Und sicher heißt dann Provenceöl *provanskoje provanskoje maslo*.

Wir hatten genügend Zeit für gemeinsame Arbeit. Ein paar Stunden täglich sprachen wir über unabhängige Funktionen. Es war dies keine Arbeit an einem konkreten Projekt, sondern das Ausprobieren neuer Definitionen und Konzeptionen. Eine höchst interessante Art der Arbeit. Für mich war das auch die Vorbereitung auf eine Vorlesung, die für den Herbst in Genf geplant war. Ich spielte Tennis mit meinem Schüler und dessen Bruder, der damals noch Schüler am Krzemieniecker Lyzeum war. Dieses Lyzeum ehrt seinen Erneuerer, den Minister Poniatowski. Wenn wir von den englischen Colleges mit Bewunderung sprechen, sollten wir nicht vergessen, daß das Krzemieniecker Lyzeum diesen in keiner Weise nachsteht. Es besitzt ein Gebäude in herrlicher Bauweise, Traditionen, hat ein beträchtliches Besitztum, ausgezeichnete Lehrer und weckt bei Schülern und Lehrern die Hochachtung aufgrund seiner wahrhaften Kultur und der Kontinuität der Bemühungen, ohne die man keine Gesellschaftsschicht erziehen kann, die den Namen Intelligenz verdient. Ich kenne Poniatowski nicht, habe aber von meinem Schüler viel über ihn gehört. Er zählte nicht zu den Realisten, glaubte nicht an die Schurkerei der ihn umgebenden „Bebeker" und „Ozonower". Diese nutzten ihn als musterhaften Idealisten aus, selbst aber taten sie, was ihnen beliebte.

Einmal kam in Lemberg eine junge Dame zu mir und überreichte mir ein Flugblatt, in dem die Verhältnisse in Bereza Kartuska beschrieben waren. Das waren Enthüllungen, die den kühlsten Menschen in Entrüstung versetzen konnten. Ich nahm das Flugblatt entgegen und schickte es an den Minister Poniatowski. Daraufhin erhielt ich von seinem Büroleiter die Antwort, „daß die im Flugblatt genannten Fakten erfunden sind und daß das Flugblatt zum Ziel habe, bei den Wissenschaftlern Mißtrauen gegen die Regierung zu säen". Dieses Schreiben des Büroleiters überzeugte mich davon, daß in dem Flugblatt die Wahrheit berichtet wird, denn auf die Vorwürfe, daß an einem Ort der Isolierung Gefangene gefoltert und gequält werden, kann es eigentlich nur eine Antwort geben: eine unabhängige Kommission von Bürgern zuzulassen, um das Gefängnis zu besichtigen und die Gefangenen zu befragen. Alle Dementis, die nicht durch einen solchen Beweis gestützt sind, sind ein Eingeständnis dieser Mißbräuche.

Mit Ministerien und Behörden hatte ich sehr selten zu tun, aber fast jedes Mal war ich sehr erstaunt über das, was ich bei einer solchen Begegnung erfuhr. Einmal hatte ich die Idee, Briefe mit bestätigtem Inhalt zu verfassen. Es ging um eine Vorrichtung zur Transkription, die es der Post ermöglichen sollte, dem Absender eines eingeschriebenen Briefes eine auf einem abgestempelten Umschlag befindliche Bestätigung zukommen zu lassen, daß die in dem Umschlag enthaltene Kopie mit dem abgesandten Brief identisch ist. Zunächst sollte das mit Hilfe von Schreibmaschinen auf dem Postamt in der Weise geschehen, das der schreibende Absender keinen Zugang zu den Briefbögen hätte, auf die er schreibt. In dieser noch unvollkommenen Form stellte ich meine Idee dem Postministerium vor, das den Gedanken für nützlich anerkannte und die Absicht seiner Einführung erklärte. Auf eine zweite Anfrage, wie das Ministerium beabsichtige mich zu honorieren, antwortete man mir, daß „von der Öffentlichkeit eingereichte Verbesserungen und Ideen grundsätzlich nicht honoriert werden“ und daß „es Überlegungen zur Einführung dieser Idee in einer anderen Fassung als der eingereichten gibt.“ Der Inhalt dieses Schreibens verdient eine doppelte Auszeichnung: für Unverschämtheit und für Dummheit. Der Begriff der postalischen Öffentlichkeit umfaßt nämlich alle Menschen, die Briefe schreiben. Weil aber Analphabeten keine Erfindungen machen, betrachtete sich das Postministerium – unterschrieben hatte ein hoher Beamter – als Eigentümer aller für diese Institution nützlichen Erfindungen. Die Mitteilung jedoch an jemanden, daß seine Erfindung schon bekannt sei, die erst dann erfolgt, wenn Bezahlung angemahnt wird und nicht nach dem ersten Brief, in dem er seine Idee in der Gewißheit vorlegt, daß ihn die Behörde nicht bestiehlt, erfüllt eben das Kriterium der Schamlosigkeit und Dummheit. Diese Art Standpunkt war für mich nichts Neues. Bei den Finanzbehörden war ich auf eine ähnliche Philosophie gestoßen. Nach dem Tode des Vaters erhoben die Finanzbehörden die Erbschaftssteuer. Weil das Erbe aber mit einer lebenslangen Rente für die Schwester des Verstorbenen belastet war, die in Ungarn lebte, wurde der Wert dieser Rente kapitalisiert und vom Erbe abgezogen. Nun wurden die Rente und der Rest des Erbes getrennt besteuert. Da aber beide Steuerteile von uns bezahlt wurden, erhielt das Finanzamt denselben Steuerbetrag, als wenn das Erbe nicht belastet gewesen wäre. Nach dem Tode der Tante aber wurde festgestellt, daß sich nun durch die Befreiung von diesem Legat der Wert des Erbes um eben diese kapitalisierte Rente erhöht habe. Also forderte man nochmals eine Steuer ein. So war die fiskalische Philosophie, die man sich nicht aus dem Kopf schlagen ließ. Als ich einmal durch den Starrsinn eines Beamten in Raserei getrieben worden war, sagte ich ihm: „Sie haben mich in der Hand, denn hinter ihnen steht das Recht der Exekution. Aber das ist nur scheinbar so, denn wenn Sie mich weiter so behandeln, schlage ich für den mir entstehenden Schaden mit einem Streich zurück, indem ich meine Einlage im Wert von einigen tausend Złoty abhebe, die Eigentum des Seminars der Jan-Kasimir-Universität und damit der Staatsfinanzen werden sollte.“ Selbstverständlich habe ich die Drohung nicht wahrgemacht, aber ich muß offen bekennen, daß ich einen solchen bürokratischen Despotismus nicht besonders liebe.

In dieser Zeit erschien an den Mauern aller Städte und Dörfer in Polen ein Plakat, das einen von Adam Koc formulierten Aufruf enthielt. Das hatte im Sinne des Sprichwortes „Trotz Elend dennoch Koc“ viel Geld gekostet. An diesem Aufruf, den jeder vernünftige Journalist im Laufe einer Stunde formuliert hätte, hatte Herr Koc, wie man sagt, einige Monate gearbeitet. Es war dies eine eindeutige Ankündigung des Faschismus in Polen. Die Auswirkungen dieses Aufrufs ließen nicht lange auf sich warten. In der Außenpolitik lief parallel zu den innenpolitischen Veränderungen die Freundschaft mit Hitlerdeutschland. Zu den äußeren Erscheinungen dieser Freundschaft gehörte nicht nur die Einladung des großen Reichsjägermeisters Hermann Göring zur Jagd nach Białowieża, sondern, was noch schlimmer war, die Einladung an Herrn Goebbels nach Warschau zu einer Vorlesung „im Rahmen des polnisch-deutschen Kulturabkommens“, die unter der Schirmherrschaft des aus Petersburg an die Warschauer Universität berufenen Hellenisten Prof. Tadeusz Zieliński stand. Dieses Kulturabkommen führte dazu, daß in dem von Prof. Zygmunt Łempicki verfaßten und vom Ministerium für Volksbildung bestätigten und herausgegebenen damaligen Schullehrbuch das Gedicht „Die Loreley“ von Heinrich Heine ohne den Namen des Dichters, aber mit der Bemerkung „Volkslied“ aufgeführt war, getreu dem Grundsatz *amica veritas sed major amicus Goebbels**; bzw. „Sag mir, mit wem du verkehrst, dann weiß ich, wer du bist“. Dieses Beispiel des Servilismus sollte in die Geschichte eingehen. Solcher Diensteifer war völlig überflüssig, denn man hätte dieses Gedicht einfach auslassen können und seine Zivilcourage für den Versuch, den Namen des Frankfurter getauften Juden unter das Gedicht zu schreiben, nicht aufs Spiel setzen müssen. Jeder Mensch, der eine gewisse Ahnung von der deutschen Sprache hat, hätte dieses Gedicht sofort als das Werk eines Dichters und nicht als Volkslied erkannt. Und ein jeder hätte auch keinen Zweifel über seine Herkunft gehabt, denn dieses Lied trägt unzweifelhaft in seiner ganzen Art Heinesche Züge**.

---

* Eine eigenartige Travestie einer Erklärung von Aristoteles. Hier: Die Wahrheit ist mir teuer, aber noch teurer Goebbels.

** Der Autor erhielt eine falsche Information. Im Lehrbuch von Zygmunt Łempicki und Gustav Elgert: Deutsch für die 3. Klasse des Gymnasiums (Książnica Atlas, Lemberg 1936) ist das Lied „Die Loreley“ auf S. 78 mit dem Namen des Autors Heinrich Heine versehen.

Kurz nach der Aktion mit den Plakaten von Koc besuchte mich das Ehepaar Ward aus Warschau. Es waren junge Eheleute, die noch wenige Monate davor in Cambridge studiert hatten. Er als Mathematiker hatte ein Auslandsstipendium erhalten und Polen gewählt. Besonders ging es ihm in Warschau um Stanisław Saks. Nach einigen Monaten seines Aufenthalts entschloß er sich noch zu einem Abstecher nach Lemberg. Da meine Frau in dieser Zeit nicht zu Hause weilte, konnte ich ihnen beiden bei mir eine angenehme Unterkunft gewähren. Die Wards liebten Spaziergänge in der Stadt und ihrer Umgebung und kannten bald die Topographie von Lemberg und seiner Umgebung besser als ich selbst. Über einige Dinge waren sie sehr erstaunt. „Sklaverei" nannten sie die Institution unserer Haushaltshilfe. Sie staunten über die bittere Not, die man in Lemberg hinter dem Stadttheater sehen konnte. Von Brimsen, Schafskäse, sagte mir Frau Olive Mabel Jessie Ward, daß er gut schmecke, sie bat mich aber trotzdem, ihr die Pflicht, ihn zu essen, zu ersparen. Beide waren sehr nett und wohlerzogen. Lemberg gefiel ihnen ausgezeichnet; die Architektur, das hohe Niveau der Wissenschaft, die Umgebung, die Cafés, fast alles. Herr Ward sah auch das Plakat von Koc und wunderte sich sehr, woher eine Partei wie die OZN so viel Geld hatte, um ganz Polen mit Papier zu bekleben. Er war mir eine große Hilfe bei der Durchsicht des englischen Textes des [Mathematischen] Kaleidoskops* und entdeckte sogar ein paar sachliche Fehler.

Nach ihrer Abreise korrespondierte ich noch lange Zeit mit ihnen. Ich erinnere mich, daß ich brieflich zur Frage der Münchener Politik an sie appellierte. Er antwortete mir, daß er sich gut an die englischen Wahlplakate erinnere: *we shall stand by our word*, die die Treue zum Völkerbund und dem einmal gegebenen Wort beinhalteten. Dieses Programm, das bei den Wahlen den Konservativen zur Macht verhalf, wurde von diesen in München mit Füßen getreten.

Es zog ein Gewitter herauf. Wie vor einem Hurrican kann man Windböen beobachten, die Unrat und trockenes Laub umhertreiben. So feierte auch bei uns albernes Geschwätz immer größere Triumphe. Es erscholl die Losung: „Nach Madagaskar!" Die Regierung bewilligte eine beträchtliche Geldsumme

---

* Die englische Übersetzung des „Mathematischen Kaleidoskops" trug den Titel „Mathematical Snapshots".

für die Reise des Hauptmanns und ehemaligen Adjutanten Piłsudskis, Lepecki, dahin. Nach seiner Rückkehr schrieb Lepecki ein Buch über Madagaskar. Er machte Angaben über die Größe des Teiles der Insel, der für die Kolonisierung geeignet sei. Dem folgte sogleich die Kritik. Der Kritiker behauptete, Lepecki habe sich bei seinen Berechnungen um ein paar Prozent geirrt. Zufällig, so behauptete er, sei die Differenz ebenso groß wie die Größe des Areals, das sich für die Kolonisierung eignet. Die französische Regierung war von solchen Plänen, fremde Siedler nach Madagaskar zu entsenden, beunruhigt und erklärte, daß sie dem niemals zustimmen werde. Man mußte sich entschuldigen und erläutern, daß da nur die Zeitungen irgendwie fabuliert hätten … Irgendein Mitglied des OZN machte den Vorschlag, jenen Geografen, der die Verwegenheit besaß, eine andere Meinung über Madagaskar zu äußern, als sie Hauptmann Lepecki, der Adjutant des Marschalls, hatte, nach Bereza zu schicken! Irgendwo in Pińsk kündigte ein jüdischer Kaufmann den Ausverkauf seines Ladens an, indem er ins Schaufenster eine Tafel legte mit der Aufschrift: „Totaler Ausverkauf wegen Ausreise nach Madagaskar“. Dafür bekam er vom Starost eine Geldstrafe aufgebrummt … Niemand wird je erfahren, ob die Strafe der Absicht der Ausreise galt oder der Absicht, in Polen zu bleiben …

Im Herbst 1937 fuhr ich nach Genf. Alljährlich wurden dort „Kolloquien“, kleine internationale Treffen von Spezialisten bestimmter Gebiete mit einem auf diese Bereiche begrenzten Programm, veranstaltet. Das Geld dafür kam von irgendeinem Millionär, der tatsächlich seinen Namen geheim hielt. Diesmal war es ein Kolloquium zur Wahrscheinlichkeitsrechnung. Aus Polen waren Mazurkiewicz und ich eingeladen, aber Mazurkiewicz konnte nicht fahren. Die Fahrtkosten zahlte das Veranstaltungskomitee, und eine Unterkunft hatte ich bei der Cousine meiner Frau*, die seit einigen Jahren als Ehefrau eines Exportunternehmers für Uhren der Marke Lusina in Genf wohnte. Ich fuhr über Warschau und Berlin, ohne unterwegs irgendwo Halt zu machen. In Basel verließ der Zug deutsches Territorium. Ich war im ganzen Waggon allein mit einem jungen Deutschen, der vorher an mich herangetreten war und sagte: „Bis wir über die Grenze sind, sage ich kein Wort.“ Als wir dann Schweizer Boden erreicht hatten, begann mein Begleiter zu sprechen. Er war

* Olga Pamm.

Arbeiter, und sein Großvater war Jude. Außerdem hatte er nach Ansicht der Behörden noch weitere Mängel. Freunde von ihm, die in Leipzig bei der Polizei dienten, hatten ihm geraten, zu fliehen, und an der tschechischen Grenze habe die Polizei schon einen Haftbefehl für ihn. Deshalb fuhr er in die Schweiz. In Basel übernachteten wir gemeinsam in einem Zimmer. Bis spät in die Nacht berichtete er mir von dem Regime, das er haßte. Ein Satz setzte sich in meinem Gedächtnis fest: „Ich nehme denjenigen, die schon immer Antisemiten waren, den Antisemitismus nicht übel, aber jene Professoren und Gelehrten, die erst nach Hitlers Machtergreifung diesen Hang in sich entdeckt haben, verdienen Verachtung". Das war ein gewöhnlicher Arbeiter, aber er hatte diese Dinge besser verstanden als mancher Intellektuelle. Ich mußte ihm versprechen, daß ich auf der Rückfahrt über Leipzig seine Eltern telefonisch davon benachrichtige, daß es ihm gelungen war, unversehrt in die Schweiz zu gelangen. Im elektrischen Zug von Basel nach Genf hatte ich im Abteil eine Deutsche, die zum Treffen der christlichen Jugend fuhr. Aus der Art, wie sie sprach, konnte man entnehmen, daß sie nichts mit dem Hitlerismus zu tun hatte. So auch mied in einem Abteil 3. Klasse bei Frankfurt die ganze Gesellschaft den Hitlergruß. Da war ein Priester, er war Offizier, ein alter Schwätzer und typischer Jude, eine Karikatur in Person. Er trug eine Auszeichnung aus dem Weltkrieg und machte sich über das Genie des Reichsfinanzministers lustig. Man hörte ihm mit Sympathie seinem leichten Spott zu. Mir kam ein kleiner Vers von Tuwim in Erinnerung:

O Mensch, gib acht,
dumm ist die Macht
und dümmer, als der Schacht gedacht.

Am Kongreß nahm auch Nobelpreisträger Werner Heisenberg aus Leipzig teil. Seine Vorlesung hatte zum Ziel, die Unvereinbarkeit der klassischen Wahrscheinlichkeitsrechnung mit der Photonentheorie zu zeigen. Da in meinem Vortrag am Ende der Weg zu einer solchen Auffassung der stochastischen Unabhängigkeit gewiesen wurde, in der das allgemeine Prinzip der Multiplikation von Wahrscheinlichkeiten nicht gilt, war er davon sehr angetan. Der Kongreß war durch Exkursionen aufgelockert, und eine führte uns in eine herrliche Villa am Genfer See, die dem Chemiker Prof. M. gehörte. Ich saß beim Nachmittagskaffee neben Heisenberg, da fragte plötzlich jemand nach

Karl Kraus. Der Hausherr gab eine verächtliche Antwort. Da nahm ich das Wort und sagte in kompromißloser Art meine Meinung. Das hörte Feller, der ständig in Stockholm wohnte, und erinnerte mich daran, daß ich vor neun Jahren ebenso über Courant gesprochen hatte. Auf diese Weise gewann ich einen neuen Freund. Durch einen sonderbaren Lauf der Geschicke hatte Feller einen Vortrag über die metrische Erfassung der Wahrscheinlichkeitsrechnung im Falle unendlich vieler Versuche. Er war sehr verwundert, als ich ihm den 4. Band der „Fundamenta" aus dem Jahre 1923 zeigte, wo dasselbe dargestellt war. Auf dem Kongreß waren auch Cramer aus Stockholm, der Autor des hervorragenden Buches über Losveränderliche, Paul Lévy aus Paris, ein Mathematiker voller Ideen, aber nicht immer ausreichend kritisch, Eberhard Hopf, der aus Amerika nach Deutschland zurückkehrte und Herr Dodd aus Texas. Es waren auch Lévys Schüler Döblin und Fréchet anwesend. Eine große Anzahl weiterer Teilnehmer nenne ich nicht.

Während der Diskussion auf dem Kongreß wunderte ich mich über eine Maschine zum Stenografieren. Das ist eine Schreibmaschine, bei der auf ein Papierband geschrieben wird und man Akkorde anschlägt. Sie schreibt also ganze Buchstabenkomplexe und verschiebt bei jedem Anschlag das Papier um eine Zeile. Dabei ist sie vollkommen gedämpft und stört den Vortragenden in keiner Weise. Von den Schweizer Mathematikern waren die Herren Fehr, M. und W. anwesend. Aus Zürich war mein guter Bekannter, der hervorragende Mathematiker Pólya gekommen. Er hielt einen Vortrag über das „Umherirren im Straßennetz" und über die mathematische Theorie der Wirbelbewegung am Grund von Flußläufen.

Das Ministerium hatte mir – wie immer den ins Ausland reisenden Professoren – empfohlen, unsere diplomatische Vertretung in Genf aufzusuchen. Den Gesandten, Herrn Komarnicki, traf ich nicht an. Mich empfing der Sekretär der Vertretung, Herr Jan Meysztowicz. Im Land machte damals das Problem der Lehrergewerkschaft laut von sich reden. Składkowski war im Sejm über den „Defätismus und Pazifismus" dieser Organisation außer sich. Unter Berufung auf diese Worte sagte ich Herrn Meysztowicz, daß nicht immer der ein schlechter Patriot ist, der keinen Krieg will. Wenn z. B. ein Land zu schwach ist, schützt es einer, der die Prinzipien des Friedens verkündet, vor der Katastrophe. Doch Herr Meysztowicz erklärte mir, daß das ein Trugschluß sei. Tytus Komarnicki war in Kreisen des Völkerbundes nicht sehr populär. Er galt als Exponent der Politik von Józef Beck, dessen Ziel es war, den Rest von Autorität dieser Institution zu beerdigen.

Den Völkerbundpalast besichtigte ich dank der Tatsache, daß ich in Genf Herrn Dr. Wasserberg aus Krakau fand, der im Dienste dieser Institution stand. Dieser Palast ist tatsächlich herrlich, aber er liegt vier Kilometer von der Stadt entfernt, und ohne das Auto von Herrn Wasserberg hätte ich ihn nicht zu Gesicht bekommen. In seinem Büro traf ich Herrn Neymann aus Warschau, von dem ich erfuhr, daß die polnischen Mitarbeiter im Völkerbund einen gewissen Fonds für Auslandsreisen junger polnischer Wissenschaftler gegründet haben.

Mir gelang es, aus diesem Fonds für meinen Schüler Marek Kac einen Zuschuß für seine Amerikareise zu erhalten. Herr Dr. Wasserberg kam eines Abends zum Haus meiner Cousine gefahren, um mich zu einem Spaziergang mitzunehmen. Die Nacht war schön, so daß wir uns entschlossen, zu Fuß in den Park zu gehen. Das Auto, der Mantel und die Mappe des Doktors blieben gewissermaßen auf der Straße und warteten einige Stunden auf unsere Rückkehr. Noch verwunderlicher war für mich das Büro für den nächtlichen Zeitungsverkauf. An einer Laterne hing ein Korb mit Zeitungen, und neben ihm stand eine Papierschachtel für das Geld. Wer kein passendes Geld hatte, legte einen Franken hinein und entnahm 90 Groschen als Rückgeld. Als auf dem Schlußbankett jeder von uns eine kleine Rede hielt und für den Empfang dankte, sagte ich in meinen kurzen Ausführungen, daß mir die Papierschachtel mehr imponiert habe als die Alpen, als der Genfer See, als der Reichtum der Bewohner oder die Schönheit der Stadt. Der Mann meiner Cousine, der seit vielen Jahren in Genf wohnte, disponierte über einen Kredit. Ich fragte ihn, auf welcher Basis er diesen Kredit erhalte. Da antwortete er mir, daß er einfach einen Brief an die Bank schreibe, in dem er um Zusendung von 10000 Franken bitte. Dann bringe ihm der Bote die Antwort von der Bank und die 10000 Franken, deren Erhalt er quittiere. Wie denn, wunderte ich mich, ohne Garantie, ohne Hypothek, ohne einen Giranten, ohne einen Wechsel, ohne Schuldverschreibung? Das muß wohl eine teure Anleihe mit kurzem Rückzahlungstermin sein! Nein. Das ist eine Jahresanleihe zu 4 Prozent pro Jahr. Ich verstand, daß wir in Polen eine Garantie geben, aber trotzdem 10 bis 12 Prozent zahlen und zwar für alle diejenigen, die ihre Wechsel nicht bezahlen und in den Bankrott gehen. Aber die schweizerische Staatsbürgerschaft zu erwerben ist schwieriger als Geld. Dem Cousin wollte man sie nicht geben, weil er sich eine Frau aus Krakau mitbrachte und zu Hause Polnisch sprach.

Wir haben keine Vorstellung davon, wie vermögend die Schweiz ist. In Genf gibt es 30000 Autos, der Milchmann und der Bäcker haben ein eigenes Auto, der Fleischer zwei. Nicht nur in den Städten haben die Straßen einen Asphaltbelag, sondern auch die Landstraßen zwischen den Städten. In der Nacht sind sie von elektrischen Lampen mit orangegelbem Licht erleuchtet, das den Nebel durchdringt. Meine Gastgeber hatten eine Sache in Lousanne zu erledigen, wo sie Möbel bestellt hatten, und außerdem wollten sie den Sohn in einem Sanatorium in den Bergen besuchen. Sie nahmen mich zu diesem Ausflug mit. Die Straße führte am See entlang. In einem kleinen Gasthaus aßen wir zu Mittag, das Essen bestand aus gebratenem Fisch und Wein. Herr Pamm wollte nicht mehr als ein Glas trinken. Er erklärte mir, daß im Falle eines Autounfalls in der Schweiz, und möge es eine Lappalie sein, die Polizei dem Fahrer sofort eine Blutprobe entnimmt. Wenn diese Probe Alkohol anzeigt, wird der Fahrer auf der Stelle festgenommen, ohne Rücksicht auf seine gesellschaftliche Stellung. In Montreux hatte ich ein paar Stunden frei, denn ich mußte auf die Rückkehr meiner Gastgeber aus dem Sanatorium warten. So besichtigte ich das Schloß Chillon und kehrte zu Fuß nach Montreux zurück. Da gibt es unzählige Villen, Hotels und Pensionen am See. Die Engländer spielen Tennis, die Engländerinnen besuchen in Begleitung von Gouvernanten die Umgebung, und Verkäuferinnen bieten Saft aus Weinbeeren an, der an Ort und Stelle mit einer hölzernen Presse gepreßt wird und in die Gläser fließt. Am Spätnachmittag trat ich in ein herrliches Café mit Seeblick ein. Da gab es Tanz. Profi- und Halbprofitänzer tanzten träge in weichen Schühchen mit Filzsohle auf einem ideal glatten Parkett. Da waren hübsche junge Männer, aber ich sah keine schönen, anziehenden Frauen. Überhaupt gibt es in Genf keine Eleganz. Calvin hat seinen Landsleuten anscheinend ein für allemal alle leichtfertigen Gedanken aus dem Kopf geschlagen.

Die Eisenbahnen sind elektrifiziert. Wenn man auf den Bahnhöfen und längs der Strecken das Leitungsnetz, die Reihen der mit Isolatoren und unterschiedlichen Sicherungen behängten Säulen erblickt, kann man die riesigen Kosten dieser Investition ermessen. Aber die Fahrt verläuft schnell, ohne Ruß, ohne Rucken, ohne das Tuten der Lokomotive und ist sehr angenehm. In Genf hatte ich eine Sache bei der Société de Compteurs Eléctriques zu erledigen. Ich wollte hier den Bau der von mir entworfenen Elektrizitätszähler vorschlagen. Seit langem hatte ich Überlegungen darüber angestellt, wie man das Problem des Stromtarifs rationell erfassen könnte. Dieses Problem ist den Elektrikern ausreichend bekannt. Die Produktionskosten für den elektrischen Strom setzen sich aus zwei Teilen zusammen: 1) aus dem zur erzeugten Energie (Kohle) proportionalen Aufwand und 2) aus dem zur installierten Leistung (Amortisation der Gebäude, Maschinen und des Netzes) proportionalen Aufwand. Deshalb ist es für den Erzeuger am günstigsten, den Strom an einen Konsumenten zu verkaufen, der ständig die gleiche Leistung abnimmt, am Tage und in der Nacht, im Winter wie im Sommer. Ein Verbraucher, der eine bestimmte Zeit viel Strom verbraucht und zu anderer Zeit wenig oder gar keinen, zwingt den Erzeuger zur Vorhaltung von Kraftmaschinen und Anlagen, die über einen langen Zeitraum des Jahres nicht arbeiten. In dieser Zeit erhält das Kraftwerk keine Bezahlung, zahlt aber Prozente vom eingesetzten Kapital. So haben die Kraftwerksbetreiber spezielle Tarife entwickelt, um die Ungleichmäßigkeit der Abnahme zu berücksichtigen. Da wird z. B. der Monat in zweistündige Zeitabschnitte zerlegt, und aus diesen 360 Perioden werden die drei mit dem größten Verbrauch ausgewählt. Aus diesen drei Perioden nimmt man die des kleinsten Verbrauchs und berechnet den Monatsverbrauch, indem man ihren Verbrauchswert mit 360 multipliziert. Das sind Mechanismen, die den unterschiedlichen Verbrauch berücksichtigen. Es gibt z. B. Stromzähler des Ing. Ferrari, die allerdings den Nachteil besitzen, daß sie kurzzeitige Spitzen der Verbrauchskurve überhaupt nicht berücksichtigen. Das von mir erdachte Verfahren zur Berechnung des Stromverbrauchs bricht mit allen konventionellen Methoden der Tariffestsetzung. Um sie anzuwenden, muß man entsprechende Zähler konstruieren. Zu diesem Zweck bat ich den Assistenten der Lemberger Technischen Hochschule, Herrn Ing. Rosenzweig um Mitarbeit. Wir beide entwickelten sogar mehrere solcher Zähler. Einen beschrieben wir in einer gemeinsamen Arbeit, die wir in der „Schweizerischen Elekrizitätsvereinigung" veröffentlichten. Nach Erscheinen dieser Beschreibung erhielt ich einen Brief vom Referenten für Tarife des Budapester Elektrizitätswerks. In ihm bekennt der Autor des Briefes, daß unsere Lösung des Tarifproblems praktischer ist als die bisher angewendeten.

In Genf machte ich mit dem Auto meiner Cousine noch einige Spazierfahrten. Einmal fuhren wir ins französische Sabaudia. Da mußte ich mich erneut über den Reichtum der Schweizer wundern. Es war ein Sonntag und eine größere Gruppe Bauern war mit Autos über die Grenze in eine Gaststätte gefahren. Alle aßen das gleiche aus sieben Gängen bestehende Mittagsmenü, das etwa sieben Schweizer Franken kostete.

Am Treffen nahm Herr Dodd aus Texas teil. Er war ein älterer Amerikaner und mit seiner englischen Frau nach Genf gereist. Da ich öfters mit ihnen zusammen war, wollte ich ihnen beim Kauf einer Armbanduhr für Frau Dodd behilflich sein. Mein Wirt hatte bei sich zu Hause einige solcher Uhren und erklärte sich bereit, sie dem Ehepaar Dodd zum Fabrikpreis zu überlassen. Der Preis betrug nur ein Drittel dessen, was so eine Uhr in New York kostete. Es war schon etwas spät geworden, als wir mit den Uhren zu den Dodds ins Hotel fahren wollten. Herr Pamm redete mir ebenfalls zu, mir eine modische Armbanduhr zu kaufen. Ich hatte meine Uhr aus Nickel und erklärte, daß für mich eine Uhr nur eine Maschine und kein Schmuckstück ist. Ich war auch der Meinung, daß Armbanduhren nicht verläßlich genug seien, sie seien zu klein, um zuverlässig zu funktionieren. Mein Wirt dagegen erklärte, daß das Tragen einer Taschenuhr vergleichbar sei mit dem Tragen eines Zylinders aus dem 19. Jahrhundert. Aber die Zeit drängte, und wir mußten feststellen, wie spät es war, um nicht zu spät zu den Dodds zu kommen. Es zeigte sich, daß Herr Pamm auf dem Schreibtisch in seinem Zimmer eine Uhr stehen hatte, deren er sich bei der Arbeit bediente: Es war dies eine barocke „Zwiebel“ seines Vaters, eine Uhr, bei der meine vergleichsweise dem letzten Schrei der Mode entsprach. Als ich ihn danach fragte, errötete er und gestand, daß dies der einzige zuverlässige Zeitmesser in seinem Büro sei. *Nota bene* verzichtete das Ehepaar Dodd auf den Kauf einer Uhr, weil sie wohl zu billig erschien. Man muß wissen, daß es nur zwei Firmen gibt, die Anspruch auf den Titel eines Meisters erheben könnten: Philipp Patek und Schaffhausen. Seinerzeit berichtete mir ein Angestellter der Firma Patek, daß die nach Genf kommenden Amerikaner verlangen, daß man ihnen die „beste Uhr der Welt“ verkaufe und keine von jenen, die sich im Handel befinden. Also baut man für sie eine Uhr, die ein paar Rubine mehr enthält als die gewöhnlichen und auch ein anderes Zifferblatt und ein anderes Gehäuse besitzt. So eine Uhr kostet dann doppelt so viel wie eine normale, ist aber um kein Jota besser.

Damals weilte in Genf auch Herr Spława-Neyman. Er hatte eine Einladung nach Warschau und nach Pasadena in Kalifornien. Mich fragte er nach den Verhältnissen an den polnischen Universitäten, denn er war aus England gekommen und kannte die Veränderungen nicht, die in letzter Zeit vor sich gegangen waren. Meine Information war anscheinend sehr pessimistisch, denn er entschied sich für die Reise nach Pasadena. Ich stellte ihm die Sache deutlich dar: Ich fragte ihn, ob er sich als Professor gewissen Abenteurern unterordnen will oder nicht. Wenn er sich für das zweite entscheidet, wird er keine ruhige Stunde haben.

Damals war es auch, daß der Physiker und Nobelpreisträger Hindus Raman durch Genf reiste. Er hielt sich einige Tage auf und hatte eine Vorlesung über die Veränderung der Wellenlänge im gebrochenen Licht. Er sah genau so aus wie der Priester Skowron aus Sieklówka, nur seine Augen waren vielleicht etwas dunkler. Er sprach gut englisch und hatte eine klare Aussprache. Ich nutzte die Gelegenheit, ihn zu fragen, was er von der Bahn eines Geschosses hält, das schräg in einen menschlichen Körper eindringt. Seine Antwort fiel entgegengesetzt zu der von Heisenberg aus. Auf diese Weise hatten zwei Nobelpreisträger gegensätzliche Meinungen. Daraus ist erkennbar, daß ein solches Problem nicht ohne ein Experiment gelöst werden kann.

Nach der Rückkehr ins Land lernte ich einen sehr interessanten jungen Mann kennen, einen Kommilitonen meiner Tochter von der juristischen Fakultät, Herrn M. B.* Er war 19 Jahre alt und hatte ununterbrochen mit großen Geschäften zu tun. Einmal weilte er auf dem Hof seiner Verwandten in Medenice, dann wieder in Warschau, einmal verkaufte er spezielles Holz für Flugzeuge nach Frankreich, ein andermal reiste er nach Wien, um dort das Haus seiner Familie vor der Beschlagnahme zu retten. Durch ihn erfuhr ich verschiedene Dinge, von denen ich sonst keine Ahnung gehabt hätte. So betrug z. B. der Preis eines Bombers vom Typ 1937 ab Warschau im Jahre 1938 eine halbe Million Złoty. Derselbe Bomber kostete in Gdynia, mit gefälschten chilenischen oder equadorianischen Papieren auf ein Schiff verladen, schon eine Million Złoty, und von einem durch Chiang-Kai-shek besetzten chinesischen Hafen aus war der Preis eineinhalb Millionen Złoty. Herr M. B. berei-

* Maurycy Bloch, weiter vom Autor genannt Morcio oder Morys

tete sich auf eine Reise nach Amerika vor. Dort sollte er Pferde der Rasse Morgan für unsere Armee einkaufen. Warum gerade er, der kein Experte für Pferde war, mit dieser Aufgabe betraut wurde, erklärte er mir selbst. Der General, der die Sache im Ministerium bearbeitete, hatte gesagt: Es geht um ein paar Stuten, die (sagen wir) zusammen mit dem Transport 40000 Złoty kosten werden. Wenn ich einen Offizier von den Ulanen schicke, der gut englisch spricht, so wird das ein eleganter junger Mann aus der Aristokratie sein. An dem finden die amerikanischen Kavalleristen Gefallen, denn er kann mit ihnen reiten und trinken. Selbstverständlich heften sie ihm beim ersten Gelage zum Zeichen ewiger Freundschaft das Abzeichen ihres Regiments an sein Revers. Er aber in betrunkenem Zustand nimmt das Zeichen ab, heftet es einem Hering an den Schwanz und hängt diesen in der Toilette auf. Daraufhin richtet das Departement in Washington ein Schreiben an den amerikanischen Attaché in Warschau, der unseren Minister zu einem vertraulichen Gespräch aufsucht. Das Ergebnis wird sich so gestalten, daß man mich mit zwei Adjutanten als Entschuldigungsmission nach Washington schickt, und die Stuten werden dann statt 40000 runde 400000 Złoty kosten.

Eben diesen Herrn M. B. bat ich darum, im Ministerium für auswärtige Angelegenheiten meine Idee einer Briefchiffre zu verkaufen. Diese Geheimschrift beruhte auf einer Idee, die ich in Joyce' „Ulysses" gefunden hatte. Es ging dort um eine telegraphische Information über die Verlagerung der Kutsche des Vizekönigs und Iren als Teilnehmer an einem Bombenattentat. Aus dieser Idee entstand der Plan einer Geheimschrift. Diese ist leicht zu schreiben und zu lesen, hat den Vorteil einer leichten Veränderung des Schlüssels und ist ohne diesen nicht zu entziffern. Der einzige Nachteil besteht darin, daß sie in der Telegraphie nicht genutzt werden kann. Als M. B. das Blatt mit dem Text „Chlorodont ist das beste" ins Ministerium gebracht hatte, gab man vor, man wolle den Text entschlüsseln. In Abwesenheit des Herrn M. B. sandte man aber Agenten ins Hotel, die seine Koffer öffneten und nach dem Code suchten. Selbstverständlich war damit das Gespräch über dieses Thema beendet.

Verschiedene solche Angelegenheiten und auch die mit dem Druck des [Mathematischen] Kaleidoskops verbundenen Verpflichtungen bewirkten, daß ich nicht in Jasło war, als dort ein ungewöhnlicher Gast eintraf. Es war ein Deutscher aus Tschechien, den meine Nichte auf einer Reise kennengelernt hatte.

Er hatte ihr versprochen, daß er sie in Jasło besuchen werde, was er tatsächlich tat und sich dazu im Hotel einquartierte. Zu dieser Zeit gab es bei uns zu Hause keine Männer. Dieser Ankömmling war ein „Ökonomist", angeblich Gegner der Nationalsozialisten, der nach dem Einmarsch der Deutschen mit einem Flugzeug aus der Tschechei geflohen war. Er erkundigte sich, wieviele Beamte es im Steueramt gebe, wieviele in der Starostei usw. Alle diese Angaben benötigte er angeblich für eine ökonomisch-statistische Arbeit. Als er abreiste, versprach er zu schreiben und seine neue Anschrift mitzuteilen, ließ aber niemals mehr von sich hören. Er war ohne Zweifel einer der zahlreichen Hitlerschen Spione.

In Lemberg nahm ich mir wieder die Lagebestimmung vor, doch weiterhin ohne Erfolg. In dieser Zeit erreichte die Intensität der Exzesse ihren Höhepunkt. In meine Vorlesung im Februar kam ein Milchbart mit Studentenmütze auf dem Kopf. Er näherte sich dem Katheder, zeigte auf eine Gruppe, die am Fenster stand und sagte: „Die Juden stehen". Das sollte heißen, daß sie nicht den Vorschriften nachkamen, nach denen sie auf der linken Seite sitzen, aber nicht stehen sollten. Ich forderte ihn auf, den Saal zu verlassen. Er antwortete darauf: „Ich will aber nicht!" Da drang eine mit Knüppeln bewaffnete Gruppe in den Saal ein, überfiel die am Fenster Stehenden und stieß einen von ihnen um. Das geschah, als ich schon vom Katheder hinunter ging und mich zur Tür hin wandte. Die Tür wurde von draußen zugehalten, aber ich stieß dagegen und trat auf den Korridor. Als ich mit meinen Studenten über den Vorfall sprach, verurteilten ihn alle, aber alle stellten mir in übertriebener Weise die Gefahr dar, die ihnen selbst drohen würde, wenn sie sich in irgend einer Weise den Angreifern entgegenstellten. Man muß bedenken, daß die Abenteurer ihre Organisation hatten, an deren Spitze ein gewisser Rojek stand, der dazumal auch jene Versammlung zur Zeit des Rektorats von Krzemieniewski geleitet hatte. Diese Organisation hatte schon Morde auf dem Gewissen. Im Park hatte sie einen Privatangestellten oder Buchhalter erschlagen. Auch ein Student der Veterinärmedizin wurde erschlagen, und ein Student, der dieser Gruppe von Banditen nicht gehorsam war, wurde mit Messerstichen verwundet.

Trotz aller Probleme konnte ich das Versprechen, das ich Meisel gegeben hatte, nicht vergessen: „Ich werde einen im menschlichen Körper verborgenen Gegenstand sehen". Wenige Tage nach dem Vorfall ging ich die St.-Nikolaus-Straße entlang. Es schneite ein wenig, und auf den schwarzen Ärmeln meines Pelzmantels leuchteten Schneekristalle. Auf der schneebedeckten Straße war es hell (es ging auf Mittag zu), und an das Spiel mit Spiegelbildern in den Schaufensterscheiben gewöhnt hielt ich vor dem Schaufenster eines kleinen Ladens mit Damenhüten, „Jenny" an. Ich erblickte deutlich die Schneeflocken auf meinem Ärmel im Spiegelbild hinter der Scheibe und erkannte, daß ich durch Bewegen der Hand bewirken konnte, daß eine so bewegte Schneeflocke sich auf die Oberfläche eines Damenhutes setzt, daß ich sie um einen Zentimeter in die Tiefe bewegen und dann wieder an einem anderen Punkt des Hutes gewissermaßen aus diesem herauslotsen kann. Da ging mir im Kopf ein Licht auf, und noch ehe ich die Zyblikiewicz- und Kadettenstraße entlang nach Hause zurückkehrte, hatte ich die Erfindung des Introvisors fertig.

Von diesem Moment an begann ich zu experimentieren. Ich stellte eine leicht versilberte Glasscheibe auf einem mit schwarzem Papier beklebten Brett auf und drehte vor und hinter der Scheibe je eine Schraube so in das Holz, daß sich das Spiegelbild der Schraube mit der direkt durch die Scheibe sichtbaren zweiten Schraube deckte. Dann steckte ich auf die hinter der Scheibe befindliche Schraube eine Kartoffel. Nun sah ich durch die Scheibe die Kartoffel und in ihr, dank der Reflexion, die Schraube so, als wäre die Kartoffel durchsichtig. Mit einem scharfen Messer zerschnitt ich nun die Kartoffel scheibchenweise, und in dem Moment, als nur noch eine dünne Schicht zwischen dem Messer und dem Rand der Schraube übriggeblieben war, konnte ich die Schraube mit der Messerspitze berühren, so als ob ich sie sähe. Ich werde die weiteren Experimente in dieser Richtung nicht näher beschreiben. Hinsichtlich der Anwendung dessen in der Chirurgie ging es um die Anordnung eines hellen Glaskügelchens symmetrisch zu einem Objekt, das sich im Körper des Patienten befand. Die Stelle, wo das Kügelchen sein mußte, fand ich mit Hilfe zweier Röntgendurchleuchtungen von zwei bekannten Positionen aus. Diese Methode beschrieb ich in einem kurzen Artikel, den ich im Frühjahr 1938 in den „Berichten der Pariser Akademie" veröffentlichte. Die erste längere Beschreibung der Methode veröffentlichte ich im Buch zum Jubiläum des Gymnasiums Jasło, das 1938 erschien, als das Gymnasium sein 75-jähriges Bestehen feierte.

Zu diesem Thema hatte ich auch mehrere Vorträge in der Lemberger Wissenschaftlichen Gesellschaft und in der Physikalischen Gesellschaft. Der letzte Vortrag war schon mit einer Demonstration unter Verwendung eines Röntgengerätes verbunden. Selbstverständlich war der erste, an den ich mich wandte, Dr. E. Meisels. Er stellte mir sein Röntgenatelier zur Verfügung, und dort gelang es mir unter Mithilfe der Herren Marek Kac und Edward Otto, eine in einem Brötchen eingeschlossene Schrotkugel zu lokalisieren. Dort führte Dr. Scharage auch eine künstliche Operation zur Entfernung einer Schrotkugel aus einem Schädel durch. In dieser Zeit besuchte mich Prof. Bartel, dem ich mein Gerät zeigte. Bei einer anderen Gelegenheit erfuhr ich von ihm von der Täuschung, die ein regelmäßiger Maschendraht erzeugt, der näher oder weiter entfernt erscheint, als er ist. (Diese Täuschung ist ein Beweis für die bedeutsame Rolle der sog. Bildidentifikation. In der Theorie des zweiäugigen Sehens wird dieser wesentlichen Komponente des räumlichen Sehens nicht die erforderliche Bedeutung beigemessen.) Jedoch die praktischen Anwendungen begannen erst von dem Moment an, als unser Freund Dr. Ziemilski mir den Arzt und Major Dr. Alfred Bong, Frau Frank und Dr. Grabowski, Dozent an der Universität, zuführte, die sich für meinen Introvisor interessierten und den Wunsch nach einem Vortrag im Kreis der Lemberger Röntgenologen äußerten. Diesen Vortrag hielt ich dann im modern ausgestatteten Atelier des Herrn Grabowski. Von der Zeit an konnte ich mich der weitreichenden Hilfe der Herren Bong und Dr. Grabowski erfreuen.

Für das Prinzip erwarb ich bereits im März 1938 das Patent, aber noch gab es keinen Apparat, mit dem man ernsthaft arbeiten konnte. Das erste Gerät baute Dr. Bong im Militärkrankenhaus in Lemberg, und die erste Operation bestand in der Entfernung des Stückes einer Nadel aus der Hand des Korporals Reguła. Vor der Operation wurde die Hand betäubt, dann erfolgte die Durchleuchtung, das Einsetzen des Kügelchens, die Erleuchtung des Saales mit Tageslicht und das Entfernen des Nadelstückes. Insgesamt dauerte die Operation nur wenige Minuten. Es muß gesagt werden, daß dieses Verfahren nichts gemein hat mit der sog. „Wiener" Methode des Operierens während der Durchleuchtung. Der Introvisor zeigt den Fremdkörper (bzw. das ihn vertretende Kügelchen) bei Tageslicht im Inneren des Körpers des Patienten. Insgesamt wurden vier Operationen dieser Art durchgeführt, zwei von ihnen waren ernsthafterer Natur.

Im Frühjahr 1938 kam der große französische Mathematiker Henri Lebesgue nach Lemberg, dem unsere Fakultät beabsichtigte, die Ehrendoktorwürde zu verleihen. Lebesgue arbeitete seit vierzig Jahren, seine Maß- und Integraltheorie erlangte in Frankreich früher Anerkennung als bei uns. Die Verallgemeinerungen des Begriffs Maß und Integral durch Banach und Tarski, die Operationstheorie, die Theorie der Verallgemeinerung der Fourierschen Reihen, Anwendungen zur Wahrscheinlichkeitsrechnung, alles das war mit Lebesgues Wirken verbunden, insbesondere mit seiner Doktorthese und den beiden Büchern „Collection Borel".

Ich war der Promotor, die Ansprache über Lebesgues Arbeit hielt Banach. Die Feierlichkeit wurde in Gegenwart des Senats und der Fakultät durchgeführt. Studenten waren nur in geringer Zahl zugelassen. Lebesgue trat in der Toga der Professoren der Sorbonne auf. Das ihm von mir überreichte Diplom war in Latein auf herrlichem Pergament gedruckt. In seiner Antwort auf unsere Reden ging Lebesgue bis zu den mittelalterlichen polnischen Mathematikern zurück, die mit Paris in Verbindung standen. Das Wissen darum hatte er aus der Polnischen Bibliothek am Quai d'Orléans, wo er vor der Reise fleißig die Geschichte der polnischen Mathematik studiert hatte. Er wußte mehr als wir, denn von uns waren keine Historiker anwesend. Es war da nur der Dozent der klassischen Philologie, M. Auerbach, aber der beschäftigte sich mit der Geschichte der griechischen Mathematik. Selbstverständlich war Lebesgue in dieser Zeit mehrere Male bei uns zu Hause.

Zum Mittagessen mit ihm gemeinsam lud ich auch General Musse ein, der eben zu der Zeit als Attaché der Botschaft anläßlich der Einweihung des Friedhofs für die Verteidiger Lembergs in der Stadt weilte. Auch der Konsul und Vizekonsul waren anwesend. Wir sprachen auch über Politik. Ich versicherte Herrn Musse, daß trotz der offiziellen Politik unser Volk niemals gegen Frankreich auftreten werde. Lebesgue unterhielt sich mit uns ausführlich über die Pariser wissenschaftliche Welt. Er stammte aus Beauvais; seine Eltern waren Kleinbürger und deren Eltern Bauern. Die Kunst der Konversation beherrschte er ausgezeichnet und kannte verschiedene interessante Details aus der Geschichte der Mathematik. Von ihm erfuhr ich z. B., daß ein Mathematiker der Sorbonne im 13. Jahrhundert als erster darauf hinwies, daß die Füße nicht kongruent, sondern symmetrisch seien. Von da an erst begann man für den linken und rechten Fuß verschiedene Schuhe zu fertigen. In seiner offiziellen Ansprache erwähnte er, daß der Metaxelespreis zwischen Léray und Schauder geteilt verliehen wurde. Das war eine große Auszeichnung für unseren Dozenten, da der Preis dem verliehen wird, der in den vergangenen Jahren den größten Fortschritt in der mathematischen Analysis erreicht hat.

Léray besuchte uns im folgenden Jahr ebenfalls. Er war ein bezaubernder Franzose und von außergewöhnlicher Kultur und Eleganz. Die Professur am Collége de France nach Hadamard blieb ihm damals versagt, diese erhielt Mandelbrojt. Eine national-radikale Zeitung schrieb damals über die Ehrendoktorwürde für Lebesgue, daß ich das als Gegenleistung für die Nominierung eines Juden als Lebesgues Assistent an der Sorbonne getan habe. Die Professoren der Sorbonne haben keine Assistenten und niemand von uns hätte Mandelbrojt anstelle von Léray vorgeschlagen. Außerdem hatte Mandelbrojt die Unterstützung Hadamards und konnte auf unsere verzichten.

Im Jahre 1938 mußte ich mich mit Rücksicht auf meinen Gesundheitszustand nach Morszyn begeben. Dort wohnte ich in der Pension „Orion“. Morszyn ist von Wäldern umgeben. Es ist interessant, daß das die Kurpatienten nicht wissen. Da gibt es schöne, mit Eicheninseln aufgelockerte Wiesen, einen großen Park und ein neues Kurhaus, alles dies ein Werk von Dr. Rencke. Dort traf ich Dr. Szymanowicz aus Krakau und zeigte ihm meinen Introvisor. Der gefiel ihm, und er sah ihn als für die Armee wichtig an. Bei den Spaziergängen nach Bolechów hatte ich Gesellschaft. In diesem unbehaglichen Nest gab es ein Lokal, in dem die Kurpatienten aus Morszyn heimlich marinierte Heringe aßen und Sliwowitz tranken. In dieser Zeit hatte ich eine umfangreiche Korrespondenz. Über Prof. Suchowiak patentierte ich in Warschau den Introvisor. Er riet mir, mich nicht um ein russisches oder japanisches Patent zu bemühen, denn die Patentbehörden dieser beiden Länder pflegen das Prinzip, auf Anmeldungen aus dem Ausland mit der Antwort zu reagieren, daß die Sache schon bekannt sei. Die Japaner nutzen auch noch die Vergünstigung, daß sie als Beweis für ihre Originalität einen Ausschnitt aus einer japanischen Broschüre mitschicken, den man nach allen Seiten drehen und wenden kann, wenn man kein Japanologe ist

Im Herbst 1938 fand in Warschau ein Kongreß der Röntgenologen statt. Auf ihm demonstrierte ich den Introvisor mit Hilfe eines ad hoc gebauten Modells. Dabei unterstützte mich Dr. Knaster. Bei der Gelegenheit traf ich viele Bekannte. Da waren Alfred Bong und Frau Rajchel, die in Warschau verheiratet war, weiterhin auch Mathematiker, die ich sonst eher selten zu Gesicht bekam. Zum Kongreß waren auch ausländische Gäste aus der Schweiz und aus Deutschland angereist.

Da gab es selbstverständlich Empfänge. Einer davon bei einem Dozenten der Röntgenologie übertraf mit seiner Fülle an ausgewählten Speisen und Getränken alles, was ich bis dahin gesehen hatte. Das ist nicht verwunderlich, denn ein Röntgenatelier ist eine Geldfabrik. Prof. Ch., ein Gast aus der Schweiz, vertrat seinerzeit die Meinung, daß die Mehrzahl der Menschen nicht stereoskopisch sieht. Vielleicht stimmt das, soweit es sich um Ärzte und Naturwissenschaftler handelt, denn sie sind an monokulare Instrumente gewöhnt. Aber der einfache Mensch sieht stereoskopisch, sogar auch die Katze, was sich erweist, wenn sie auf einen Zaun springt und diesen nicht verfehlt. Aber es war keine Zeit, darüber zu sprechen, weil alkoholische Exzesse die gesamte Freizeit ertränkten.

Dr. Bong erhielt vom Chef des medizinischen Dienstes, General Rouppert, den Befehl, den Introvisor im Ministerium für Angelegenheiten der Armee vorzuführen. Da alle in den Cafés herumsitzenden Lieferanten einen ununterbrochenen Nachrichtendienst darüber unterhalten, wer womit ins Ministerium kommt, meldeten sich auch gleich nach dem Vortrag Vertreter von Röntgenfirmen und Ärzte bei mir, um mit mir eine Gesellschaft zu gründen. Ich aber wollte lieber erst auf die Erteilung des Patents warten und dann das Gerät in Amerika vorstellen.

Zu diesem Zweck entschloß ich mich, die Hilfe meiner Schüler in den Vereinigten Staaten zu nutzen und auch die des Herrn M. B., der sich entschlossen hatte, im Herbst 1938 dahin umzuziehen. Mit ihm sprach ich damals viel in Warschau und erfuhr viele interessante Einzelheiten, z. B. darüber, wie eine internationale Handelsorganisation mit Waffengewalt alle diejenigen beseitigt, die ihr auf eigene Faust Konkurrenz machen wollen.

Warschau machte auf mich damals den schlechtesten Eindruck. Die Stadt schien mir ein Sammelplatz von Spekulanten, bestechlichen Menschen, Gangstern und Spionen zu sein. Überall sah man Geld, Sekt und Kaviar, die verheirateten Frauen trugen wertvolle Fuchspelze verschiedener Schattierungen, deren Wert die Einkommen der Ehemänner vielfach übertraf. Überall sah man den ordinären Exhibitionismus des Reichtums, überall das brutale Prinzip „ich zahle, ich stelle die Forderung“ und neben dem ordinären Antisemitismus die Tyrannei reicher Juden, die in jedem Café mit dem teuersten Champagner, den schönsten Tänzerinnen ihren Platz behaupteten und den Einheimischen eine Demonstration in der Art des Verlassens des Lokals hinterließen.

Zu dieser Zeit passierte es mir in Lemberg, daß Dr. Ludwik Fleck, der ein privates bakteriologisches und chemisches Labor besaß und während der Krankheit meiner Tochter Analysen durchgeführt hatte, mir einen kurzen Bericht zur Statistik weißer Blutkörperchen (Leukozyten) im Blut übersandte. Leukozyten werden in verschiedene Kategorien eingeteilt, in segmentierte, Lymphozyten, Monozyten usw. In einer Probe weißer Blutkörperchen hat jede Kategorie einen etwa festgelegten prozentualen Anteil. Dieser Anteil unterliegt kaum einer Veränderung, wenn man dem Blut eines und desselben Patienten verschiedene Proben entnimmt. Dr. Fleck entschloß sich, die statistische Streuung dieser prozentualen Anteile bei Untersuchung von jeweils zehn Proben zu ermitteln. Um jedoch eine Vergleichsskala zu haben, nahm er in jedem Falle eine zweite Probe, gab Natriumzitrat hinzu und schüttelte die Mischung im Reagenzglas, bevor er einen Tropfen davon unter das Mikroskop brachte. Er überlegte folgendermaßen: Die Blutkörperchen im Reagenzglas ordnen sich beim Durchschütteln nach den Gesetzen des Zufalls. Wenn ich nun die Prozentzahlen vom Blut aus dem Finger mit denen aus dem Reagenzglas vergleiche, sehe ich, ob die Dispersion des natürlichen Blutes übernormal, normal oder unternormal ist. Beim Durchsehen von Dr. Flecks Tabelle erkannte ich sofort, daß die eine und die andere Probe stark unternormal waren. Ich verglich sie nämlich nicht untereinander, sondern mit der theoretischen Dispersion, die aus der Bernoullischen Formel folgt. Dr. Fleck hatte das nicht getan, denn er beherrschte die Wahrscheinlichkeitsrechnung nicht gut genug. Als ich ihm jedoch die Situation erklärte, verstand er sofort völlig, worum es geht.

Dieses Ereignis zeugt von der ungeheuren Anzahl von Fehlern, denen ein Naturwissenschaftler erliegen kann. Wenn man auf einer geraden Linie $\underline{m \quad p \quad B}$ rechts immer größere Zahlen markiert, werden die die Dispersion bezeichnenden Zahlen m (gemischtes Blut), p (natürliches ungemischtes Blut), B (theoretische Dispersion nach Bernoulli) wie in der Zeichnung liegen. Also Dr. Fleck bezeichnete σ_m als Norm, daraus ergab sich, daß σ_p übernormal ist. Währenddessen ist die Norm durch σ_B gegeben und beide Zahlen σ_m und σ_B sind unternormal, wobei σ_m noch weiter links steht als σ_p. Das ist eine Erscheinung, die nicht von vornherein zu erwarten war. Es erweist sich daher, daß im Blut eine Tendenz zur Verringerung der Streuung besteht und daß den die Leukozyten im statischen Gleichgewicht haltenden Kräften durch ein Mischen noch die Arbeit erleichtert wird. Diese Arbeiten haben mich sehr beschäftigt. Selbstverständlich, ohne daß ich vom Mikroskopieren und von der gesamten Experimentalmethodik eine Ahnung hatte, war ich nur Zeuge weiterer Versuche, die Dr. Fleck, seine Mitarbeiterin, Frau Ewa Altenberg, und andere unternahmen.

In dieser Zeit fand ich unter meinen Schülern einen jungen Mann, der sich für die Wahrscheinlichkeitsrechnung interessierte. Er hieß Kazimierz Borek und war aus Borysław. Das Problem, das ich ihm vorstellte, betraf die mathematische Methodik von Versuchen zur Ermittlung der Stärke pharmazeutischer Präparate. Es gibt nämlich Präparate, die aus tierischen Organen gewonnen werden, und solche Präparate enthalten in der Volumeneinheit eine nicht genau bekannte Menge dieses „Wirkstoffes", um den es geht. Man bestimmt in diesen Fällen die Menge durch Versuche an Mäusen, Hähnen usw. Die Frage betraf die Anzahl der erforderlichen Versuche zum Erhalt ausreichend enger Grenzen mit für die pharmazeutische Praxis genügend großer Wahrscheinlichkeit. Kazimierz Borek nahm sich dieser Sache gewissenhaft und mit großem Verständnis an. Die Firma „Laokoon" half ihm beim Suchen nach englischen und deutschen Abhandlungen zu dieser Materie. Auf Kosten dieser Firma fuhr Borek auch mehrmals ins Staatliche Hygieneinstitut nach Warschau. Ich wollte aus ihm einen Spezialisten in eben diesem Bereich der angewandten Mathematik machen.

Im Sommer des Jahres 1938 gab es in Jasło ein Jubiläum unseres Gymnasiums. Seit dem ersten Abitur waren 75 Jahre vergangen! Es gab Gottesdienste, Ansprachen, Konzerte, Banketts, Tanzveranstaltungen, aber leider waren auch schon die Anzeichen des Niedergangs zu erkennen, wenn man das, was einst war, mit dem verglich, was daraus gemacht worden ist.

Das Jubiläumsbuch füllten die Erinnerungen ehemaliger Schüler. Sie waren einander sonderbar ähnlich, stellten fast die Imitation einer und derselben Literatur der Erinnerungen dar, irgendein zehntes Wasser nach Prus, Nowakowski und vielleicht auch Zbierzchowski, Bei dieser Gelegenheit besichtigte ich (dank Schwagers Auto) Folusz, die Forellenbrutstation in den Karpaten hinter Żmigród. Meinen eigentlich sehr einfach geschriebenen Artikel über den Introvisor, der einen Platz im Jubiläumsbuch fand, hat wohl kaum jemand verstanden, vielleicht mit Ausnahme des Augenarztes und des Sohnes unseres Hausarztes, Stanisław Kadyj.

Hier muß ich an den Dialog über Popularisierung aus „Wiadomości Literackie" [Literarische Nachrichten] aus dem Jahre 1936 erinnern. Dort treten zwei Herren A und B auf. A ist für Popularisierung, B dagegen. Diesen Artikel hatte ich gemeinsam mit Dr. Ignaz Blumenfeld geschrieben. Gegen die Popularisierung der Wissenschaft wurde ich von Winawer „eingestellt", der den wissenschaftlichen Bereich in den „Wiadomości" redigierte.

Dieser geschickte und witzige Komödienschreiber schuf einen speziellen Stil der Popularisierung, den man leicht lächerlich machen konnte. Er schuf *ad captandam benevolentiam lectoris** den Typ der sog. Tranfunzel als schwarze Kulisse, von der sich das klare Bild des dankbaren Wissenschaftsfeuilletonisten abhebt. Die Tranfunzel ist ein gewisses unbestimmtes Konglomerat des Philologen aus den gymnasialen Erinnerungen des ein wenig mittelalterlichen Helden und überhaupt eines Menschen, der nicht weiß, daß wahres Wissen fröhlich, leicht verdaulich und praktisch ist, daß durch eine Handbewegung des Zauberkünstlers Raketen für den Flug zum Mond, aber auch Pulver gegen Erkältung produziert werden.

Sokrates, der weder das eine noch das andere kannte, war ein Idiot und selbst schuld, daß er in grauer Vorzeit lebte, als es noch keine genialen amerikanischen Ingenieure gab wie Compton, geniale Fords, Millikans, Fernrohre mit zwei Meter Spiegeldurchmesser und Einstein. Unser Artikel fand beim Publikum überhaupt keine Anerkennung und hatte auch nicht den geringsten Erfolg, hauptsächlich deswegen, weil er keine „Anschauung" lieferte, sondern nur Gedanken. Damit war das Produkt für den auf Unterhaltung eingestellten Leser völlig nutzlos. Ich nehme an, daß Winawer zufrieden sein mußte, als er das völlige Fiasko der „Tranfunzel" erblickte.

* (lat.) Um die Zuneigung des Lesers zu gewinnen.

Im Herbst 1938 ging meine Tochter zur Sorbonne, weil von einem Studium in Lemberg keine Rede mehr sein konnte. Durch die Kadettenstraße zogen immer neue Massen von Demonstranten. Einmal hörte ich das Lied „Wir haben ein Getto in der Technik, der Technik, der Technik". Das war der Triumph über die Anordnung des Bankgettos durch den Rektor der Technischen Hochschule Joszt. Man konnte wirklich glauben, daß die Menschen von akutem Wahn ergriffen waren. Meine Tochter fand eine Wohnung auf der Ile de la Cité, kurz darauf gelangte sie auch unter die Obhut meines Schwagers, des Herrn Dittersdorf, der mit der Familie aus Preßburg nach Frankreich umgezogen war. Von Zeit zu Zeit besuchte sie auch das Ehepaar Fraenkel*, und auch Herr Lebesgue mit seiner Frau paßte von weitem auf sie auf. Im Frühjahr 1939 erhielten wir von ihr einen Brief, in dem sie uns ihre Verlobung mit Jan Kott, einem Studenten der Romanistik, mitteilte, der als Stipendiat der polnischen Regierung in Paris weilte. Zur Hochzeit im Juni konnte ich nicht fahren, da fuhr meine Frau allein. Nach der Hochzeit fuhr das junge Paar nach St. Nazaire in der Bretagne. Ich wollte nicht, daß sie ins Land zurückkehren, denn ich sah die Maginotlinie als besseren Schutz im Falle eines heraufziehenden Krieges an.

Wir fuhren im Juli nach Jaremecz, und im August zogen wir in die Villa „Nad Prutem" des Ehepaares Krzemicki in Kamień Dobosza um. Der Prut floß dort unmittelbar neben der Villa in einer tiefen Schlucht. Es gab dort Tennisplätze, nahe Wälder und einen herrlichen Park. Für einige Tage kamen auch Sierpiński und Ruziewicz, mit denen wir uns etwas über Mathematik unterhielten. Ich erinnere mich, daß ich mich damals mit der „Gleichverteilung einer Folge im Losmodell" beschäftigte. Zum Mittagessen gingen wir in eine andere Villa, wo meine Schwester wohnte. Sie machte mich mit einer Familie aus Warschau bekannt, deren zwölfjährige Tochter im Knie ein abgebrochenes Stück einer Nadel hatte. Man hatte schon in Warschau versucht, dieses Nadelstück operativ zu entfernen, konnte aber die Nadel nicht finden. Ich hatte große Lust, die kleine Patientin nach Lemberg zu Dr. Sołtysik mitzunehmen, der im Militärkrankenhaus als Chirurg arbeitete. Er hatte schon viermal den Introvisor genutzt. Aber es gab plötzlich einige Überraschungen.

---

* Cousin des Autors in Paris.

Meine Tochter und der Schwiegersohn kamen aus Paris zu uns. Ich freute mich sehr darüber, aber es paßte nicht recht in meinen Plan.

Die Presse schrieb über einen Strafprozeß gegen einen Huculen, der in der Gaststätte gesagt hatte: „Ihr werdet sehen, daß sich Rußland mit Deutschland gegen Polen verständigt.“ Er wurde wegen Verbreitung unruhestiftender Gerüchte angeklagt. Gerade als der Prozeß begann, erschien die offizielle Nachricht unserer Agentur PAT* über den Vertrag, den Ribbentrop in Moskau abgeschlossen hatte. Der Hucule wurde mit einer Gratulation des Richters freigelassen, der ihn als besser vorausschauenden Diplomaten anerkennen mußte, als es unser Beck war. Die Huculen fragten mich, ob ein Krieg kommt, „denn, lieber Herr, wenn es Krieg gibt, gehen wir alle zugrunde“.

Zur Gesellschaft der Frau Krzemicka und ihres Mannes in Kamień gehörte Frau Tomaszewska, geb. Połaniecka, ihr Cousin Herr Kiedryn, ein Ruthene und ein weiterer Ruthene, Herr Ostrowercha. Herr Kiedryn war Journalist und wußte, daß das Urteil des Generals Ironside zur Vorbereitung Polens auf einen Krieg negativ ausgefallen war. Herr Ostrowercha zog die Sowjets Hitler vor. In Kamień Dobosza weilte auch Ing. Berson mit Frau und Töchtern. Ich kannte ihn aus Lemberg, denn da hatten wir gemeinsam das Problem der Anwendung der Wahrscheinlichkeitsrechnung bei der Konkurrenz der Kaufleute bearbeitet. Es ging uns damals darum, ob es beim Konkurrenzkampf zwischen großen, in einem Kartell vereinigten Firmen und Firmen außerhalb des Kartells zweckmäßig ist, eine „dritte“ durch das Kartell finanzierte, aber mit Verlust arbeitende Firma zu benutzen, um durch niedrige Preise die Outsider zur Kapitulation zu zwingen. Das heißt konkret, ob dieser Dritte durch Dumping dem Kartell oder den Outsidern mehr Kunden abwirbt. Wir kamen zu einer theoretischen Lösung, die aber vom Kartell nicht in Betracht gezogen wurde. Es wollte lieber experimentieren, indem es die Preise nach oben und unten veränderte. Das kostete eine Million und lieferte dennoch kein Ergebnis. Zumindest hatten wir beide die Genugtuung, daß nicht unsere Theorie die Schuld trägt.

Als ich mich jetzt mit Herrn Berson traf, bat ich ihn um die Anfertigung einer Skizze vom neuen Typ des Introvisors. Es ging mir um ein Modell, das für ernsthaftere Operationen geeignet war. Weil ich solche Operationen nir-

---

* PAT – polnische Telegrafenagentur.

gends gesehen hatte, bat ich Dr. Domaszewicz um die Erlaubnis, bei der Operation eines Gehirntumors zuschauen zu dürfen. Ich nahm Herrn Otto mit und sagte ihm, daß der Anblick menschlicher Qual auf mich einen furchtbaren Eindruck macht und daß ich sicher den Operationssaal werde verlassen müssen. Er möge also alles genau beobachten, wenn ich nicht mehr dabei sein werde. Er versicherte mir, daß er bezüglich solcher Dinge völlig gleichgültig sei. Es war eine schwere Operation. Nach einer halben Stunde erbleichte Herr Otto wie eine weiße Wand und mußte in ein anderes Zimmer gehen, sich hinlegen und mit Wasser erfrischen. Ich blieb. Der Anblick des Blutes und der Instrumente wirkte auf meinen Freund unmittelbar, gewissermaßen physiologisch, auf mich jedoch nur über volles Bewußtsein und Reflexion.

Aber das alles war in Lemberg. Kehren wir nach Kamień Dobosza zurück. Als Lidka mit ihrem Ehemann gekommen war, fand sich eine jüngere Gesellschaft zusammen, u. a. Józef Nacht, ein junger Dichter und sehr lieber Junge, seine Bekannten, ein Freund meines Schwiegersohns mit seiner Verlobten und andere. Einer von ihnen hatte die Sammlung von Limericks von Belloc, aus der ich folgendes Verschen entnahm:

I was just playing golf
When the Germans landed
Our army fled away
Our fleet was stranded
And Englands defeat and shame
Altogether spoilt my game!

In den letzten Tagen machten wir mit der Frau noch einen herrlichen Ausflug. Wir fuhren mit der Kleinbahn an die Stelle, wo man nach Kostrycz abbiegt. Dort trafen wir einige bekannte Personen, u. a. Irena Łomnicka mit ihrem Ehemann Hubert, Ewa Łomnicka und andere, die bereits die Nachricht vom nahenden Krieg hatten. Wir gingen weiter bergauf, sammelten Him beeren und erreichten noch bei Tageslicht Kostrycz. Dort gibt es eine herrliche Baude der polnischen Pfadfinder. Sehr schön ist der mit dunklem Holz ausgekleidete Speiseraum mit einem aus alten huculischen Kacheln gebauten Kamin. Die Schlafräume sind bequem, die Decken ausgezeichnet, es ist sauber und alles zweckmäßig und geschmackvoll. Wir schauten uns die Alben an. Darin fanden wir Gedichte und Zeichnungen mit Unterschriften von Offizieren, Skiläufern. Sie beschrieben den Ausflug einer Gruppe, den eine Dame mit kräftig ausgebildetem Hinterteil leitete, und der mit originellen Unterschriften versehene Text bezog sich auf eben dieses Hinterteil. Das alles war in einer unzweideutigen Art dargestellt, daß auch der jüngste Pfadfinder verstehen konnte, worum es sich handelt.

Am nächsten Tag gingen wir den Kamm entlang nach Żabie. Auf diesen Wegen begegnet man niemandem außer Hirten mit ihren Schafen. Nach Żabie hinunter gingen wir an der Stelle, wo der Czeremosz als Zufluß seinen Anfang nimmt und kehrten mit einem kleinen Fuhrwerk nach Worochta zurück und von da aus mit der Bahn nach Kamień Dobosza. Das war für lange Jahre mein letzter Ausflug zu Fuß!

Das Wetter war herrlich. Täglich sah ich über dem Prut einen völlig blau gefärbten Vogel, der wie ein Stückchen Himmel aussah, bis er eines Tages verschwunden war und sich nicht mehr blicken ließ. Dagegen erschienen Mobilmachungsplakate. Der Schwiegersohn mußte nach Warschau fahren. Die Huculen wurden beauftragt, die Brücke und den Tunnel neben der Villa zu bewachen. Am Himmel zeigten sich deutsche Flugzeuge, die augenscheinlich von slowakischem über ungarisches Territorium Lemberg ansteuerten. Täglich hörten wir bei Frau Sadlińska Radio. Die Sendungen wurden unterbrochen durch Ankündigungen „Achtung, es nähert sich; Kote 24 … vorüber". Das waren Warnungen vor Bombenflugzeugen, die Warschau angriffen. Das einzig Erfreuliche war, daß Frankreich und England das Bündnis einhielten. In der Gaststätte spielte der Lautsprecher nach der Sendung aus London „God save the King", und die Huculen erhoben sich, weil es der Wirt so anordnete. Manchmal wenn die Bomben in der Nähe des Senders fielen, brach es aus dem Warschauer Sprecher heraus: „Das ist schon nicht mehr auszuhalten!"

Ich wußte nicht, daß bei Herrn Vincenz in Słoboda Rungurska Herr Stempowski weilte. Ich schrieb ihnen Briefe und gab Ratschläge, was zu tun ist. Einen Brief in Französisch an Herrn Stempowski nach Czerniowiece mit der Bitte, daß er für uns drei ein rumänisches Visum besorgen möchte, legte ich dem Brief an Stanisław Vincenz bei, denn ich wußte, daß Vincenz in Słoboda die Möglichkeit hat, den Brief an Stempowski zu übermitteln. Immer öfter sahen wir Autos, die in Richtung Grenze zum Tatarenpaß rasten. Andere nutzten die letzten Züge nach Lemberg. Ich beeilte mich nicht, weil ich wußte, daß Lemberg bombardiert wird. Ich schrieb der Mutter, die mit der Schwester und zwei Enkeln nach Lemberg gefahren war, einen Brief, daß meine Wohnung für sie zur Verfügung steht. Ins Militärkrankenhaus schrieb ich eine Karte mit meiner Anschrift für den Fall, daß ich dort gebraucht würde. Den Huculen, der meinen Brief nach Słoboda bringen sollte, ergriff eine Polizeipatrouille. Der Brief in Französisch wurde einem der Ärzte in Jeremecz zur Übersetzung übergeben. Danach wurde angeordnet, ihn dem Adressaten auszuhändigen und verboten, über die Beschlagnahme zu sprechen. Der Hucule sagte mir nichts davon, aber der Übersetzer verriet mir die Ursache der Verspätung. Herr Stempowski riet mir von einer Reise nach Rumänien ab. Er meinte, daß der entstandene furchtbare Druck ein Gebilde wie Rumänien zur Explosion bringen könnte. Daher beschloß ich, mich nach Tatarowo zu begeben, um dem Gebirgspaß näher zu sein. Bevor das geschah, erschien die Polizei und suchte Herrn Ostrowercha. Er war gerade in unserer Villa, aber meiner Frau gelang es noch, ihm Brot und Käse auf den Weg mitzugeben. In Tatarowo fanden wir bei der Familie Kossak eine Unterkunft. Karol Kossak, ein huculischer Maler, war der Neffe Wojciech Kossaks. Wir hatten kein Geld. Herr Mikuli, ein Bekannter der Familie Krzemicki und Industrieller im Erdölgeschäft, lieh mir 500 Zł, was zu einem solchen Zeitpunkt eine große Gefälligkeit war, um so mehr, da ich ihn erst wenige Tage kannte. Er riet mir, nicht nach Ungarn zu fahren: „Was werden Sie dort machen? Hier sind Sie jemand, dort werden Sie ein Niemand sein.“

Aber dennoch beschloß ich, nach Tatarowo umzuziehen. Uns gelang es, einen Wagen zu bekommen, und so fuhren wir zu dritt in die Pension der Eheleute Kossak, wo wir schon weitere Lokatoren antrafen: nämlich Herrn Rejchan, den Sohn des bekannten Malers und seine Frau, eine Deutsche aus Berlin. Sie besaßen zwei Autos und einige Rassehunde. Sie ging meist in einer roten Bluse, hohen Offiziersstiefeln und einer Reitpeitsche in der Hand. Wir hörten den Rundfunk aus Warschau, London und Paris, bis wir einmal, es war wohl der 12. September, den Moskauer Rundfunk hörten, der die Mobilmachung des Leningrader, Kiewer und verschiedener anderer Militärbezirke verkündete. Wir erstarrten. Es gab schon jemanden, mit dem wir die Situation besprechen konnten, denn neben Kossak und Reichan war da auch Romaszkan, ein sehr intelligenter aber leider schwer kranker Mensch. Die Romaszkans (er war verheiratet, seine schöne Frau war fest entschlossen, über den Paß die Grenze zu überschreiten) beschlossen nach Ungarn zu fahren. Die Eheleute Gliński aus Warschau, die ein Auto besaßen, beschlossen dasselbe zu tun. Manche sind schon früher gefahren.

Das Schicksal des deutsch-polnischen Krieges war schon besiegelt. Ich fuhr mit den Glińskis und Frau Romaszkan zum Paß, um zu sehen, was dort an der Grenze vor sich geht. Da stand eine Abteilung der „Landesverteidigung" [obrona krajowa]. Ich sagte einem Offizier, worum es mir geht, und er versprach mir, mich über die Grenze zu „werfen", denn die ungarische Wache wollte mich nicht hereinlassen, als ich ihr unbedacht meine Konfession verriet. Kurz nach dieser Erkundung füllte sich die Straße über Tatarowo mit Militär, Wagen, Autos, Packwagen, zivilen Fußgängern, Autobussen mit Eisenbahnern, Postbediensteten und anderen Beamten aus dem Westen. Eine Gruppe von zehn bis zwanzig Offizieren nahm bei den Kossaks Quartier. Einer von diesen, ein Cousin der Wirtsleute, Oberst im Generalstab, war infolge eines Autounfalls verletzt und lag im Bett in Erwartung dessen, daß er bald mit seinem Auto würde weiterfahren können. Ich besprach mit ihm die Situation. Solange allein die Deutschen vorrücken, meinte er, ist der Krieg noch nicht verloren. Als er aber auf dem Dienstwege vom Einmarsch der Bolschewiken erfuhr, verlor er den Glauben an irgendeine Chance und fuhr davon. Wir beschlossen, dasselbe zu tun. Es kam uns entgegen, daß der Kommandeur einer Sanitätsabteilung uns in seinen Transport einbezog. Später jedoch verloren wir diese Abteilung. Wir fuhren mit einem Wagen, wobei wir nur so viele Sachen mitnahmen, wie wir tragen konnten. Am Tatarenpaß stand eine Schlange von Wagen, Autos, Lastwagen und anderer Fuhrwerke. Es regnete und war kalt. Die von den Regimentskassen hinausgeworfenen Stöße von Banknoten wollten nicht gut brennen. Die Armee hatte nicht die schlechtesten Gedanken. Aber auf dem Paß erkannte uns ein aus Lemberg stammender Offizier der Reserve, der dort Dienst tat. Er begann uns vom Übergang abzuraten: „Dort ist Hitler. Ein Beobachter von der SS steht inmitten der ungarischen Kommission. Unsere Soldaten, die gestern hinübergegangen sind, kehren zurück, weil man ihnen alles weggenommen hat." Und tatsächlich kehrten einige Soldaten zurück und berichteten, daß die Ungarn alles wegnehmen, sogar Zigaretten und die Schnürsenkel von den Schuhen. „Kehren Sie nach Lemberg zurück", sagte der Offizier, „die Bolschewiken verehren die Professoren, sie werden Ihnen nichts tun." Meine Tochter, die ihre eigene Meinung von den Bolschewiken hatte, glaubte dem Offizier nicht und sagte mir kurz: „Mit den Bolschewiken kann man nicht zusammenleben!"

Der Fuhrmann mit seinem bäuerlichen Mißtrauen gegen die Fremde riet zur Umkehr. Meine Frau bekam von der Kälte und vom Regen eine Drüsenschwellung. Ich hatte ein fatales Gefühl, wie gewöhnlich im Winter. Außerdem hatten wir nichts zu essen, und die Schlange (der Fahrzeuge) schob sich im Schneckentempo in Richtung Grenze. Plötzlich erschien ein Auto, aus dem der Fahrer heraussprang und mir zurief: „Herr Professor, steigen Sie ein und fahren Sie mit mir, dort ist Ungarn, da ist es gut!" Das war Herr Kukułski aus Jasło, den ich noch gut von den Turnieren her kannte. Jetzt hatte er sich zum Militärfahrer gewandelt. Ich sah, daß meine Frau keine Lust zu einem Sprung ins Unbekannte verspürte und hatte auch Bedenken, daß man uns trennt, denn augenscheinlich gab es für Frauen getrennte Lager. Lidka wollte unbedingt weiterfahren, meine Frau aber nicht. Ich dachte auch, wie wohl dann Mutter allein zurechtkommt und auch daran, daß ich durch diese Ausreise den Schwiegersohn von der Tochter trenne.

So entschloß ich mich zu bleiben.

Es war bereits sicher, daß die Sowjets einmarschieren und das Land bis zum San besetzen werden. Wir kehrten zurück. Unterwegs schloß sich uns ein Soldat an, der sich inzwischen in einen Zivilisten verwandelt hatte. Das war ein Kaufmann aus der Nähe von Kutno oder Koło. Er war bestimmt sein ganzes Leben lang ein Nationalist, aber während der Fahrt übte er sich in Monologen nach einer neuen Weise.

In der Pension trafen wir wiederum Gäste an. Es waren Sanitätsoffiziere, Militärärzte usw. Unter ihnen waren auch der Professor für Neurologie, Herr Jakub Rothfeld mit seinem Sohn, sowie Herr Smalewski, der Vater einer Freundin meiner Lidka. Alles drängte nach Ungarn. Ein Teil wollte bleiben. Es entstand ein Streit, man klopfte sogar mit den Händen auf die Revolvertaschen. Ich trat vor das Haus. Der Ranghöchste war ein Oberstleutnant aus einer Familie, die ich von früher her aus Jasło kannte. Angesichts dessen, daß die Disziplin brüchig wurde, sagte ich ihm meine Meinung: „Wenn ich ein Militär wäre, würde ich nach Befehl handeln." Der Befehl hieß, nach Ungarn auszuweichen. Die Mehrzahl ging. Aber da war ein Apotheker, der es nicht überwinden konnte, sich von seiner Apotheke zu trennen. Er blieb. Später sah ich ihn in Lemberg. Die Welle setzte sich fort. Ich sah auf Panzern fahrende Soldaten, die auf alles schworen, daß sie die Panzer nicht den Ungarn übergeben werden. In den Wäldern hörte ich Schüsse von Selbstmördern, die die Niederlage nicht verwinden konnten. Die Offiziere fuhren oft mit ihren Frauen in den Autos, oft führten sie Pelze, Teppiche, auch Palmen und sogar Kanarienvögel mit sich. Man schaute mit Empörung auf sie. Aber die gewöhnlichen Soldaten und Unteroffiziere bedauerten nur eines: daß sie nicht mehr kämpfen können. Sie waren wie die Grenadiere aus Heines Gedicht. Ihre moralische Haltung rief meine Bewunderung hervor. Viele kehrten von der Grenze nach Hause zurück, Nirgends plünderten sie, sie hatten auch keine Forderungen. Die Eheleute Kossak gaben, was sie konnten. Den Zurückkehrenden drohte neue Gefahr: „Ukrainische" Schützen in den Wäldern. Aber die Bolschewiken hatten gar keine Eile. Sie waren der Meinung, daß zwischen ihnen und dem letzten Wagen des polnischen „Trains" mindestens eine Meile Abstand liegt. Sie hatten schon Kołomyje erreicht, und vom Bahnhof aus telefonierte man mit ihnen. Die einheimische Bevölkerung hatte Angst, alleinzubleiben. Als die letzten Abteilungen der Polizei vorüber waren, schmückten sich die Bauern plötzlich mit den ukrainischen Nationalfarben.

Es begann der Kampf um die Macht. Die örtlichen Juden nahmen die Gemeinde unter ihre Herrschaft. Einer von ihnen, ein armer Schlucker, von Beruf Schuhflicker (man konnte ihn kaum Schuhmacher nennen), der zu polnischen Zeiten einige Jahre für den Kommunismus eingesperrt war, rief auf der Versammlung: „Ich habe zehn Jahre lang auf diesen Tag gewartet". Man konnte die Juden nicht verdrängen, denn sie saßen Tag und Nacht im Gemeindehaus, auf dem sie die rote Fahne gehißt hatten. Aber es nahte der Tag des Gerichts. Die jüdischen Atheisten gingen alle in die Synagoge, und in diesem Moment bemächtigten sich die russischen Bauern der Gemeinde. Sie saßen dort auf den Stühlen und Bänken, da sie nicht „amtieren" konnten. Deshalb ließen sie einige Juden als „Beamte" zu. Aus Kołomyje kam ein Angestellter der Armee, der im Namen der Sowjets befahl, die ukrainischen Farben zu entfernen. Es entstand dann eine örtliche Polizei, zu der anfangs auch Herr Kossak gehörte. In der Nacht wachten wir alle unten im Speiseraum mit Revolvern und Äxten in der Furcht vor Überfällen von Banditen. Aber es gab keine Banditen. Von Zeit zu Zeit ging ein Fußgänger in guten

Schuhen vorbei, mit vollbepacktem Rucksack und intelligentem Gesicht. Das waren diejenigen, die in letzter Minute über die „grüne Grenze" gingen. Sie mußten die Polizei der Bauern und die Wachtposten meiden. Überwiegend gelang ihnen das. Unser kleiner Kaufmann aus Kutno bereitete sich auf den Empfang der neuen Machthaber vor. Er fand sogar im Garten eine rote Blume, und mit dieser Blume in der Hand hielt er auf dem Bahnhof Ausschau nach einem Zug aus Nadworna. Es wurde immer kälter, immer häufiger regnete es, es war immer nebliger und hoffnungsloser. Unser Flickschuster besuchte uns einige Male mit einem Karabiner über der Schulter und mit roter Armbinde. Er forderte uns auf, die Waffen abzugeben. Herrn Kossak wurde die Bezeichnung Milizionär aberkannt und Herr Rejchan wurde aufgefordert, sein Auto dem örtlichen Komitee zur Verfügung zu stellen. Weil niemand sonst ein Auto führen konnte, avancierte Rejchman zum Chauffeur des örtlichen „Sowjets". Bald zeigte sich, daß diese Nominierung nur das Ziel hatte, die Familie des Flickschusters aus Kosów oder aus Worochta herzubringen.

Auf allen Feldern lagen neben der Straße Zeltbahnen, Holz von Zäunen, Konservenbüchsen, Autoteile und verschiedener Unrat, wie es der Lagerplatz einer flüchtenden Armee hinterläßt. Wertvollere Gegenstände fanden sofort Eigentümer. Besonders unser Krämer aus Koło fühlte sich in seinem Element. Er eignete sich auch den Koffer an, den ein Offizier bei Frau Kossak zurückgelassen hatte. Schließlich ging sein Warten mit der Ankunft eines gepanzerten Zuges erfolgreich zu Ende und er lief mit einer roten Blume zum Bahnhof. Dann beschrieb er uns einen Offizier, der mit einer Maschinenpistole bewaffnet auf der Lokomotive mitfuhr.

– Wo sind die polnischen Offiziere? – fragte dieser.

– Es sind keine da, sie sind in Ungarn!

– Und warum habt ihr sie nicht aufgehalten? Wir würden sie erschießen!

Einige Male fand ich später in der sowjetischen Presse die dümmliche These, daß nur die Offiziere gegen die Sowjets gekämpft haben, aber der tapferen Roten Armee gelang es, die von diesen Offizieren verteidigten Positionen zu erobern. Die Dummheit dieser Propaganda, die die polnische Armee auf 5 Prozent reduzierte (denn so groß war wohl der Anteil der Offiziere) und sich rühmt, diese kleine Gruppe besiegt zu haben, war offensichtlich für speziell präparierte Hirne gedacht. Es ist eine Tatsache, daß in der Region Pokucie die sowjetischen Abteilungen sich bemühten, nicht mit den zurückweichenden polnischen Divisionen in Berührung zu kommen. Wo sich aber dennoch ihre Wege kreuzten, boten sie den polnischen Offizieren Zigaretten an und zogen ihres Weges.

Schließlich hatte es keinen Sinn mehr, in Tatarowo zu sitzen. Ich ging zum Gemeindebüro, wo ein jüdischer *molojec* – ich kann keine bessere Bezeichnung für diesen halbmilitärisch gekleideten Sohn eines der tatarischen Stricker finden – residierte. Er frage mich, welchem Zweck die Reise dienen soll, und als ich ihm sagte, daß ich zur Universität zurückkehren muß, meinte er: „Jetzt wird es an der Lemberger Universität keine Krawalle und Schlägereien mehr geben." Er sagte das in einem Ton, aus dem meine Verantwortung für jene Krawalle und Schlägereien herauszuhören war.

Unsere Fahrt war interessant. An jeder Station sprangen russische Halbwüchsige auf die Trittbretter der Waggons, zum Teil um kostenlos zu fahren, aber mehr wegen der Gelegenheit, die in den Waggons angehäuften Koffer und Taschen zu stehlen. Die Scheiben waren natürlich zerschlagen, was wohl in Osteuropa als ständige Begleiterscheinung eines Regimewechsels anzusehen ist. Der Zug fuhr nicht bis zum zerstörten Hauptbahnhof, sondern hielt schon an der Persenkówka. Ich bewachte auf dem Bahndamm die Sachen, und meine Frau und Tochter gingen auf die Suche nach Pferden. Schließlich fanden sie welche, und so fuhren wir über die Stryjski-Straße in die Stadt. Am Wege sahen wir von Panzern umgeknickte Telefonmasten, Pferdekadaver, ineinander verflochtene Drähte und von Kugeln gelöcherten Putz an den Häusern, zerschlagene Fensterscheiben und Menschenmassen in hohen Stiefeln, mit Schirmmützen und Säcken. Das waren Einwohner Lembergs, die erkannt hatten, daß diese Kleidung obligatorisch sein wird. Schon unterwegs sahen wir sog. Sowjets. Das waren Soldaten und Eisenbahner. Alle trugen sie braune Soldatenmäntel, hatten stumpfsinnige Gesichter, waren schmutzig und beachteten niemanden. Der Anblick dieser Haufen versprach nichts Gutes. Während der Fahrt kennengelernte Menschen, die das schon eine Woche lang gesehen hatten, versicherten uns, daß dies die letzten Bettler sind, ohne Schuhe, ohne Unterwäsche, Menschen, die sich von Unrat ernähren. Beim Einbiegen in die Kadettenstraße schaute ich, ob das Haus, das unser Ziel war, noch steht.

Es stand noch.

DIE ERSTE OKKUPATION

Wir trafen dort Mutter, die Schwester und ihre beiden Töchter, den Verlobten der jüngeren, unser Dienstmädchen, den Onkel meiner Frau L. G. und Frau Kwaśniewska aus dem 3. Stock an. Über längere Zeit kam die ganze Gesellschaft zu uns zum Mittagessen. Am nächsten Tag ging ich zur Universität. Dort herrschte ein Chaos. Die Tore waren von Jugendlichen mit Karabinern und roten Armbinden bewacht. Das waren überwiegend Oenerer, die eine solche Kleidung als die praktischste ansahen. Aber sie wurden demaskiert. Im Rektorat traf ich Rektor Longchamps und eine größere Anzahl Professoren. Von ihnen erfuhr ich, was in der Zeit vom 1. bis 26. September geschehen war. Deutsche Panzer waren schon in den Vorstädten, als der Stadtkommandant, Gen. Langer, einige der prominentesten Persönlichkeiten zu einer Beratung einlud und entschied, sich den Russen zu ergeben. Dafür war u. a. Bartel, dagegen das Episkopat. Noch am 31. August erschien Herr Rojek auf den Stufen der Mickiewiczsäule und bat im Namen der sog. nationalen Jugend die „nationale Minderheit“ um Entschuldigung für die, wie er sagte, „falsche Politik“ und rief zur Verteidigung des bedrohten Vaterlandes auf. Auf diese Weise wechselten diese Jugendlichen im Verlauf weniger Wochen durch alle Farben, von den Oenerern, über die Demokratie bis zum Bolschewismus. Das betraf nicht alle, denn viele Monate lang noch sah ich einen von ihnen, die Studentenmütze eines Korpsstudenten auf dem Kopf, mit unnachgiebiger und verbissener Mine mit der Straßenbahn fahren. Dieser Junge gefiel mir.

Prof. Kulczyński berichtete mir, wie im früheren Sejmgebäude von sowjetischen Einheiten umzingelte Soldaten und Unteroffiziere gefunden wurden. Den Unteroffizieren empfahl man, die Orden abzulegen. Ein Sergeant sagte: „Ich lege die Orden eines Sergeanten der polnischen Armee nicht ab.“ Das war ein Jude. Aber die große Masse der armen Bevölkerung, die hinter dem Theater ihre Wohnungen hatte, strömte mit Kokarden und roten Sternen geschmückt zum Empfang der Bolschewiken, womit sie sogar das Gelächter der russischen Offiziere weckte. Andere entwaffneten auf den Straßen die polnischen Offiziere, küßten die sowjetischen Panzer und streichelten die Geschütze. Darin äußerte sich die Freude über die fast wundersame Rettung vor Hitler, über das Scheitern unseres eigenen Regimes, das ungestüm dem Faschismus entgegensteuerte.

Vor dem Sejmgebäude, von der Seite der Kościuszkostraße, erblickte ich den Priester Gerstman, der sich furchtlos seinen Weg bahnte. Der Rektor informierte uns, daß mit seinem Wissen ein Meeting organisiert wurde, daß wir alle kommen und Studenten so viele wie möglich mitbringen sollen. Im Auditorium maximum nahmen wir auf den Bänken Platz, und auf dem Podium ließen sich in Uniform Vertreter der Roten Armee, des Komsomol, Herr Kornijtschuk als Repräsentant der Intelligenz der sowjetischen Ukraine, unser Rektor und noch einige mir nicht bekannte Personen nieder. Die sowjetischen Offiziere waren ordentlich gekleidet, hatten Mützen auf dem Kopf und sahen ein wenig nach Deutschen aus. Ins Präsidium der Versammlung wurden die Professoren Krzemieniewski, Chwistek und einige weitere berufen. Dann nahm Herr Kornijtschuk das Wort. Er sagte: „Bei der Einfahrt nach Lemberg sah ich Beweise der großen Verbundenheit der Bevölkerung mit der Stadt. Ich sah auch durch Bomben zerstörte Gebäude. Für das Geschehene tragt weder ihr noch wir die Schuld. Die Schuld liegt bei denen, die nach Rumänien geflohen sind.“ Das war eine sehr geschickte Aussage, denn alle waren empört über die Offiziere, die mit Frauen und Geliebten, Hündchen und Teppichen nach Rumänien gefahren sind und uns unserem Schicksal überlassen haben. Noch mehr ärgerte uns der Rydz, der keinen Knopf abgeben wollte, aber den ganzen Mantel abgab, der Beck, der sich von einem Meer zum anderen schiffen ließ, der Składowski, der noch am 10. September für nicht gestrichene Zäune Strafen verhängte und in Kosów einen scheinbaren Luftalarm auslöste, um sich ohne Zeugen mit seiner Gefolgschaft und größeren Vorräten an Cognac aus dem Staube zu machen, der Präsident, der sich als bedeutungslos erwies. Unsere Universität lieferte einen umso schlechteren Beigeschmack, da sie durch die Initiative von Ozoneiferern noch unlängst (nach den Vorgängen um das Hultschiner Ländchen) Mościcki, Beck und Rydz zu Ehrenrektoren ernannt hatte. So traf die feierliche Rede Kornijtschuks eine empfindliche Stelle in unseren Herzen. Im weiteren Verlauf seiner Rede versicherte uns Herr Kornijtschuk, daß unsere Universität polnisch bleibt und im Bedarfsfall in Lemberg eine zweite, ukrainische Universität gegründet wird. Dann sagte er, daß er mit der Unterstützung seitens der polnischen Intelligenz rechnet und daß diejenigen, die weiterhin der

Reaktion und rückschrittlicher Gesinnung huldigen, wissen sollen, daß wir keine Vegetarier sind. Den Höhepunkt des Ganzen bildete der Beschluß zur Absendung eines Telegramms an Stalin. Auch unsere Professoren nahmen das Wort. Prof. Krzemieniewski wandte sich an den Rektor, die Vertreter der Armee und die anderen Anwesenden (die er deutlich an erste Stelle setzte) und äußerte die Hoffnung, daß die durch die Universität repräsentierten Güter keinen Schaden leiden mögen. Mit Ruhe trat er Vorwürfen entgegen, daß die Universität ein Herd der Reaktion und der Unterdrückung sei. Danach nahmen Studenten das Wort. Es sprachen Polen, Ruthenen und in der Mehrzahl – Juden. Alle riefen sie auf zu Arbeit, Arbeit und nochmals Arbeit. Ihre Ansprachen waren jämmerlich, voller Phrasen vom Proletariat, von der „Nation“ (was heißen sollte „Volk“; das den Russizismus begünstigende gewisse Durcheinander war vom neuen Regime gern gesehen), von Gerechtigkeit und der unbesiegten Roten Armee. Natürlich war sie unbesiegt, denn sie hatte ja noch keine Gelegenheit zum Kampf gehabt.

Die Russen hörten den Reden der Studenten gar nicht zu, sie waren an der Position der Professoren interessiert. Nach dem Meeting konnte Kornijtschuk, wie er bekannte, die ganze Nacht nicht schlafen. So sehr hatte ihn die Tatsache aufgeregt, daß keiner der polnischen Professoren sich mit Worten der Versöhnung an die Ukrainer gewandt hatte. Das Interessanteste war für mich der breite und sorglose Standpunkt der sowjetischen Honoratioren bezüglich der als schwierig angesehenen Fragen. Die Unterrichtssprache kann sein polnisch, russisch, ukrainisch, jüdisch. Das spielt keine Rolle. Wissenschaftliche Arbeiten werden waggonweise (so wörtlich) produziert werden. Alle Hindernisse werden mit einem Schlag beseitigt. An der Universität werden alle aufgenommen! Das Studium ist kostenlos. Im Falle, daß Studienplätze fehlen, wird in Lemberg eine zweite, dritte oder vierte Universität gegründet. Die Kosten spielen keine Rolle. Nach dieser Verkündigung fuhren die Honoratioren ab, und wir sahen sie seitdem nie wieder. Es kamen aber andere, die nicht wußten, was die ersten gesagt hatten.

Von allen Seiten erreichten mich Berichte und Anekdoten von den ersten Dialogen zwischen den Sowjets und unserer Bevölkerung. Alsbald kam ein Hauptmann mit vier Soldaten mit aufgepflanztem Bajonett zu mir und suchte Quartier. Als er erfuhr, daß ich Professor bin, zog er sich zurück, aber auf der Treppe in Gegenwart des Dienstmädchens und des Hausverwalters begann er ein Gespräch mit mir. Er fragte mich, ob ich weiß, wer Marx war. Ich, sagte er, habe das Kapital gelesen: Es ist eine sehr schwierige Lektüre. Sie sind Mathematiker, Mathematik ist auch eine Klassenwissenschaft.

Damals sah ich, daß ich es mit Lügnern und durch sie verdummten Viertelintelligenzlern zu tun habe. „Sie hatten tausend Rubel Gehalt und werden künftig zweitausend haben." Das war ihr ständiger Trumpf. Jedem versprachen sie eine Verdopplung der Einkünfte. An den Straßen erschienen Plakate, auf denen die polnische Armee verhöhnt und verspottet wurde, indem unsere Offiziere in zerrissener Kleidung, in Tschakos, mit Degen, irgendwo in den Büschen, an zerbrochenen Wagen, Zigeunern ähnlich, dargestellt wurden.

Diese Karikaturen, die eine Armee erniedrigen sollten, die nach dem übermächtigen Angriff der Deutschen noch einen sowjetischen Schlag in den Rücken ertragen mußte, gaben in meinen Augen jenen „Vätern der Lüge", wie ich sie nannte, den Todesstoß. Es konnte nichts Ehrenrührigeres geben als den Spott über die Armee, die mutig gekämpft hatte und deren Reste ins Ausland gingen, um weiterzukämpfen. Der Spott kam von Seiten der Macht, die den Nichtangriffspakt gebrochen und sich mit dem Feind der Demokratie, des Slawentums und des Kommunismus über die Aufteilung Polens verständigt hatte.

Nicht genug damit: Die offizielle russische These lautete, daß „das Kaninchen begonnen hat", d. h. daß Polen Deutschland angegriffen hat. In den Zeitungen schrieb man ständig vom polnisch-deutschen Krieg. Auf gleiche Stufe stellte man Deutschland und die Sowjetunion als friedlich gesinnte Völker, Frankreich und besonders England bezeichnete man als Kriegstreiber, und Italien wurde auch nicht besonders liebevoll behandelt. Aber es gab keinen Blödsinn und keine Lügen, auf die ein Teil der jüdischen Jugend nicht hereingefallen wäre, die glaubte, daß sich ihre Träume nun erfüllt hätten. So ein Herzberg, so ein Wojdysławski*, glaubten einfach alles, was man ihnen erzählte. Sie glaubten an die Aufrichtigkeit des russisch-deutschen Paktes.

Alsbald begannen zwei Plagen: Die Plage der Meetings und die Plage der Reorganisation. Meetings wurden unerwartet angesetzt. Der Pedell brachte einen Zettel, oft ohne Unterschrift, der informierte, daß in einer halben Stunde ein Meeting zu einer sehr wichtigen Frage stattfindet. Wichtig war

* Marian Wojdysławski, Warschauer Topologe (R.D.).

z. B. der Beschluß, daß wir alle an einem Volksentscheid teilnehmen, oder auch, daß wir die Angliederung der Westukraine an die sowjetische Ukraine fordern. Dann wieder gab es Wahlen von Delegierten für ein Gremium, das die Aufhebung des Eigentums an Häusern, Wäldern, Bergwerken und Fabriken sowie verschiedene andere Punkte der Stalinschen Verfassung beschließen sollte. Ich erinnere mich an eine Diskussion, die wir mit Ruthenen hatten. Sie standen wie ein Mann für den Anschluß. Als ich ihnen erklärte, daß eine Teilnahme an der Volksbefragung noch keinem zu verkündenden Urteil vorgreift, antworteten sie, daß uns ukrainische Probleme nichts angehen. Da fragte ich sie, warum sie uns da überhaupt zur Abstimmung zwingen wollen. Darauf fanden sie keine Antwort.

Uns wurde nicht erlaubt, an den Sitzungen des Fakultätsrates teilzunehmen. Im Vestibül der Universität lasen wir urplötzlich auf einem vom Rektor unterschriebenen Papierwisch, daß Prof. Zierhoffer wegen Unpünktlichkeit als Dekan abgesetzt wurde. An seine Stelle wurde der Ruthene Biskupski, ein Adjunkt der Mineralogie, als Dekan eingesetzt. Die Ungeniertheit der Bolschewiken war ulkig. Zu Prof. Ruziewicz, dem Rektor der Handelsakademie, kam ein Sowjetmensch mit Schirmmütze auf dem Kopf und verkündete ihm: „Sie sind nicht der Rektor, ich bin Rektor". Dann fragte er nach dem Bibliothekar, der in diesem Moment nicht im Hause war, obgleich es schon 20 Minuten nach Dienstbeginn war. Deshalb ordnete er an, diesen zu entlassen. Daß der Bibliothekar 20 Jahre lang zur Zufriedenheit der Schule gearbeitet hatte, war für ihn kein Argument.

Die Sowjets hatten die Geisteshaltung bösartiger, beschränkter Kinder. Ich nannte sie [der Ausdruck ist nicht lesbar]. Das war wohl nicht zufällig, denn ebenso nannte sie Dr. Vincenz, der damals weit von Lemberg entfernt war. Er war mit dem Sohn aus Ungarn nach Sloboda Rungurska zurückgekehrt und wurde wegen illegalen Grenzübertritts verhaftet. In Lemberg fragte ihn der Staatsanwalt nach dem *curriculum vitae*. Als er erfuhr, daß sein Gegenüber seine Doktorarbeit über Machs Philosophie geschrieben hatte, bekannte er, daß das die Sache ungeheuer verschärfe, da Machs Philosophie zum Materialismus im Gegensatz stehe. Dr. Vincenz erklärte daraufhin, daß er diese Arbeit im Jahre 1915 geschrieben hat, als noch niemand die epochemachenden Entdeckungen Lenins und Stalins, dieser beiden besten Philosophen aller Zeiten, kannte. Das half nichts. Er wurde trotzdem entlassen, wahrscheinlich aus dem Grunde, weil man sein aussöhnendes Verhältnis zu den Huculen erkannte.

Stalin wird in Rußland nicht nur als der größte Philosoph verehrt. Er ist gleichzeitig der größte Schriftsteller, Führer, Politiker, Freund der Völker, Inspirator der Erfinder, Patron der polaren Schiffer und Historiker. Sein wichtigstes Werk (aber ohne Unterschrift) ist der „Kurze Kurs der Geschichte der kommunistischen Partei“*.

In dem Werk muß man zwei Hauptteile unterscheiden. Einer von diesen ist theologischen Inhalts. Ich nenne ihn deshalb so, weil er der Bekämpfung des Teufels in Gestalt von Trotzki gewidmet ist, welcher, so die Aussage des Kursus, Schuld trägt an allem Bösen in der Welt, nicht nur an der Niederlage 1920 gegen Polen, sondern an allen Katastrophen, die Sowjetrußland bis zum Jahre 1937 heimgesucht haben, als nach dem berüchtigten Prozeß die Abschlachtung der gesamten früheren kommunistischen Intelligenz begann. Der „Kurze Kurs“ stellt eigentlich eine Probe der Rechtfertigung dieser Morde dar. Aber weil es für die Welt ungemein schwierig war, an die Entdeckung der Moskauer Führung zu glauben, beschloß man, ein Buch herauszugeben, dessen Lektüre alle Arbeiter, Soldaten, Gymnasiasten, Studenten und Professoren jeden Grades verpflichtet. Alle sollen aus diesem Buch wie aus dem Evangelium lernen. Das Buch strotzt von Schmähungen gegen die „Trotzkisten“: Zinowjew, Bucharin, Radek und andere, die Beweis sind für die ohnmächtige Wut des Autors, womit er, nachdem er Hunderttausende seiner Gegner mit Grabsteinen zugedeckt hat, auf diese noch ganze Berge von Steinen wälzen will, damit aus diesen Gräbern auch nicht ein Halm der Wahrheit erwüchse. Ich kenne einen Fall, daß in Lemberg 1940 eine Person mehrere Monate ins Gefängnis mußte, die von jemandem beschuldigt wurde, daß sie 1937 in Wilna in einem privaten Gespräch gesagt haben soll, daß Trotzki kein Verräter war. Für alles das hatten unsere heimischen Anhänger Stalins ein Argument: Wenn man Trotzki gestattet hätte, Rußland zu regieren, würde er

* Die im Herbst 1938 herausgegebene „Geschichte der Kommunistischen Partei der Sowjetunion (Bolschewiken). Der Kurze Lehrgang“, besser bekannt als „Kurzer Kurs der Geschichte der KPdSU (B)“, war eine Gemeinschaftsarbeit des ZK der KPdSU (B). Josef Stalin war darin der Autor des Kapitels „Über den dialektischen und historischen Materialismus“, des fundamentalen Vortrags über die Grundlagen der marxistischen Philosophie.

es so entwaffnet haben, wie die Linken das in Frankreich taten und würde es damit Hitler als Beute ausliefern. Wie auch die geschichtliche Wahrheit aussähe, man muß einer Sache Beachtung schenken: Was unsere Intelligenz in Rußland gesehen hat, die das sowjetische Regime nicht aus der Praxis kannte, ist doch alles, was man über die „Kommissare", die „Tschereswytschajki", über *daloj gramotnyje* sagt, auf den ersten Abschnitt der Sowjetmacht bezogen, der im Jahre 1937 ein für allemal zu Ende geht. Von diesem Jahr an beginnt ein völlig anderes Rußland: Sein weltpolitisches Ziel ist die militärische und industrielle Macht. Diese soll keinen Idealen dienen, sondern ist das Ideal an sich. Aber darüber werde ich noch schreiben.

Nun zum zweiten Teil des „Kurzen Kurses".

Es ist dies das 4. Kapitel philosophischen Inhalts. Der Ausdruck Materialismus ist in diesem Buch in zwei Kontexten verwendet. Einmal ist es der „historische Materialismus" als bekannte Doktrin, die die historischen Prozesse auf ökonomische zurückführt. Diese Doktrin hat einen gewissen Sinn und eignet sich für eine Diskussion. Das zweite Mal erscheint er als „materialistische Dialektik". Vergebens bemühte ich mich zu erfahren, was das ist. Der auf einer Erörterung Stalins beruhende Vortrag im „Kurzen Kurs" gibt keine Definition dieses Begriffes, und keiner der Väter und Doktoren der kommunistischen Kirche hat sich um seine Formulierung bemüht. Offensichtlich ist das in dieser dualistischen Religion, in der Stalin die Gestalt des Ormuzd und ein bißchen die des Aryman* darstellt, ein notwendiges Geheimnis, um ihr einen mystischen Gehalt zu geben. Auf die „materialistische Dialektik" beruft sich jeder Apologet des „Leninismus", wenn ihn der Gegner mit dem Prinzip der Widersprüchlichkeit „in die Zange nehmen" will. Diese „Dialektik" führt das *tertium datur* ein und beruft sich auf Hegels Trichotomie: These, Antithese, Synthese. Das sieht alles ein wenig danach aus, als hätten die Schöpfer der philosophischen Doktrin vor 40 Jahren ihre Hegelstudien unterbrochen und wegen der Beschäftigung mit revolutionärer Tätigkeit das letzte Heft mit Nachschriften von den Berliner Vorlesungen ihren Nachfolgern übergeben. Zweifellos ist Stalin ein fähiger Mann, aber als Philosoph ist er ein

* Ormuzd – altiranische Personifizierung des Guten und des Lichtes. Aryman – ebensolche Personifizierung des Bösen und der Finsternis. Es sind zwei Götter, die einen ewigen Kampf miteinander führen.

Dilettant und Größenwahnsinniger, und nichts mehr. Seine Reduktion der quantitativen Veränderungen zu qualitativen hält keiner Kritik stand, und die Lösung der Probleme beruht auf völliger Unkenntnis philosophischer Fragen.

Ähnliche Erscheinungen kann man auf anderen Gebieten beobachten. Die offizielle These der Bolschewiken lautet, daß die Wissenschaft der Bourgeoisie in ihrer Entwicklung zum Stillstand gekommen sei, daß man nur auf der Grundlage der revolutionären bolschewistischen Gedanken einen Fortschritt erwarten könne. Das betrifft auch die Physik und Mathematik. Aber in den Publikationen sowjetischer Physiker und Mathematiker sucht man vergeblich nach etwas, was die Bezeichnung „bolschewistische Wissenschaftsidee" verdient. In Sowjetrußland gibt es ausgezeichnete Mathematiker, Physiker, Biologen. Es sind ihrer nicht wenige. Ihre Arbeiten unterscheiden sich in keiner Weise von denen ihrer europäischen Kollegen, es gibt in ihnen nichts, wonach man sie unterscheiden könnte, außer der russischen Sprache. Verzeihung, ich vergaß zu erwähnen, daß sie manchmal eine Einleitung haben, in der die Gemeinplätze von der „revolutionären Idee der Wissenschaft" wiederholt werden, aber dann folgt bereits ein vollkommen normaler wissenschaftlicher Bericht über Vakuumröhren oder über die Jarowisation des Weizens. Das eben *duo cum faciunt idem, non est idem*[*] ist das beliebte Steckenpferd der bolschewistischen wissenschaftlichen rukowoditeli[**]. Auf dem Kongreß in Zürich trat einer von ihnen, Kocman[***], mit einem Vortrag über marxistische Mathematik auf. Nach dem Vortrag fragte ihn Bernays, wie er marxistisch differenziere, worauf der Vortragende keine Antwort wußte. Um zur schärfsten Formulierung zu kommen, wollen wir uns auf die völlige Negierung der Prinzipien der „bourgeoisen" Wissenschaft einigen und den Bolschewiken die Einführung des Empirismus oder der trivalenten Logik, bzw. des Prinzips des Finitismus in die Mathematik gestatten. Sie werden damit nicht einverstanden sein, denn sie sind in dem Maße Praktiker, daß sie nach wahrer Wissen-

---

* (lat.) Wenn zwei das Gleiche tun, ist es nicht dasselbe.

** (russ.) Chefs, Leiter.

*** Sicher ist Ernest Kolman (1892–1979) gemeint. Er war nach seiner Herkunft Tscheche, nach seiner Ausbildung Mathematiker, Bolschewik aus Überzeugung. In den dreißiger Jahren war er ein einflußreicher Parteifunktionär in Moskau, der eine große aber wenig ruhmvolle Rolle im Kreis der Wissenschaftler spielte, u.a. als Vorsitzender der Moskauer Mathematischen Gesellschaft (R.D.).

schaft streben und in der Tiefe der Seele wissen, daß sie europäische Wissenschaft betreiben müssen. Aber als „Väter der Lüge“ wollen sie vorher diese Wissenschaft in der öffentlichen Meinung Kasachstans, Kurdistans und der äußeren Mongolei entwerten. Das hat große Ähnlichkeit mit ihrer Industrie, die unablässig europäische und amerikanische Patente nutzt und diese als sowjetische ausgibt.

Zum Erhalt dieses Lügengebäudes ist die Schließung der Grenzen erforderlich. Seit 1937 ist es unerhört schwierig, eine Erlaubnis zu einer Reise nach Sowjetrußland zu erhalten, und die Sowjets schicken ihre Wissenschaftler auf keine wissenschaftlichen Kongresse. In Lemberg konnten sich viele junge Sowjetbürger das erste Mal mit dem Westen bekannt machen, viele von uns das erste Mal mit Asien. Das geschah unter Ausnahmebedingungen. Unsere Bevölkerung war durch die dicht aufeinander erfolgenden Schläge betäubt: Mobilisierung, Krieg, Bombardierung, Niederlage, Exodus der Armee, unerwarteter Einmarsch eines neuen Feindes, Annexion. Die einmarschierende Armee rekrutierte sich aus der Ukraine. Es ging um die leichte Aufnahme von Kontakten mit der bodenständigen Bevölkerung. Aber dem Bauern imponiert kein schlecht gekleideter und unzureichend ernährter Soldat. Und so eben waren die Abteilungen. Diesen Eindruck bemühte man sich zu verwischen durch die Demonstration einer großen Anzahl von Panzern, Artillerie und Kraftfahrzeugen. Letztere rasten unaufhörlich durch die Straßen und Gassen, wobei sie manchmal nur ein paar Besen, einen Kanister Benzin oder einige Reifen transportierten. Die Soldaten verhielten sich in Lemberg besser als irgendeine andere Armee. Man sah keine Betrunkenen, sie belästigten keine Passanten, sie machten keine Krawalle, forderten in den Läden keinen Vorrang, und wenn ein Offizier sich unhöflich benahm und ein Zivilist darauf hinwies, errötete und entschuldigte er sich oder machte sich aus dem Staube. Sie hatten deutlich das Gefühl kultureller Unterlegenheit und wollten in den Augen des Westens als Europäer erscheinen. In ihrer Psyche gab es eine Zwiespältigkeit: Man hatte sie gelehrt, daß die Sowjetunion voranmarschiert, und das war ihre bewußte These, aber die nicht ausgesprochene wahre Überzeugung war entgegengesetzt, und dieses Zweite bestimmt ihre Haltung.

Unsere Bevölkerung hatte das sehr schnell begriffen und verspottete sie mitleidslos. In der öffentlichen Meinung nahm man sie so komisch auf, daß sogar über ihre strengsten Anordnungen gespottet wurde. Deshalb gab es auch keinen Haß gegen einen Sowjetsoldaten, da man ihn als unglückliches Opfer des Systems betrachtete. In meinem Haus hatte in der polnischen Zeit eine Dienststelle der Grenzwache ihre Büros gehabt. Das war eine halbmilitärische Institution, die hauptsächlich mit der Verfolgung von Schmuggelei beschäftigt war. Selbstverständlich war diese Wache zusammen mit der Armee geflohen, wobei sie Papiere und Akten hinterlassen hatte. Ich blätterte sie durch und fand dabei Alben mit Fotos von Schmugglern und andere, die verschiedene Praktiken des Schmuggels von Waren in Autobussen, Eisenbahnwaggons und Wagen vorstellten. Diese Mengen Papier eigneten sich gut zum Verbrennen in unseren Öfen, denn Brennmaterial war nicht zu bekommen. Nach kurzer Zeit belegte das NKWD die Wohnung: zwei Offiziere mit ihren Familien. Sie gehörten zu den Panzereinheiten des NKWD. Sie wohnten da zwei Monate, ohne mich um Erlaubnis zu fragen, bis sie plötzlich klingelten und nach dem Hauswirt fragten. Ordentlich frisiert und parfümiert nahmen sie in den Sesseln Platz und baten um die Festlegung der Miete. Dabei versuchten sie ein wenig zu handeln, wie das in Europa üblich ist, wobei sie darauf hinwiesen, daß die Wohnung etwas abgewohnt sei. Nachdem die Miete vereinbart war, gingen sie, und von dem Moment zeigten sie sich nicht mehr. Ich verstand danach, worum es ihnen gegangen war: um Bewertung des Besuchs und der Vereinbarung.

Dieser kindliche Wesenszug ist allgemein. Man kann sie nicht als Erwachsene ansehen. Wahrscheinlich sind diejenigen erwachsen, die im Kreml sitzen. So hatte auch Stefan Banach nicht Recht, als er mir sagte: „Das ist ein System, in dem die Intelligenz regiert.“ Ich würde sagen, daß das ein System ist, in dem die Regierenden aus der Intelligenz ihr Monopol gemacht haben. Unsere Bevölkerung kam aus dem Wundern nicht heraus beim Anblick der Offiziere, die Kinder auf den Armen trugen, beim Anblick der Frauen, deren Kleider sich nicht von grellfarbigen Nachthemden unterschieden und durch bleifarbene Socken und gelbe Baretts ergänzt wurden. Sie waren dick, schmutzig und schmierig. Als man aus Kiew eine Gruppe Telefonistinnen geschickt und diese mit unseren in einem gemeinsamen Quartier untergebracht hatte, kamen sie beim Anblick der Dessous und der Nachtwäsche der Polinnen aus der Verwunderung nicht heraus, und unsere jungen Mädchen trauten ihren Augen nicht, als sie mit Bindfaden festgehaltene Männerunterhosen in der Rolle von Damenschlüpfern sahen. Aber noch etwas verwunderte die Russinnen: das automatische Telefon. Ihnen hatte man gesagt, daß das eine sowjetische Erfindung sei, die man in Europa nicht kenne.

Die sowjetische Propaganda machte die wildesten Anstrengungen, dem für sie unerwünschten Zustand der Betäubung der Bürger entgegenzuwirken, die das Kennenlernen einer europäischen Stadt verursacht hatte, die zwar abgezehrt und zerstört war, aber den armen Menschen aus Kasachstan und Turkestan dennoch gegen den Kopf stieß. Also erklärte man ihnen, daß ein Beefsteak in einer Lemberger Gaststätte nur deshalb 1,50 Zł. koste, weil der Schwarze aus Afrika daraufzahle, indem er den polnischen Kapitalisten seine Arbeit kostenlos zur Verfügung stelle. Ihnen wurde erklärt, daß im „Männerstaat Polen" die Frau keine Rechte hätte und weder Eigentum noch die Möglichkeit zum Studium, auch nicht den Zutritt zu Männerberufen und nicht einmal das Wahlrecht besitze. Man zeigte Filme mit Bildern aus dem Lemberg der Vorkriegszeit. Da sah man eine Schlange vor einem Lebensmittelladen: Die arme Bevölkerung wartet auf den Verkauf von Zucker. Plötzlich kommt da ein Offizier angefahren, geht an der Schlange vorbei in den Laden und tritt mit zwei Tüten Zucker unter dem Arm heraus. Dann wird der Laden geschlossen, denn an diesem Tage gibt es für die Armen keinen Zucker mehr. Eine andere Szene: Eine Arbeiterin ist endlich in ein Textilgeschäft gelangt, aber was! Der billigste Stoff kostet 100 Zł. pro Meter, sie aber verdient im Monat nur 50 Zł. So gab es im früheren Polen alles nur für die Reichen. Es ist kein Wunder, daß unsere Arbeiter sich vor Lachen nicht halten konnten, wenn sie diese Art Propaganda sahen, und ich bin sicher, daß keine christlichen Verbände, keine Propaganda des berühmten „IKC", keine Predigten in der Lage wären, unsere Arbeiter von einer Sympathie für den Bolschewismus so gründlich zu heilen, wie das die Bolschewiken selbst taten. Aber es gab zwei sehr starke Argumente. Das erste, allgemeine, war die Behauptung, daß dieses stolze Europa sein Wirtschafts- und Gesellschaftssystem nur durch die alle 25 Jahre geführten Kriege erhalten könne. Das zweite, spezielle, aber um so schmerzlichere war, daß wir Sowjetbürger nicht solche Kleidung, solche Wohnungen und Delikatessen haben wie ihr, aber wir haben Panzer und Geschütze. Ihr habt nur geschmaust und getrunken, und als der Krieg kam, fand er euch wehrlos und raubte euch die Unabhängigkeit.

Was das betraf, machten sie uns keine Illusionen. Die offizielle Propaganda belehrte uns, daß zwei friedlich gesinnte Mächte, Deutschland und die Sowjetunion, sich verständigt und die Grenze festgelegt haben, womit sie ein für allemal die Kriegsgefahr im Osten Europas gebannt haben. Am schmerzhaftesten war dabei der „Verrat der Kleriker", das heißt die Akzeptanz des asiatischen Lügengebildes durch einen gewissen Teil unserer Intelligenz. Man muß wissen, daß sich die Zusammensetzung der Bevölkerung von Lemberg durch den Zustrom von Flüchtlingen aus Warschau, Krakau, dem Posener Gebiet, aus ganz Westpolen, bedeutend gewandelt hat. Die Bevölkerungszahl hat sich verdoppelt. Von den Flüchtlingen waren 75 Prozent Juden. Bereits nach der Festlegung der Demarkationslinie wurde diese legal und illegal über Małkinia und Białystok von tausenden Menschen überquert. Unter diesen war auch mein Schwiegersohn. Seine Geschichte war kurz. Als Angehöriger der Warschauer Garnison nahm er an der Verteidigung der Hauptstadt teil. An Lungenentzündung erkrankt, gelangte er als Kriegsgefangener ins Lazarett nach Dęblin. Sein Onkel kam aus Warschau mit dem Auto und entführte ihn. Nach der Genesung begab er sich mit dem Zug über Małkinia nach Białystok. In Małkinia zerrten Soldaten der deutschen Wehrmacht die Juden aus den Waggons und schlugen sie ohne Grund mit Gummiknüppeln, und hinderten sie an der Weiterfahrt. Einheimische polnische Jugendliche halfen den deutschen Polizisten, indem sie ihnen die Juden zeigten, die die Deutschen von den Polen nicht unterscheiden konnten. An der Demarkationslinie verwehrten sowjetische Soldaten den Zutritt. Sie schrieen *dawaj nazad*, aber die Masse antwortete: „Es lebe die Rote Armee" und stürmte vorwärts. Auf diese Weise gelang es tausenden Menschen, die Demarkationslinie zu überwinden.

Mein Schwiegersohn erzählte zahlreiche Einzelheiten von der erlittenen Niederlage. Er sprach vom völligen Fehlen des Zusammenhalts, von der Psychose des Mißerfolgs, vom Verdacht der Spionage gegenüber jedem Zivilisten. In Białystok traf er sich mit Władsyław Broniewski, der dort als „roter Dichter" poetische Treffen veranstaltete und dann ein besonderes Abteil für die Fahrt nach Lemberg erhielt. Mit ihm zusammen ist Janek gefahren. Einige Wochen später kam Stanisław Saks zu uns und danach Bronisław Knaster. Von ihnen allen und auch vom Cousin meiner Frau, einem jungen Ingenieur, der einen Großteil des Weges von Krakau nach Lemberg auf dem Fahrrad zurückgelegt hatte, erhielt ich Informationen, wie der Einmarsch der Deutschen und ihr Verhalten in den ersten Wochen gewesen war. Ich erfuhr, daß Züge bombardiert und Flüchtlinge, Kinder, sogar Kühe und Hirten auf den Feldern von Flugzeugen aus 50 Meter Höhe mit Maschinengewehren beschossen worden waren. Ich hörte davon, daß Diversanten als Nonnen oder polnische Polizisten getarnt mit Fallschirmen abgesprungen waren. Den Höhepunkt bildete das Herunterstoßen eines Motorradfahrers, der im Beiwagen einen Säugling fuhr. Dr. Knaster berichtete mir von der Erschießung der gesamten jüdischen Bevölkerung in einer kleinen Stadt (Ostrów Mazowiecki). Man hatte einige hundert Menschen, Männer und Frauen mit Kindern auf dem Arm auf dem Marktplatz zusammen getrieben und auf Befehl eines Offiziers mit Maschinengewehren niedergeschossen.

Aus anderen Gebieten kamen noch schrecklichere Beschreibungen der Mißhandlung von Juden, besonders der Rabbiner. In Warschau spielten sich verschiedene unglaubliche Szenen ab. Am Tor eines der Häuser in der Marszałkowska-Straße z. B. lauerte ständig ein Gestapomann, der Juden in die Toreinfahrt zog und mit einem Gummiknüppel schlug. Andere zogen den Jüdinnen die Pelzmäntel aus und schenkten diese dann anderen Frauen auf der Straße. Dabei gestatteten sie diesen nicht, sich den Beraubten zu nähern, damit diese ihnen nicht die Adresse mitteilen konnten. Manchmal liefen Polinnen mit Tränen in den Augen den Eigentümerinnen der Pelze nach, um sie ihnen an der nächsten Straßenecke zurückzugeben. „Wie können sie einer Dame so etwas antun?" fragte eine Frau den ohne Anklopfen mit seiner Mütze auf dem Kopf ins Schlafzimmer eintretenden Offizier. „Eine Jüdin ist keine Dame", war dessen Antwort. Übrigens war mir diese Ansicht schon früher bekannt. Kein anderer als der frühere Premier Leon Kozłowski war äußerst erstaunt, als er erfuhr, daß es bei den Juden Gesellschaftsklassen gibt. Er war davon überzeugt, daß sie einen Orden bilden, der aus einander gleichen Individuen besteht. Zur Täuschung anderer verkleiden sie sich: einer in einen Fischhändler, ein anderer in einen Klaviervirtuosen.

Aber das alles interessierte uns jetzt weniger als unsere gegenwärtige Wirklichkeit, das heißt, die sowjetische. Die Sowjetmenschen bewiesen in kurzer Zeit, daß sie keine Vegetarier sind. Sie begannen mit der Verhaftung von Offizieren der Reserve. Unter ihnen war Bartel, aber man entließ ihn gleich wieder, nachdem man ihm bei der Durchsuchung des Hauses seine goldene Uhr gestohlen hatte. Man fragte ihn, wozu er die vielen Bücher brauche, die er im Hause hat. Er antwortete ihnen auf eine recht leichtsinnige Weise, was sie glatt hinunterschluckten. Über den Diebstahl legte er als „Offizier zu Offizier" beim Kommandeur des NKWD Beschwerde ein. Alle waren höflich, aber in der Nacht nahmen sie eine größere Anzahl Personen fest.

Die politische Aktion begann mit der Einberufung einer Versammlung, zu der die Delegierten angeblich von der Gewerkschaft ausgewählt, in Wirklichkeit aber von der Partei benannt worden waren. Die Versammlung beschloß die Enteignung einiger Fabriken, landwirtschaftlicher Flächen über 25 Hektar, Gebäude, Wälder und Bergwerke, aber auch den Anschluß der Westukraine an die Republik Ukraine. Halina Górska stimmte dagegen. Sie forderte, Lemberg in einen autonomen polnischen Bezirk umzuwandeln. Aber die erste Phase der sowjetischen Politik war in einem solchen Maße ukrainophil, daß sogar die polnischen Straßennamen entfernt wurden. Verhaftungen richteten sich hauptsächlich gegen polnische Bürger, besonders gegen Offiziere der Reserve und ihre Familien, gegen Richter, Staatsanwälte, Bankdirektoren, Kaufleute, frühere Behördenangestellte usw. Überwiegend aber beschränkte man sich auf die Ausweisung der Familien, betrieb nicht ihre Verhaftung.

Alles das erfolgte sporadisch, nicht systematisch. Laufend verkündete man auf den Straßen eine neue Registrierung von Offizieren, Unteroffizieren, Flüchtlingen, Rechtsanwälten usw. Die Schlaueren wußten, daß man sich zu solchen Registrierungen nicht melden sollte. Die Art und Weise, wie die Listen geführt wurden, war unerhört primitiv. Sehr oft schrieb man einfach auf Packpapier in der Reihenfolge der Meldungen. Eine Überprüfung, ob jemand schon eingetragen ist, war fast unmöglich. Dann begann ein neues Alpdrücken, die Sache mit den Gewerkschaften. Wer bei den Sowjets als Mensch gelten will, muß Mitglied einer Gewerkschaft sein. Über die Aufnahme entscheidet eine besondere Kommission, in der von den Parteivorständen delegierte Kommissionsmitglieder die Hauptrolle spielen. Sie entscheiden eigentlich über die Aufnahme, denn jede Art Abstimmung ist eine Farce. Als Farce muß man es deshalb bezeichnen, weil jeder, der solch einem Politruk [politischer Leiter] widerspricht, sich der Gefahr aussetzt, dem NKWD gemeldet zu werden, daß er ein Provokateur und maskierter Trotzkist sei, was eine Verbannung nach sich ziehen kann.

Die Prozesse der Aufnahme in die Gewerkschaft begannen an der Universität noch 1939 und dauerten fast bis zum Ende. Aber 1939 gab es schon wieder neue Vorkommnisse: den Krieg mit Finnland und anschließend die Einverleibung der baltischen Staaten durch die Sowjetunion. Der Krieg* dauerte in Wirklichkeit nur 100 Tage, aber für uns war es eine Offenbarung. Nach Aussage von Solowjew, dem Mitglied des Obersten Sowjets der Russischen Republik, verlor die Sowjetunion in diesem Krieg 250000 Menschen. In Moskau stiegen die Preise um 30 Prozent. Das Ergebnis wurde eigentlich erst durch den Druck seitens der Berliner Diplomatie mitgeteilt. Die Soldaten fürchteten sich vor dem Krieg und verheimlichten das auch nicht. „Von da gibt es kein Zurück", sagten sie. Sie berichteten von raffinierten finnischen Methoden der Verminung von Wäldern und erzählten sogar Geschichten von verminten Wiegen mit Säuglingen. Und die Propaganda wetterte gegen die „Weißfinnen", die es wagen, sich auf Privilegien und Freiheiten zu berufen, die ihnen der Zar verliehen hat. Weil es wohl nirgends eine breitere Demokratie gab als in Finnland und jeder sich dessen bewußt war, daß das hohe Niveau des Lebens und der Zivilisation dieses kleinen und kargen Landes am besten beweist, daß es dort keine Ausbeutung gibt und sicher der sowjetische Soldat, der schon Lemberg als Amerika ansah, am wenigsten dazu berufen ist, dieses Land zum Glück zu führen, haben wir überzeugend gesehen, daß die sog. sowjetische Meinung die Wirklichkeit völlig mißachtet, wenn sie die Verleumdung des politischen Gegners betreibt. Dabei zeugte schon allein die Tatsache der langen und wirkungsvollen Verteidigung von einem relativ starken Finnland und von der Schwäche der Sowjets. Aber es gab auch Menschen, die Meinungen folgender Art vertraten: „Ja, jetzt erstarrt den schwedischen Kapitalisten schon die Haut", womit sie ihrer Freude an einer bevorstehenden Annexion der skandinavischen Länder Ausdruck verliehen.

Während der ganzen Zeit lernten wir das sowjetische System immer besser kennen, was allerdings nicht alle betraf. Sehr viele Flüchtlinge aus Warschau, Łódź und Krakau sahen ihren Aufenthalt als vorübergehend an und verbrachten ihre Zeit auf der Straße oder in Cafés. Die Juden handelten mit Gold, Brillanten und mit allem, was dazu geeignet war, wobei sie ihre Stände in der Akademiestraße und auf dem Fredro-Platz hatten. Von Zeit zu Zeit wurden größere Gruppen von Menschen auf eben diesen Plätzen verhaftet,

* Der sowjetisch-finnische Krieg dauerte vom 30. November 1939 bis zum 13. März 1940. Die Einbeziehung Litauens, Lettlands und Estlands in die Sowjetunion erfolgte im Juni 1940 (R.D.).

aber das zeigte keine Wirkung. Von den Behörden konnte man ständig hören: wsio budjet [alles wird], aber in Wirklichkeit kam nichts. Es fehlte an Zucker, Seife, Öl, Brennstoffen, und der Winter war streng. Prof. Fuliński traf mich damals und sagte: „Wir kommen durch den zweiten strengeren Winter und vielleicht durch den dritten – den schwersten."

Die Sowjets begaben sich ans Verwalten und an das Eintreiben von Steuern. Sie meinten, daß ihnen jeder die zurückliegenden Steuern zu zahlen habe. Diejenigen, die herausgefunden hatten, daß es genügt, die Wohnung zu wechseln, um sich von diesen Aufforderungen zu befreien, zahlten nicht. Ich war glücklich, als eine dicke sowjetische Angestellte in Gesellschaft des *domouprava* [Hausverwalters], eines früheren Gerichtsbeamten aus Jaroslaw, kam und mir das Haus enteignete. Aus der Wohnung wurde ich nicht hinausgeworfen, wie man das bei anderen getan hatte, denn als Professor hätte ich das Haus sogar als Eigentum behalten können. So tat es Prof. Cieszyński, der damit allerdings kein Glück hatte, da man ihm eine höhere Steuer berechnete, als er für die Wohnung Miete gezahlt hätte.

Von Verhaftungen waren unter den Professoren nur wenige betroffen. Außer Leon Kozłowski betraf das nur Roman Rencki und Stanisław Grabski. Rencki warf man vor, er habe größere, aus Morszyn stammende Geldsummen verborgen, die Eigentum des Ärzteverbandes waren. Wahrscheinlich wollten die Sowjets nach der Einnahme von Morszyn dieses Geld beschlagnahmen. Nach Grabskis Verhaftung gingen wir zum Politkommissar an der Universität, Hauptmann Leftschenko. Die Delegation wurde von Kulczyński geführt, aber da ich ihr ebenfalls angehörte, vernahm ich das Gespräch. Leftschenko rief beim NKWD an und erhielt die Antwort, daß Grabskis Sache *plocho*, also schlecht steht. Auf den Hinweis, daß er doch ein alter Mann ist, der die Bedingungen im Gefängnis nicht verträgt, antwortete Leftschenko: „Er ist alt, aber er hat junge Sachen gemacht." Es ging um die Zeitschrift „Grody Czerwieńskie", die Grabski herausgab und der man eine nationalistische, polnisch geprägte Behandlung der russischen Frage vorwarf.

Zum gleichen Leftschenko ging ich auch in eigener Sache. Das Krankenhaus an der Lyczakowska-Straße hatte die Armee besetzt, und ich wollte sehen, was mit meinem Introvisor geschieht. Daher wünschte ich, daß mir der Kommissar einen Passierschein gibt. Er sagte zu mir, daß man mich dort auch ohne Passierschein einläßt. Dabei zwinkerte er einem Individuum in Militäruniform zu, das untätig im Arbeitszimmer saß. Dieser Mann wandte sich zu mir, um mich kennenzulernen und begann, mir Fragen zu stellen. Nachdem er Namen und Vornamen notiert hatte, begann er nach dem Vater zu fragen. Als ich ihm sagte, daß er ein Kaufmann war, wollte er unbedingt wissen, wieviele Angestellte er hatte. Ich antwortete, daß es einer oder zwei waren. Aber es erwies sich, daß das ein großer Unterschied ist. Denn wenn er einen hatte, war er ein Kleinhändler und damit kein Ausbeuter. Hatte er aber zwei, war er ein Kapitalist, und damit hätte ich eine schlechte soziale Abstammung als Sohn eines Blutsaugers. Das war das wichtigste Problem. Die Anzahl der Arbeitsjahre an der Universität und die Zahl der verfaßten wissenschaftlichen Werke waren zweitrangig. Seit diesem Gespräch empfand ich unüberwindliche, einfach physische Abscheu gegenüber allen sowjetischen Behördenangestellten, Politikern und Kommissaren. Ich sah in ihnen stumpfsinnige, verlogene und dumme Rohlinge, die uns in ihre Gewalt bekommen hatten wie der riesige Affe, der Gulliver aufs Dach zerrte. Es war von ihren idiotischen Kriterien abhängig, die als lächerlich bezeichnet werden könnten, wenn hinter ihnen nicht der ganze Apparat der Partei und des NKWD stünde. Ich beneidete diejenigen, die sich rechtzeitig ins Ausland abgesetzt hatten. Ich wußte, daß Ulam im August 1939 von Gdynia aus nach New York gefahren war. Dr. Knaster teilte mir mit, daß Prof. Zygmund nach dem Einmarsch der sowjetischen Armee in Litauen ein schwedisches Visum erhalten hatte und dann über Schweden in die Vereinigten Staaten emigriert war, wo er eine Professur an einer der kleinen Universitäten bekommen hatte. Der junge Zaremba war in entgegengesetzte Richtung gefahren, nämlich nach Taschkent, wo er an der Universität eine Stelle bekam. Er schrieb sogar, daß er so weite Ausflüge ins Gebirge unternimmt, das er von dort aus die englischen Wachtposten sehen kann.

Derweil veränderte sich das Bild der Stadt. Es kamen immer mehr Offiziere, Angehörige des NKWD, mit ihren Frauen und Kindern, und immer mehr Bekannte wurden verhaftet und mit unbekanntem Ziel abtransportiert. Es gab Familien, die völlig liquidiert worden waren. Der junge Jaworski, ein Dichter und Altersgenosse meiner Tochter, wurde verhaftet, weil er einen Freund hatte, der zu den Trotzkisten zählte. Vater und Mutter wurden deportiert, weil der Vater in der Generalprokuratur des Finanzministeriums gearbeitet hatte, was die sowjetischen Beamten sicher mit der Staatsanwaltschaft verwechselten. Die Großmutter starb vor Kummer, und damit war die ganze Villa in der Janowski-Straße leer. Solche Irrtümer ereigneten sich oft. Die Frau von Dr. Kaczmarz (er kam im Krieg um) gab z. B. an, daß ihr Mann Adjunkt an der Technischen Hochschule war. Man verstand, daß er Adjutant war und deportierte sie daraufhin mitsamt ihren Kindern. Es gelang ihr jedoch, das zu klären, so daß man sie zurückbrachte. Man verhaftete den jungen Dozenten für internationales Recht, Dr. Wachłowski, den man einer antisowjetischen Verschwörung beschuldigte. Die Verschwörung bestand darin, daß Wachlowski sich von Zeit zu Zeit mit Kollegen traf und mit ihnen die politische Situation diskutierte.

Die Stadt war mit Massen von Armeeangehörigen, Flüchtlingen, verschiedenen Menschen aus der Provinz angefüllt. Dazu kamen Juden aus Zdolbunowo, Winnica, Shytomir, verschiedene Gäste aus Korea oder auch aus Ussurien, die das Wunder aller Wunder, eine „kapitalistische westeuropäische Stadt", bestaunten. Es kam vor, daß ein sowjetischer Soldat bei der Betrachtung der Wohnung eines unserer Arbeiter, Maurer oder Straßenbahnschaffner, beim Anblick der Möbel, der mit Wäsche gefüllten Kommode, der Bilder an den Wänden und Gardinen in den Fenstern mit Verwunderung sagte: „Bei euch sind die Arbeiter auch Kapitalisten." Aber unsere Einschätzung der Sowjets war unrichtig. Plötzlich gelang ihnen die Versorgung Lembergs mit Nahrungsmitteln. In Hunderten staatlicher Läden, die an Stelle der privaten eröffnet worden waren, gab es Mehl, Brot, Zucker, getrockneten und gefrosteten Fisch, verschiedene Obstkonserven, „Honigbutter" und sogar Kaviar. Es gab alles reichlich, und die Schlangen des Winters 1939/40 verschwanden im Frühling.

Das war nicht die einzige Überraschung. Eines Tages lud der Direktor des Theaters Schriftsteller zu einem Abendessen ins Restaurant an der Sykstus-Straße ein. Es erschienen Broniewski, Peiper, Stern, Wat und viele andere. Als sie so an den Tischen saßen und schon ein paar Wodkas getrunken hatten, trat die Schauspielerin Oranowska mit einem sowjetischen Offizier ein und setzte sich Broniewski gegenüber an den Tisch. Sie begann deutlich mit ihm zu kokettieren, wofür der Offizier ihr einen Schlag ins Gesicht versetzte. Broniewski warf sich auf den Offizier, aber in dem Augenblick drang ein Haufen NKWD-Leute in den Saal ein. Sie schlugen mit den Fäusten und mit

Knüppeln auf die Anwesenden ein. Alle wurden verhaftet und mit Wagen, die schon seit einer Stunde auf der Straße vor dem Restaurant gestanden hatten, abtransportiert. Am nächsten Tag erschien in der „Roten Fahne" ein Beitrag, in dem die „Enthauptung" der Hydra des Sozialfaschismus, die Demaskierung der Nationalisten und Knechte der polnischen Bourgeoisie gefordert wurde, die unter dem Deckmantel der Freunde des Proletariats für englisches Geld die Konterrevolution vorbereiten. Mir einem Wort, man bediente sich eines ganzen Wörterbuchs solcher Hiebe. Von den Verhaftungen stand da kein Wort, denn dieser Artikel sollte gewissermaßen ein spontaner Ausbruch des empfindlichen Gewissens des Proletariats sein. In einer Sitzung des Schriftstellerverbandes beantragte einer dieser Proletarier den Ausschluß der im Artikel namentlich genannten Dichter und Schriftsteller. Die Wassilewska zeigte jedoch Zivilcourage und verhinderte die Abstimmung zu diesem Antrag. Die Verhafteten wurden deportiert. Stern wurde später wohl freigelassen, aber in derselben Nacht, als Broniewski und Genossen verhaftet wurden, nahm man auch Parnicki, Naglerowa und viele andere fest, die nicht zum Abendessen erschienen waren. Auf diese Weise kam das ordinäre Werk der Provokateure an die Öffentlichkeit.

Diese Tatsache enthüllte für denkende Menschen das Gesicht des Stalinschen Rußland. Denn man hatte weder Wasylewski, noch Boy-Żeleński oder zahlreiche andere verhaftet, die sich niemals als Freunde des Kommunismus gaben und sich sogar als Reaktionäre ausgezeichnet hatten. Demnach war das kein Zufall, sondern das Ergebnis einer grundlegenden Haltung. Für Stalin und sein Regime sind Nationalisten, Konservative oder Parteilose nicht im geringsten gefährlich. Für ihn geht Gefahr von den Menschen aus, die sich nicht zu Sklaven machen lassen.

Broniewski war als Offizier und Ritter Virtuti Militari in Polen ein Kommunist. 1939 veröffentlichte er in Lemberg ein Gedicht über „Warschau, das sich nicht rächt", obgleich eben damals Sowjetrußland jede Andeutung vermeiden wollte, die Berlin reizen könnte. Er gehörte zu den Menschen, die glaubten, daß sie endlich werden schreiben können, was sie wollen. Doch gerade das war für das Regime das Schlimmste, das Verhaßteste.

Aber am drolligsten waren die Angehörigen der polnischen Intelligenz, die glaubten, daß es in Rußland keine Zensur und keine Polizei gebe, daß die Freiheit des Wortes gesichert sei und die demokratische Stalinsche Verfassung gelte. „Niemals, noch niemals gab es irgendwo so demokratische Wahlen wie in der UdSSR", verkündeten die Wahlplakate. Die Freiheit bestand darin, daß jeder seine Stimme für den Kandidaten, dessen Name auf dem gedruckten Wahlzettel stand, abgeben oder ihn durchstreichen konnte. Die Kandidaten erreichten gewöhnlich 99 Prozent der abgegebenen Stimmen. Am komischsten allerdings war die Wahlagitation: Tausende Plakate, Hunderte Artikel in den Zeitungen, ja sogar Aushänge, in denen die PPS (Polnische Sozialistische Partei) und die Zionisten der UNDO karikiert wurden, so als ob auch nur ein Funktionär dieser Parteien hätte unter seinem Namen in Lemberg wohnen können. Es scheint, daß die Herrscher Rußlands dem Volk eine Vorstellung davon geben wollten, wie Wahlen aussehen, so wie die NKWD-Leute mit mir „Hauswirt und Mieter" spielen wollten.

Was die Zensur betrifft, so umfaßt sie alles. Sogar mathematische Arbeiten gehen durch die Zensur. Wenn etwas durchgeht, was der herrschenden kommunistischen Religion nicht entspricht, werden der Autor, der Redakteur der Schrift, der Setzer und Korrektor in die Pflicht genommen. Sogar die Form ist festgelegt. Der heilige Name Stalins darf von einer Zeile zur anderen nicht geteilt werden. Einige jüdische Eiferer, die kleine Schriften in Brody oder auch in Białystok herausgaben, meinten, daß der Dativ in der Form „Stalinowi" bourgeoisen Charakter hat und schrieben deshalb ständig „Stalinu". Andere wiederum hatten die Bezeichnung „Jude" als Ausdruck des Antisemitismus erkannt und schrieben die russische Bezeichnung „Jewrej", nicht ahnend, daß die polnische Bezeichnung „Hebrajczyk" [Hebräer] existiert, die genau dasselbe bedeutet.

Diese kleinen Fakten zeugen davon, daß es den Menschen an unabhängigem Denken mangelt. Sogar auch Polen, eigentlich intelligente Menschen, Universitätsprofessoren, zeigten einen unwahrscheinlichen Mangel an Zivilcourage. Einige frühere polnische Nationalisten erinnerten sich, daß sie ruthenische Mütter hatten und hielten schon im Jahre 1939 ihre Vorlesungen in Russisch. Andere unterschrieben amtliche Schreiben in kyrillischer Schrift. Als Saks, Schauder und ich in einem Fragebogen, den jeder ausfüllen mußte, als Nationalität „polnisch" angaben, sagte man, daß wir das aus Angst vor der polnischen Polizei tun. Aber man sagte uns das nicht direkt, sondern flüsterte es in den Versammlungen.

Natürlich gab es an der Universität eine „Parteigruppe", die sich aus Genossen „Vorlesungsbeauftragten", Assistenten bzw. Professoren zusammensetzte. Man soll aber nicht denken, daß ihr solche Kommunisten wie unsere Assistenten Stark oder Herzberg angehörten, die zu polnischer Zeit für ihren Kommunismus im Gefängnis saßen. Nichts dergleichen! Und hier zeigt sich die völlige Ungereimtheit des von den Behörden und der öffentlichen Meinung geführten Kampfes. Es zeigt sich die völlige Ungereimtheit der vom „Ilustrowany Kurier Codzienny" [Illustrierter Tageskurier] verbreiteten Ansichten. Menschen, die irgendeine Überzeugung besitzen, gleich ob kommunistische oder eine andere, sind für die Sowjets *béte noire**. Sie brauchen einen Menschen, der an nichts anderes glaubt als das, was ihm die Partei zu glauben darreicht, das was heute gilt, nicht das von gestern, denn das was gestern gesagt wurde, muß er vergessen. Stalin hat 1938 im „Kurzen Lehrgang der Geschichte der kommunistischen Partei" sehr deutlich einen Weltkrieg prophezeit, der von Deutschland, Italien und Japan ausgehen werde. Im Jahre 1939 erschien eine neue Auflage, in der dieser Satz fehlt. Zwar hat sich die Voraussage erfüllt, aber die Partei befahl, sie zu vergessen: denn Polen, von England aufgehetzt, hat den Krieg begonnen. Im Jahre 1941 ist sicher die dritte, sich auf die erste berufende Auflage erschienen. Aber diese Berufung auf Tatsachen beschränkt sich nicht auf die Politik. Wenn jemand in einem Beitrag über Stereoskopie anmerken wollte, daß Mach die Röntgenstereoskopie erfunden hat, so wird er diese Arbeit nicht veröffentlichen können, weil Machs Philosophie verboten ist, woraus folgt, daß Mach nichts habe erfinden können.

In der Sowjetunion sind sehr viele Menschen mit der Umdeutung von Tatsachen und mit unablässiger Geschichtsfälschung beschäftigt. Von dieser Beeinflussung sind auch banale Kleinigkeiten nicht ausgenommen. Intelligentere Mitglieder der Gewerkschaft werden ständig aufgefordert, in der Sektion Bildung der Gewerkschaft Vorträge zu halten. Einer der Mitarbeiter der Universitätsbibliothek, Franciszek Smolka, wählte als Thema die Geschichte des Aufenthalts Lenins in Polen. Selbstverständlich muß der Vortrag vor der Veranstaltung von einem der Gewerkschaft zugewiesenen „Politruk" [politischer Leiter] kontrolliert werden. Dieser stieß auf den Satz: „Lenin

* (franz.) Häßliche Dummköpfe.

wohnte im Dorf Poronin" bei Zakopane. Im „Kurzen Kurs" steht aber, daß Poronin eine kleine Stadt nahe Krakau ist. Keine Erklärung des Bibliothekars, daß er in Poronin war und genau weiß, daß das ein Dorf bei Zakopane ist, half: Der „Kurze Kurs" kann sich nicht irren.

In der sowjetischen Religion gibt es vier Evangelisten: Marx, Engels, Lenin und Stalin. Ihre überlebensgroßen Porträts hängen überall. Marx mit riesigem Bart, Engels mit einem liberalen Bärtchen der Mitte des 19. Jahrhunderts, Lenin mit Spitzbart, Stalin nur mit Schnurrbart, lächelnd und rosig, wie es sich für einen Freund der Völker und eine liebe Sonne gehört. Lemberg war mit diesen Porträts in unterschiedlichen Größen buchstäblich überschüttet. Verschiedentlich stellte man auf den Balkons kleine Puppen aus, die Lenin darstellen sollten. So eine realistische Puppe sah aus wie eine kleine Leiche. Die Scheußlichkeit der Plastiken weckte bei den Passanten ein mitfühlendes Lächeln.

Die sog. sozialistische Kunst wurde genau reglementiert. Das Porträtieren beruhte auf der Einteilung des Fotos in kleine Quadrate und der Übertragung jedes quadratischen Stückchens auf ein größeres Quadrat auf der Leinwand. Die einzige Tätigkeit bestand im Beschmieren des Quadrats mit Farbe. Auf diese Weise entstanden riesige Schinken, die an den Fassaden der öffentlichen Gebäude angebracht und nachts mit Lampen angestrahlt wurden. Die Sowjets lieben das elektrische Licht. Wenn ich abends am Gebäude des NKWD in der Pełczyńska-Straße vorbeiging, sah ich immer fast alle Zimmer erleuchtet. In jedem Zimmer hingen Lenin, Stalin, manchmal Woroschilow, Molotow oder Timoschenko. Wer ein Bild Lenins ohne Stalin im Hause hat, setzt sich dem Verdacht aus, ein Trotzkist zu sein. Es ist etwas Ähnliches, wie wenn ein Christ an Gott-Vater glaubt, aber nicht an Gottes Sohn. In der Eingangshalle der Universität wurde eine riesige Gipsplastik eines sitzenden Lenin aufgestellt, der mit einem Lächeln den daneben stehenden Stalin in die Geheimnisse der Klugheit einweist, und gegenüber unterhalten sich beide wieder im Stehen. Die Aufstellung einer solchen Quadrille aus vier Statuen zweier Personen ist sehr charakteristisch für die sowjetische Ästhetik. „Zwischen uns und ihnen besteht der Unterschied, daß wir wissen, welcher Unterschied zwischen uns und ihnen besteht, sie aber nicht". Dieser Satz lief durch Lemberg. Aber er ist nicht völlig zutreffend. Einer der ersten Sowjetbürger, die zur Übernahme der Fabrik „Laokoon“ kamen, sagte zu Dr. Blumenfeld: „Sie sind schön hereingefallen“. Und darauf der andere: „Beschwert euch nicht, ihr habt wenigstens die Welt gesehen und konntet verschiedene Dinge kennenlernen, wir aber müssen das ganze Leben lang leiden.“

In Bezug auf die sowjetischen Lebensbedingungen erfolgte, wie es scheint, im Jahre 1937 eine gewaltige Veränderung. Seit dieser Zeit starb die Kunst, starb die Poesie, starb der Roman. Einzig die Musik, als unschädliches Metier, und einige exakte Wissenschaften konnten sich ungestört entwickeln. Nach Lemberg kamen einige Male sowjetische Wissenschaftler, von den Mathematikern waren das Alexandrow, Lawrentiew, Solowiew, Bermant und einige jüngere aus Kiew und Odessa. Alle können sie ausgezeichnet Vorlesungen halten. Es scheint, daß das den Russen angeborene Schauspielertalent bewirkt, daß die Ansprüche in dieser Beziehung sehr hoch sind. Für die Wissenschaft wird an Geld nicht gespart. In Lemberg wurden Schulen unterschiedlicher Typen eröffnet: russische, polnische, jüdische, und die bestehenden drei Hochschulen wurden durch eine Pädagogische Hochschule ergänzt. Die größte Schwierigkeit in der Leitung dieser Schulen waren die ständigen Umzüge von einem Ort zum anderen, die Umlagerungen der Bibliotheken von einer Stelle zur anderen, die Einführung der Sechstagewoche, die später wieder durch die alte Siebentagewoche ersetzt wurde, aber vor allem auch der ständige Druck in Richtung einer Ukrainisierung. Das Problem der russischen Sprache war bis zum Schluß nicht gelöst. Zur Erleichterung wurden Sprachkurse eingeführt. Ich habe sie nicht besucht, weil ich gegen jeden Zwang Abscheu empfinde. Ich arbeitete eine Fibel durch und las danach sogar zwei Romane, von Gogol „Taras Bulba“ und von Irene Wilde „Die volljährigen Kinder“, darüber hinaus einige Novellen von Iwan Franko, einem zweifellos talentierten Schriftsteller. Die Namensgebung für die Universität nach ihm war einer der Schachzüge, der die russische Intelligenz gewinnen sollte. Sie nahm diese Konzession bereitwillig entgegen und hegte weiter eine geheime Zustimmung zu Hitler, den sie sehnsuchtsvoll erwartete.

Die Sprache ist etwas mehr als ein Code zur gegenseitigen Verständigung, sie ist ein vollständiges Bild der Seele eines Volkes. Die russische Sprache ist eine Sprache der Bauern. Wer diese Sprache spricht, gibt sich als Bauer. Mein Unwille gegen das Russischsprechen *ex cathedra* war nicht von Haß gegen die Ruthenen diktiert. Wenn man mich aufgefordert hätte, Vorlesungen in

Mathematik in einem masurischen oder Goralendialekt zu halten, wäre ich in gleicher Weise nicht einverstanden. Ich bin kein Fachmann, aber die Wissenschaften betrachte ich nicht als eine Sammlung von Lehrsätzen, die man in jeder beliebigen Sprache verkünden kann. Früher gab es keine russischen Mathematiker. Diejenigen die es gab, betrieben die Mathematik auf Russisch oder auf Deutsch. Sogar die polnische mathematische Ausdrucksweise ist jüngeren Datums, und von Puzyna, Dickstein und deren Generation mußten viele Begriffe gebildet werden. Diejenigen, die ohne Widerspruch oder sogar mit Vergnügen bereit waren, Vorlesungen in Russisch zu halten, standen vor der Tatsache, die ich zuerst formuliert hatte und die sie später anerkennen mußten. Das ist für uns keine besondere Sprache, sondern lediglich *une façon de parler** der östlich des San geborenen Menschen. Wenn sie sich dafür entscheiden, Polen zu sein, und das ist in diesem Land häufig eine Sache der Entscheidung, müssen sie sich von der leichteren *façon de parler* lossagen, von der aus den Weizenfeldern strömenden Trägheit, von den üppigen Gräsern des russischen Dorfes, und ihre Sprache auf ein stabileres, präziseres, literarisches und vornehmeres Niveau erheben. In Lemberg russisch zu sprechen bedeutet, auf eine feste kulturelle innere Haltung zu verzichten.

Am drolligsten waren die Menschen, die in nationalistischen Kategorien denkend sich entschlossen, russisch zu sprechen. Jeder Satz aus ihrem Mund klang unaufrichtig, denn sie sprachen präzis, bildeten die Sätze genau und professorenhaft, wodurch ihre Sprache in den Ohren der Ruthenen einen neuen Klang hatte, der vom Russischen abwich. Wer polnisch niemals sagt „ten o!" (dieser da!), der kann nicht russisch sprechen. Das alles ist überhaupt nicht einem nationalistischen Vorurteil gleichzusetzen: Die russische Sprache befindet sich in vielerlei Beziehung zur polnischen im gleichen Verhältnis wie das Wasserpolnische zum Deutschen in Oberschlesien, das Slowakische zum Tschechischen, die bretonischen Dialekte zum Französischen oder der jüdische Jargon zum Hebräischen.

31.8.1944

---

* (franz.) Ausdrucksweise.

Selbstverständlich haben die Sowjets in nicht geringer Anzahl Ruthenen an die Universität gebracht. Aus wissenschaftlicher Sicht waren das keine erstklassigen Kräfte. Studyński, der seinerzeit dem polnischen Staat den Treueeid verweigert hatte, stand gegenwärtig in der Gunst, wurde aber entgegen den Erwartungen nicht zum Rektor berufen. Er gehörte zu den älteren Herren, die sich gern bei Bischöfen zum Mittagessen einladen lassen, hatte aber nicht recht verstanden, welchen Ton man anschlagen soll, und nach einer Audienz bei Stalin verkündete er, daß er schon verschiedene Herrschaften gesehen hätte, Wilhelm II. und Franz Josef, aber einen besonders imponierenden Herrscher habe er nicht angetroffen. Das gefiel den Sowjets nicht. Die Art und Weise, wie man über Stalin spricht, ist vorgeschrieben, und unter den zugelassenen Epithetons gibt es den Ausdruck Herrscher nicht. Rektor wurde ein gewisser Martschenko, ein Grobian und Angsthase.

Es hat uns nicht wenig Geduld gekostet, bis wir unsere Gäste dazu gebracht hatten, die Mütze abzunehmen. Man muß aber anerkennen, daß sie die ganze Universitätsmaschinerie inganggebracht haben. Dekan der Mathematisch-Physikalischen Fakultät wurde Banach. Er erkannte die Methode der Zusammenarbeit als die beste. Vielleicht gelang es dank dieser Methode zu erreichen, daß Saks und Knaster zu Professoren ernannt wurden, was nicht leicht war, denn die Sowjets hegten gegenüber Menschen aus Warschau eine Abneigung. Leiter der Lehrstühle waren Banach, Schauder, Żyliński, Zarzycki, Mazur und ich. Professoren ohne Lehrstuhl (entspricht einem außerordentlichen Professor) waren Saks, Knaster, Chwistek, Jacob, Auerbach und Orlicz, Dozenten Eidelheit, Szpilrajn und Wojdysławski.

Das war tatsächlich eine sehr hervorragende Mannschaft, und zu normalen Zeiten hätten wir in einer solchen Zusammensetzung nicht wenig geschafft. Es gelang, die Mathematische Gesellschaft durch die Einführung von wissenschaftlichen Zusammenkünften der Fakultät zu ersetzen, und ebenso gelang es, den 9. Band der „Studia Mathematica" herauszugeben mit lediglich einer Modifizierung, daß zusätzlich zum Originaltext jede Arbeit eine Kurzfassung in Russisch haben mußte. Nach Lawrentiews Besuch wurden einige von uns Mitarbeiter der Akademie in Kiew (Banach, Zarzycki, Schauder, Mazur, Saks und ich). Das hatte für uns die Bedeutung, daß wir auf dieser Basis monatlich einige hundert Rubel erhielten, was uns zusammen mit dem Honorar von der Universität ein erträgliches Leben ermöglichte.

Aus Warschau und Krakau erreichten uns andere Nachrichten über Professoren. Wir wußten von der Deportation von Professoren der Jagellonen-Universität nach Oranienburg, von der Verhaftung einiger in Warschau, von der Ermordung Alexander Rajchmans. Wir wußten auch, daß Koźniewski Selbstmord begangen hatte, daß Hepter, nach der Flucht aus deutscher Gefangenschaft beim Versuch, die Grenze bei Przemyśl zu überschreiten, als Offizier verhaftet und nach Starobielsk deportiert wurde.

Viele unserer Kollegen hatten ihren Lehrstuhl verloren, so z. B. alle Theologen, aber nicht nur sie. Die Philosophie gehörte ebenfalls zu den nicht mehr anerkannten Wissenschaften. Wir fühlten uns verpflichtet, 10 Prozent unseres Gehalts als Unterstützung für diese Kollegen zu spenden. Einige allerdings kamen dieser Pflicht nicht nach, obwohl sie doppeltes Gehalt bezogen. Es gab verschiedene Überraschungen. So fühlten sich Professoren, die ob ihrer rechten Gesinnung bekannt waren, in der Gesellschaft der Sowjets recht wohl, wogegen Menschen mit demokratischen Ansichten, wie Ganszyniec, Widerstand leisteten.

Aus Warschau kam der Marxist, Herr Rudniański, der wahrscheinlich auch Mitglied der Komintern war. Er trug einen mephistophelischen Spitzbart, war Jude und Kommunist. Wir vermuteten, daß er den Lehrstuhl für Ökonomie bekommt. Aber nichts dergleichen, am Ende wurde er „Vorlesungsbeauftragter" irgendeines zusätzlichen Fachs. Es war augenscheinlich, daß die Sowjets parteilose und sogar rechte Professoren bevorzugten, wenn sie nur ordentliche Fachleute waren, gegenüber Kommunisten, die nicht durch die sowjetische Schule gegangen waren. Die Vorlesungen in Leninismus und Marxismus sind bei ihnen erprobten Dozenten anvertraut, die das sowjetische Evangelium fast auswendig beherrschen und bei denen es keine Bedenken gibt, daß sie etwas Originelles sagen werden. Es ist undenkbar, daß andere in diesen Wissenschaften Vorlesungen halten könnten, so wie es früher bei uns, zu polnischer Zeit, undenkbar war, daß weltliche Menschen Vorlesungen in Theologie hielten. Ich erinnere mich an ein Gespräch zwischen Professor Kleiner und Gagarin. Es war in einer Versammlung der Professoren, in der eine Reorganisation der Universität im Sinne der aus Moskau von eben diesem Gagarin als einem Abgesandten des Ministeriums und mit einem Stern dekorierten selbstsicheren hohen Würdenträgers mitgebrachten Leitlinien durchgeführt werden sollte. Als Kleiner vorschlug, neben dem

Lehrstuhl für Marxismus und Leninismus auch einen Lehrstuhl für Geschichte der Philosophie zu schaffen, damit der Student erfahren könnte, welche philosophischen Strömungen es in Europa gab, bevor Marx und Lenin das endgültige und höchste philosophische System schufen, antwortete Gagarin: „Bei uns lernt der Student die einzige wahrhafte Philosophie, und das was Genosse Kleiner da vorschlägt, wird bei uns faulender Liberalismus genannt!"

Es ist eine andere Sache, daß wir uns später gegenüber dem Rektor auf Gagarins Worte beriefen. Dieser sagte: „Gagarin durak!" [Gagarin ist ein Narr] Denn einige Monate später verlosch aus unbekanntem Grund Gagarins Stern. Das geschieht oft am sowjetischen Firmament. Man benutzt Menschen zur Verkündigung gewisser Programme, und wenn diese Programme unbequem werden, wälzt man die Verantwortlichkeit auf diese Menschen ab und schiebt sie beiseite. Unter einem Aspekt übertrifft die sowjetische Universität die unsere: unter dem Aspekt der Lehrbücher. Ein Überfluß an ausgezeichneten Lehrbüchern existiert nicht nur für die sowjetische Wissenschaft, auch die Studenten haben die Möglichkeit, diese zu niedrigen Preisen zu erwerben. Und noch mehr: Wenn z. B. ein Professor Vorlesungen zur Wahrscheinlichkeitsrechnung hält, kauft sein Lehrstuhl sogleich 15 Exemplare des Lehrbuchs von Gliwenko und leiht diese an die Studenten aus. Es lohnt sich überhaupt, sowjetische Bücher zu kaufen, denn sie sind billig und gut, wobei ich natürlich nur die exakten Wissenschaften im Auge habe.

Es zeigte sich außerdem, daß die Verwaltung der enteigneten Wohnhäuser gut funktionierte. Die Miete bezahlte man auf der Bank, ebenso die Kosten für Licht und Wasser. Die Instandsetzung der Häuser war zwar nicht ausreichend, aber ich nehme an, daß es nach einigen Jahren auch darin Verbesserungen geben würde. Mein Antrag auf Anschluß an die Gasversorgung im Flügel des Hauses in der Kadettenstraße 14 hatte Erfolg, und ich hatte Gas, dessen Anschluß ich mir seinerzeit als Wohnungseigentümer nicht erlauben konnte. Die Bolschewiken entwickelten ihre Tätigkeit auch auf anderen Gebieten. Sie führten den Bau bereits begonnener Häuser zu Ende, verlegten eine zweite Gasleitung von Daszawa nach Lemberg, begannen mit dem Bau einer Autobahn nach Kiew, bauten die Eisenbahngleise von der Normalspur auf Breitspur um, usw. Sie arbeiteten wie verrückt, unter Einsatz einer übermäßigen Anzahl von Arbeitern, die schlecht bezahlt wurden. Bei den Sowjets wird im Akkord gearbeitet. Jede Tätigkeit eines Arbeiters wird nach einer festgelegten Normskala bewertet, und die Berechnung der Löhne von Bauarbeitern, die verschiedene Tätigkeiten ausüben, ist eine sehr komplizierte Sache. Dafür gibt es besondere „Tabelstschiki“ [Kontrolleure], denn das Zurechtfinden in den sich ständig ändernden Tarifen ist nicht leicht. In der Praxis schreibt der „Tabelstschik“ verschiedene phantastische Zahlen in seine Bücher, so daß der „Trust“ und die Arbeiter nicht übermäßig murren.

Das Los der Arbeiter in der Sowjetunion ist fatal. Der Arbeitslohn reicht kaum fürs Essen und für die freie Wohnung, für Bekleidung schon nicht mehr. Da sind die sog. „Stachanow-Arbeiter“, die ihre Arbeitsnorm um 20 Prozent, 50 Prozent und sogar um 100 Prozent überbieten. Aber über diesen Lohn können sie sich nicht lange freuen, da die Verwaltung des „Trust“ nach einigen Monaten das als hundertprozentige Norm ansieht, was vorher 150 Prozent bedeutete. Und damit wird der Stachanow-Arbeiter wieder zum gewöhnlichen Arbeiter.

In Versammlungen und Meetings wird niemals über Forderungen der Arbeiter gesprochen, denn in der Sowjetunion lautet die offizielle These, daß die sowjetischen Arbeiter für sich selbst arbeiten und somit nicht ausgebeutet werden können, denn die Früchte ihrer Arbeit ernten sie ja selbst. Wenn jemand laut verkündete, daß die Arbeiter schlecht bezahlt werden, daß sie armselig wohnen, daß es für sie keine ärztliche Betreuung gibt, würde er sich der Gefahr einer Verbannung nach Kasachstan, wenn nicht gar nach Archangelsk aussetzen. Die Arbeiter beschließen auf ihren Meetings von politischen Leitern vorbereitete Resolutionen: Sie fordern z. B. eine Verlängerung des Arbeitstages, die Streichung einiger freier Tage usw. Darüber hinaus äußern sie ihre Empörung über England, Deutschland oder Finnland, je nachdem, welche Beschlüsse Genosse Molotow zu gegebener Zeit benötigt. Die Beschlüsse erfolgen immer einstimmig.

Unsere Arbeiter gelangten nicht nur materiell, sondern auch psychisch in eine fatale Situation: Zu polnischen Zeiten konnten sie wenigstens auf die Kapitalisten fluchen und hatten eine Ausrede für ihr Elend damit, daß ihnen der Kapitalist den Löwenanteil des ihnen zustehenden Lohns vorenthält. Sie sahen den Kapitalisten in einem erstklassigen Restaurant sitzen, mit Auto fahren und in einer herrlichen Villa wohnen. Seine Frau in einem herrlichen Pelz sahen sie im Winter an die Riviera fahren. Jetzt war dieses Bild verschwunden. Den Kapitalisten gab es nicht mehr, und sie saßen weiterhin in den Kellerwohnungen, aßen Kartoffeln mit Kohl, und Schuhe für die Kinder konnten sie sich auch nicht leisten. Und die Gedankengänge des politischen Leiters waren so logisch, daß sie ihm keinen Vorwurf machen konnten. Ja was bei uns die Tageszeitungen schrieben, daß in der Sowjetunion jetzt der Kommissar als Ausbeuter der Arbeiter auftritt, ein phantastisches Gehalt bezieht und Champagner trinkt, ist falsch. Es gibt vielleicht einzelne Kommissare, die auf hohem Niveau leben, aber das sind korrupte Betrüger, die nach ein paar Jahren abstürzen und in der Deportation oder im Gefängnis verschwinden. Manchmal stellt man sie sogar „an die Wand".

Jemand anders frißt die Arbeit des sowjetischen Werktätigen auf. Ich entdeckte drei solche Schmarotzer: Der erste ist das Hirngespinst der Industrialisierung, der zweite die Illusion des Imperialismus und der dritte die russische Unfähigkeit. Das erste Trugbild befiehlt den Sowjets, Kraftwerke, Eisenbahnen, Häuser und „Kombinate" über den Bedarf der gegenwärtigen Generation hinaus zu errichten. Man kann sagen, daß die zukünftige Generation die gegenwärtige ausbeutet. Die zweite Illusion befiehlt, Geschütze zu gießen, Panzer und Flugzeuge in phantastischen Größenordnungen zu bauen. Dieses Hirngespinst ist der sowjetische Größenwahn, dem die Vernichtung Deutschlands nicht genügt. Er möchte Hammer und Sichel in den Pyrenäen, auf dem Londoner Tower und auf dem Gipfel des Mount Blanc aufpflanzen. Der dritte Schmarotzer, die Unfähigkeit, bewirkt, daß die Hälfte der Arbeit umsonst geleistet wird. Nur ein so reiches Land wie Rußland kann solche Verschwendung ertragen. In Lemberg wurden riesige Lager für Obst und andere landwirtschaftliche Erzeugnisse gebaut. Die Hälfte des Obstes in den Lagern verkam, die Kartoffeln erfroren in den Waggons, Tomaten faulten tonnenweise in Fässern. Aber daneben sah man ausgezeichnete Produkte aus eben diesem Obst und den Tomaten, gute Weine aus dem Kaukasus und von der Krim, von Zeit zu Zeit Obst und verschiedene Käsesorten, sogar Schokolade. *Nota bene* wurde nicht reine Schokolade produziert, sondern nur gefüllte, denn Kakao ist in Rußland sehr teuer. Nur vier Städte des Landes hatten eine solche Lebensmittelversorgung: Moskau, Leningrad, Kiew und Lemberg. In der Sowjetunion werden Luxusartikel produziert, wie z. B. Sekt, Hummerkonserven, Parfüms (und nicht einmal schlechte) usw. Theoretisch sind das Erzeugnisse für die Arbeiter. Wer auch diese konsumiert, zahlt den

Sowjets eine sehr hohe Handelsspanne. Die Sowjets verfolgen hierbei dieselben Prinzipien wie die Kapitalisten, daß Luxusartikel die höchste Handelsspanne vertragen. Das Resultat dieses Systems war, daß die Hausangestellten der Universität blaß vor Hunger herumliefen. Ihre Arbeitszeit wurde verlängert und der Lohn in Rubel nach einem sehr niedrigen Tarif gezahlt. Der Monatslohn reichte nicht einmal für eine Woche. Sie mußten also die freien Stunden für verschiedene Schiebereien nutzen. Es wurde alles verschoben, was nur dafür geeignet erschien.

Die Arbeiter in den Fabriken mußten oft nach zehnstündiger Arbeit stundenlang sitzen, um sich Vorträge verschiedener politischer Leiter und Volksbildungsreferenten anzuhören. In der Fabrik „Roter Lampenwerker" wurde einmal die Teilnahme an einem Vortrag verweigert. Weil der vorherige Referent nicht erschienen war, wollten die Arbeiter diesmal nicht warten. Erst als bekannt wurde, daß als Referent der Bezirkskommissar des NKWD auftreten sollte, mußten alle wohl oder übel nach der Arbeit dableiben. Es war ein Vortrag über die Vereinigten Staaten. Im Vortrag wurden die Größe des Landes, die Zahl der Einwohner, die größten Städte und Flüsse dargelegt, mit einem Wort: Geografie. Nach zehn Minuten dieses Vortrags, der einfach aus einen Schullehrbuch abgeschrieben war, forderte der Kommissar von den Anwesenden, sie möchten sich als Freiwillige für Polizeiagenten melden. „Wir haben aber keine Zeit, denn wir müssen nach der Arbeit in der Fabrik vor den Geschäften Schlange stehen." – „Eben darum geht es, daß ihr nicht stehen müßt, denn wenn ihr uns die Spekulanten meldet, werden wir sie verhaften, und schon wird es keine Schlangen mehr geben." *Nota bene* die „Spekulanten", es waren überwiegend vorstädtische Banditen, denen es mit Einverständnis der Polizei gelang, an den Schlangen vorbei sich in die Wodkaläden zu drücken und diesen in größeren Mengen zu kaufen. Anschließend verkauften sie diesen auf den Straßen mit hundertprozentigem Gewinn.

Ein anderes Mal war es ein Vortrag zu aktuellen Fragen, es ging um die Verschleppung von Menschen. Es wurden nicht nur Kapitalisten verschleppt, sondern in gleichem Maße Arbeiter, vor allem solche, die aus Oberschlesien, von jenseits der Demarkationslinie stammten und nach Lemberg gekommen waren. Der Politfunktionär erklärte ihnen, daß das zum Schutz vor Spionen geschehe. Er erzählte ihnen dabei eine ganze Geschichte, wie ein russischer Leutnant geheiratet hatte und dann erkennen mußte, daß seine Frau eine

Spionin ist. Unsere Arbeiter begannen daraufhin, ihm Fragen zu stellen, „ob sie schön und jung war“ usw. Der Funktionär bemerkte nicht, daß sie ihn zum Narren hielten und beantwortete ernsthaft alle diese Fragen. Überall lachte man über die „Tschubariks“: auf der Straße, in der Straßenbahn, im Laden. Sie fühlten ihre Niedrigkeit, schämten sich, trugen aber in der Seele eine Genugtuung; sie wußten, was in den Gefängnissen geschieht und wußten auch, welches Los Hunderttausende sorgloser Einheimischer erwartet. Manchmal sagten sie offen: „Ihr wißt nicht, was das NKWD ist! Wie könnt ihr nur so laut über alles reden!

Die Russen haben das Radiohören nicht verboten. Ich ging öfters zu meinem Cousin Dyk und hörte bei ihm die Sendungen aus Paris und London. Die dort wohnenden Frauen sowjetischer Offiziere gingen manchmal durch das Zimmer, aber sie regten sich nicht im geringsten darüber auf. Im Frühjahr 1940 hörte ich auf diese Weise von der Besetzung Norwegens durch die Deutschen, und im Juni hörte ich aus London die Meldung von der Kapitulation Frankreichs. In dieser Nacht konnte ich nicht schlafen. Beide weinten wir. Für mich bedeutete die Niederlage Frankreichs einen schmerzlichen Verzicht auf die Idee, den Sowjets für einige Jahre zu entkommen.

Jeden Tag wachte ich mit Schrecken auf, wenn das nach dem Schlaf wiederkehrende Bewußtsein mich daran erinnerte, daß ich im Gefängnis bin. Ich fühlte mich als Gefangener und blickte mit Abscheu auf die russischen Kompanien, die durch unsere Straße zu ihren Übungen zogen oder von diesen zurückkehrten. Meist marschierten sie mit Gesang. Es gibt wohl keine Armee, wo in einem geschlossen marschierenden Bataillon jede Kompanie ein anderes Lied singt. Eine solche Kakophonie hat sie anscheinend gar nicht gestört. Die Armee hatte ordentliche Uniformen und wurde ununterbrochen gedrillt. Unweit unseres Hauses fanden die Übungen statt, nicht selten im Winter bei zehn Grad Kälte, aber in gleicher Weise im Sommer in der größten Mittagshitze. Der Ausmarsch erfolgte früh, oft schon um drei Uhr. Und den steilen Berg hinaufmarschierend, sangen sie ohne Rücksicht auf die noch schlafenden Bewohner „Für das Volk, für die Partei, für Stalin werden wir marschieren.“ Sie waren hervorragend bewaffnet, wenigstens nach meiner Einschätzung bezüglich der Maschinenpistolen und schweren Maschinengewehre in den einzelnen Kompanien. Die Armee wandelte sich in meinen Augen, so wie das ganze System, das sich im Laufe der annähernd 22 Monate des Aufenthalts in Lemberg von Monat zu Monat veränderte. Zuerst wurde das Salutieren eingeführt, und von diesem Moment an hörten die Offiziere auf, die Kinder auf dem Arm zu tragen. Dann kam die Anordnung über das einheitliche Kommando, die aus dem der Abteilung zugeordneten Politkommissar so etwas wie einen „Bildungsoffizier" machte. Ein großer Teil dieser Politniks wurde zum Frontoffizier. Aber auch im zivilen Sektor gab es Veränderungen, die manchmal so schnell kamen, daß unsere Enthusiasten keine Zeit hatten sich der neuen Mode anzupassen. Ich sah eine Ausgabe der „Roten Fahne", in der eine Jüdin einen Beitrag veröffentlichte, der die Sowjets wegen des bei ihnen kostenlosen Universitätsstudiums verherrlichte und dem „herrschaftlichen Polen" wegen der hohen Studiengebühren Vorwürfe machte, die den Söhnen der Arbeiter und Bauern den Zugang zum Hochschulstudium versperrten. Auf der nächsten Seite derselben Zeitung stand eine behördliche Anordnung über die Einführung hoher Studiengebühren, die so hoch waren, daß sie den Söhnen der Arbeiter einen Zutritt unmöglich machten. Die Begründung des neuen Gesetzes hörte sich so an: Das Wohlergehen des russischen Arbeiters und Bauern hat ein solches Niveau erreicht, daß ein kostenloses Studium nicht mehr gerechtfertigt ist.

Die Verhaftungen dauerten an. Nach den Richtern und Offizieren wandte man sich den Führungsleuten solcher Parteien wie der PPS, Piast, Zionisten usw. zu und anschließend den Leitern gesellschaftlicher Organisationen wie Rotes Kreuz, TSL usw. Es erschien eine Anordnung über die Ausgabe von Pässen, und dabei zeigte sich, daß die Sowjets überhaupt nicht den Willen hatten, an Flüchtlinge vollwertige Pässe auszugeben, sondern nur solche mit der Einschränkung „Paragraf 11"*. Dieser Paragraf bezog sich auf alle Arten Landstreicher, Menschen ohne Beschäftigung, ehemalige Bourgeois usw. Die Konsequenz dessen sah in der Praxis so aus, daß die Gemeinde nicht verpflichtet war, die Anmeldung eines Menschen, der einen Paß mit dem Paragrafen 11 besaß, anzunehmen. In diesem Falle mußte er weiterziehen. Es war klar, daß solche Landstreicherei am Ende mit einer Deportation nach Sibirien endete. Andererseits war die Mehrheit der aus dem Westen eingewanderten polnischen, aber auch jüdischen Intelligenz gar nicht bestrebt, einen sowjeti-

* Verbot der Anmeldung in weniger als 300 km Entfernung von der Grenze.

schen Paß anzunehmen, in der Befürchtung, daß dies als Option zugunsten der Sowjetunion gewertet werden könnte und damit ein für allemal der Rückweg nach Hause versperrt wäre. Auf diese Weise ergab sich die paradoxe Situation, daß sich tausende Menschen vor dem Gebäude versammelten, in dem die deutsche Kommission ihren Sitz hatte, die Genehmigungen zur Rückkehr in die von Deutschland besetzten Gebiete erteilte. Zum wiederholten Male erwies sich die Absurdität der von unseren „Kurieren" verbreiteten Behauptungen, daß Jude und Bolschewik ein und dasselbe seien. So wie nach dem russischen Vertrag im Jahre 1920 einige hunderttausend Juden, von denen ein großer Teil gar nicht polnisch konnte, unter Ausnutzung des Standpunktes Stanisław Grabskis, der den Begriff des polnischen Staatsbürgers recht weit faßte, aus Rußland nach Polen emigriert waren, entschlossen sich auch jetzt Tausende zur Ausreise aus der Sowjetunion nach dem Westen.

Aber es gab auch schon Meldungen über Grausamkeiten, Morde, Schikanen und Demütigungen, von Gettos und anderen, von den Deutschen ohne Eile, aber sehr systematisch eingeführten Beschränkungen. Die Deutschen fotografierten die sich vor dem Gebäude der Repatriierungskommission drängelnden Juden und veröffentlichten die Bilder dann in ihren illustrierten Zeitungen als Beweis, daß die Berichte über Grausamkeiten von Seiten des Hitlerregimes im Generalgouvernement als englische Greuelpropaganda einzustufen seien. Unter den auf Rückkehr Drängenden gab es auch Kommunisten, Schneider aus Zgierz und Pabianice, linke Literaten, frühere Bewunderer der Sowjetunion. Wenn solche Menschen auf der Straße den Richtern begegneten, die sie seinerzeit zu mehrjähriger Gefängnisstrafe verurteilt hatten, machten sie denen Vorwürfe, daß sie nicht zur Strafe nach Sowjetrußland ausgewiesen worden waren, wo man sie radikal vom Kommunismus geheilt hätte. „Dort (d. h. bei Hitler) droht mir der physische Tod, hier der seelische", sagte einer von ihnen, der sich über die grüne Grenze zurück nach Warschau begab.

Es war eine eigenartige Welt voller Widersprüche entstanden. Die Sowjets gaben vielen polnischen Literaten und Schriftstellern Arbeit, indem sie diese beauftragten, schulische Lehrbücher für Geschichte, Literatur, Mathematik und Physik zu verfassen. Andere wurden als Lektoren und Korrektoren angestellt, wiederum andere als Archivare und Bibliothekare oder Kustoden von Museen. Die Zahl der gedruckten Lehrbücher nahm schnell zu. Soweit es sich um Mathematik und Physik handelte, waren das wirklich gute Lehrbücher.

Bibliotheken und Museen wurden ständig umgelagert, entweder zum Zwecke ihrer Vereinigung oder auch Teilung. Dabei gingen viele Bücher verloren. Das Verhältnis zu den Archiven, die dem NKWD unterstanden, war in der Hinsicht interessant, daß sich die Sowjets mehr für unbeschriebene Blätter interessierten als für beschriebene. Wegen Papiermangels vernichteten sie große Mengen von Akten, indem sie die sauberen Seiten als Schreibpapier benutzten. Selbstverständlich wurde ein Großteil der Hypotheken- und Gerichtsakten, die sie überhaupt nicht interessierten, als Altpapier vernichtet. Man kann nicht behaupten, daß das eine geplante Aktion war, sondern vielmehr eine völlige Gleichgültigkeit im Verhältnis zu Dingen, die sie nicht verstanden.

Im Schriftstellerverband verblieben nach der „Säuberung" Wasilewska, Borejsza, Szemplińska, Kosko, Rudnicki, Jastrun, Szenwald, Halina Fryde, Górska, Kurek, Parecki, Pasternak, Boruchowicz, Winawer, Ważyk, Kott, Przyboś, Putrament, Nacht, Gil, Wasylewski, Boy, Ginczanka. Und darüber hinaus russische und jüdische Literaten. Der Verband hatte seinen Sitz im Palast des Grafen Bielski in der Kopernikusstraße. Selbstverständlich wurden da auch die feierlichen Aufnahmen in die Gewerkschaften durchgeführt, wobei sich jeder Kandidat einer Prüfung unterziehen und öffentlich zu Vorwürfen gegen ihn Stellung nehmen mußte. Ich freue mich, daß es meinem Schwiegersohn damals gelang, sich richtig zu verhalten: Auf die Frage, ob er ein Kommunist sei, antwortete er, daß er die katholische Weltanschauung teile und demnach kein Kommunist sei und keiner Partei angehöre. Auf die zweite Frage, wie er zu den Deportationen steht, antwortete er, daß er für sie kein Verständnis habe. Er wurde trotzdem aufgenommen.

Borejsza beschäftigte sich mit dem Ossoliński-Institut, das man mit der Herausgabe von Schulbüchern betraut hatte. Das Museum wurde der Kiewer Akademie unterstellt. Die Akademie veröffentlichte in Vitrinen Fotos, auf denen an Bäumen aufgehängte Gruppen von Kindern abgebildet waren mit der Erklärung, daß diese Fotos die Taten polnischer Herren in der Westukraine darstellen, jedoch ohne Datums- und Ortsangabe. Ein anderes Foto zeigte eine Polizeiattacke auf eine wehrlose Arbeitermenge in Warschau. In diesem Falle erkannten Warschauer Einwohner das Foto. Es zeigte die Auflösung einer von der national-radikalen Jugend organisierten antijüdischen Demonstration durch die polnische Polizei, also eine antifaschistische Aktion, keine faschistische. Die Kiewer Akademie gab für diese Fälschungen ihren

Namen her. Gegenüber einigen historischen Gestalten verhielten sich die Sowjets positiv. Das Denkmal von Mickiewicz blieb stehen, es blieb auch Kiliński im Stryjski-Park, im allgemeinen rührte man Denkmäler nicht an. Es überlebten ebenfalls König Sobieski und der Heerführer Jabłonowski und auch die Statue der Mutter Gottes auf dem Marienplatz. Einmal sah ich, wie sich auf der Aureole dieser Statue sieben weiße Tauben niederließen. Sogleich versammelten sich Menschen um diese herum und betrachteten das als gutes Zeichen.

Der sowjetische Atheismus ist von besonderer Art. Es kam vor, daß ein Sowjetbürger vor der Kirche der Mutter Gottes die Passanten ansprach und diese fragte, „ob die Mutter Gottes dort im Erdgeschoß wohnt oder im ersten Stock". Einmal kam ein sowjetischer Pilot zu einer Unterrichtsstunde ins Kloster Notre Dame, der den Mädchen erzählte, daß er schon in 5000 Metern Höhe war, aber keinen Gott erblickt habe. Da erwiderte ihm eines der Mädchen: „Wenn Sie abgestürzt wären, hätten Sie ihn gesehen!" Anfangs wurde die atheistische Propaganda gefördert, später ließ das nach. Aus diesem Anlaß gab es manchmal Demonstrationen von Schulkindern. Dann drangen Panzer des NKWD auf den Schulhof ein und schossen in die Luft.

Der Haß gegen die Sowjets, aber auch die Furcht vor ihnen vergrößerte sich nach der berüchtigten Nacht des heiligen Julius, am 13. April 1940. An diesem Tag gab es Deportationen in bisher nicht gekanntem Ausmaß. In der Nacht fuhren Hunderte vom NKWD begleitete Kraftwagen in die Stadt. Die Soldaten drangen in die Wohnungen ein und nahmen in Listen aufgeführte Menschen fest. Man ließ ihnen ein paar Stunden Zeit zum Packen und dann fuhr man sie zum Bahnhof, wo schon einige hundert Eisenbahnwaggons warteten. Manchmal stand ein Transport noch drei Tage auf dem Bahnhof, bis er sich in Fahrt setzte, und vielen Menschen gelang so noch die Flucht. In frostigen Nächten gab es Fälle, daß Kinder in den unbeheizten Waggons erfroren, bevor noch der Zug Lemberg verlassen hatte. In dieser Nacht vom 12. zum 13. April wurden viele meiner Bekannten und Freunde mitgenommen. Unter ihnen war Stanisław Adamski aus Jasło mit Frau, Töchtern und Enkelin. Der Grund war, daß die Männer der Töchter Offiziere waren, die nicht in Lemberg weilten. Sie wurden nach Kasachstan deportiert und dort in der Steppe angesiedelt. Aber sie lebten, schrieben Briefe und empfingen auch Päckchen und Briefe. So wurden hunderte Familien aus Lemberg und Tausende aus dem

Umland deportiert. Zu den Deportierten gehörten Armeeangehörige, polnische Bauern, die auf parzellierten höfischen Flächen angesiedelt wurden, weil, wie jemand sagte, „die kommunistische Partei Hinweise besitzt, daß sie Spione des polnischen Geheimdienstes waren"!

Damals wurde auch Lidkas Freundin, Fräulein Smalewska, mit ihrer Mutter, der Frau eines Sanitätsoffiziers, deportiert. Von ihnen erhielten wir Briefe. Sie wohnten in Kasachstan inmitten irgendwelcher einheimischen Stämme, die auf den Tod der Übersiedler warteten, um sich ihrer Habe zu bemächtigen. Manchmal gab es auch räuberische Morde an Deportierten, wenn diese sich auf kilometerweiten Fahrten mit bei der Post abgeholten Paketen befanden. Hunderte Bauern und Arbeiter wurden in die Gegend des Weißen Meeres gebracht, von denen nur wenige die Emigration überlebten. Auch von ihnen kamen Briefe, aus denen Furcht und Entsetzen sprachen. Strenger Frost, unheimliche Polarlichter und Elend fanden Ausdruck in den Briefen, die mir Przyboś vorlas.

Zu den Deportierten gehörten jüdische Kaufleute aus der Grodecka- und Żółkiewska-Straße, Straßenmädchen, die während der Fahrt in den Waggons sangen „Jeszcze Polska nie zginęła" [Noch ist Polen nicht verloren]. Damals lernten wir die Sowjets kennen, und dennoch nicht vollkommen. Von der Lemberger Intelligenz fehlte die Hälfte. So wurde der junge Sierpiński deportiert, der Rechtsanwalt N. Łomnicki, der mit seiner Verlobten versucht hatte, nach Rumänien zu fliehen, und viele, viele weitere. Man begann sich nach Fluchtwegen aus diesem Kessel umzuschauen. Die einen gingen nach Ungarn oder Rumänien, aber diese Wege waren schon stark vom NKWD kontrolliert. Andere versuchten den Weg nach Litauen. Vielen von diesen gelang die Flucht, und mit Hilfe amerikanischer Konsulate auf der Grundlage von Affidavits*, die ihnen Familien aus den Vereinigten Staaten hatten zukommen lassen, gestattete man ihnen eine legale Überfahrt über Japan nach Amerika. Andere wurden an der Grenze aufgegriffen und selbstverständlich deportiert. Dies passierte u. a. dem jungen Dr. J. Grünhut mit Frau, dem Cousin meiner Frau. Von der jüdischen Intelligenz in Jasło wurde die Mehrzahl deportiert: Dr. Karpf, Schochet, H. Kramer mit Frau und viele andere. Dennoch hielt sich das Märchen, daß die Sowjets diese Leute favorisierten. Derweil wurden sie als angeb-

---

* (engl.) Bürgschaftserklärungen.

liche Spione Hitlers unter besonders unmenschlichen Bedingungen deportiert. Die Deutschen würden sie zweifellos als Juden vernichten, die Polen aber sprachen bis zum Schluß von ihnen als von bolschewistischen Agenten.

Viele Lemberger Rechtsanwälte, Richter und Staatsangestellte wechselten ihre Dokumente und Wohnungen und verdienten sich den Lebensunterhalt mit ihrer Hände Arbeit, auf dem Bau oder in den Fabriken unter Verheimlichung des ursprünglichen Berufes. Aus meiner Nachbarschaft wurde Frau Tomczycka, geb. Petold, mit ihren Kindern als Frau eines Reserveoffiziers deportiert, aber ihr Mann blieb zurück unter dem Namen Jastrzębiec, nachdem er sich einen Bart zugelegt hatte und ins Umland gezogen war. Viele Einwohner von Jasło, wie Dyk Schoenborn, Ignacy Weiss, Ludwik Oberländer, arbeiteten in chemischen, Desinfektions- und anderen Genossenschaften. Wenn ein Flüchtling nachweisen konnte, daß er schon vor dem 1. September 1939 in Lemberg gewohnt hatte, galt er als Einheimischer. Den Intelligenteren gelang es, sich das zu besorgen. Der Onkel meiner Frau, Herr Zielony, entschloß sich zur Veränderung seiner Identität. Ihm wurde eine schöne Urkunde ausgestellt, ich selbst fand einen Stempel, der den Angaben entsprach, bemühte mich um fehlerfreies Latein und außerdem um die richtige Stempelfarbe. Trotzdem lebte er in Furcht davor, daß das NKWD die Fälschung erkennen könnte. Zum Schluß, nach vielen Umständen, ging er, um sich einen Paß zu holen, und auf der Grundlage dieser Urkunde erhielt er ihn auch, mit eingetragener Nationalität Jewrej [Jude]! Die Sowjets machten keinen Unterschied zwischen katholischen und jüdischen Urkunden!

Damals wurden auch Irena Łomnicka Wachlowska und Frau Aleksandrowicz deportiert, auch der junge Wertenstein, die Familie Jaworski usw. wurden verhaftet. Von Zeit zu Zeit erschienen entschlossene junge Männer, die von Warschau über die grüne Grenze nach Lemberg gelangten und dann weiter nach Ungarn gingen. Einigen gelang die Flucht. Damals lernte ich den Vetter meines Schwiegersohns*, Kott, kennen. Er war ein junger Mann, noch keine 25 Jahre alt, der vor dem Krieg in die Welt gezogen war. Als Matrose ging er auf ein englisches Schiff, qualifizierte sich zum Steuermann, und mit diesem Diplom schrieb er sich an der Handelsschule ein, die er dann absolvierte. Er kehrte mit einer größeren Summe Geldes zurück, als er mitgenommen hatte.

---

* Kazimierz Kott war der Cousin, nicht der Vetter von Jan Kott.

In Warschau war er Mitglied einer konspirativen Gruppe. Er wurde gefaßt, und so erwartete ihn der Tod. Als ihn ein Soldat zur Toilette führte und eine Hand aus den Fesseln löste, sah er, daß das Fenster offen stand. Er sprang durch dieses hinaus und fiel drei Soldaten auf den Kopf. Eben in diesem Augenblick fuhr ein mit Heu beladener Wagen vor das Gefängnistor. So konnte der Gefangene durch den Wagen gedeckt auf die Straße entfliehen. Bevor die Soldaten begriffen, was geschehen war, sprang er in eine Droschke und verschwand. Von den Deutschen wurde ein Preis für die Ergreifung Kaziks ausgesetzt, doch ihm gelang es, auf die sowjetische Seite überzutreten. Er war ein hübscher, ruhiger Junge, der keine Nerven zeigte. Selbstverständlich besorgte ihm die Organisation in Lemberg einen sowjetischen Paß. Von London aus wurde er zum Oberleutnant befördert. Seine Familie und die Verlobte wurden in Warschau verhaftet und von den Deutschen erschossen. Er behauptete, daß die Organisation in Lemberg nicht ernsthaft arbeitet und beschloß, nach Warschau zurückzukehren. Beim Überschreiten der grünen Grenze wurde er erschossen.

Bei uns wäre es sehr traurig, wenn nicht ab und zu die Knasters, Oberländers, viele andere Flüchtlinge aber auch viele Literaten, die den Schwiegersohn und Lidka aufsuchten, zu Besuch kämen. Mein Schwiegersohn hatte immer wieder einen anderen Beruf. Er war Korrektor, Dolmetscher, Helfer des Buchhalters, Archivar, Bibliothekar, und kürzlich sollte er Volontär am Lehrstuhl für Romanistik werden. Bei den Sowjets ist es leichter, mehrere Berufe zu haben als nur einen. Bei der Beobachtung seiner Freunde erkannte ich bei ihnen einen sonderbaren Wandel. Bei den einen zeigte sich das scharf. So z. B. löste die Ginczanka die Beziehungen zu Lidka, nachdem sie sich zum Kommunismus bekannt hatte. Przyboś hörte plötzlich auf, über bestimmte Dinge zu sprechen, erblaßte und stotterte, wenn man ihn danach fragte. Offensichtlich hatte er als Redakteur der „Widnokręgi"* nähere Bekanntschaft mit dem NKWD gemacht. Die „Widnokręgi" war eine literarische Zeitschrift, zu deren Redaktion auch Przyboś, Boy-Żeleński, die Usiejewiczowa in Moskau und Wanda Wasliewska gehörten.

---

* „Nowe Widnokręgi" (Neue Horizonte) – gesellschaftlich-literarische Monatszeitschrift, Organ des sowjetischen Schriftstellerverbandes, gegründet von Wanda Wassilewska in Lemberg.

Boy war einer von denen, die beschlossen hatten, eine Tarnfarbe anzulegen und als Kommunisten zu erscheinen. Aber da gab es auch andere, wie Tadeusz Hollender, die sich nicht einmal dem Schriftstellerverband anschlossen, um sich nicht dumm stellen und auf Befehl Gedichte über Maulbeerspinner und Maulwurfsgrillen schreiben zu müssen. Gil schrieb Feuilletons antireligiösen Inhalts, aber am besten hielt sich Nacht, der seinen kabarettistischen Versen treu geblieben war. Tadeusz Hollender war der einzige, der mit einer Dauer des Krieges von mehr als fünf Jahren rechnete Im allgemeinen besaßen junge Leute in dieser Situation eine bessere Orientierung.

Manchmal kam auch Zbyszek Oberländer, ein junger Bursche, der sich in der Werkstatt von Frau Maria Bujakowa mit dem Flechten von Kelimteppichen beschäftigte. Er konnte Rundfunknachrichten hören und verstand sie auch ausgezeichnet. Er kündigte auch dem Vater an, daß er nicht ins deutsche Okkupationsgebiet zurückkehren wird. Von meinen Bekannten ging Janek Adamski nach Jasło zurück, und Frau Węgrzyńska nutzte die Tatsache, daß sie 1915 in Wien geboren wurde und so als „Deutsche“ legal ausreisen durfte. Aber sie kam nicht in Jasło an, denn sie wurde nach Sachsen zur Arbeit geschickt. Dort lernte sie einen Polen kennen, den sie heiratete, und dann reiste sie mit diesem in die Schweiz aus. Ihr Bruder wollte bei Sanok über die Grenze gehen, verspätete sich aber um ein paar Stunden, wurde festgenommen und von den Sowjets deportiert. Prof. Jan Hirschler erklärte sich als Volksdeutscher und reiste legal nach Posen. Dort allerdings zeigten ihm anscheinend die Deutschen seine in irgendwelchen Berichten gedruckten patriotischen Reden, die er anläßlich nationaler Feierlichkeiten gehalten hatte, und bereiteten so seiner Karriere ein Ende. In Lemberg sprach man davon, daß er unbedingt mit den Deutschen zusammenarbeiten wollte und betrachtete ihn als Verräter. Er war es gewesen, der bei meiner Habilitation die Staatsangehörigkeit meiner Kinder in Frage gestellt hatte, die damals noch gar nicht das Licht der Welt erblickt hatten.

Es ging auch eine andere Gruppe Menschen außer Landes: die Aristokratie, die ihre Ausreise dem deutschen Botschafter in Moskau, Graf Schulenburg, zu verdanken hatte. Mit dieser Gruppe emigrierten Prof. Ehrlich und Herr Emil Bader mit Frau. Ins Ausland gingen auch Frau Lanckrońska, Dozentin für Kunstgeschichte, und Frau Rzewuska, die ehemalige Französischlehrerin meiner Lidka. Sie überließ mir einige zig Stücke sehr schönen Porzellans zur Verwahrung. In Lemberg war immer Platz.

Der Deportation im April folgte eine weitere in der Nacht vom 28. zum 29. Juni, die hauptsächlich Flüchtlinge, also Juden, betraf. Diese Deportation konnte ich aus unmittelbarer Nähe beobachten. In der Nacht kam eine Kolonne Autos in die Straße gefahren, und kurz darauf klingelte es an meiner Tür. Zwei Soldaten des NKWD traten ein und fragten nach meinem Schwiegersohn. Mein Schwiegersohn hatte aber nach langen Schwierigkeiten am Vortage einen vollgültigen Paß erhalten und protestierte heftig gegen diesen Besuch. „So haben Sie einen Paß und so packen Sie ihre Sachen zusammen!"

Meine Frau, die Tochter und ich bemühten uns, Janek beim Zusammenpacken der Sachen zu helfen, was nicht ganz leicht war, denn ein Soldat hinderte uns ständig mit dem Bajonett, von einem Zimmer ins andere zu gehen. Es war deutlich erkennbar, daß sie fürchteten, von uns ermordet zu werden. Unter dem Kopfkissen suchten sie nach Janeks Revolver. Einer von ihnen kam in mein Zimmer und begann trotz meiner Proteste eine Durchsuchung. Er nahm weder Geld noch die Uhr, er führte die Durchsuchung sehr ungeschickt durch. Schlimmer war es, daß eben zu dieser Zeit bei mir auf dem Dachboden über der Küche fünf Personen übernachteten, um einer Deportation zu entgehen. Das waren Onkel und Tante meiner Frau, Onkel Zielony, unser Dienstmädchen und noch eine Person, an deren Namen ich mich nicht mehr erinnere. Die Soldaten drangen in die Küche ein. Da sie sich aber im Bau der Wohnungen nicht auskannten, kamen sie nicht auf den Gedanken, daß es da noch einen Dachboden gibt. Sie gaben Janek Ratschläge, was er mitnehmen und der Frau, was sie einpacken sollte. Dabei vergaßen sie auch nicht die Zahnpasta und Zahnbürste, was wohl ihre Kenntnis der westlichen Zivilisation beweisen sollte.

Als sie uns verließen, erblickte ich meine Cousine Muta, die eine Etage höher wohnte, und die schon mit ihren Koffern mit ihnen hinunterging. Ihre Schwester und ihr Schwager blieben unbehelligt. Wir reichten Muta noch schnell eine Decke hinüber, und so begab sich die ganze Gesellschaft die Kadettenstraße hinunter. Nach einer Viertelstunde kam Janek zurück. Er hatte dem Offizier in der Magdalenenschule, wo die Festgenommenen gesammelt wurden, seinen Paß gezeigt, worauf dieser ihn auf der Stelle freiließ. Nachdem wir wußten, wo sich Muta befand, schickten wir den Hauswart mit zusätzlichen Sachen, die sie auch in Empfang nehmen konnte. Von welchem Bahnhof und zu welcher Zeit sie abfuhr, konnten wir nicht in Erfahrung bringen. Aber nach einigen Wochen kam von ihr die Nachricht, daß sie sich in der Nähe von Swerdlowsk (früher Perm) hinter dem Ural befindet. Dort mußte sie Gras mähen und Heu machen. Der Weg zur Arbeit war acht Kilometer weit, täglich waren also sechzehn Kilometer zu bewältigen. Die Päckchen kamen an, obgleich das manchmal mehr als einen Monat dauerte. Mit der Gesundheit gab es keine Probleme, sie hatte dort Freunde gefunden, die sich um sie kümmerten. Sie brach sich die Hand und kam so in ein Krankenhaus nach Swerdlowsk. Es war dies ein ausgezeichnetes Krankenhaus mit Einrichtungen und Geräten, wie sie in Europa nur Luxussanatorien besitzen. Dort war sie mehrere Wochen, konnte sich erholen und sattessen, und danach kehrte sie zur Arbeit zurück, allerdings an einen anderen Ort. Die Übersendung von Päckchen war nun erschwert, denn der Lemberger Post war die Annahme verboten. Man wollte auf diese Weise den Versand von Lebensmitteln aus Lemberg stoppen, aus der Stadt, die der „Präsentation" diente. Wir halfen uns auf die Weise, daß wir die Päckchen über einen Frachtkurier nach Zdolbunow schickten, von wo aus sie dann weiter befördert werden durften. Man muß feststellen, daß die überwiegende Zahl der Deportierten Päckchen erhielt, soweit es jemand gab, der sie schicken konnte. Auch die Briefe kamen an. Aber Dr. Józef Grünhut, z. B., der in einem Straflager war (von der Frau getrennt), konnte sich weder mit ihr noch mit uns in Verbindung setzen. Seine Briefe erreichten uns, aber er erhielt unsere Antwortschreiben, bzw. die über uns weitergeleiteten Briefe seiner Eltern, nicht. Die Eltern fürchteten sich einfach, mit ihm direkt zu korrespondieren, damit die Identität der Familiennamen nicht ihre Gefangennahme zur Folge hätte. Schließlich beschlossen sie, nach Truskawiec umzuziehen, wo der alte Dr. Bernard Grünhut eine Stelle als „Kurarzt" bekleidete.

Nach Truskawiec kamen immer viele Gäste aus der Ukraine, aus Rußland und anderen Ländern zur Kur. Da war einmal ein Dozent für Marxismus und Leninismus. Der hat sich stets den Bauch ordentlich vollgeschlagen und die reichliche Diät genutzt, was natürlich seiner Gesundheit nicht dienlich war. Weil er sich immer schlecht fühlte, behauptete er, daß das polnische Personal ihn vergiften wolle. Trotzdem blieb er da und fraß sich ständig voll. Überhaupt ist das Reisen in Kurorte ein wichtiges Vergnügen bei den Sowjets.

Von Zeit zu Zeit erhält ein Arbeiter oder Werktätiger eine Zuweisung nach Teodozija oder Tiflis und lebt dann vier Wochen ohne NKWD, ohne Meetings und ohne Befürchtung, daß er für eine Verspätung zu fünf Jahren Deportation verurteilt wird. Solche Urteile der Verbannung beschließt ein aus Arbeitern zusammengesetztes Volksgericht. Der Kläger stellt den Antrag und fragt, wer dagegen ist. Weil aber niemand wagt, dagegen zu sein, ist die Strafe der Verbannung für zehnminütige Verspätung einstimmig beschlossen. Eine der Qualen, und nicht die kleinste, die die Arbeiter in der Sowjetunion ertragen müssen, besteht gerade darin, daß sie selbst die Strafen für sich beschließen müssen, eine Verlängerung der Arbeitszeit, Zwangsanleihen und ähnliche Belastungen. Es gelingt ihnen nicht, das Geheimnis dieses Tricks zu ergründen, durch den sie in einem Streich ihres Schattens von Freiheit beraubt werden. Eine der Bekannten meines Cousins, eine Ärztin und Kommunistin, unternahm eine Reise nach Rußland, um dort einen Posten zu übernehmen. Sie kehrte mit einem Nervenschock zurück und war erschüttert von dem, was sie dort angetroffen hatte. Sie hatte Angst zu sprechen. Wir haben nur so viel erfahren, daß es dort große Fabriken gibt, wo die Arbeiter unter fatalen Bedingungen wohnen, daß sie Wasser aus den Pfützen trinken, obgleich die Aushebung von Brunnen sehr leicht wäre. Auch sie selbst, die als Betriebsärztin bestimmte elementare Verbesserungen der hygienischen Bedingungen forderte, wurde vom NKWD so eingeschüchtert, daß sie das für ihr ganzes Leben nicht vergessen wird. Viele unserer Kommunisten schauten sich um, unter ihnen auch mein Assistent, Herr Stark. Für ihn bedeutete diese Enttäuschung eine psychische Katastrophe. Er hatte gesehen, daß es das, woran er geglaubt hatte, nicht gibt.

In allen Behörden, Fabriken und Büros wurde ständig für den Eintritt in die IORH, die Internationale Organisation der revolutionären Hilfe, geworben. Im Angesicht der Freundschaft mit Deutschland, der Niederlage Frankreichs und angesichts der Tatsache, daß in England Kommunisten nicht verfolgt werden, kamen die Politfunktionäre in Schwierigkeiten, wenn man sie fragte, was diese Organisation eigentlich macht. Aber sie fanden eine Antwort: Die Organisation betreibt die Befreiung Thälmanns! Weil aber die Millionen Mitglieder zählende Gesellschaft, die sich um die Befreiung eines von den befreundeten Faschisten gefangengehaltenen Deutschen bemüht, einen sonderbaren Eindruck machte, kam diese Organisation auf geheimen Befehl aus der Mode, und man hörte auf, uns zu belästigen. Mir war es bis zum Schluß gelungen, mich vor solcher Würde zu bewahren, wie auch vor den Vorlesungen in Russisch. Aber es gab viele, die nicht nur Mitglied der IORH waren, sondern auch die abendlichen Schulungen besuchten, in denen man die Professoren der Universität in Marxismus-Leninismus unterrichtete.

Eine Aufdringlichkeit anderer Art waren die sog. sozialistischen Wettbewerbe. Man forderte die einzelnen Lehrstühle auf, andere zum sozialistischen Wettbewerb „aufzurufen". Zu diesem Zwecke wurde ein Plan für wissenschaftliche und gesellschaftliche Arbeiten aufgestellt, den der Lehrstuhl und seine Mitglieder im Laufe eines Jahres erfüllen sollten. Selbstverständlich blieb der überwiegende Teil des Plans auf dem Papier, denn es ist klar, daß man sich nicht zur Lösung wissenschaftlicher Probleme verpflichten kann. Dann lernten wir sowohl den sozialistischen Wettbewerb als auch die Erstellung von Plänen für normale Arbeiten auf der Grundlage „gesparter Arbeiten", d.h. schon längst geschriebener aber nicht veröffentlichter Arbeiten, kennen. Alle diese Dummheiten plagten uns und nahmen viel Zeit in Anspruch. In den Betrieben war es nicht anders. Mir wurde berichtet, wie ein Betriebsleiter zu einem bescheidenen Ingenieur kam und diesen aufforderte, im Laufe von drei Monaten eine Erfindung zu machen und vorzulegen. Dann verkürzte er die Zeit auf sechs Wochen und war sehr verwundert, daß der Ingenieur keine Anstalten machte, etwas zu erfinden. Das Geheimnis liegt darin, daß man es verstehen muß, sich zu helfen. Es genügt, eine weniger bekannte Kleinigkeit aus einer technischen Zeitschrift zu kopieren und schon hat man eine Erfindung. Niemand überprüft die Originalität, im Gegenteil, in den Zeitungen wird öffentlich gelobt und ein Foto des Erfinders veröffentlicht.

Die Sowjetmenschen lieben bestimmte Gegenstände: ein Farbstift, ein Füllfederhalter, eine Uhr, das fasziniert sie. Im Büro kann man keinen Bleistift auf dem Tisch liegen lassen, er wird sofort gestohlen. So waren neben Lebensmittelläden auch die Läden mit Spielzeug am häufigsten vertreten. In ihnen wurden ordinäre hölzerne Spielsachen verkauft, kleine Trommeln, Geigen für Kinder, kleine Trompeten usw. Die Läden wirkten mehr wie Jahrmarktbuden denn als großstädtische Geschäfte. Der Markt stand voller Verkaufsstände, und über diesen wehten riesige aus Stoff gefertigte Transparente, auf denen das Glück der Menschen in der sowjetischen Ukraine dargestellt war: lachende Mädchen und kühne Bauernburschen in Volkstrachten vor einer Landschaft, in der im Überfluß Milch und Honig fließen. Diese Propaganda vermochte unsere Menschen nicht zu überzeugen. Sie beurteilten das Wohlergehen der Sowjetmenschen nach der Qualität der Wäsche der Rotarmisten und ihrer Frauen, und da gab es nichts Imponierendes.

Eines der beliebten Spiele der Sowjetmenschen ist das elektrische Licht. Das Werk „Roter Lampenwerker" lieferte der Bezirksverwaltung in N. Glühlampen für einige zehntausend Rubel und mußte die Bezahlung dafür mehrfach anmahnen. Man muß wissen, daß in der Sowjetunion alle Schwierigkeiten des kapitalistischen Handels bekannt sind. Der Direktor eines Betriebes schiebt jede Bezahlung so weit wie möglich hinaus, denn er vermag niemals ein Ende mit dem anderen zu verbinden. Die Bank, bei der der Betrieb ein Konto besitzt, hat oft kein Bargeld, denn in Rußland gibt es keine Inflation, und der Finanzetat darf nicht überzogen werden. Ich habe zwar die Ursachen dieser Erscheinungen nicht studiert, aber ich stelle fest, daß sie auf der Tagesordnung stehen. So fuhr also ein Angestellter des „Roten Lampenwerkers" persönlich zur Entgegennahme der Bezahlung, nachdem vorher alle schriftlichen und telefonischen Überredungskünste erschöpft waren. Aber der bezirkliche Würdenträger sagte wiederum: morgen! So erschien die Sache schon hoffnungslos, als dem Würdenträger plötzlich ein neuer Gedanke in den Kopf schoß:

– Haben Sie farbige Glühlampen?

– Selbstverständlich.

– Und können Sie je eine rosafarbene und blaue liefern?

– Natürlich.

Da wurden zwei Glühlampen bemalt, abgeschickt, und auf der Stelle erhielt der Betrieb die ausstehenden mehreren zehntausend Rubel!

Infantilismus ist eines der Merkmale des sowjetischen Menschen. Der durchschnittliche sowjetische Offizier schenkt Frauen wenig Beachtung, er geht an schönen Mädchen und vornehmen Damen vorüber, ohne sich nach ihnen umzusehen. Sie verhalten sich wie Kastraten. Sie lachen niemals aus voller Seele. In Rußland herrscht Prüderie. Die Studenten, die seinerzeit forderten, daß der Senat die unanständigen Reklamen aus Lembergs Straßen entfernt, haben ihr Ziel erreicht. In der Sowjetunion kennt man Werbung dieser Art nicht. Es werden in den Theatern keine Operetten oder frivolen Komödien gespielt, es gibt keine Malerei oder Schnitzerei, die der empfindlichste Zensor nicht akzeptieren würde. Aber es gibt bei ihnen auch keine Tragödie, so wie diese auch in Huxleys „Neuer prächtiger Welt“ nicht existiert. Irena Wilde, die ich bereits erwähnte, hat einen Roman über einen sowjetischen Wissenschaftler geschrieben, der die Wahl hatte, sein geliebtes Mädchen zu heiraten oder einsam an einer Erfindung zu arbeiten, die der Sowjetunion einen entscheidenden Fortschritt im Bereich der Produktion (ich weiß nicht mehr, ob Kriegsproduktion oder andere) sichern sollte. Der junge Mann opferte sein persönliches Glück dem Wohl des Vaterlandes. Dieser nicht sehr interessante Roman traf auf scharfe Kritik. Der Rezensent warf der Autorin vor, daß sie das sowjetische Leben nicht kennt, denn im Gegensatz zu den kapitalistischen Ländern kann es in der UdSSR einen solchen Konflikt nicht geben. Jeder kann ein Erfinder sein und dabei heiraten, wen er möchte. Diese Sache ist vollkommen klar. Junge Erfinder stehen unter der Obhut des Staates und bekommen Mittel nicht nur für ihre Arbeit, sondern auch für die Gründung des heimischen Herdes. Alles ist ideal geplant und eingerichtet.

Ein geselliges Leben gibt es bei den Sowjets nicht. Es fehlt dazu nicht nur die Zeit, es verspürt auch niemand Lust, sich mit Menschen zu treffen, die ihn auf der Grundlage von Aussagen bei einer geselligen Unterhaltung denunzieren könnten. Dr. Kontny erzählte mir, daß er in irgendeinem Archiv gearbeitet hatte und dann auf eigenen Wunsch in den Forstdienst übernommen worden war. Bei der Ankunft im Büro informierte er seine Kollegen, daß er ab morgen nicht mehr hier arbeiten werde. Da begannen zwei seiner Mitarbeiter, die sich bisher als Freunde und Kollegen verhalten hatten, in seiner Gegenwart eine Diskussion, ob man ihn nicht dem Staatsanwalt wegen eigenmächtigen Verlassens der Arbeitsstelle melden sollte (was eine fünfjährige Verbannung nach sich zieht).

Die Sowjets waren darum besorgt, uns über die laufenden politischen Ereignisse zu informieren. Für die Intelligenz gab es dazu besondere, geschickt gemachte Vorträge des Genossen Trofimow, die sich natürlich an die offiziellen Thesen hielten. Oder vielmehr waren sie halb offiziell, denn die offizielle Politik verkündete die Freundschaft mit Deutschland, die Rotarmisten dagegen sagten in privaten Gesprächen den Marsch „gegen die Germanen“

voraus. Die Vorträge Trofimows lagen so etwa in der Mitte. In ihnen hieß es, daß Frankreich deshalb eine Niederlage erlitten hat, weil es die Kommunisten nicht hat an der Regierung teilhaben lassen. England dagegen, das sie zugelassen hat, unterlag nicht, eben aus diesem Grunde. De Gaulle ist ein großer französischer „Patriot"! Griechenland ist militärisch nicht schwächer als Italien und verdient Anerkennung. Immer deutlicher wurde erkennbar, daß Rußland in keiner Position nachgibt. Es lauert und wartet darauf, daß sich die kapitalistischen Mächte Europas gegenseitig vernichten. Aber es war auch zu sehen, daß es zunächst noch keinen Krieg mit Deutschland wünschte. Die Weizen- und Benzintransporte nach Deutschland funktionierten, und unsere Eisenbahner, die sie sabotierten, wurden massenweise deportiert.

Wir hatten uns auf einen längeren Aufenthalt eingerichtet. Die sowjetische Bürokratie war schon in alle Bereiche eingedrungen. Die Behördenangestellten wurden bereits zum Abschluß von Versicherungen und zur Zeichnung außerordentlicher Staatsanleihen genötigt, was ihre Einkommen erheblich verminderte. Man mußte sich zu helfen wissen. Dank der Hilfe des Kollegen Knaster, der den Text ins Russische übersetzt und zahlreiche Verbesserungen der Zeichnungen vorgenommen hatte, erhielt ich einen Vertrag mit dem Verlag „Gortechizdat" für die Herausgabe des „Kaleidoskops" auf Russisch. Dabei mußte ich einige Beispiele verändern, z. B. die proportionale Wahl für eine sportliche proportionale Repräsentation. Das war deshalb erforderlich, weil in Rußland proportionale Wahlen nicht bekannt sind, deshalb darf man auch generell nicht darüber sprechen. In der neuen Ausgabe fügte ich den Satz von der Halbierung beliebiger dreier Gebiete durch einen Kreis hinzu, den ich damals bewiesen hatte, und auch noch drei Abbildungen aus der Physik. Die neuen Zeichnungen (u. a. die Lösung des Abfüllens von Wein mit Hilfe dreier Gefäße und der Kugel auf einem rhomboidalen Billardtisch) fertigte mir Frau Lesia Sierpińska an. Anfang März ging das Manuskript nach Moskau, und ich erhielt 60 Prozent des Honorars ausgezahlt. Damit hatte ich eine Position des Planes der wissenschaftlichen Arbeit erfüllt.

Laufend waren Formulare auszufüllen, wenn nicht für die Universität, dann für die Gewerkschaft, und wenn nicht für diese, dann für die Akademie. Eine wichtige Frage war immer, was man in den Jahren der Oktoberrevolution getan habe. Mein Schwiegersohn antwortete, daß er damals drei Jahre alt war und dieses Ereignis nicht entsprechend wahrgenommen hat. Es erwies sich aber, daß das Alter hier keine Rolle spielte. Die zweite wichtige Frage war, ob man Verwandte im Ausland hat. Ich schrieb, daß das Ausland 1939 hinter mir weggefahren ist. Aller Art Reisen und Besuche sind in Sowjetrußland schlecht angesehen. Der Besucher wird als Spion angesehen, und der Ausreisende als Nörgler oder Spion. So war es allerdings auch schon im zaristischen Rußland, vielleicht allerdings nicht in dem Maße. Bei der Lektüre des Tagebuchs des Marquis de Custine von seiner Reise durch Rußland vor hundert Jahren wurde mir bewußt, wie viele der Dinge, die uns als fremd vorkamen, auch schon diesen Reisenden überfallen und verwundert hatten. Ludwik Oberländer, der Mickiewicz' Vorlesungen über slawische Literatur kannte, fand in ihnen eine Bestätigung der These. Also nicht der Kommunismus, sondern das russische Wesen war uns fremd. Schließlich ist offiziell die sowjetische Gesellschaftsordnung nicht kommunistisch, sondern sozialistisch. Der Unterschied ist recht verschwommen. „Gegenwärtig bekommt jeder entsprechend seiner Leistung, später bekommt er entsprechend seinen Bedürfnissen", das ist die offizielle Aussage über den Unterschied zwischen dem gegenwärtigen Sozialismus und dem künftigen Kommunismus.

Anders als ich sahen das die jungen Menschen. Zum Beispiel mein Schwiegersohn vertrat die Meinung, daß Mitteleuropa, und mehr noch Osteuropa, nur die Wahl habe zwischen Rußland und Deutschland. Niemand anders habe Kraft und Lust, sich für die Angelegenheiten solcher Völker wie der Polen zu engagieren. England als das Haupt des überseeischen Imperiums könne nur die eine oder die andere Seite unterstützen, habe aber weder die Absicht, noch besitze es die Möglichkeit, seine Einwohner zu einer totalen Anstrengung zu zwingen, um sein politisches und gesellschaftliches System dem Kontinent überzustülpen. Deshalb hätten wir keine Wahl: Wenn wir das Hitlersystem ablehnen, bleibe nur die UdSSR.

Zu den vom Regime am meisten gelobten Professoren gehörte Parnas. An seinem Institut arbeiteten zehn bis zwanzig wissenschaftliche Mitarbeiter und dazu die entsprechenden Hilfskräfte. Ihn unterstützte man freigiebig mit Geld. Er bekam Einladungen nach Kiew, Charkow und Moskau. Ich war auch einige Male nach Kiew zu Sitzungen der Akademie eingeladen, aber immer konnte ich mich mit meinem schlechten Gesundheitszustand entschuldigen. Die Reise dauerte mehr als zehn Stunden, was ich nicht gut vertrage, und außerdem waren mir der Anblick der mitfahrenden Passagiere und der Klang ihrer Sprache verhaßt. Andere fuhren. Manchmal konnte auch trotz offizieller Einladung niemand fahren, weil der Angestellte der speziellen Abteilung an der Universität nicht rechtzeitig die Delegierungsunterlagen besorgt hatte, ohne die man keine Fahrkarten kaufen konnte. Professor Parnas erzählte mir, daß er in Charkow bei der Besichtigung des röntgenologischen Instituts dem Professor gegenüber die Worte gesagt hatte: „Bei uns ist so ein Mensch …", worauf dieser den Satz beendete „… Professor Steinhaus, der verborgene Objekte sichtbar macht". Aber diese Schmeichelei hat meine Meinung nicht geändert. Herr Ziemilski war in der TBK-Ambulanz beschäftigt und nannte mich in guter Absicht dem Kiewer Dozenten Pluszcz, der die Ambulanz leitete, als Fachmann für Statistik. Ich sollte ihm Rat geben, wie er statistische Verzeichnisse anlegen kann. Bei dieser Gelegenheit stellten mir unsere dort beschäftigten Ärzte einige ganz sinnvolle Fragen, die ich allerdings nicht beantworten konnte, weil sie für mich völlige fremde Dinge betrafen (wie Pneumothorax u. a.). Pluszcz aber setzte sich mit mir in sein hygienisch eingerichtetes und lustig lackiertes Arbeitszimmer und spielte mit mir eine Szene unter der Überschrift: „Der berühmte Forscher holt den Rat des mathematischen Experten ein." Es fehlte nur der Fotograf. Er stellte mir keine konkrete Frage, schrieb aber eine Anweisung auf Auszahlung von 100 Rubel. Ins Tätigkeitsbuch war dann mit Sicherheit eingetragen: „Von 10.00 Uhr bis 12.00 Uhr hatte der Leiter der Beratungsstelle eine wissenschaftliche Konferenz mit Professor Steinhaus."

Die Bolschewiken verlieren die Hälfte ihrer Zeit durch solche Komödien. Manchmal erscheint dazu auch ein Fotograf. Einmal z. B. erschien nach der Vorlesung so ein Herr mit seiner Apparatur von der Zeitung „Wilna Ukraina", um meine „Konsultation" mit einer Studentin zu fotografieren. Ich sagte ihm, daß sich eine mathematische Konsultation nicht fotografieren läßt. Das schreckte ihn jedoch nicht ab. Er forderte, daß ich mich entsprechend posiere. Darauf sagte ich zu ihm, daß er fotografieren könne, wenn er möchte, aber ich würde ihm nicht posieren. In der Zeitung erschien dann ein Foto, auf dem Fräulein B. und die Tafel zu sehen waren, aber mich hat da wohl keiner erkannt. Bei der Gelegenheit fragte mich der Journalist, wie mein Name geschrieben wird. Ich reichte ihm eine Visitenkarte. Er aber wollte wissen, wie der Name auf Russisch geschrieben wird. Da antwortete ich ihm, daß ich das nicht wisse und daß die Transkription wohl seine Sache sei. Der Arme konnte nicht verstehen, daß uns die lateinische Schrift genügt. Viele von diesen Wilden dachten, daß wir mit „polnischen Buchstaben" schreiben. Mir und Saks nahm man es sehr übel, daß wir Rundschreiben in dieser Schrift unterzeichnen. Ein Student aus Kiew erblickte bei einem unserer Studenten ein englisches Buch. Da fragte er, woran man erkennt, daß das ein englisches Buch ist, da es doch in Polnisch gedruckt ist! Auf Schritt und Tritt hatte man mit ihnen solche Späße. Es gab keine Zensur, denn jede Zeitung hat in ihrer Redaktion sowieso mehr Zensoren als redaktionelle Mitarbeiter. Die Beiträge sind unterschrieben. Die Korrektur wird sorgfältig durchgeführt. Für eine Silbentrennung bei den Namen Stalin, Lenin oder Molotow kann man nach Sibirien gelangen. Auf Hinweis von Oben schreiben alle Zeitungen von der Schädlichkeit der Maulwurfsgrille oder erinnern daran, daß es Zeit ist, zu pflügen. Dieses Erinnern ist charakteristisch, zeigt es doch, daß man in der sozialistischen Wirtschaft an etwas erinnern muß, was ein individuell wirtschaftender Bauer niemals vergißt. Es gibt in der Presse weder eine ordentliche Popularisierung der Wissenschaft noch literarische Beiträge auf entsprechendem Niveau. Dagegen werden internationale Abkommen, die die UdSSR abschließt, in jeder Zeitung detailliert aufgeführt. So wurde z. B. das Abkommen mit Japan über die Verteilung der Fischereigebiete auf dem Pazifik sogar mit der Numerierung der Parzellen und genauen Aufstellung der Pachtbeträge beschrieben. Kościuszko und Mickiewicz werden als „ihre Eigenen" angesehen, aber Peter der Große und Suworow ebenso. Wenn über Mickiewicz geschrieben wird, muß immer auch an Puschkin erinnert werden und als Zugabe an verschiedene andere Dichter der Klasse von Lesia Ukrainka oder des zeitgenössischen kasachischen Poeten Dzambul, eines fast hundertjährigen Mannes, der recht naive Verse schreibt. Man muß alle als „Dzambul" loben, damit klar ist, daß die Nationalität keine Rolle spielt und daß die Dichter eine eingespielte Gesellschaft darstellen, etwas wie ein Orchester, das die Internationale spielt, aber nach russischem Text. Einmal gab es eine Abendveranstaltung zu Ehren Mickiewiczs, und da das von unseren Literaten, unseren Regisseuren und unseren Schauspielern gemacht wurde, gelang das wirklich ganz ausgezeichnet. Aber die Sowjets verstehen solche Dinge nicht, und was sie nicht verstehen, lieben sie auch nicht.

Schon war der Sommer nahe, als ich erfuhr, daß von Dr. Fleck in der Gesellschaft der Ärzte ein Vortrag über Leukozyten gehalten werden soll. Ich ging zu diesem Vortrag, denn seit dem Einmarsch der Sowjets hatte ich keine Gelegenheit und auch keine Lust, mich mit Biologen zu treffen, da ich daran gewöhnt war, daß die wahre Arbeit am Nagel hängt. Aber hier war es anders. Dr. Fleck war ins Institut von Gröer gelangt und hatte sich von dessen Enthusiasmus anstecken lassen. Die Tatsache, daß Leukozyten statistisch stabile Komplets bilden, brachte mich auf den Gedanken, daß sie Substanzen bilden, die auf die eine Art von Leukozyten so reagieren und auf eine andere Art anders. Daraus entstand die Idee zur Erzeugung von Seren, die auf verschiedene Arten unterschiedlich reagieren. So gelang Dr. Fleck die Herstellung solcher Seren, die z. B. Lymphozyten zerstören, ohne den Monozyten zu schaden. Ich war bei ihm im Hygieneinstitut und sah unter dem Mikroskop mit eigenen Augen diese Wirkung. Von da ist es vielleicht ein nicht allzu langer Weg zur künstlichen biologischen Zusammensetzung des Blutes und vielleicht auch zur Heilung von Krankheiten, deren Ursache in der Störung dieser Zusammensetzung zu suchen ist.

Ich erinnere mich, es war ein Sonnabend, der 21. Juni, als ich am Nachmittag das Hygieneinstitut verlassen hatte und über das nachdachte, was ich da gehört hatte. Ich lag auf der Wolka, auf den Hügeln, und machte mir Sorgen über Dr. Flecks Worte, daß die Kriegssituation sich im Zustand einer chronischen Sepsis befinde. Prof. Tarnawski sagte mir, daß die Juden nicht an einen russisch-deutschen Krieg glauben. Ich antwortete ihm daraufhin, daß das eher auf einen Krieg hinweise, denn die Juden seien schlechte Politiker. Mein Cousin Dyk war bei mir und erklärte, daß Hitler ein 48-stündiges Ultimatum an Rußland gerichtet habe. Es gab Gerüchte, daß rund um Lemberg Fliegerabwehrbatterien aufgestellt werden, die den Befehl haben, auf deutsche Flugzeuge zu schießen.

Hier muß ich eine Geschichte erzählen, die einem der Lemberger Ärzte im Frühjahr 1941 passierte. Die Sowjets waren stolz auf ihren medizinischen Dienst. Sie richteten in Lemberg einen Rettungsdienst ein, der in dringenden Fällen ein Flugzeug für ärztliche Hilfe zur Verfügung hatte. Einmal kam aus Jaworow ein Anruf, daß eine Dorfbewohnerin dort die Hilfe eines Gynäkologen benötige. Der diensthabende Arzt mußte sofort zum Flugplatz fahren, so wie er war, in Tennishose. Der Pilot lieh ihm unterwegs seine eigene Lederjacke, damit er nicht erfriert. Aber das Flugzeug verirrte sich und kreiste über der deutschen Zone und landete schließlich auf einer Brache weit ab vom Dorf. Der Pilot nahm wieder seine Lederjacke und flog davon und der Arzt watete in weißer Hose durch den Morast. Als er die Patientin in beklagenswertem Zustand erreichte und diese den wunderlichen Kauz erblickte, ließ sie sich nicht operieren. Der Arzt kehrte am Abend nach Lemberg zurück. Einige Tage danach wurde er zum NKWD gerufen und gefragt, zu welchem Zweck das Flugzeug über deutsches Territorium geflogen sei, warum er Zettel abgeworfen habe und was auf ihnen stand. Bereits nach einigen Stunden des Verhörs begriff das NKWD, was geschehen war und entließ den Arzt mit einer leichten Verwarnung. So sieht die sowjetische Hilfe für dringende Fälle aus.

Ich kehre zu jenem denkwürdigen Sonnabend zurück. Gegen Morgen um drei Uhr, am Sonntag, weckte mich das Brummen zahlreicher Flugzeuge über der Stadt. Ich schaute aus dem Fenster, der Himmel zeigte ein leichtes Morgenrot und war mit Wölkchen weißen Rauchs geschmückt, die mal da, mal dort auftauchten. Das waren explodierende Flugabwehrgranaten. Auf der Straße sah ich eine Abteilung Infanterie in Reih und Glied marschieren, jedoch ohne Gesang. Das überzeugte mich, daß der Krieg begonnen hatte.

Ich weckte meine Frau. Wir zweifelten keinen Augenblick, daß die Deutschen Lemberg erobern würden. Am Morgen kam die Zeitung, in ihr kein Wort der Voraussicht, dafür ein langer Beitrag: „Wie verbringt man den Sonntag außerhalb der Stadt.“ Darin waren verschiedene sonntägliche Vergnügungen aufgezählt, die die fürsorgliche Sowjetmacht für das Proletariat organisiert hatte. (Das waren selbstverständlich die Freibäder, Parks und kleinen Wäldchen, die seit vielen Jahren schon da waren.) Jetzt hatten wir genügend Zeit, um über die vergangenen 22 Monate nachzudenken, um so mehr, da wir ständig in den Luftschutzkeller laufen mußten, um dann einige Stunden zu sitzen.

Der Krieg begann drei Stunden vor der Kriegserklärung, die der deutsche Botschafter erst um sechs Uhr früh Molotow überreichte. An dieser Erklärung war interessant, daß weder die Deutschen der Presse ihre Forderungen zur Kenntnis gaben, noch Rußland sich dazu bekannte, was von ihm gefordert wurde. Die kriegführenden Seiten hüteten dieses Geheimnis vor der eigenen Bevölkerung. Die letzten Meldungen der Zeitungen vor Ausbruch des Krieges spotteten deutlich über Stafford Gripps und unterstellten ihm in London die Verbreitung von Klatsch über irgendeinen nicht existierenden deutsch-sowjetischen Konflikt. Die Nachrichten von der Landung deutscher Armee-Einheiten in Finnland waren ohne Kommentar. Aber jetzt war das Faß geborsten. Man begann fürchterliche Schmähungen gegen Hitler zu schreiben. Plötzlich wurde zur Wahrheit, daß er es war, der Polen überfallen hatte. Man rief die polnischen Männer auf, freiwillig in die Armee einzutreten. Die Polen gehörten plötzlich nicht mehr zu den Verdächtigen. Auf der Straße hielt man Passanten an und verhaftete diejenigen, die im Paß als „Ukrainer" ausgewiesen waren. Das hatte seinen Grund darin, daß von ukrainischen Kampfgruppen Abteilungen der sowjetischen Armee unter Beschuß genommen worden waren.

Die Sowjets reagierten auf eine solche Weise, daß ununterbrochen Panzer durch die Straßen fuhren und die Armee an verschiedenen Punkten der Stadt Schüsse in die Luft abgab. Dazu kamen alle paar Stunden Bombardierungen durch deutsche Flugzeuge. Jetzt erwies sich die Falschheit der sowjetischen Behauptung, daß die Westukraine integraler Teil der Ukrainischen Sowjetrepublik ist und wir, d. h. Polen, Juden usw., in gleicher Weise Bürger der Sowjetunion sind wie sie, unsere Gäste.

Die Unaufrichtigkeit zeigte sich auch darin, daß das NKWD sofort die Umsiedlung aller Frauen und Kinder seiner Kommandeure, Beamten und Professoren organisierte, die Zivilbevölkerung aber gänzlich sich allein überließ. Sie machten auch einigen unserer Professoren den Vorschlag zur Abreise, aber davon machte nur Prof. Parnas Gebrauch. Im letzten Moment fand Prof. Chwistek noch einen Platz auf einem sowjetischen LKW. Viele beschlossen, die Stadt zu Fuß zu verlassen, besonders die Juden.

Eine Freundin meiner Tochter, Joanna Guze, verließ das Haus im Sommermantel, ohne Gepäck, und folgte der sowjetischen Armee. Prof. Gładyński fuhr mit dem Auto aus der Stadt und wurde unterwegs ermordet. Man weiß nicht, von wem. Man konnte auf verschiedene Weise ums Leben kommen, durch deutsche Bomben, durch Artilleriebeschuß, durch Kugeln der Ukrainer, die flüchtende Kommunisten und Juden mordeten, aber auch durch Kugeln sowjetischer Offiziere, die auf Flüchtlinge schossen, weil sie diese als Deserteure betrachteten, die sich der Wehrpflicht entziehen wollten.

Wanda Wasilewska verkündete auf einer Sitzung des Klubs der Literaten einen flammenden Appell zum Dableiben, weil Lemberg verteidigt werde. Dann aber fuhr sie selbst mit einem Auto davon. Semplińska fuhr mit einem Motorrad weg. Mit ihr machte sich wahrscheinlich auch Józef Nacht davon.

Vor den Häusern standen weinende sowjetische Frauen mit ihren Kindern und warteten stundenlang auf Lastwagen.

Aber alles war gut organisiert, denn jede Familie wurde schließlich mit einem Auto abgeholt. Sie fuhren auf offenen Ladeflächen mit den Kindern auf dem Arm. Mit sich nahmen sie kleine Bündel und etwas Vorrat in Eimern, so wie sie auch gekommen waren. Die Herrlichkeiten des bourgeoisen Lemberg mußten in den Wohnungen zurückbleiben, die amtlich verschlossen wurden, so als ob sie noch einmal zurückkehren wollten.

Unsere Bevölkerung spürte Genugtuung über diesen Abtransport der Abtransportierenden. Die Armee verhielt sich ruhig. Der Rückzug verlief ohne Lärm, ohne Eile, ohne Hindernisse, ohne Unordnung. Zum ersten Mal verstanden wir, daß wir ihre Kampfbereitschaft nicht ganz richtig eingeschätzt hatten. Deutsche Flugzeuge bombardierten die Stadt ohne große Behinderungen. Zwar war die Artillerie der Flugabwehr sehr zahlreich vorhanden, doch ihre Wirksamkeit war sehr begrenzt. Herr Jan Dobrzański sah einmal den Abschuß dreier Flugzeuge durch eine Flakbatterie. Abschüsse kamen täglich vor, aber die Batterien zogen sich allmählich aus der Stadt zurück, und es wurden täglich weniger. Zehn Minuten nach jedem Angriff erschienen russische Jagdflugzeuge und umflogen die ganze Stadt. Das machte einen etwas spaßigen Eindruck. Bald gesellte sich die Artillerie dazu. Die deutschen Geschütze feuerten aus der Ferne auf die russischen Widerstandsnester und auf die Stellungen an der Wolka. Einmal ging eine Granate unweit unseres Gartens nieder, ein andermal auf der Straße. Die annähernd parallele Lage der Kadecka-Straße bezüglich der Schußlinie bewahrte uns vor dem Feuer. Einmal befand ich mich am Nachmittag in der Łyczakowska-Straße, als 24 Bombenflugzeuge im Anflug waren. Die Menschenmassen flüchteten in die Schutzräume. Ich gelangte in den Keller eines alten Hauses in der Łyczakowska-Straße. Niemals hatte ich vermutet, daß diese Häuser so ausgedehnte und tiefe Kellerräume haben. Augenscheinlich befanden sich in ihnen seinerzeit mächtige Warenlager.

STREIFLICHTER DER ERINNERUNG

Vor dem Krieg beobachtete ich auf einer Bank im Stryjski-Park einmal einen Schwarm ungeordnet herumfliegender kleiner Mücken. Plötzlich wechselten sie an eine um zehn Meter entfernte Stelle nach rechts und begannen in Paaren zu fliegen. Dann kehrten sie an die vorige Stelle zurück und schwirrten wieder ungeordnet durcheinander. Das wiederholte sich etwa jede Minute. Bei genauerer Beobachtung sah ich beim Flug von einer Stelle zur anderen scheinbar aus winzigen Perlen oder vielmehr aus hellen Punkten gebildete Fäden. Diese Pünktchen befanden sich in Abständen von jeweils etwa 1 cm. Die Fluggeschwindigkeit ließ sich daraus auf mindestens 60 km pro Stunde schätzen. Es war ersichtlich, daß diese Pünktchen einfach die Stellen waren, an denen die Sonne die erhobenen Flügel der Mücken von der Seite beleuchtete. Daraus ergibt sich annähernd die Frequenz des Flügelschlags, denn 60 km/h : 1 cm = 6000000 pro Stunde = 6000000 : 3600 sek. = 1660 Schläge pro Sekunde. In jedem Falle hatte der Flügelschlag eine Frequenz von mehr als 1000 pro Sekunde, was ohne ein Meßgerät ermittelt werden konnte.

Herr Alter, ein Angestellter der Firma Philips, erzählte mir, wie seine Firma die Feierstunde zur Eröffnung des Philips-Werkes in Warschau durchgeführt hatte. Sein Chef hatte ihm geraten, die Zivilkanzlei des Staatspräsidenten aufzusuchen, um dort Einzelheiten der Teilnahme des Präsidenten an dieser Feierlichkeit zu besprechen. Er rief dann also ganz einfach in der Kanzlei an und kündigte die Ankunft eines Angestellten an, empfahl ihm, die Teilnahme der Leibgarde und des Reiterorchesters der „Fanfarenspieler mit den silbernen Trompeten" abzusichern. Herr Alter war sehr verwundert, wie glatt und genau der Auftrag der Firma Philips auf dem Schloß ausgeführt wurde. Mit dem Episkopat, das auch eingeladen wurde, war es nicht anders.

Herr Olczak war zur Zeit der Bolschewiken in Charkow, wo er russische Geodäten besuchte. Bei einem von ihnen war er zum Abendbrot. Da wurden nur rohe grüne Tomaten gereicht, danach rote und Tee. Butter gab es nicht.

Bald nach dem Krieg, im Jahre 1920, gab es in Lemberg die Sache mit Dietrich und Sołoneńko. Der eine von ihnen war Lokführer bei der Bahn, der andere irgendein Handwerker. Sie hatten aus Rußland eine Bombe erhalten mit dem Auftrag, sie unter ein Eisenbahngleis zu legen. Derjenige, der das tun sollte, brachte die Bombe zur Polizei. Dort allerdings nahm man die Bombe nicht an, sondern befahl, sie zu legen. Sogleich nach der Bombenlegung kam die Polizei mit einem Spezialisten zum Tatort gefahren, der die Bombe entschärfte. Beide Bombenleger wurden verhaftet, aber derjenige, der die Bombe gelegt hatte, war zum Prozeß als Zeuge geladen. Denjenigen, der die Bombe geliefert hatte, verurteilte man zum Tode. Als der Richter den Polizisten fragte, warum er befohlen hatte, die Bombe zu legen, gab dieser keine Antwort! Diese typische Provokation unter der Schirmherrschaft der Staatsanwaltschaft und Polizei, die ein Attentat arrangiert hatte, anstatt es zu verhindern, fand von keiner Seite eine richtige Beurteilung. Eine schändliche Geschichte!

Stalin glaubt an den Konventionalismus. Für ihn sind die gesamte bürgerliche Kultur, ihre humanistische Tradition, ihre äußeren Formen, ihr Snobismus, ihre Rechtsauffassung, ihre Poesie, das Ergebnis einer Übereinkunft. Diese Übereinkunft wird der Gesellschaft durch die Interessen der Kreise der Besitzenden aufgezwungen. Daher beschloß er, eine andere Konvention zu schaffen. Jedoch nicht mehr das Interesse, sondern der Zwang bildet die andere Übereinkunft. Eine strenge Zensur, die Gleichschaltung der Presse, die Kontrolle der Schriftsteller und Wissenschaftler, der Bruch der Beziehungen mit anderen Ländern und eine ständige widerliche Propaganda, das sind die Mittel zur Schaffung einer neuen Konvention. Ihre Tätigkeit beschränkt sich nicht auf die Gegenwart. Es wird die Geschichte gefälscht, morgen vielleicht ändert man die Geographie und übermorgen die Mathematik. Bereits heute ist es verboten, Vorträge über Gene zu halten oder über die allgemeine Relativitätstheorie. Schrödingers Matrizen und alle „Zentrifugalkräfte" werden verdammt.

Aber auch der konsequente Materialismus befindet sich auf dem Index. In dieser Gesellschaftsordnung ist der Respekt vor den Wissenschaftlern geheuchelt, es ist dies allerhöchstens die Achtung vor einer teuren und kunstvollen Maschine. Aber es ist wohl bekannt, wie schlecht man bei den Sowjets mit Maschinen umgeht. Die Sowjets lieben die Bezeichnung „Spezialist". Aber das Schlimme ist, daß diese Bezeichnung auch bei unserer Intelligenz Gefallen gefunden hat, der ihr in der sozialistischen Gesellschaft die Rolle qualifizierter Handwerker garantiert. Die Schaffung einer Weltanschauung, die eigentliche Rolle der Wissenschaftler, das ist bei den Sowjets ein verbotenes Thema. So können sich nicht nur ein Philosoph, sondern ebenso ein Schriftsteller, ein Dichter und auch ein Wissenschaftler nicht lange halten. Nicht nur Majakowski hat Selbstmord verübt, es verschwanden auch viele, viele Romanschriftsteller, Wissenschaftler, Filmregisseure, die im Zuge der großen Säuberung des Jahres 1937 umkamen oder sich selbst das Leben nahmen. Der außerordentlich fähige Mathematiker Schnirelman beging Selbstmord, Scholochow schreibt nicht mehr, Alexej Tolstoj reist in Gesellschaft eines Spitzels, der den Schriftsteller keinen Augenblick aus den Augen lassen darf. Es gibt keine Maler mehr, denn wer hat wohl Lust, nach sozialistischen Befehlen zu malen. Musik gibt es noch, jedoch in der Richtung eines Virtuosentums.

Die sowjetische „Intelligenz" ist etwas grundlegend anderes als unsere. Die Ärzte, Ingenieure und Lehrer, soweit sie Mitglied der Partei sind, helfen in der Nacht bei der Deportation von Menschen. Ein Gefühl der Ehre, Verantwortlichkeit und des Anstands existiert nicht. Man hat sie gelehrt, nach Befehl zu sprechen und zu handeln. Diebstahl gilt bei den Sowjets als kleines Vergehen, wenn es Privateigentum betrifft. Eine Verletzung der Ehre gilt ebenfalls nichts. Von Zeit zu Zeit gibt es eine Übung in der Dressur: Plötzlich ergeht der Befehl, gänzlich anders zu sprechen als noch gestern. Im Jahre 1941 erschien eine Rede Malenkows, eines Mitglieds des ZK der Partei. Darin brandmarkte Malenkow die Verschwendung, die Unbeholfenheit und Gedankenlosigkeit der Tätigkeit in den staatlichen Betrieben und nannte zig konkrete Beispiele. Er verspottete die Direktoren, die sich auf ihre soziale Herkunft berufen und fähigen Beschäftigten, deren Eltern Angehörige der Bourgeoisie waren, keinen Zugang gewähren.

Diese offensichtlich von Stalin diktierte Rede wurde zur Pflichtlektion. Man hielt über sie Vorträge in Sitzungen von Komitees unterschiedlichen Typs und Ranges, und überall wurde „Kritik und Selbstkritik" im Stil und Charakter von Malenkow geübt. Das wäre nichts Verwunderliches, wenn diese unglücklichen Direktoren, die plötzlich von ihren Posten entfernt, verhaftet und deportiert wurden, nicht bis dahin bequem und zufrieden in ihren Sesseln gesessen hätten und niemand anscheinend gewußt hatte, daß auf den Höfen ihrer Betriebe Dutzende Traktoren unter dem Schnee verrosten, daß in den Lagern ungenutzt Tonnen von Metall lagern, obgleich ein Betrieb in unmittelbarer Nähe solches seit vielen Monaten sucht usw.

Also vor Malenkows Rede galt der Optimismus, und niemandem war es gestattet, diese Skandale zu sehen. Wer sie wirklich gesehen hätte, wäre schnell im Gefängnis gelandet. Plötzlich wurde zur Umkehr geblasen, und von dem Moment an schlüpften aus jedem Winkel Tausende kleiner Malenkows hervor, um zu kritisieren und denunzieren. Manchmal konnte man eine ähnliche Geschichte und in kleinerem Umfang in den Tageszeitungen finden. Einmal hatte die Presse über zahlreiche sehr strenge Urteile gegen Sekretäre, Mitglieder, Mitarbeiter usw. der Kiewer Akademie berichtet mit der Anschuldigung, daß diese Gruppe von zehn bis zwanzig Personen seit mehreren Jahren Direktoren von Instituten, Mitarbeiter und Angestellte der Akademie denunziert und sie der Sabotage, Konterrevolution und des Trotzkismus beschuldigt habe. Die Zeitungen nannten auch die Namen der angeschwärzten Unglücksvögel, die seinerzeit zum Tode, zur Deportation oder mit Gefängnis bestraft worden waren. Jetzt wurden diese offiziell rehabilitiert und ihre Kläger wanderten ins Gefängnis. So ist eben das Leben der sowjetischen Intelligenz.

In der letzten „russischen" Woche, d. h. vom 22.–29. Juni 1941, ordneten die Sowjets die Mobilmachung an. Von den Polen meldete sich niemand, aber aus den Dörfern wurden täglich hunderte Rekruten herangeschafft. Als eine dieser Gruppen bei einem Bombenangriff auseinanderlief, fanden drei am Tor des Hauses an der Kadecka-Straße 14 Schutz. Ich nahm mit ihnen ein Gespräch auf. Es waren russische Bauern, einer von ihnen war ein „Bibelforscher". Ich gab ihnen den Rat, ein paar Stunden im Tor zu warten und danach, statt in die Kadettenschule, den entgegengesetzten Weg zu nehmen und durch die Wälder nach Hause zu gehen. Sie sagten, daß sie sich vor den Bauern unterwegs fürchten. „Wie denn, ihr seid Ruthenen und fürchtet euch vor Ruthenen?" Daraufhin der Bibelforscher: „Es steht geschrieben, daß sich der Mensch nach diesem Krieg wundern wird, wenn er einen anderen Menschen trifft." Am Ende vertrauten sie meinem Rat, und als sie den Ort verließen, sagte der Forscher: Gottes Segen diesem Haus und seinen Bewohnern.“ Das war alles voll naiven Glaubens und hinterließ bei mir einen gewissen Eindruck.

Es geschahen auch andere Dinge in den Hauseingängen. Der Luftschutz forderte Wachen an den Toren. Die Sowjets aber vermuteten, daß die in den Toren Stehenden Diversanten sind, die sie beschießen wollen. Als der junge Skarżeński am Tor stand, trat zu ihm ein Soldat und forderte den Ausweis. Den hatte der jedoch nicht bei sich, so daß er sich umdrehte um ihn zu holen. Da schoß der Soldat ihm von hinten in den Kopf. So ging einer der jungen Adepten der Mathematik zugrunde. Ein anderer Ruthene wiederum kam an der Ecke der Słowacki- und Sixtusstraße durch eine Bombe ums Leben.

Der Sonntag des 29. Juni 1941 war der Tag des Interregnums, also einer der freiesten Tage dieses Krieges. Zu mir kam Dr. Kontny, und wir gingen gemeinsam über den Stryjsker Friedhof zum Stryjskipark. Dr. Kontny machte Aufnahmen von interessanteren Dingen: An der Ecke brach eine Menschenmenge die Tür eines Kiosks auf und raubte Bonbons, Himbeersaft und Flaschen mit Limonade. Ähnliches gab es in der ganzen Stadt. Die Sowjets zündeten einige größere Gebäude an den Hetmanswällen und an der Ecke der Kopernikusstraße an, und die Menge plünderte die Geschäfte. Es war ersichtlich, daß diese Menschen während des ganzen Krieges einen verborgenen, aber steten Gedanken hatten, und als plötzlich das sowjetische Joch gefallen war, mußten sie nicht lange überlegen, was sie tun sollten. In unserem Stadtteil war die Kadettenschule die Hauptattraktion, wo die Sowjets die Kasernenvorräte an Mehl, Reis, Kaffee usw. zurückgelassen hatten. Unsere Bewohner der Erdgeschosse trugen vom frühen Morgen an in Säcken alles was man tragen konnte von dort weg. Im entgegengesetzten Teil der Stadt hatte man angeblich schon deutsche Patrouillen gesehen. Auf unserer Seite trafen erst am Montag Motorräder ein.

Einmal kam morgens zu uns ein junger Soldat des NKWD und fragte nach mir. Ich war nicht zu Hause. Er kündigte an, daß er abends um sieben Uhr wiederkomme. Er wollte absolut nicht sagen, worum es ging, und alle dachten, daß er mich verhaften wird. Wir begannen schon mit entsprechenden Vorbereitungen und schafften bestimmte Sachen zu Bekannten. Schließlich kam er auch und begann, mich nach Herrn A. Łukawski, einen Oberstleutnant der Reserve, auszufragen, der über uns gewohnt hatte und von den Sowjets im Dezember 1939 verhaftet worden war. Der NKWD-Mann hatte Akten zu dieser Sache bei sich und vernahm mich zum Thema der politischen Überzeugungen des Oberstleutnants, besonders seiner Beziehung zur Oktoberrevolution. Ich sagte zu ihm:

– Herr Łukawski war österreichischer Offizier und wurde danach polnischer Offizier, und jetzt würde er, wenn sie möchten, ein sowjetischer Offizier werden.

– Ich verstehe, antwortete der junge Mann, er ist ein Professionalist.

Und so war es auch, denn Oberstleutnant Łukawski war eingedeutscht. Danach wurde er polnischer Siedler und stand sogar an der Spitze einer Siedlervereinigung. Nach Ankunft der Sowjets hängte er ein Leninporträt an die Stelle, wo vorher Rydz mit seinen Genossen gehangen hatte. Seine Frau entging der Deportation dadurch, daß sie sich und ihren Sohn bei der deutschen Kommission als Volksdeutsche gemeldet hatte und reiste anschließend nach Wien. Sicher unternahm sie von dort Bemühungen um die Entlassung ihres Mannes, und deshalb auch wurde diese Sache so detailliert untersucht.

DIE ZWEITE OKKUPATION

Am 30. Juni marschierten die Deutschen in Lemberg ein. An die Spitze setzten sie eine Abteilung ukrainischer Freiwilliger, die mit Gesang durch die Stadt zogen. Es waren nicht sehr viele, weniger als ein Bataillon. Selbstverständlich wurde sofort die Polizeistunde verkündet, und schon am ersten Tage abends konnte ich den schweren Schritt einer Doppelpatrouille in Stahlhelmen hören, die im Mondschein die Kadeckastraße durchschritt. Die Polizeistunde nahmen sie ernst. Personen, die nach 21 Uhr angetroffen wurden, wurden erschossen, und an den Leichen befestigte man Zettel mit Aufschriften 910, 925, usw. Die Ukrainer verkündeten auf einem gelben Plakat die Befreiung der Ukraine und kündigten die Säuberung des Landes von „Fremden" an, ohne zu erklären, wen sie dabei im Sinn hatten. Unterschrieben hatte Bandera, der sich jedoch nicht auf die Deutschen berief, und diese ignorierten auch das Plakat. In der Universität konnte man sogleich eine Gruppe junger Leute beobachten, die Stalin- und Lenin-Statuen zerschlugen. Das war eigentlich ihre einzige Tätigkeit. Zu Beginn dachten die Ruthenen, daß die Deutschen die Universität wiedereröffnen werden, aber diese hatten keine Eile. Russische Professoren, die sofort die Institute in Besitz genommen und sich gegenüber ihren polnischen Kollegen brutal aufgeführt hatten, konnten sich bald überzeugen, daß die Deutschen nicht daran dachten, ihnen die Gebäude und Institutionen, die sie als Kriegsbeute betrachteten, zu übergeben. Indirekt hörte ich die Meinung eines der Deutschen, die gekommen waren, um die chemische Industrie in Lemberg zu übernehmen. Das Reich erkannte schon lange die kommunistische Gesellschaftsordnung in Sowjetrußland als legal an, womit also alle Gebäude und Fabriken, aber auch die von den Sowjets verstaatlichten Wälder, Bergwerke und der Grundbesitz als legales Eigentum der UdSSR betrachtet wurden. Im Sinne des internationalen Rechts gingen diese jetzt legal in den Besitz des Siegers über.

Die erste Einheit der deutschen Wehrmacht, die ich sah, war eine Gebirgsjägerdivision. Die Soldaten marschierten zu Fuß, und die Maschinengewehre, Munition und weitere Ausrüstung trugen Maultiere. Die Soldaten waren jung, hatten Edelweiß an den Mützen und waren sichtlich ermüdet. In den Straßen wurden sie mit Interesse beobachtet, und einige Frauen begrüßten sie durch Erheben der Hand. Viele Motorradfahrer hatten Blumen an den Lenkern. Nicht nur ruthenische und deutsche Frauen überreichten diese den Siegern.

Sogleich gab es ein anderes Problem, das die Aufmerksamkeit von den durch Lemberg ziehenden Heereseinheiten und von den Hunderten manchmal die Größe von Eisenbahnwaggons erreichenden Lastkraftwagen ablenkte. Es wurden die Gefängnisse in den Brigidkakellern, die Arrestzellen in der Łąckistraße und andere geöffnet. Darin fand man Hunderte vom NKWD ermordete Menschen. Das waren nicht nur politische Häftlinge. Alle zuletzt Verhafteten waren vor dem Abzug der Russen ermordet worden. Es fanden sich auch einige ältere Leichen, aber wie es scheint, begann das summarische Morden zu dem Zeitpunkt, als die Ruthenen begonnen hatten, auf die sowjetischen Truppen zu schießen. Die Russen hatten augenscheinlich nicht die Absicht, mit diesen Repressionen die *franc-tireurs* unmittelbar abzuschrecken. Sie mordeten nach asiatischer Art, in völliger Geheimhaltung. Diese Methode verfolgt weitreichende Ziele. Offensichtlich wollte das NKWD diese Taten nicht besonders herausstellen. Umso mehr waren alle überrascht, als die Deutschen den Journalisten, Fotografen und jedem, der es wollte gestatteten, die blutbefleckten Keller zu betreten. Man fand dort viele Menschen, von denen man dachte, sie leben irgendwo in der Verbannung. Unter anderem fand man die Leichen von Roman Aleksandrowicz und Mietek Bader.

Die Deutschen verbreiteten sofort die Nachricht, daß Juden im Dienst des NKWD die Mörder waren und daß es unter den Ermordeten keine Juden gab. Beides war unwahr. Der Anteil der im Dienst des NKWD stehenden Juden überstieg wohl nicht die Zahl 10, und alles das waren Menschen von jenseits des Zbrutsch. „Hiesige“ Juden wurden nicht in das NKWD aufgenommen, es sei denn als kleinere Spitzel. Aber angesichts fehlender Möglichkeiten der Rache an den Schuldigen, die sich nach Vernichtung aller Dokumente mit der Sowjetarmee abgesetzt hatten, beschloß die Masse, sich an den Juden zu rächen. Und das eben war die Absicht der Deutschen. Einige tausend mit Knüppeln bewaffnete russische Bauern zogen in die Stadt. Auf Juden, die in den Straßen angetroffen wurden, schlug man mit Knüppeln ein, man zerrte sie aus den Wohnungen und Hausfluren, führte sie zur Łąckistraße und befahl ihnen dort, die Leichen auszugraben. Ich sah eine von Schergen abgeführte Familie, die aus der alten Großmutter, ihrer Tochter und dem Enkel bestand. Sie gingen langsam und hielten sich an den Händen. Im Verlauf weniger Tage wurden in der Umgebung von Lemberg dreitausend Juden ermordet. Die Deutschen nahmen daran nicht teil, denn sie wollten der Welt zeigen, daß die spontane Reaktion des Volkes ihre nationalsozialistische These von den abscheulichen jüdischen Verbrechen bestätigt. Darüber, daß die Verbrechen des NKWD schon damals aufgedeckt worden waren, als Molotow mit Hitler und seiner Clique am Frühstückstisch saß, wurde geschwiegen. Damals wurden augenscheinlich Dr. Eidelheit, Mosler und viele andere ermordet. In der Kadeckastraße sah ich einen Ruthenen, der einen Juden vor sich her trieb. Er hatte ihm befohlen, mit erhobenen Händen zu gehen und versetzte ihm immer wieder Fußtritte. Da hielt neben ihnen ein Auto an, dem ein deutscher Offizier entstieg. Er fragte den Ruthenen, worum es geht. Anscheinend war die Antwort nicht zufriedenstellend, denn er befahl dem Ruthenen in die eine und dem Juden in die entgegengesetzte Richtung zu gehen, womit er den Mißhandlungen ein Ende setzte. Manchmal intervenierten die deutschen Offiziere auf diese Weise. Aber ihre Regierenden hatten einen anderen Plan, der damals noch niemandem bekannt war.

Es waren noch keine drei Tage nach dem Einmarsch der Deutschen vergangen, als zahlreiche Professoren verhaftet wurden: Antoni Łomnicki, Władysław Stożek mit beiden Söhnen, Stanisław Progulski mit Sohn, Roman Longchamps mit drei Söhnen, Stanisław Ruziewicz, Stanisław Pilat, Antoni Cieszyński, Władysław Dobrzaniecki, Tadeusz Ostrowski, Tadeusz Boy-Żeleński, Roman Rencki und auch Dr. Ruff mit Frau und Sohn, Kacper Weigel, Jan Grek, Roman Witkiewicz, Kazimierz Bartel, Włodzimierz Krukowski, Franciszek Gröer, Henryk Korowicz. Es waren überwiegend Professoren der Medizin und der Technischen Hochschule, insgesamt 22 Personen. Unter ihnen war Prof. Rencki, der wie durch ein Wunder dem Tod in einem sowjetischen Gefängnis entgangen war und nun drei Tage nach der Befreiung in einem deutschen Gefängnis landete. Es waren darunter alte Menschen, wie Progulski, die mit Politk nichts zu tun hatten, da war Boy, den man gemeinsam mit Prof. Grek verhaftete, der, wenn er nicht gerade dort gewohnt hätte, mit Sicherheit nicht verhaftet worden wäre. Prof. Ciechanowski wurde zu Hause nicht angetroffen und auch später nicht weiter gesucht. Prof. Grzymalski wurde gesucht. Man wußte nicht, daß er bereits einige Jahre tot war. Bei Prof. Progulski kam zufällig der Sohn ins Zimmer: Der kann auch mitkommen. Als

Frau Ostrowska sah, daß ihr Mann festgenommen werden sollte, rief sie: „Und wir haben uns so gefreut, daß die deutschen Truppen eingerückt sind". – „Halt das Maul!" antwortete der Offizier. Bartl wurde gefragt, warum er nicht mit den Bolschewiken geflohen ist. „Es ist nicht meine Art zu fliehen." Seiner Frau gestattete man, zwei Koffer mitzunehmen, kündigte ihr aber zugleich an, daß wehe dem, der ihr Unterschlupf gewähre. Prof. Gröer, der seinen Namen als „Freiherr Franz von Gröer" angab, wurde nach einigen Stunden entlassen. Prof. Łomnicki gestattete man weder Hut noch Mantel mitzunehmen. Prof. Piłat, der fragte, ob er sich eine Zigarette anzünden könnte, bekam vom Offizier die Antwort: „Aber Sie sehen doch, daß ich nicht rauche", und als er seiner Frau etwas sagen wollte, wurde er unterbrochen: „Keine Dialoge!" Prof. Gröer berichtete nach seiner Freilassung von den Verhören. Der junge Ruff bekam einen epileptischen Anfall. Man erschoß ihn vor den Augen der Eltern und befahl den Professoren, seine Leiche aus dem Zimmer zu schaffen. Bei dieser Szene pfiff einer der Gestapomänner lustige Melodien. Wahrscheinlich wurden alle 22 Menschen in derselben Nacht erschossen. Frau Bartel benachrichtigte man vom Tod ihres Mannes*. Als sie fragte, wer den Befehl erteilt habe, antwortete man: „Auf Befehl Hitlers".

Nach diesen Festnahmen nahm man sich die Juden vor. Auf der Stelle wurden zehn bis zwanzig Ärzte, Rechtsanwälte usw. verhaftet und keiner wußte, was mit ihnen geschehen ist. Der jüdischen Gemeinde wurde eine Kontribution von 20 Millionen Rubel auferlegt.

Während der ersten fünf Tage nach Ankunft der Deutschen bin ich fast gar nicht aus dem Haus gegangen. Wir packten unsere besseren Sachen, und das Geld von Dr. Grünhut vergrub ich im Garten. Auf der Straße konnte man Gruppen sehen, die miteinander berieten. Vor unserem Haus hatten der Hauswart Szydłowski aus dem Haus Nummer 12 und einige seiner Freunde eine solche Gruppe gebildet. „Das ist die erste Hitlersche Zelle in unserer Straße", bemerkte Janek. Gegenüber logierten sich verschiedene Offiziere der SS und anderer ähnlicher Formationen ein. Tagelang standen sie in den Fenstern hinter den zerrissenen Gardinen und beobachteten, was in den Wohnungen vis-á-vis vor sich geht. Mein Dienstmädchen indessen tobte. Sie lief von einem Gefängnis zum anderen und schaute sich die Leichen an. In ihrer Heimat-

* Prof. Kazimierz Bartel wurde am 26. Juli 1941 hingerichtet.

stadt, in Przemyślany, hatte man im Gefängnis ihre toten Cousins erkannt, den Stolz der Familie, junge studierende Männer. Ihr Onkel selbst erschlug als Rache für diesen Mord acht Juden. Die von den Deutschen verbreitete Meinung über die Schuld der Juden fand umso leichter Gehör, da die Sowjets schon abgezogen waren. Nur die wehrlosen Juden waren geblieben.

Am 3. Juli, einem Donnerstag, wurde klar, wonach die SS-Leute aus den Fenstern geschaut hatten. Zu uns kam da ein SS-Mann in der Art eines österreichischen Feldwebels, mit Kotletten. Er fragte mich nach meinem Beruf und der Konfession, dann nach dem Namen der nebenan wohnenden Personen, grüßte, sagte Danke und ging wieder. Am nächsten Tag, dem 4. Juli 1941 zogen mein Schwiegersohn und meine Tochter zur Familie Ziemilski in der Czarneckistraße 3. Am Nachmittag waren sie schon nicht mehr da. Gegen 4 Uhr gab es ein aufdringliches Klingeln, und Füße stampften gegen die Tür. Als ich öffnete, drang derselbe SS-Mann in Begleitung eines anderen, groß gewachsenen, braunhaarigen Kerls mit kleinem Schnurrbärtchen, ebenfalls SS-Mann, ein. Als ich sie ins Zimmer bat, stieß mich der neue Gast derart mit dem Fuß, daß ich als erster in die Wohnung fiel. Sofort begann er alle auszufragen, was sie hier tun, und speziell meinen Cousin Dyk. Der hatte seine Geburtsurkunde bei sich. Nach ihrem Betrachten sagte der SS-Mann: „Ach, du bist Graf Schoenborn von diesen jüdischen Aristokraten." Dyk war dahingehend naiv, daß er bekannte, daß er eine jüdische Mutter habe. Daraufhin schlug ihn der Mann ins Gesicht mit der Bemerkung: „Du bist ein Jude" und befahl ihm, das Zimmer zu verlassen. Ich blieb mit meiner Frau zurück. Darauf der Bandit: „Schau, der sitzt ganz gemütlich hier" und befahl mir aufzustehen. Da zog er sich die Handschuhe an und gab mir mit der Faust zwei Schläge ins Gesicht. Nach dem dritten Schlag stürzte ich, der Bandit klopfte auf die Revolvertasche und befahl mir, wieder aufzustehen. Beide begannen, mich mit „Du" anredend, eine Durchsuchung und fragten, warum mein Schwiegersohn und meine Tochter nicht da sind, wo unsere Kleidung ist, wie hoch mein Gehalt zu russischer Zeit war, warum im Reisepaß als Nationalität Pole steht und redeten mir ein, daß mein dunkelblauer Schlafanzug mit roter Umrandung ein Anzug des NKWD ist usw. Ich wußte, daß sie selbst nicht an diesen Unsinn glauben. Der Bandit zog meine Frau an den Haaren und lachte dabei, dann setzte er sich ans Klavier und spielte eine fröhliche Melodie. Alles das ging sehr schnell. Es war ersichtlich, daß dies ein Raubzug auf eigene Faust und die ganze Inszenierung auf größte Einschüchterung angelegt war. Sie fragten nach Gold, nach Kaffee und nach Seife. Sie fanden Seife, legten sie in einen Koffer, packten noch etwas Bettzeug hinzu und befahlen, daß ich ihnen die Sachen am nächsten Tag persönlich um acht Uhr morgens bringen solle. Der könnte bei uns Arbeit haben. Ich fragte sie nach ihrer Anschrift. Da begannen sie miteinander zu tuscheln und gaben eine unbestimmte Adresse an: „die Villa nebenan".

Dieser Besuch lieferte mir ein so exaktes Bild von der Situation, in der wir uns befanden, daß ich meiner Frau empfahl, die nötigsten Sachen in eine Tasche zu packen, ich selbst packte meine in einen kleinen Koffer, und um sieben Uhr abends verließen wir unsere Wohnung durch den Garten. Die Frau nahm noch die letzte Rose mit. Im Drahtzaun hatten wir schon eine Öffnung vorbereitet. Dort traten wir auf das Grundstück des Herrn Tomanek und von dort durch den Garten der benachbarten Villa inmitten von SS-Leuten und ihren Autos auf die Straße. Beim Anblick einer Frau mit einer Rose, die langsamen Schrittes mit ihrem Begleiter ging, erkannten sie nicht, daß wir nicht die Bewohner dieser Villa waren. Das war am vierten Juli 1941, einem Freitag, dem letzten Tag im eigenen Haus in Lemberg.

DIE IRRFAHRT

In den ersten Wochen gestatteten die Deutschen den Ruthenen, sich auszutoben, und diese nutzten das in vollem Umfang. An die Trittbretter der deutschen Autos hefteten sich russische Jugendliche, wiesen den Weg, trieben Juden zur Arbeit und bildeten Kommissariate und Polizei. Anfangs machten die Deutschen Herrn Polański zum Bürgermeister, einen Naturwissenschaftler und Ruthenen, der sogar recht ausgleichend aufgelegt war. Es erschien auch eine Zeitung „Freie Ukraine", die jedoch die Deutschen bald in „Lemberger Distrikt" oder etwas Ähnliches umbenannten. In dieser Zeitung konnte man lesen, daß nach der nordischen Rasse die dinarische die beste sei, und in unverfälschter Ausgabe seien ihre Vertreter die Ukrainer. Polen und Ungarn seien von Juden beeinflußt und gehören kraft dieser Tatsache einer niederen Rasse an. Ich glaube, daß man später einmal die Ukrainer an diese ihre Angehörigkeit zu einer höheren Rasse wird erinnern müssen, wenn sie im Namen der Demokratie die Gleichheit fordern werden. Als sich meine Schwester an einen bekannten Ruthenen um Hilfe wandte, sagte dieser: „Wir können da nichts machen, wir erfüllen nur die deutschen Befehle." Auch daran wird man erinnern müssen, daß die russische Polizei, die sog. „ukrainische Miliz", den Deutschen in Krakau und Warschau geholfen hat – bei Razzien und Zwangsrekrutierungen, wobei sie in einem Bereich wirksam wurden, in dem russische Politiker niemals Ansprüche erhoben hatten. Seit der russischen Zeit arbeiteten russische Komitees und verständigten sich mit den Polen in politischen Fragen, aber die Masse des Volkes riß sich von der Herrschaft der Intelligenz los und verwandelte sich in eine Horde, die anfangs den Deutschen hörig war und später vollkommen eigenmächtig handelte.

Nach Verlassen unseres Hauses am Abend des 4. Juli 1941 begaben wir uns zur Familie Indruch in der Snopkowska-Straße. Frau Indruch war eine Tante der Danka Smalewska, einer Freundin von Lidka. Sie nahmen uns für ein paar Tage willig auf, aber wir konnten da nicht lange bleiben. Die Zweiraumwohnung war klein und die ruthenische Eigentümerin des Hauses, eine einfältige Person, die unseren Wirtsleuten nicht sehr wohl gesonnen war, wäre mit einem Aufenthalt ohne Anmeldung nicht einverstanden gewesen. Lemberg war damals mit Militärfahrzeugen vollgestopft, die über die Straßen nach

Osten zogen. Unter ihnen waren Giganten mit doppelten Rädern, alle mit weißen Symbolen gekennzeichnet. Da gab es den Löwen, den Fuchs, die Waage usw. Hinten waren die Umrisse weiß gekennzeichnet, damit der Nachfolgende im Nebel nicht auf den Vordermann auffuhr. Das wirkte imponierend, aber Frau Stasia Blumenfeld meinte, daß das keine Armee zur Unterwerfung Rußlands sei. Das war alles zu ordentlich, zu pedantisch, zu schön für die unwegsamen Gebiete, für die Wildnis und Moore, die die Deutschen noch von Moskau trennten.

Bei der Familie Indruch wurden wir mit dem Ehepaar Witkowski bekanntgemacht. Er war aktiver Offizier, hatte sich aber nicht registrieren lassen und war dadurch den Sowjets entgangen. Die Indruchs und Witkowskis wußten, wessen sich die Mehrheit der Polen bewußt war, wofür aber die Juden kein Verständnis hatten: Wenn man den Krieg überleben will, sollte man die Anweisungen der Behörden nicht blind erfüllen, sollte man seinen Namen, Beruf, Ausweise entsprechend der Situation wechseln. Die Juden aber hatten eine übertriebene Vorstellung vom Scharfsinn und einer großartigen Organisation der Deutschen. Sie betrachteten jeden Gendarmen als Kenner der Siegel und Stempel und dachten, daß die Behörden jeder Gemeinde und jedem Pfarramt Anfragen nach jedem Juden oder Neophyten zukommen lassen werden. Dieser Glaube an die Allwissenheit der Deutschen, verbunden mit der Überzeugung, daß die gehorsame Befolgung der deutschen Anordnungen die Möglichkeit bietet, trotz Elend und Erniedrigung die schlimmsten Zeiten zu überstehen, bedeutete für viele tausende Menschen das Verderben.

Wenn man in die Lemberger Straßen schaute, konnte man überall das Bild der „wirtschaftlichen Ausbeutung des Landes“ erkennen. Gestapoleute, Gendarmen, Polizisten, Offiziere belegten die Wohnungen, die ihnen komfortabel genug erschienen, warfen die Bewohner hinaus, gestatteten, falls es nicht Juden waren, die Mitnahme von Möbeln und richteten sie danach mit Möbeln aus jüdischen Wohnungen ein. Ununterbrochen fuhren Möbelwagen durch die Straßen, und neben ihnen trieb man Juden her, die die Möbel zu tragen und aufzustellen hatten. Dieser Prozeß dauerte einige Monate, denn da Wohnungen, Möbel und Arbeiter kostenlos zur Verfügung standen, wechselten die Deutschen alleweil ihre Wohnungen. Arbeitskräfte lieferte die Kultusgemeinde täglich zu Tausenden. Zu diesem Zweck erstellte die Gemeinde

Verzeichnisse und beschäftigte dazu einige zig eigene Angestellte und Polizisten. Von Zeit zu Zeit erschien vor dem Lokal der Gemeinde ein Auto mit bewaffneten SS-Männern, die die Lieferung eines Services für 24 Personen oder Bettwäsche für 100 Betten oder Ummöblierung einiger Zimmer forderten. Dabei waren sie mit nichts zufrieden, was nicht von erstklassiger Qualität war. Ein andermal forderten sie Photoapparate, ein andermal einige zig Paar Galoschen. Als sie im Vorzimmer die Galoschen der Gemeindeangestellten sahen, nahmen sie diese einfach mit.

Janek, der erkannte, daß wir kein Einkommen hatten, begann sich mit Handel zu beschäftigen. Anfangs verkaufte er an deutsche Soldaten Unterwäsche und Strümpfe, die er vorher in den Läden gekauft hatte. Danach wechselte er zum Handel mit Zucker, Obst und anderen Lebensmitteln. Die Quelle dieser Waren waren Armeelager, in denen die Verwalter diese Artikel säckeweise verkauften. Soldaten fuhren mit Autos die Ware zum bestimmten Ort, fürchteten sich aber vor der Gendarmerie und SS, denn die Letzteren hielten manchmal Armeefahrzeuge an, die in eine verdächtige Richtung fuhren. Von der Familie Indrych aus zog ich für ein paar Tage zu den Blumenfelds um. Meine Frau fand für einige Tage Unterkunft bei Frau Parandziej, einer emeritierten Angestellten des Finanzamtes.

Die deutsche Polizei und die SS grassierten überall. Einmal als Frau Stasia von den Blumenfelds herauskam, wurde sie aufgefordert, in den Kasernen den Fußboden zu scheuern. „Ich bin keine Jüdin“, widersetzte sie sich. Daraufhin der Soldat: „Wenn du lügst, erschieße ich dich wie einen Hund.“ So liebten sie die Wahrheit. Aber immer noch erkannten die Menschen nicht, daß derjenige, der den Deutschen die Wahrheit sagt, ihre Befehle befolgt und nicht versucht, sie zu betrügen oder seine Identität zu fälschen, seinen Wohnort zu wechseln, seine Qualifikation geheimzuhalten, ins Verderben geht und das in schrecklicherer Weise, als man es auf der Grundlage von Hitlers Buch „Mein Kampf“ annehmen konnte. Da ist ein Kapitel, in dem die Rede davon ist, wie man ein Volk von Unglück zu Unglück führt, indem man ihm wohlberechnete Schläge versetzt. Niemand verstand zuerst den Sinn des Satzes: Ich werde die Judenfrage lösen.

Das Beispiel des Warschauer Gettos war nicht deutlich genug, denn es war erst die Phase, in der man noch vegetieren konnte. Im Stadium der Freundschaft mit Sowjetrußland war augenscheinlich der Massenmord noch nicht vorgesehen. Man verschob ihn auf eine spätere Phase, die jetzt gleich kommen sollte. Zur Beglückung der Bevölkerung Lembergs beschlossen die Deutschen, die Stadt in vier Wohngebiete zu unterteilen: in je ein deutsches, polnisches, russisches und jüdisches. Diese in ihrer Absurdität kolossale Idee erschien den Menschen, die zur Zeit der kulturellen Verständigung und der Besuche von Goebbels* ihre Hirne an die Akzeptanz der Ideen des genialen Adolf gewöhnt hatten, nicht so unsinnig. Aber militärische Kreise verstanden, daß die Schaffung eines deutschen Wohngebietes während des Krieges bedeutet, die Deutschen mit Vorrang den Angriffen von Bombenflugzeugen auszusetzen und außerdem auf die Besetzung vieler Gebäude und Straßen vom Gesichtspunkt der Quartierbeschaffung her zu verzichten. So lief diese Sache praktisch darauf hinaus, ein Getto festzulegen und einen Terminkalender zu veröffentlichen, nach dem die Juden nacheinander die „arischen" Wohngebiete zu verlassen hatten. Dazu wurde die Definition eines Juden veröffentlicht: Als ein solcher hatte jede Person zu gelten, die unter ihren vier Großeltern drei oder vier Juden hatte. (Der Genius, der diese Definition erfunden hatte, bemerkte nicht, daß sie einen circulus enthält.)

Die Witkowskis übernahmen es, unsere Koffer von den Indruchs zu holen. Janek begab sich zu ihnen und grub im Garten hundert „Vierer" [Vierrubel-Geldstücke] aus, die er uns brachte. Dank der Fügung, daß uns Dr. Grünhut zufällig diesen Schatz überlassen hatte, konnten wir einige Jahre leben. Einige Tage verbrachte ich in der Wohnung des Herrn Dobrzański in Łyczaków und meine Frau bei Frau G., der Schwester des Herrn Mozołowski. Die Menschen unterstützten uns, wenn auch nicht alle. Nach einer Woche dieser Irrfahrten zogen wir mit in die Wohnung meiner Schwester ein, die wie früher mit der Mutter in der Villa des Prof. Fuliński wohnte. Die Wohnung in der Kadecka-Straße blieb leer, nur eine Etage höher blieb Halina mit ihrem Mann in ihrem Zimmer. Von ihnen konnte ich erfahren, was so im Haus geschieht. Andere Mitbewohner kannten meine Anschrift nicht. Am 5. Juli morgens sahen SS-Männer nach dem Koffer, der im Zimmer stand und ordneten an, daß ich ihn selbst zu ihnen hinbringen solle. Einige der Bewohner wurden von ihnen zu einem Schnaps eingeladen und nach mir aus-

* Die Freistadt Danzig ausgenommen, gab es in Polen nur einen solchen Besuch im Juni 1934.

gefragt. Bald danach kamen einige Frontoffiziere und besetzten die Wohnung. In der Wohnungsverwaltung kündigte ich die Wohnung, was die Mehrheit meiner Bekannten als Unsinn ansah. Halina und ihr Mann boten sich den neuen Wohnungsinhabern als Dienstleute an, er als Koch und sie als Zimmerfrau. Dabei half ihnen Frau Tola, eine Nachbarin aus Warschau, die ihnen und uns viel Wohlwollen bezeugte. Die Offiziere (oder auch Unteroffiziere) organisierten Empfänge, an denen die jungen Mädchen K. aus der 3. Etage (eine von ihnen gehörte 1939 einer Gruppe an, die dafür vorgesehen war, Benzin auf Panzer zu schütten) und weitere Mädchen aus der Stadt teilnahmen. Diese Gelage dauerten manchmal bis zum frühen Morgen. Die neuen Wohnungsinhaber durchstöberten die Bibliothek, suchten aus Neugier nach Briefen und Fotos. Irgendwelche Dokumente fanden sie aber nicht, denn die hatte ich alle vor dem Verlassen der Wohnung verbrannt, um sie nicht den Deutschen zu überlassen. Ich konnte sie auch nicht mitnehmen, da sie mit dem schon damals geplanten Wechsel der Identität nicht übereinstimmten.

Prof. Fuliński wohnte im Erdgeschoß seiner Villa in der Tarnowski-Straße 82 zusammen mit seiner Frau, einer Tochter und drei Söhnen. Darüber hinaus wohnten bei ihm seine Cousins. Die Schwester mit der Mutter wohnte im ersten Stock. Wir zogen dort am 13. Juli ein. Es war dies der letzte Tag, an dem noch keine Armbinden mit Stern getragen werden mußten. Prof. Fuliński nahm mich herzlich auf und gab mir den Rat, mich gar nicht anzumelden. Aber seine Söhne fürchteten deutsche Sanktionen und trugen uns mit ein, als eine Liste erstellt wurde. Als nachmittags um 4 Uhr befohlen wurde, sich zur „Arbeit" in der Zielona-Straße zu melden, gingen wir daher alle drei: ich, meine Frau und die Schwester. Das war unser erster und letzter Auftritt in offizieller Kleidung. Dort warteten schon hunderte Menschen. Die Soldaten der deutschen Polizei stellten uns zu Paaren auf. Dabei nutzten sie die Hilfe von Ukrainern. Der Kommissar, ein Ukrainer, nahm auf der Straße Reklamationen entgegen. Als ich ihm mein Alter und meinen Beruf nannte, entließ er mich. Meine Frau und die Schwester legten ärztliche Atteste vor. Von da an beschlossen wir, uns nirgends mehr zu melden, uns nicht registrieren zu lassen, nirgends hinzugehen, obgleich alle paar Tage neue Listen erstellt wurden und man mit Sanktionen drohte. Man mußte sich auch vor den Angestellten der Stadt und den Hausverwaltungen in acht nehmen, die ihre Listen hatten. In diesen saßen stellenweise auch noch Juden. Eine solche Angestellte versicherte meiner Schwester sofort, daß sie mich kennt.

Große Hilfe erwies uns Dr. Rothfeld von der Stadtverwaltung. Er war der Vertreter von Dr. Parnas, der sich am Fenster erhängte hatte, nachdem die Deutschen ihn verhaftet hatten. Er bewies großen Mut, daß er in solcher Zeit die Stellung des Vorsitzenden übernahm. In der Verwaltung war auch Dr. Jakob tätig, der mich, meine Frau und meine Schwester ohne Bedenken aus der Schlange der Zwangsarbeiter herausnahm. Er wußte auch nicht recht, was die Deutschen eigentlich im Sinn haben. Daher erstellte er u. a. auch die erste statistische Zusammenstellung der Juden, nach Wohngebieten getrennt, was es bisher nicht gab. Sein Chef war ein vom Arbeitsamt eingesetzter Deutscher, der die Position der rationellen „Ausnutzung der Arbeitskräfte" vertrat, d.h. empfahl, ihnen solche Tätigkeiten zuzuweisen, daß jeder zur Erfüllung seiner Aufgaben in der Lage war. Anders gesagt, er betrachtete die Juden als Arbeitspferde, aber weder er noch die „Pferde" wußten, daß das alles nur eine Farce war und daß einfach eine Vorstellung für die Armee und die Bevölkerung inszeniert wird, um die Aufmerksamkeit von den wirklichen Zielen abzulenken.

Ausgezeichnet verstand das Bronisław Knaster, den wir von Zeit zu Zeit abends besuchten. Er hatte sich um eine Stellung als „Fütterer von Läusen" im Institut von Prof. Weigel bemüht, das als kriegswichtig, natürlich unter dem Namen von Behring, von den Deutschen aufrechterhalten und sogar erweitert worden war. Die Blumenfelds zogen zu seiner Schwester um, nahe dem „Georg". Es waren neue Gefahren im Anzug. Man fürchtete, daß die Deutschen alle Kommunisten und solche Menschen verhaften werden, die die Sowjets unterstützt hatten. Etwas Derartiges trat allerdings doch nicht ein, es sei denn, daß jemand besonders denunziert worden war. So z.B. wurde Halina Górska festgenommen. Aber bereits Prof. Mazur, dessen Name als Mitglied der Partei der Bolschewiken auf einem Plakat in der Vorhalle der Universität prangte, das die Deutschen gesehen hatten, saß in Ruhe in seiner Wohnung. Rektor Byczenko spazierte ebenfalls in aller Ruhe durch die Stadt.

Die Ukrainer wußten nicht recht, wie sie sich verhalten sollten. Die Komödie mit Bandera beendeten die Deutschen, indem sie die „Regierung" in Krynica internierten. Ein Teil von ihr war überhaupt nicht von Krakau bis nach Lemberg gekommen. Man begann, die Heißsporne zu verhaften, verbot ihnen, über die rassisch höhere Stellung zu schreiben. In der „Lemberger Zeitung“ gab es eine Veröffentlichung, daß die Intelligenz des ukrainischen Volkes nach ihrer Anzahl nicht ausreicht, um das Land zu regieren. Die mit dem Blut der deutschen Soldaten erkämpften Territorien sollen vor allem als Raum für das deutsche Volk genutzt werden. Die dörfliche Bevölkerung der Ukraine findet selbstverständlich ihr Arbeitsgebiet als Pflüger und als Säleute sowie als Lieferanten der Früchte ihrer Arbeit für „Europa“. Schon zum zweiten Mal vernahm die Bevölkerung, daß sie vor allem dafür zu sorgen haben wird, daß der Dung rechtzeitig auf die Felder kommt, um die Ablieferungspflichten erfüllen zu können, und daß sie dafür nach der Ernte ihre Volkslieder singen kann. Die Enttäuschung wurde sichtbar, als man in „Galizien“ den polnischen Złoty einführte. Der Haß konnte sich allerdings nicht gegen die Deutschen richten, die man für unerreichbar hielt, er richtete sich also gegen die Polen. Es erschienen schon damals Meldungen über die Ermordung polnischer Dorfvorsteher, Förster, Siedler, besonders solcher, die in russischen Dörfern wohnten. Von den Deutschen wurden diese Ausfälle von Zeit zu Zeit gerügt.

Die Juden trugen ihre Armbinden. Es gab sogar solche, die sie sich aus Zelluloid anfertigten. Ich sah auch Frauen, die ihre Kleidung der blaugelben Dekoration anpaßten. Zu Beginn ertrugen die Jugendlichen die Zeit der Erniedrigung mit Tapferkeit und sogar mit entsprechendem Humor. Wer eine Armbinde trug, mußte jeden Augenblick erwarten, daß ihm ein Offizier oder Polizist zuwinkt oder pfeift, manchmal mit der zusätzlichen Bemerkung „du Dicker“, und ihm befiehlt, den Koffer zu tragen. Manchmal wurde so einer auch auf ein Auto gesetzt und aus der Stadt hinaus zur Arbeit gefahren.

In dieser Zeit ging ich manchmal außerhalb der Stadt spazieren, tat das aber recht selten. Solange es noch schön war, spazierte ich im Garten auf und ab wie ein Sträfling. Prof. Fuliński, mit dem ich per „Du“ war, sprach mit mir viel über Politik. Er sah schon damals voraus, daß die Deutschen nicht über den „Tatarengraben“ hinauskommen, jene natürliche Senke vor dem Wall des Kaukasus. Und das hat sich dann auch als richtig erwiesen. Er sagte auch schon: „Du wirst einmal Professor in Breslau.“ Er hatte auch seine eigene Meinung zur Judenfrage. Er übertrug dieser Bevölkerung das „Chersoner Gebiet“, das Land vom Dniestr bis zu Dnjepr. Es sollte zu einem unabhängigen polnischen „Dominium“ werden. Er redete mir zu, ein solches Projekt zu erarbeiten und damit nach dem Krieg an die Öffentlichkeit zu treten. Er und seine Söhne hielten sich viel im Garten auf. Da war eine Gans, die sich so an uns gewöhnt hatte, daß es genügte, sich für ein Weilchen hinter einem Strauch zu verbergen, daß sie uns mit größter Unruhe überall suchte.

Das Nachbarhaus gehörte einer Deutschen. Zur Zeit der Bolschewikenherrschaft hatte sie sich zusammen mit anderen Volksdeutschen ins Generalgouvernement abgesetzt. Nun war sie zurückgekehrt und hatte das Haus wieder übernommen. Prof. Fuliński sagte zu ihr: „Ihre Landsleute haben den Krieg verloren." Er besaß eine ausgezeichnete Ausbildung in Geschichte und sah den Verlauf der zukünftigen Prozesse klar vor sich. Er versicherte mir, daß die Amerikaner in den Krieg in Europa eingreifen und mit einer Flotte von hunderttausenden Flugzeugen in den Krieg ziehen werden. Oft ging ich abends zu den Fulińskis, um politische Gespräche zu führen, und erst danach, gegen zehn Uhr, aß ich zu Hause Abendbrot. Alles wurde auf dem Gasherd zubereitet, aber am Tage war das Gas manchmal so knapp, daß die Zubereitung des Essens bis morgens um zwei dauerte. Das war ungemein ermüdend, und die ständige Furcht, daß uns jemand überfällt, nahm uns die Ruhe.

Oft schlief ich auf dem Dachboden auf einem Haufen alter Bücher. Dabei hatten wir die Befürchtung, daß die Deutschen kommen werden, um nach Leon Chwistek zu suchen, der ein Freund der Kommunisten war. Aber sie kamen nicht. Trotzdem übernachtete ich einige Male außer Haus, einmal bei Prof. Małachowski und nahezu eine Woche beim Ehepaar Weiss am Bernhardiner Platz. Ignacy Weiss war mein Schulkamerad gewesen, seine Frau war eine Deutsche. Sein Schwager, der Rechtsanwalt Stein aus Jasło, wohnte zusammen mit seiner Frau bei ihm.

Das Ehepaar Weiss hatte drei Söhne. Es waren großgewachsene und kluge Jungen. Die Herren Stein und Weiss arbeiteten in der Desinfektionsgenossenschaft, in derselben wie mein Cousin Dyk. Einmal kamen während der Mittagszeit zwei „Schutzpolizisten". Ohne die Mützen abzunehmen bemerkten sie: „Sie essen noch ganz gut hier. Sind Sie ein Jude?" fragten sie Ignacy Weiss. Als dieser erklärte, das er Mitglied des evangelischen Konsistorialrates ist, antworteten sie: „Mit den Kirchen haben wir auch Schluß gemacht." Dann begann der eine dem anderen eine Anekdote zu erzählen, daß ein Jude auf dem Sterbebett sich taufen ließ. Auf die Frage, warum er das tue, antwortete der, daß er keine Besitztümer habe. Deshalb möchte er nicht zulassen, daß sein Begräbnis zu Lasten der Glaubensgemeinschaft geht. Auf die Frage, was ich hier tue, antwortete ich, daß ich hierher zum Mittagessen komme. Dann beschäftigten sie sich mit Dr. Stein. Ich nutzte das Durcheinander, nahm meinen Hut und ging zu Dr. Ziemilski, der unweit von dort wohnte. Ein paar Stunden später kehrte ich nach Hause zurück. Der Grund des ungebetenen Besuchs war die Anzeige eines Mitgliedes der Genossenschaft, daß Dr. Weiss und Dr. Stein mit Gold handeln. Weil die Revision ergebnislos verlief, gingen sie wieder, nahmen ein Bild von der Wand mit und warnten Dr. Weiss, daß er eine Armbinde tragen müsse, denn wenn ihn die Sicherheitspolizei erwische, könne es schlimm ausgehen. Meine Anschrift (ungenau und in der Kadeckastraße) notierten sie.

Solcher Art Besuche waren gefährlicher, als es mir erschien. Schlimmer war der, den meine Schwester in der Tarnowskistraße empfing. Ich war im Garten, und sie stand zwei uniformierten Banditen gegenüber. Der eine hatte den Mund verbunden, der andere sprach deutsch mit jüdischem Akzent. Der zweite erklärte, daß hier Juden wohnen. Als meine Schwester widersprach und sich bereiterklärte, die Geburtsurkunde des Mannes als des Wohnungsinhabers vorzulegen, antworteten sie, daß sie nicht berechtigt sind, Urkunden zu überprüfen. Dann baten sie die Schwester um Hinweise, wo hier Juden wohnen. Sie erwiderte ihnen, daß sie sich dafür nicht interessiere und daher auch keine Auskunft geben könne. Wenn sie nicht so geistesgegenwärtig gewesen wäre, hätte man uns ausgeplündert und im Laufe von wenigen Stunden auf die Straße geworfen.

Die Räuberei war die Hauptbeschäftigung der Deutschen. Abends in der Jagellonenstraße konnte man Offiziere mit ihren Frauen sehen, die in die Richtung des jüdischen Wohnviertels gingen. Dort nahmen sie aus den Wohnungen, was möglich war. Den Besitzern blieb nur die Freude, daß man ihnen das Leben gelassen hatte. In der Tarnowskistraße kamen manchmal Gäste zu uns. Unter ihnen war Frau Bork, die Mutter meines Schülers. Im Jahre 1941 hatte ich noch Korrespondenz mit ihm, dann wurde er verhaftet. Die Mutter erzählte, daß sein früherer Offiziersbursche, ein Jude, ihn beim NKWD als Offizier der Reserve angezeigt hatte und daß man ihn unvermittelt in der Wohnung verhaftet und nach Lemberg gebracht habe. Seit dieser Zeit ging jede Spur von ihm verloren. Wahrscheinlich hat er das Schicksal der Opfer von Katyń geteilt. Ich bewunderte seine Mutter, daß sie überhaupt nicht an Rache dachte. Sie wollte mir unbedingt bei sich in Borysław Unterschlupf gewähren. Zu der Zeit dachten wir immer ernsthafter darüber nach, Lemberg zu verlassen. Das rieten mir auch meine Kollegen wie Kulczyński, Banach und Rogala.

Und die Deutschen regierten nach ihrer Art. Sie veröffentlichten eine Anordnung, daß alle künstlerisch wertvollen Gegenstände abzuliefern seien, um sie vor Zerstörung durch Kriegseinwirkung zu bewahren. Ich weiß nicht, ob jemand diesen dummdreisten Aufruf befolgt hat, weiß aber, daß die Familie Fuliński sich die deutschen Anordnungen in keiner Weise zu Herzen nahm. Sie hatten die bolschewistische Schule absolviert. Damals waren gegen sie Ermittlungen wegen einer Verschwörung eingeleitet worden. Sogar ihr Diener Staszek war verhaftet und mit dem Anheizen der Fußsohlen gefoltert worden. Aber er hat nichts gesagt.

Die Deutschen gelangten auch ins Ossolineum. Ein Angestellter des Ministeriums für Volksbildung forderte von Mieczysław Gębarowicz die Herausgabe der Stiche von Dürer. Dieser weigerte sich und forderte die Vorlage einer entsprechenden schriftlichen Anordnung. Daraufhin der Deutsche: „Passen Sie auf! Sie wissen sicher, was mit den Krakauer Professoren geschehen ist?" „Ich habe davon gehört", erwiderte Gębarowicz, „habe diese Gerüchte aber für antideutsche Greuelpropaganda gehalten!" Da war der Deutsche verblüfft und wurde anständiger. Aber die Stiche nahm er dennoch mit.

Auf der Straße kam es vor, daß ein deutscher Soldat mit dem Gewehrkolben einen Juden erschlug, der völlig friedlich einherging. In der Zeitung las man dann eine Suchmeldung nach einem Kraftfahrer, der mit seinem Lastwagen durch unvorsichtiges Fahren einen Juden überfahren hatte. Diese Veröffentlichungen sollten bei den Lesern die Überzeugung von der deutschen Gesetzlichkeit entwickeln. Manchmal trieb man in den Straßen einige hundert Juden zusammen, führte sie auf den Hof des SS-Quartiers in der Pełczyńska-Straße, befahl ihnen, sich auf den Boden zu legen, stellte Maschinengewehre auf und drohte jedem, der den Kopf hob, mit dem Erschießen. Das ging so vom Morgen bis in den Abend. Manchmal kam ein Verteilungskommando der SS gefahren, sammelte einige -zig Juden auf, fuhr sie auf den Sandberg oder nach Lesienice und erschoß sie dort. Lila Holzer, der Cousine meiner Frau, geschah es, daß abends zwei deutsche Banditen eindrangen und ihren Mann mitnahmen. Auf ihre Bitten hin und das Weinen der Kinder versprachen die

Schergen, daß der Mann nach Hause zurückkehrt. Als sie das Ehrenwort forderte, sagte der eine: „Einer Jüdin gibt man kein Ehrenwort." Man führte sie in einen nahen Wald, stellte sie dort in einer Reihe auf und erschoß einige. Einer schleppte sich mit verwundetem Hals in ein nahes Haus, Herrn Holzer ließ man frei. Auf seine Bitte hin entließ man mit ihm auch Herrn Lindfeld aus Krakau als seinen Freund. Mit diesem Menschen traf ich mich einige Male. Er war intelligent und besonnen, aber er verstand die ganze Perfidie und den verbrecherischen Charakter der Deutschen nicht. Er glaubte, daß man durch vorsichtiges Vorgehen, indem man sich im Getto die beste Wohnung suchte, dann die sicherste Arbeit usw., das Leben retten könnte. Das eben war die Illusion, die von den Deutschen propagiert wurde. Sie schlugen unsystematisch zu, einmal hier, einmal da, damit niemand erkennen konnte, was das eigentliche Ziel dieser Ausfälle war. Einmal trat an der Haltestelle der Straßenbahn ein deutscher Soldat in Felduniform an Lila heran und sagte im Anblick ihrer Armbinde: „Gnädige Frau, haben Sie keine Angst! Das dreckige Pack wird den Krieg nicht gewinnen!" Und dann berichtete er, was er in der Zitadelle gesehen hatte: Einige hundert junger Juden, prächtige Kerle, wie er sagte, wurden vor seinen Augen erschossen. Unter ihnen waren Komponisten, Wissenschaftler, Ärzte usw.

„Ich bin Kommunist", sagte er, „und habe keine Angst, laut darüber zu sprechen."

Ein Zimmer im ersten Stock vermietete Herr Fuliński auf unsere Bitte hin an Herrn Z. und seine Frau. Er arbeitete in derselben Desinfektionsgenossenschaft wie Stein und Dyk. Oft mußte er auf die Zitadelle zur Desinfektion der Kasernen und sah dort russische Kriegsgefangene. Die Deutschen ließen sie so hungern, daß jeden Tag einige hundert starben. Das war eine der abscheulichsten Grausamkeiten der Deutschen. Als dann die Zahl der Gefangenen groß genug war, wurden sie hinausgeführt und man ließ sie in die besetzten ukrainischen Städte marschieren. Die Soldaten bettelten in den Straßen und starben unterwegs in Massen. Eigentlich war es nicht gestattet, ihnen Geld zu geben, aber die Bevölkerung unterstützte sie bereitwillig. Bei der riesigen Anzahl war die Hilfe natürlich völlig unzureichend. So ließen sich die Deutschen schon in den ersten Monaten ihres Aufenthalts als brutale Mörder der Zivilbevölkerung und der Kriegsgefangenen erkennen.

In dieser Zeit besuchte uns manchmal Herr Schauder, der unweit von uns wohnte. Die Deutschen nahmen ihm die Wohnung. Zuerst meldete sich ein SS-Mann, und als er erfuhr, daß das Heer schon das Zimmer belegt hatte, schlug er Herrn Schauder ins Gesicht. Wir erfuhren auch, daß Auerbach im Keller bei einer Wäscherin Wohnung genommen hatte. Alle überlegten, wie es weitergehen soll. Manche waren der Meinung, daß es am besten wäre, ins Getto umzuziehen. Andere wiederum glaubten, daß sie die Taufe vor Gefahren bewahrt. Warum sie so dachten, ist nicht bekannt, denn die Deutschen verkündeten deutlich ihre Definition. Aber viele Juden hatten sich schon zu sowjetischen Zeiten taufen lassen, und was das Interessanteste ist, die nach Kasachstan und Sibirien deportierten Juden empfingen im Umfeld von Polen oft die Taufe. Es war irgendwie so, als hätte ihrer Meinung nach ihr alter Gott die Macht über die Welt verloren. Zu denen, die zu dieser Art Schutz rieten, gehörte Ignacy Weiss. Er hatte einen Cousin und bekannten Geistlichen in der Nähe von Przemyśl, der für teures Geld die Taufe vornahm. Ein wesentlicher Teil des Honorars verschwand in den Taschen des Cousins, der als Vermittler wirkte. Ich verfolgte den Plan, mich in die Gegend von Przemyśl auf das erwähnte Pfarramt zu begeben, aber der Priester Cz. brach sein Wort und nahm jemand anderen auf. Als Wirtschafterin nahm er sich die jugendliche Schwägerin und Freundin dieses Cousins und Vermittlers. Uns verblieb als einziger Trumpf die Geburtsurkunde eines Bauern aus der Gegend von Przemyśl, die uns Herr Tadeusz Hollender lieferte und die er für mich recht billig gekauft hatte.

Aber es blieb das Problem der Wohnung. Ich schrieb einen Brief an den ehemaligen Rektor, Prof. Bulanda, der mich daraufhin aufsuchte und sich meiner außerordentlich wohlwollend annahm. Er rief Herrn Otto zu sich, einen Angestellten der Quästur der Universität, und da er bei diesem wie beim gesamten Personal der Universitätsangestellten Ansehen besaß und Gehorsam genoß, gebot er ihm, uns in seiner Villa in Rudno bei Lemberg aufzunehmen. Über dieses Ergebnis informierte er mich über den Hausdiener Gawlik. Aber niemand von uns hatte selbst mit Herrn Otto gesprochen. Da bot uns wiederum Frau Knaster ihre Hilfe an. Sie ging selbst zu Fuß nach Rudno und besprach dort alles. Dieser Spaziergang aus Lemberg war weder leicht noch ungefährlich. So hatten wir wenigstens einen Platz, aber wir konnten uns noch nicht entschließen, die Wohnung bei den Fulińskis zu verlassen. Die Schwester fuhr mit einem Auto zu ihrer verheirateten Tochter nach Borysław, denn eine in der Wohnungsverwaltung dieses Stadtteils arbeitende Ruthenin hatte behauptet, sie am 13. Juli mit Armbinde gesehen zu haben, was der Wahrheit entsprach.

Leider kamen die Briefe von Schwester Irena aus Krakau und vom Schwager aus Stróże, die vor der Anmeldung zum „Kursus" und dem Tragen von „Bijouterie" warnten, zu spät. Aus Warschau kamen mit dem Auto die Tochter und der Schwiegersohn von Prof. Loria und nahmen ihn mit. Der Grund für unser Zaudern war der Verlust der Sachen, von denen wir nur noch wenige hatten, aber dennoch zuviel, um sie nach Rudno zu transportieren. Die russischen Milizionäre verdächtigten alle, die irgendwelche Sachen transportierten, daß sie jüdisches Eigentum wegschafften und konfiszierten diese. Man muß wissen, daß die Deutschen die Aufbewahrung jüdischen Eigentums als größtes Verbrechen betrachteten. Sie erklärten, daß diese Sachen ihr Eigentum seien. So verlor auch die Bevölkerung, der anfangs die Vertreibung der Juden gefiel, viel vom anfänglichen Eifer, als erkennbar wurde, daß daraus kein schneller Nutzen zu ziehen ist.

Die Deutschen verloren schließlich auch nicht die einheimische Bevölkerung aus den Augen. Von Zeit zu Zeit umstellten sie ganze Blöcke, zerrten die jungen Leute aus den Wohnungen und deportierten sie zur Arbeit nach Deutschland. Zwischen Warschau und Lemberg entwickelte sich ein lebhafter Auto- und Zugverkehr. Eine Menge Menschen fuhr hin und her und transportierte Waren. Von Zeit zu Zeit beschlagnahmten die Deutschen ganze Wagenladungen, häufiger begnügten sie sich mit angemessener Bezahlung. Armeekraftfahrer und andere transportierten Menschen und Sachen in verschiedene Richtungen und forderten dafür phantastische Preise.

Die Deutschen handelten auch mit Ausweispapieren, Pässen, Visa usw. Wenn man abends in die Innenstadt ging, traf man in der Dunkelheit hunderte Offiziere und Soldaten, die jede Frau belästigten. Oft waren sie betrunken, wankten auf den Beinen, waren aber dennoch deprimiert, so als wären sie benebelt. In der Stadt entstanden neue Kommissionsgeschäfte. Viele Menschen lieferten Möbel, Porzellan, Silber, Gemälde, Kleider, Hüte, Tischdecken usw. zum Verkauf. Die Deutschen kauften anfangs in diesen Läden, später, als es ihnen zu teuer wurde, schlossen sie das Geschäft von Amts wegen und konfiszierten entschädigungslos die gesamte Ware. Was will man mehr, sie waren Ästheten. Wenn sie mit geraubten Möbeln ihre Wohnungen einrichteten, achteten sie auf Harmonie im Stil, und die Gemälde suchten sie aus der polnischen Malerschule: Chełmoński, Gierymski, Hoffman, Axentowicz standen hoch im Preis. Was für eine einfühlsame Seele wohnte doch in diesen Menschen! Es reichte ihnen nicht, im geraubten Bett zu schlafen, aus Geschirr zu essen, dessen Eigentümer sie ermordet hatten, sie mußten noch an den Wänden Landschaften hängen haben, die mit dem Land, das sie umgab, harmonierten. Wer die Zeitungen las, konnte denken, daß sie ein Volk der Dichter und Denker sind, das die harte Notwendigkeit zur Verteidigung der Ehre, des heimischen Herdes und der Freiheit in den Krieg getrieben hat. Einen schönen Vers jedoch schrieben sie während des Krieges als Zweizeiler mit Kreide an die Eisenbahnwaggons, die sie in die ungewisse Ferne transportierten:

Wir fahren hin, wir fahren her,
wir haben keine Heimat mehr!

Der Stil der „Lemberger Zeitung" unterschied sich selbstverständlich nicht von dem der übrigen Presse. In einer solchen Atmosphäre mußte und sollte alles zu Grunde gehen. Und die deutschen Armeen drangen weiter vor. Als sie Krzemieniec besetzt hatten, dachte ich an die Familie der Eheleute Kac. Sicher hatte man sie alle ermordet, nicht anders als viele tausende Juden in Zdołbunów, Winnica und anderen ukrainischen Städten.

In dieser Zeit traf ich mich mehrere Male mit Frau Maria Dąbrowska. Sie war seinerzeit nicht dem Schriftstellerverband beigetreten, bewahrte ihre Unabhängigkeit gegenüber den Sowjets ebenso wie gegenüber den Deutschen, von denen sie für das Dolmetschen keine Bezahlung annahm. Kurz danach zog sie nach Warschau und lebte dort vom Tabakverkauf in einem kleinen Laden.* Das Ehepaar Blumenfeld, bei dem sie zur Zeit der Sowjets gewohnt hatte, kehrte wieder ins „Laokoon" zurück, wo er als Fachmann arbeitete und sie sich mit Handel beschäftigte. Sie fuhr mit Lastwagen nach Ponikowa, wo sie im Großhandel Obst, Mehl usw. einkaufte und dann nach Lemberg transportierte. Das eingenommene Geld ging an die Heimatarmee, was ich erst zweieinhalb Jahre später erfuhr.

---

* Eine falsche Information. Den Tabakladen führte Zofia Nałkowska.

Alle diese Tätigkeiten konnten beim kleinsten Ausrutscher ins Verderben führen. Verderben drohte auch bei einem falschen Schritt, einem falschen Blick auf der Straße. Als ich bei den Eheleuten Weiss wohnte, kam eine Frau weinend zu mir gelaufen. Vor einer Weile hatte sie gesehen, wie ein Gestapomann (d. h. ein SS-Offizier) Lidka und Frau Ziemilska angehalten hatte. Sie waren eben zusammen aus dem Eingang des Hauses der Eheleute Ziemilski getreten. Die Frau hatte sich verabschiedet, und da näherte sich dieses Vieh. Eine halbe Stunde danach traf sich meine Frau mit Frau Ziemilska, die ihr berichtete, daß es Lidka gelungen war, freizukommen. Mit kaltem Blut hatte sie die Fragen des Rassisten beantwortet:

– „Aber haben Sie keine jüdischen Eltern gehabt?"

– „Nein, nur eine Großmutter."

Das stellte den Lumpen zufrieden, so das er von ihr abließ. Nicht wenige Menschen hatten keine Lust mehr, unter solchen Bedingungen zu leben. Der Dichter Henryk Balk verübte Selbstmord. In den Tod ging auch Poratyński, der das ganze Leben lang ein bedeutender polnischer Patrizier war, jetzt aber eine Armbinde tragen mußte!

Nach der Abreise meiner jüngsten Schwester zog die älteste an ihrer Stelle ein. Von Zeit zu Zeit brachte uns die Nichte Neuigkeiten über die in unserer Wohnung lebenden Deutschen aus der Kadeckastraße. Sie stritten sich untereinander. In der Mehrzahl haßten sie die Gestapo und waren der Meinung, daß die Wehrmacht die Macht übernehmen sollte. Nicht wenige von ihnen nannten Hitler geradezu einen Idioten. Sie sagten, daß der Krieg in sechs Wochen zu Ende sein wird. Bei jeder Gelegenheit fuhren sie nach Krakau und noch weiter, um Ersatzteile für die Kraftfahrzeuge zu holen, die ständig Pannen hatten. Im Suff zerschlugen die die Möbel, und als sie abreisten, schenkten sie das Klavier einem der Fräuleins K. Das Porzellan der Frau Rzewuska wurde von ihnen gestohlen oder zerschlagen und die Politur der Möbel durch Verschütten von Alkohol verdorben. Mit ihrer Ausreise gingen die Möglichkeiten von Halina und ihrem Mann zu Ende. Sie bemühten sich um eine Verbesserung ihrer Ausweispapiere und zogen in einen anderen Stadtteil. P. Żukotyńska fand eine Quelle, die uns einen „vorläufigen Ausweis" lieferte, einen von der Art, wie sie vom Magistrat und der Starostei in Krakau am 1. September 1939 ausgegeben worden waren, als es plötzlich zu einem Mangel an vorschriftsmäßigen Heftchen für normale Ausweise gekommen war. Wir paßten die Ausweise den neuen Namen an. Für Kenner gab es da manchen Defekt, für mich den, daß der Ritus in Übereinstimmung mit der Matrikel griechisch sein mußte. Im weiteren jedoch zeigte es sich, daß er nur ein einziges Mal angeschaut wurde und das von russischen Halbintellektuellen, die als Gemeindeschreiber wirkten.

Herr Zielony, der Onkel meiner Frau, war einige Male bei uns. Er erlebte laufend schreckliche Dinge: Man zwang ihn zur Arbeit, warf ihn aus der Wohnung, schlug ihm auf der Straße ins Gesicht, aber er hatte nicht den Mut, das auf die einzige mögliche Weise zu verhindern. Er war von der Unfehlbarkeit, vom Allwissen und von der Gerechtigkeit des deutschen Verwaltungsapparates überzeugt. Der junge Herr Sternbach zog mit seiner Frau ins Getto. Dort fand er, wie es scheint, zusammen mit Herrn Auerbach ein Zimmer.

Man muß wissen, daß die Deutschen für die Unterbringung von etwa 200000 Menschen einen Stadtteil zur Verfügung stellten, in dem eigentlich höchstens 20000 Menschen Platz hatten, d. h. sie forderten eine nahezu zehnfache Verdichtung dieser Bevölkerung. Die Ausreise aus der Stadt war unter Todesstrafe verboten. Weil es aber an den Straßen und Wegen keine Wachtposten gab, was ich während zahlreicher Spaziergänge über die grüne Grenze feststellte, verließen tausende Menschen die Stadt mit Autos, mit dem Zug, mit Wagen und Autobussen. Ich hatte immer noch innere Schwierigkeiten mit der Entscheidung über meine Metamorphose. Zeitweilig hörte ich auf, mir den Bart zu rasieren, um mich wenigstens auf diese Weise zu verändern. Ich wollte das Aussehen eines Organisten oder emeritierten kleinen Angestellten annehmen.

Die Bibliothek meines Schwagers enthielt nicht wenige interessante Bücher. Da war eine Sammlung englischer historischer Anekdoten aus der Zeit vor mehr als hundert Jahren, waren die Tagebücher von Saint-Simon, eine unschätzbare Quelle zur Geschichte der Bräuche in Frankreich aus der Zeit Ludwigs XV, geschrieben von einem Höfling dieses Königs. Da war auch die Beschreibung einer Reise durch Rußland, die vor hundert Jahren Marquis de Custine unternommen hatte, eine ausgezeichnete und scharfsinnige Beschreibung, die mir nochmals vor Augen führte, wie viel des zaristischen Russischen bis heute im bolschewistischen Regime überdauert hat. Es gab auch eine herrliche Beschreibung eines Ausflugs in die Tatra, der um die Hälfte des 19. Jahrhunderts von einem literarisch sehr talentierten Warschauer Arzt unternommen worden war. Dann gab es da ein naturwissenschaftliches Werk über Affen, das mit handkolorierten Tafeln ausgeschmückt war und durch zeichnerische Vornehmheit und wahrhaft chinesischen Fleiß und Geschmack des Illustrators verblüffte. Es fanden sich Bücher über die polnische Geschichte des 11. Jahrhunderts und die Zeit der Sachsenkönige. In letzteren fand ich eine Beschreibung über das Verhalten der sächsischen Heere aus der Zeit Augusts II., das sich in keiner Weise vom heutigen Stil der Okkupation unterschied. Diese Beschäftigung füllte meine Zeit aus, obgleich sie mich von den Gedanken an die furchtbare Wirklichkeit nicht loszureißen vermochte. Das war ein düsteres Gefängnis, in dem wir beim Blick aufeinander ständig nur an eines denken mußten. Aber ich war entschlossen: Ich werde nicht dahin gehen, wohin man mir befiehlt. In die Stadt hinaus ging nur meine Frau. Das ständige Herumtragen der Koffer, einmal zu den Indruchs, dann zurück, das ständige sich Verbergen, wenn die Glocke an der Tür anschlug, das Aufpassen, daß die Eingangstür verschlossen war, das monotone stundenlange Auf und Ab im Garten, das Suchen von Verstecken und unauffälligen Pfaden auf der Straße und auf den benachbarten Grundstücken, vom Balkon aus das Beobachten der mit Gestapoleuten und Polizei besetzten Lastwagen, die ständig in der Snopkowska-Straße und den zu ihr benachbarten Straßen manövrierten, das ununterbrochene Geräusch schwerer deutscher Transporter in Richtung Osten und zurück, der zerstörerische Einfluß der perfide durch ihre Presse injizierten deutschen Propaganda als einziger Informationsquelle nach dem Verlust des Röhrenradios, die ständigen Nachrichten von Festnahmen Bekannter und Freunde, schließlich das regnerische Wetter, das die letzte Freude nahm, die die Spaziergänge aus der Stadt hinaus darstellten, das alles verwandelt die Erinnerung an die Tarnowskistraße in den für uns schwärzesten Zeitabschnitt des Krieges.

Wir fragten auch Herrn Bocheński um Rat, der im Sommer 1941 als Kollaborateur aus Lemberg kam, mir aber im Herbst versicherte, daß die Deutschen gewöhnliche Banditen seien. Er hatte die Gelegenheit, sich davon zu überzeugen, als er den Vorsitz seines Ortes Ponikowa bei Brody übernahm. In Lemberg kehrte Bocheński bei der Familie Kamiński in der Lindestraße ein. Bei dieser Gelegenheit lernten wir sie kennen. Sie waren sehr liebenswürdige, man kann sogar sagen, herzliche Menschen, und zu jeder Hilfe bereit. Herr Kamiński, ein Förster, war der Meinung, daß es am besten sei, im Lemberger

Distrikt zu bleiben. Was die Dauer des Krieges betrifft, hatte er eine zu optimistische Vorstellung. Er meinte, daß er in sechs Monaten zu Ende sein werde, d. h. im Frühjahr 1942.

Die Lemberger Bevölkerung hatte immer besser Gelegenheit, die Gewohnheiten und die Kultur der Sieger zu studieren. Es gab Straßenbahnen mit der Aufschrift: Für Juden zugelassen, aber dann auch: Nur für Deutsche. Die Ruthenen hatten jetzt den sichtbaren Beweis, daß sie nicht zur privilegierten Rasse gehören. Schläge ins Gesicht oder Stöße mit dem Fuß für fehlerhaftes Einsteigen in die Straßenbahn übten die deutschen Polizisten auch gegenüber Frauen. Deutsche Soldaten, die aus dem Bahnhof strömten, trafen auf dem Bürgersteig einen Mann an, der sich dessen nicht bewußt war, daß er dem teutonischen Marsch im Wege steht. Ein Soldat schlug ihn so energisch auf den Kopf, daß er tot umfiel. Da er aber auf den Bürgersteig stürzte, stieß ihn der Mörder mit dem Fuß in den Rinnstein und eilte weiter. Das Volk hatte schnell eine Bezeichnung für die Situation: „Der Typhus ging, die Cholera kam."

Es erreichten uns zahlreiche Neuigkeiten aus Warschau und Krakau. Wir erfuhren, wie Professoren der Jagellonen-Universität zu einer Vorlesung über nationalsozialistische Kultur eingeladen worden waren und wie man sie nach den ersten drei Worten verhaftete und deportierte. Aus Warschau kamen auch die Nachricht vom Tode Alexander Rajchmans und eine falsche vom Tode Białobrzeskis. Es gab Gerüchte, daß Mazurkiewicz und Sierpiński in der Verwaltung der Warschauer Straßenbahnen oder in einem anderen städtischen Betrieb arbeiten, daß Borsuk mit Textilfarben handelt, daß die Deutschen in Paris Langevin und Borel erschossen haben, daß Lebesgue in Amerika gestorben ist und viele weitere Dinge.* Aus Jasło kamen Einzelheiten darüber, wie Jan Adamski zu seinem Onkel nach Wolica fuhr, um ihn vor einer Durchsuchung nach versteckten Waffen zu warnen, wie er bei der Rückkehr auf dem Bahnhof verhaftet und nach Auschwitz geschickt wurde, wo er nach einigen Monaten verstarb, weil er die fürchterlichen Qualen des Lagers nicht ertragen konnte.

---

* Die Information entsprach nicht der Wahrheit. Paul Langevin starb 1946, Emil Borel aber 1956. Dagegen verstarb Henri Lebesgue tatsächlich während des Krieges 1941, allerdings nicht in Amerika, sondern in Paris.

Schon in der Kadeckastraße habe ich mich durch Vernichtung aller Dokumente und persönlichen Briefe auf den Wechsel der Identität vorbereitet. Kopien meiner Arbeiten nahm Herr Ciechanowski in Verwahrung (Frau Ciechanowska war die Tochter meines Nachbarn Tomanek), die Patenturkunden mit einem ganzen Korb voller Hefte und Bücher gingen zum Ehepaar Witkowski. Darunter waren viele Exemplare der „Fackel". Die Bücher von Karl Kraus blieben in der Bibliothek, für sie hat sich kein Deutscher interessiert. Ihre Intelligenz erreichte nicht das Niveau, daß diese hätten eine Mißbilligung erzeugen können. Ein Teil der Hefte der „Fackel" blieb auf dem Hängeboden in der Küche, wo ihr Auffinden schwierig war.

Aus der Wohnung in der Tarnowskistraße nahm ich einige Fotos, ein Komplet der „Studia Mathematica", leider ohne den Band V, und eine Arbeit, die ich noch unter den Bolschewiken in Französisch auf der Maschine geschrieben hatte. In dieser Arbeit lieferte ich die notwendige und ausreichende Bedingung dafür, daß drei ebene Flächen mit Hilfe eines Kreises in den vorgeschriebenen Verhältnissen geteilt werden können. In der Tarnowskistraße habe ich überhaupt nicht mehr gearbeitet. Am 23. November kam einer der Söhne von Prof. Fuliński zu uns und zeigte einen Brief, der auf der Stufe hinter dem Tor gelegen hatte, also eigentlich auf der Straße. Dieser an Prof. Fuliński adressierte Brief hatte folgenden Inhalt: „Uns ist bekannt, daß sich auf Ihrem Grundstück die Familie des ehemaligen Universitätsprofessors St.[einhaus] verbirgt, dem die ‚deutschen Behörden' auf der Spur sind, daß die Namen Ihrer Söhne als Decknamen für die Wohnung von Prof. Chw.[istek] dienen, dem die ‚deutschen Behörden' ebenfalls auf der Spur sind. Wenn Prof. Fuliński nicht binnen einer Woche die Angelegenheit bereinigt, beschäftigt sich damit das ‚polnische Komitee', das ihn dann zur Verantwortung ziehen wird. Unterschrift: Polnische Jugend für Unabhängigkeit."

Interessant an diesem Brief war, daß die Schreiber nicht wußten, daß Prof. Chw.[istek] seit fünf Monaten nicht mehr in Lemberg weilte. Ebenfalls witzig war die Formulierung, daß sich die Behörden „auf der Spur" von Menschen befinden sollen, die in einem bekannten Haus wohnen und daß sie darüber jenes „Komitee" informiert haben. Alles das wies darauf hin, daß der Verfasser des Briefes ein in der Kellerwohnung des Hauses wohnender Jugendlicher ist, der Ansprüche an Prof. Fuliński hatte und gegen uns Groll hegte, weil wir nicht bei ihm die Lebensmittel kauften, da wir festgestellt hatten, daß er uns mit dem Rückgabegeld betrogen hatte. (Frau Fulińska ist anderer Meinung.) Zum Glück hatten wir schon einen Platz in der Wohnung von Frau Wanda Żukotyńska (der Schwägerin des Schwagers) vorbereitet. Da wir im Vertrauen auf das Wohlwollen von „Unabhängigkeitserpressern" keinen Augenblick länger bleiben konnten, packten wir die nötigsten Sachen zusammen, und mit zwei Mänteln auf dem Körper begaben wir uns nach einer herzlichen Verabschiedung bei Familie Fuliński zu Fuß mit Handkoffern in Richtung Zimna Woda. Bei dieser Gelegenheit vollzog ich die Metamorphose: Den sowjetischen Paß gab ich dem Ehepaar Fuliński ab, das ihn zusammen mit der Arbeit „Über den Kreis" auf dem Hausboden in einem Versteck verbarg.

Auf der Straße trafen wir Prof. Kuryłowicz, der uns Nachrichten über die Situation vermittelte. Es war erkennbar, daß sich Rußland nach den ersten Niederlagen allmählich wieder erholte und daß es den Deutschen beim tieferen Vordringen ins Land immer schwerer würde. An der Straßenbahnhaltestelle begegneten wir Frau Lusia O. Sie hatte sich mit Herrn Walter, dem ehemaligen Kommissar der Gendarmerie in Jasło und gegenwärtigen Verbindungsmann der polnischen Polizei bei der deutschen Polizei in Lemberg getroffen. Dieser nahm sie in seinem Büro als Angestellte unter dem Namen Masłowska auf. Wir sagten ihr nicht, wohin wir gehen. Von der Endhaltestelle der Straßenbahn aus gingen wir zu Fuß. Mit uns ging ein junger Mann, ein Pole, der sich bereiterklärte, für eine geringe Bezahlung einen Teil unserer Sachen zu tragen, solange wir die Hauptstraße entlang gingen. Unser Ziel war Zimna Woda, aber nicht der Teil, der als Erholungsort bekannt ist und links von der Eisenbahnlinie nach Przemyśl liegt, sondern der auf der rechten Seite liegende Teil des Ortes, der Rudna genannt wird. Und in Rudna war es wiederum der entlegenste Siedlungsteil mit dem Namen Osiczyna. Unser Begleiter sprach unterwegs mit uns, berichtete uns über Morde von Juden durch die Deutschen. Auf meine Bemerkung hin, daß sich manche Leute darüber freuen, antwortete er: „Die Dummen freuen sich. Aber was jetzt mit anderen geschieht, machen sie später mit dir."

OSICZYNA

Bei der Familie Otto war man auf unser Kommen nicht vorbereitet. Frau Otto lag im Bett, in der Wohnstube saß ihre Mieterin, Frau Halina Szpondrowska. Sie war die Frau eines Majors im aktiven Dienst, der vor dem Krieg Chef des militärischen Spionagedienstes in Oberschlesien gewesen war. Ihr Mann war von den Sowjets in Gefangenschaft genommen worden, konnte jedoch fliehen und gelangte nach Kanada, wo er in einer Panzereinheit Dienst tat. Sie hatte zwei Söhne. Der eine machte das Abitur zu Zeiten der Sowjets, der andere war erst acht Jahre alt. In Osiczyna weilte sie schon seit der bolschewistischen Herrschaft, denn in Lemberg hätte man sie entdeckt und als Frau eines Offiziers deportiert! Der kleine Andrzej war so erzogen, daß er niemals über den Vater sprach und in der Schule als Beruf des Vaters „Eisenbahner" angab. Frau Otto hatte eine fünfzehnjährige Tochter Elsa und einen Mann, der in der Sowjetzeit als Angestellter in der Quästur der Universität arbeitete. Gegenwärtig hatte er eine Arbeitsstelle als Pförtner und Hausmeister im Sanatorium für an Tuberkulose erkrankte Kinder in Brzuchowice, wo sein Bruder Direktor und Chefarzt war. Der Vater von Frau Otto, ein emeritierter Lagerarbeiter bei der Eisenbahn, wohnte in Krakau. Da er in Wien geboren war, wurde er als Reichsdeutscher geführt. Sein Sohn Witold aber wollte in keinem Falle die Privilegien eines Volksdeutschen nutzen und bekannte sich entschieden zu seinem Polentum, das er nicht zuletzt auch durch die Teilnahme an der Verteidigung Lembergs in den Jahren 1918–1920 und durch den Tod des Bruders, eines polnischen Offiziers auf der Westerplatte 1939 bewies. Frau Otto stammte aus Częstochowa, so wie auch Frau Szpondrowska. Daher kannten sie sich und hatten eine gewisse Zeit lang in Częstochowa auch zusammen in der Polnischen Bank gearbeitet.

Wir erhielten ein kleines Zimmer zugewiesen, in dem kaum zwei Betten Platz hatten und das Tischchen nur unter dem Fenster einen Platz fand. Das im unteren Bereich mit Papier beklebte Fenster diente als Speisekammer. Unser Lebensstandard, der schon zu Sowjetzeiten gesunken war, hatte sich danach beim Verlassen unserer Wohnung weiter erniedrigt, aber jetzt, am 24. November 1941, fiel er fast auf das Niveau des Elends. Als unsere Tochter und der Schwiegersohn bei Prof. Fuliński eintrafen, erfuhren sie an jenem

Sonntag von unserem Exodus. Auf diese Weise haben wir uns am 23. November ohne Abschiednehmen für viele Jahre von unserer Tochter und meiner Mutter getrennt. Einige Tage später besuchte uns unser Schwiegersohn. Er kam zu Fuß aus Lemberg und berichtete uns, daß Onkel Zielony umgekommen ist. Nachdem er ins Getto gegangen war, wurde er als ein über 50-jähriger zusammen mit Tausenden anderen erschossen.* Verhaftet wurde auch Ludwik Oberländer. Seine Frau kehrte gerade nach Hause zurück, als er abgeführt wurde. Ins Getto gingen auch der ehemalige Rektor Beck in Begleitung seines Sohnes und der Schwiegertochter. Sie hätte als Nichtjüdin nicht mit ihnen gehen müssen. Jetzt wurde mir bewußt, daß uns jener anonyme junge Mann mit seinem Brief, durch den er uns aus Lemberg vertrieben hatte, eine Wohltat erwiesen hat. Es blieb das Problem der Anmeldung. Die erledigte am 16. Dezember Herr Witold Otto dank seiner guten Beziehungen zum Ortsvorsteher und ein wenig auch dank jenem „gr.-kath." auf der Geburtsurkunde, was den Ruthenen gefiel. Meine Frau gab er als seine Cousine aus Krakau an.

Nun konnte man an das Herbeischaffen der übrigen Sachen denken. Darin half uns Frau Szpondrowska. Sie besprach das mit dem Nachbarn, der ein Pferd besaß, und schickte ihn zu den Fulińskis nach den Sachen, die angeblich ihr gehörten. Dort wartete zur vereinbarten Stunde schon unser Janek, und so kamen die Sachen glücklich bei uns an, obgleich ukrainische Milizionäre unterwegs mehrere Male gefragt hatten, ob das nicht etwa „jüdische" Sachen sind. Die Hilfe der Frau Majorin überhaupt war für uns unbezahlbar, denn weder ich noch meine Frau konnten zum Bahnhof gehen, wo das Leben brodelte, um nicht vielleicht Bekannte aus Lemberg zu treffen. Wir besuchten auch keine Gaststätten, nahmen keine Lebensmittelkarten, um nicht auf irgendwelchen Listen zu erscheinen, denn dann hätten wir zu Zwangsarbeiten beordert werden können. Für solche wählte die Gemeinde die Menschen nach eben solchen Listen aus, die eigentlich für die Verteilung von Lebensmitteln angelegt worden waren. Eine große Hilfe war der Analphabetismus der russischen Gemeindeangestellten. Ihre Listen überschnitten sich ständig, gingen verloren und mischten sich durcheinander.

---

* Leon Zielony, Offizier der Legionen, nutzte nicht den Vorschlag, unterzutauchen und falsche Papiere zu verwenden, die ihm ein speziell nach Lemberg angereister ehemaliger Legionskamerad anbot. Er wollte seinen Namen und seine Herkunft nicht verleugnen.

Die Küche von Frau Otto war auch für uns vorgesehen. Dabei gab es häufig Streit, denn die Hauswirtin knauserte mit Heizmaterial. Zugleich forderte sie, daß wir ihr soviel zahlen, daß unser Aufenthalt bei ihr ein gutes Geschäft für sie war. Sie akzeptierte allerdings keine bestimmte Summe, um nicht nach dem Krieg auf die Bezahlung in einer Währung mit reellem Wert verzichten zu müssen. Sie war eine junge, anmutige Frau. Ihre ganze Sorge bestand darin, nicht vor Hunger sterben zu müssen. Wenn sie etwas zu essen hatte, aß sie für zwei oder drei Personen. Wenn es an Essen mangelte, lag sie mit der Tochter bis zum Nachmittag im Bett und sparte so an Heizmaterial und an Energie. Dabei verkürzten sich die beiden die Zeit durch zweistimmiges Singen von Horen und Litaneien. Ihre sehr anmutige Tochter durchblätterte und betrachtete tagelang Zeitschriften wie „As", „Kino" usw., aus denen sie die Namen von Stars und Filmtitel herausschrieb. Oft wurde sie von einer Freundin, Fräulein Paliwodzianka, besucht, die dieselben Neigungen hatte. Bald lernten wir die Nachbarn aus der Piaskowa-Straße kennen: Frau Żywiecka, eine Ruthenin und Besitzerin des Hauses gegenüber, Herrn Helon, einen Arbeiter, der in Lemberg arbeitete, den Nachbarn, Herrn Łęśka, einen Eisenbahner und Schieber, Herrn Mastelka, einen Ruheständler.

Deutsche, Gendarmen, Soldaten usw. bekam man in Osiczyna nicht zu Gesicht. Es gab hier keine wichtige Straße, die Chaussee nach Przemyśl führte in eineinhalb Kilometer Entfernung an Osiczyna vorbei. Dort fuhren die Lastkraftwagen der Wehrmacht entlang und nicht selten auch mit Menschen und Sachen beladene Personenkraftwagen, die ganze Familien ins Generalgouvernement transportierten. Ich lernte, mich körperlich zu verändern, was immer dann aktuell wurde, wenn ich irgendeinen Menschen von der Intelligenz erblickte. Aber in siebeneinhalb Monaten traf ich nicht einen einzigen Bekannten, obgleich z. B. schon Prof. Szymkiewicz in Zimna Woda wohnte und sicher nicht nur ein Lemberger. Zum Glück hatte ich niemals besonders viele Bekannte außerhalb der recht speziellen Kreise.

Die Sache mit dem Brennmaterial war nicht einfach, denn die Deutschen hatten die Wälder beschlagnahmt und die Verwaltung war nicht bereit, an jemanden Holz zu verkaufen. Ebenso war es unmöglich, auf legalem Wege Kohle zu kaufen. Man mußte sich zum Diebstahl von Zweigen und Ästen im Wald entschließen. Das war eine nette Beschäftigung, weil es mit einem Gang durch die Wälder verbunden war. Bei geübter Praxis ist es nicht schwer, den Förstern im Wald auszuweichen. Ein Knüppel und Bindfaden sind die einzigen notwendigen Hilfsmittel. Täglich weilte ich mindestens eine Stunde im Wald.

Zimna Woda liegt westlich von Lemberg. Daher bringen Winde, die stundenlang aus westlicher Richtung wehen, keinen Straub und Ruß aus der Stadt dahin. Die Luft ist sauber, was noch dadurch unterstützt wird, daß die westlich gelegenen Wälder keinen scharfen Luftzug zulassen. Der Untergrund ist sandig, so daß es nach Regenfällen bei uns niemals Morast gab. Rudno hat seinen Namen von rostfarbenen Gräsern, die die Steppe bedecken. Nach Norden hin fällt der Steppenboden ab und bildet schon unweit unseres Hauses Moore, die Osiczyna von den sog. Polonken [Weideflächen] trennen.

Die nach Westen führende sandige Straße führt an den Mooren entlang zwischen zwei Eisenbahngleisen. Darüber hinaus liegen in Richtung Bruchowice zwei durch Steppenflächen getrennte Wälder. Alles das besichtigte ich genauestens. Stundenlang konnte ich da entlang laufen, ohne auf einen Menschen zu treffen, es sei denn eine alte Frau beim Stehlen von Holz, wie auch ich es tat. Manchmal begleitete mich der kleine Andrzejek. Er war ein ungemein ehrgeiziger Junge. Seiner Mutter wollte er in verschiedener Weise helfen und zog so manchmal einen riesigen Ast weinend hinter sich her, wenn ihm die Kräfte fehlten. Aber niemals ließ er sich unterkriegen.

Unsere Nahrung bestand am Morgen aus Kaffee mit Milch oder saurer Mehlsuppe, mittags aus einer Erbsensuppe mit Klößen oder Nudeln, abends aus einem Stück Brot mit Speck und Tee. Meine Frau lernte schnell, Tannenzapfen aus dem Wald als Brennmaterial mitzubringen, im Zimmerofen Brot zu backen, Kartoffelsuppe zu kochen und Grübchen zu backen, ein festliches Gericht. Herr Otto kam gewöhnlich sonntags mit einem Pferdegespann vom Sanatorium gefahren. Er war noch ein junger Mann, der ausgezeichnet mit einer Axt, dem Hammer, einem Bohrer und mit der Zange umgehen konnte. Wenn er kam, wartete immer viel Arbeit auf ihn. Er hackte Holz, reparierte Türen und Fenster, brachte auch den Brunnen in Ordnung, wo sich manchmal der Eimer losriß. Im Winter räumte er den Schnee usw. Ich lernte ebenfalls Holz zu hacken, worin mir Andrzejek die ersten Lektionen erteilte, der das schon ausgezeichnet konnte. Ich holte auch Wasser für das ganze Haus, manchmal zehn und mehr Eimer.

Frau Otto hatte ständig irgendwelche Dinge in Lemberg zu erledigen. Dabei fuhr oder ging sie zuweilen auch zu Fuß. Manchmal war sie einige Tage lang nicht im Hause. Staś Szpondrowski hatte schon zur Zeit der Bolschewiken in den Eisenbahnwerkstätten gearbeitet, jetzt blieb er bei dieser Arbeit, die ihn vor der Deportation nach Deutschland bewahrte und etwas bessere Lebensmittelrationen sicherte. Morgens fuhr er zur Arbeit, und abends kehrte er zurück.

Umso mehr weilten wir in Gesellschaft der Frau Major. Frau Halina wurde von Frau Otto für die schwersten Hausarbeiten ausgenutzt. Frau Tosia schaffte es, sie zu überzeugen, daß sie für die Gewährung eines Daches über dem Kopf von ihr nicht nur Kleider, Koffer und verschiedene andere Sachen fordern konnte, die im Lauf dieser paar Jahre aus dem Besitz der Mieterin in die der Hauswirtin übergingen, sondern von ihr und ihren Söhnen zusätzlich verschiedene Dienste, Botengänge und Arbeiten anderer Art verlangen konnte. Staś regte sich darüber auf, aber Frau Halina war alle Kraft und Lust zum Widerstand verlorengegangen. Dies war umso verwunderlicher, da sie Mutter und Schwester in Częstochowa hatte, dazu noch viele Bekannte und Freunde ihres Mannes, denen es nicht schlecht ging, so daß sie eigentlich hätte an eine Rückkehr nach Częstochowa denken können. Aber Frau Tosia verstand es, ihr Angst einzuflößen, daß die Deutschen aus Rache für den Vater als Chef des oberschlesischen Geheimdienstes sie und ihre Söhne verhaften würden. Es gab auch noch die Schwierigkeit, daß eine Freisetzung von Staś aus den Werkstätten unmöglich schien. Und die Verhältnisse in den Werkstätten waren wahrlich deutsch. Die Mitarbeiter, sogar alte ausgediente polnische Eisenbahner, wurden für jede Ungenauigkeit mit Gummiknüppeln geschlagen. Staś ertrug das alles für die Mutter und den Bruder. Der Hauswart des Hauses, in dem Frau Halina vorher gewohnt hatte, erwies sich als ein ungewöhnlicher Mensch. Staś hatte dort in Lemberg eine Ausspannstation, zu der Janek Sachen für uns hinbrachte. Manchmal gab Frau Knaster dort gekaufte Lebensmittel für uns ab. Das alles erreichte uns, ohne den geringsten Verlust, auf dem Rücken von Staś. Die Wohnung von Frau Szpondrowska hatten ihre Bekannten belegt und den Rest der Möbel und anderen Sachen nahm ihre Dienstmagd, die sie nicht wieder herausgeben wollte. Dabei drohte sie ihrer ehemaligen Herrin mit einer Denunziation bei den Deutschen, wenn sie versuchen sollte, sie ihr wieder abzunehmen.

Das Weihnachtsfest nahte. Dazu war ein Empfang bei den Eheleuten Otto geplant. Außer den Hausmeistern erwartete man zwei Kumpel des Herrn Otto aus Brzuchowice, einen Monteur aus Oberschlesien und seinen Sohn. Beide waren dort bei der zentralen Wärmeversorgung und mit Pferden beschäftigt. Die Verbindung nach Lemberg war lose, manchmal besuchte uns Frau Morska, eine Person voller Mut und Optimismus. Wir tauschten auch Briefe mit Herrn Knaster aus. Janek und Lidka waren noch vor Weihnachten mit einem Lastwagen dort und hatten alle Sachen mitgenommen, sogar einen Teil von unseren. Meine Mutter fuhr mit meiner ältesten Schwester nach Krakau. Sie fanden dort dank meiner Schwester Irena eine Wohnung in Krzeszowice. Die Rettung der Mutter verdanken wir Prof. Fuliński. Er gab ihr die Geburtsurkunde der Julia Widajewicz, seiner verstorbenen Mutter. Janek gab vor der Abreise dem früheren Dienstmädchen der Eheleute Blumenfeld, Frau Stanisława Noga, noch einige zig „Vierer", das heißt Vierrubelgeldstücke, zum Vergraben. Sie hat unser Vertrauen niemals mißbraucht, und das trotz Gefahr und Schwierigkeiten. Auf jede Aufforderung hin übergab sie diese an die angegebenen Personen. Janek fuhr einige Male von Warschau nach Lemberg, um verschiedene Waren zu transportieren, aber nicht jedes Mal hatte er Zeit für einen Besuch bei uns.

Der Winter war streng. Die Fröste erreichten 40°, und die Straßen waren mit Schnee zugeschüttet. Die Deutschen gaben eine Anordnung heraus, nach der den Juden sämtliche Pelzsachen abgenommen wurden und allen Personen Ski und Skischuhe. Es gab nur knappe Nachrichten. Wurst und Käse brachte uns der Oberschlesier, Herr Dziadura. Seinerzeit war er Steiger und großer polnischer Funktionär in Karwina und im Zaolzie-Revier. Von ihm erfuhr ich, was für eine Politik dort gemacht worden war. Wenn man sich über die Tschechen jenseits der Grenze, die über lange Zeit nichts Böses getan hatten, beschweren wollte, schlugen unsere Jugendlichen im „Sokół" oder im polnischen Gymnasium nachts die Fensterscheiben ein, und dann las man in der Zeitung „IKC" von tschechischer Barbarei. Herr Dziadura war der Meinung, daß das wichtigste Problem in diesem Krieg die Frage des „Zaolzie-Reviers" sei und daß seine zukünftige Funktion die Ausübung einer kommissarischen Herrschaft in Karwina sein wird.

Nach einiger Zeit nahm ich mir vor, mathematische Notizen zu machen. Eigentlich gelang es mir nicht, meine Gedanken auf ernsthafte Arbeit zu konzentrieren, aber ich konnte Fragen und Hinweise aufschreiben, die mir in den Sinn kamen. Ringsum wüteten der Winter und der Hunger. Die Menschen zersägten die Möbel, um wenigstens etwas Heizmaterial zu haben, denn nicht jeder war geschickt genug, um im Wald Holz zu stehlen, und von Zimna Woda aus war es gar nicht leicht, unbemerkt den Wald zu erreichen. Die Preise für Lebensmittel gingen nach oben, und der Austausch von Gemeinde zu Gemeinde war verboten. Ein Bauer, der mit Geld in der Tasche nach Tarnopol fuhr, um Weizen zu kaufen, wurde unterwegs von Deutschen festgenommen. Das Getreide nahm man ihm ab, er wurde niedergeschlagen und mußte den ganzen Tag Zwangsarbeit leisten. Es verwundert nicht, daß die Menschen, besonders ältere, vor Hunger und Kälte starben. Andere hofften auf ein Wunder. Als der Heilige Abend gekommen war, erbat sich der kleine Andrzej die Erlaubnis, in die Schule in Zimna Woda zum Krippenspiel gehen zu dürfen. Abends gab es ein Schneetreiben und strengen Frost. Der Junge kehrte nicht zurück. Es war ein Weg von drei Kilometern durch die Einöde, ohne Licht, über verwehte Felder, wo Erwachsene bis zum Bauch im Schnee versanken. Wir fürchteten schon um sein Leben, als er plötzlich auftauchte und hinter sich einen riesigen Tannenast schleppte „als Heizmaterial für die Mama".

Währenddessen gab es in Lemberg weiterhin Menschenjagden. Frau Helon fuhr gewöhnlich Milch, Brot und andere Produkte zum Verkauf nach Lemberg und bestritt damit ihren Lebensunterhalt. Die kleinen Kinder ließ sie in dieser Zeit zu Hause im verschlossenen Haus, denn auch der Vater war den ganzen Tag in Lemberg zur Arbeit. Den zu ihren Arbeitsstätten nach Lemberg fahrenden Arbeitern nahm die deutsche Polizei nicht selten das Brot weg, das sie für die ganztägige Arbeit mitnahmen. Eines Tages umstellte die Polizei den Lemberger Bahnhof und trieb die Menschen auf Lastkraftwagen, mit denen sie erst in ein Lager und dann nach Deutschland abtransportiert wurden. Nur einem polnischen Polizisten, der ihr den Ausgang zeigte, hat es Frau Helon zu verdanken, daß ihr diese Deportation erspart blieb. Aus den Dörfern begann man auch junge Mädchen, die man nachts aus den Häusern holte, nach Deutschland zu deportieren. Hier arbeitete die ukrainische Polizei, die sich auf diese Weise ihren Mitbürgern zu erkennen gab. Die Ruthenen fanden sehr schnell zur Nüchternheit zurück und beschlossen, keine Freiwilligenformationen mehr zu bilden. Die Freude an der Miliz und der

Herrschaft in den Dörfern und Gemeinden war ihnen abhanden gekommen. Das verband sich mit der Konfiszierung von Milch, Eiern und Butter auf den Straßen, die Frauen aus den Dörfern in die kleinen Städte und nach Lemberg brachten. Die über die Morde an Polen entsetzte russische Geistlichkeit rief von den Kanzeln auf, von diesen Morden abzulassen, aber über die Juden gab es kein Wort, so als ob man die fürchterlichen Massaker billigte, die die russische Bevölkerung beim Einmarsch der Deutschen verübt hatte. Außer der ukrainischen Polizei gab es auch noch eine polnische, die allerdings nur im Westen eingesetzt wurde. Die Deutschen selbst hatten die Schutzpolizei, die Sicherheitspolizei, Kriminalpolizei, die Feldgendarmerie, die SS-Polizei, den Sonderdienst, die Gestapo, die Bahnpolizei, Wehrschutzpolizei usw. Es schien, als wollten sie die ganze Welt verhaften. Sie erfanden die Generäle der Polizei. Bald entstanden in Lemberg Lager, in die Tausende in der ganzen Welt festgenommene Menschen verbracht wurden: Polen, Juden, Ruthenen, Frauen, Kinder, Männer, Schieber, Diebe, Intellektuelle, mit einem Wort, alles sammelte man hinter Stacheldraht, ließ die Menschen hungern, schlug auf sie ein, ohne zu wissen wofür und zu welchem Zweck.

Die deutsche Presse indes überschlug sich vor Begeisterung über Recht und Ordnung, Sicherheit und Sauberkeit, die der deutsche Soldat mit seinem Bajonett in diesen Raum gebracht hatte. Wer die „Lemberger Zeitung" las, erfuhr, daß jetzt jeder gesicherte Arbeit hat, ordentliche Ernährung und ärztliche Versorgung und sogar Vergnügungen. Wem es nicht gelingt, Arbeit zu bekommen, der kann sich zur Arbeit nach Deutschland bewerben, wo ihn saubere Wohnungen erwarten, wo man während der Arbeit Musik hört und für das verdiente Geld Wäsche, Kleidung usw. kaufen kann. Aber die deutsche Propaganda hatte nicht damit gerechnet, daß man in Lemberg auch den „Völkischen Beobachter" kaufen konnte. In dieser Zeitung hatte ich gelesen, daß ein deutscher Bauer sich mit dem ihm zugewiesenen polnischen Kriegsgefangenen so angefreundet hatte, daß er mit ihm an einem Tisch aß, sich mit ihm zusammen fotografieren ließ und die Tochter sogar ein Verhältnis mit dem Polen hatte. Dafür wurde der Pole zum Tode verurteilt und sein Name in den Zeitungen veröffentlicht!

Als die schlimmsten Fröste vorüber waren, begannen wir erneut die Umgebung zu erkunden. Der Frühling auf dem Lande ist anders als in der Stadt, denn man kann jeden Tag etwas Neues erblicken. Es begann mit dem zauberhaften Leuchten, als die Moore in den Feldfluren langsam auftauten. Nach Westen zu schimmerte der Schnee violett, grün. hellblau und rosafarben, und aus der Ferne leuchtete das auftauende Moor in gelboranger Glut. Niemals im Leben habe ich so herrliche Farben gesehen. Auch die Vögel begannen schon mit ihrem Gesang, aber Frau Halina fiel gerade zu der Zeit in tiefste Depressionen, weil sie keine Mittel mehr fürs Leben hatte und unsere Hauswirtin ständig die Namen bekannter Menschen mitbrachte, die vor Hunger oder Kälte gestorben waren. Von der uns gegenüber wohnenden Frau Żywiecka erfuhren wir, was die tiefe mit Kalk gefüllte Grube an unserem Anwesen bedeutete. Frau Żywiecka lebte mit einem gewissen Karolin zusammen, einem älteren Menschen, der mit ihr zusammen arbeitete und seit einigen Jahren bei ihr wohnte. Er hatte sich von seiner Frau getrennt, die aber noch vor dem Krieg seinen jetzigen Wohnsitz ermittelt hatte. Frau Tosia beschloß, diese aus Rache gegenüber Frau Żywiecka als Dienstmagd anzustellen. Weil sie ihre Lebenskosten bestritt und ihre Dienstleistungen für sich nicht rechnete, dachte sie sich folgendes aus: Karolin steht als Arbeiter ein Lohn von Seiten der Żywiecka zu, seiner Frau Unterhaltszahlungen vom Mann und ihr selbst Lohn für die Dienstmagd für deren Unterhalt. Sie war sich dieser juristischen Konstruktion so sicher, daß sie Frau Żywiecka ganz einfach verklagte und zwar um eine derart berechnete Summe, daß ihr die Żywiecka in Ermangelung des Geldbetrages das Haus übertragen mußte. Der Kalk für einen neuen Anstrich des Häuschens, in dem Frau Tosia eine Wäscherei einrichten wollte, war schon vorbereitet. Diese einer Erzählung von Maupassant werte Geschichte schreibe ich zur Charakterisierung der Frau Tosia.

Selbstverständlich lasen wir deutsche Zeitungen. Sie waren weniger irritierend als die polnischen. Die deutsche Propaganda hatte in Polnisch einen besonders widerlichen Geschmack. Die Methode der deutschen Propaganda beruhte auf exakter Unterscheidung zwischen Dingen, deren Existenz offiziell anerkannt ist und denen, die man nicht einmal andeuten darf. Wenn man sich an diesen Grundsatz hält, kann man über verschiedene Wunderdinge sogar die Wahrheit schreiben. So existierten also offiziell und in der Presse solche Dinge wie Pferderennen in Lublin, Fußballspiele zwischen Ost-Eisenbahnern und einer Mannschaft der Deutschen Post Osten, ein Konzert mit einer Geigerin aus Hamburg in Lemberg, der Besuch des Herrn Tiso bei Ribbentrop und zahlreiche andere Dinge, unter ihnen Fotos des Generalgouverneurs bei der Eröffnung einer Ausstellung, beim Empfang von Abordnungen der Bauern, bei der Eröffnung von Parteiakademien. Sie nahmen fast ebenso viel Platz ein wie die Fotos von deutschen Panzern, von Ritterkreuzträgern, von Soldaten, die mit finsterem Blick unter den Stahlhelmen ihre Gewehre geradewegs auf den Leser anlegen, von Flugzeugpulks und von Unmengen abgeführter Kriegsgefangener. Dagegen konnte man weder als Foto noch als Textbeitrag etwas über den Hungertod von Gefangenen lesen oder darüber, wie man die Hände mit Stacheldraht zusammen bindet, wie man Gefangenen befiehlt, die eigenen Gräber aufzuwerfen, wie unschuldige Frauen, Kinder und Greise gemordet werden, wie man sie nur mit einem Hemd bekleidet abtransportiert, wie man sie reihenweise auf Autos legt und mit dem Gewehrkolben auf jeden Kopf schlägt, der sich erhebt.

Und darin besteht das ganze Geheimnis: Man kann ganze Seiten schreiben über den Nationalsozialismus, seine Ideale und seine Geschichte, über seine kulturelle Mission, über die deutsche Redlichkeit, Rechtschaffenheit, Reinheit und Tapferkeit, man kann den Engländern Barbarei vorwerfen, den Franzosen Sybaritismus, die Federn hunderter Dichter, Philosophen, Historiker und Feuilletonisten können Hunderte Wahrheiten schreiben: Alle diese Wahrheiten werden nur eines zum Ziel haben, werden nur einem dienen: sie werden die Wirklichkeit betäuben, die jeder überprüfen, sehen, feststellen könnte, wenn er sie nicht an sich selbst oder an seiner Familie erlebt hätte. Die Sonette gefühlvoller Lyriker, die Aphorismen tiefgründiger Denker, die Anekdoten raffinierter Sprecher, die Fotos von lachenden und halbnackten Schwimmerinnen und Schauspielerinnen, die Artikel des Dr. Goebbels und seiner Schüler, die populärwissenschaftlichen Darlegungen der Physiker und Biologen, die aufgeblasenen und knappen oder schwierigen und weitschweifigen Arbeiten der Ökonomen über die Situation auf dem Baumwollmarkt, die Prognosen über die Weltproduktion von Nickel und Aluminium nach dem Kriege, alles das gehörte nur zu den hunderten Kopfkissen, die das Morden in Krakau, Auschwitz, Majdanek und in Lesienice dämpfen sollten. Es sollte der Welt und den Menschen zeigen, daß es derartiges nicht gibt, nicht geben kann, denn die Presse, die über alles berichtet, die weiß, wie in diesem Jahr der Hanf auf den Philippinen geraten ist und sich in den geheimen Wurfschlingen der argentinischen Innenpolitik auskennt, hätte doch wohl darüber berichten müssen!

STREIFLICHTER DER ERINNERUNG

Die Bolschewiken wunderten sich ungemein über den Brauch, Haushunde zu halten. Sie konnten wohl nicht begreifen, daß die Menschen so viel zu essen haben, daß es auch noch für die Hunde reicht. Wenn sie selbst Vieh für die Armee zum Schlachten nahmen, fütterten sie es gar nicht, in der Meinung, daß es sicher auch ohne Fressen einige Tage übersteht.

Als die polnische Armee im April und Mai 1940 in Narvik in Norwegen kämpfte, sagten unsere Kommunisten in Lemberg, man habe sie nach Santo Domingo geschickt. Dieser idiotische Vergleich zeugt am besten vom zerstörerischen Einfluß des dialektischen Materialismus auf die Gehirnzellen. Denn bei Narvik kämpfte die polnische Armee weiter gegen denselben Feind mit dem sie sich bei Warschau geschlagen hatte, der dem polnischen Staat den Untergang verkündete und die Ausrottung des Volkes vorbereitete. In Santo Domingo hatte die polnische Armee gegen Menschen schwarzer Hautfarbe gekämpft, die noch nichts von Polen gehört hatten, und hatte ihr Blut für die kolonialen Interessen Frankreichs vergossen in der Hoffnung, daß sich Frankreich einstmals dafür erkenntlich zeigt.

Sie wurden von den Bolschewiken verhaftet: Grubiński, Skuza, Paweł Hertz, Lewin, Parnicki, Alexander Wat, Peiper.

Im Jahre 1929 lernte ich Frau M. Rem. kennen und sagte zu ihr nach zehnminütiger Bekanntschaft, daß ich mit ihr einen Spaziergang zu zweit unternehmen müsse. Sie war sofort damit einverstanden. Nach ein paar Tagen gingen wir zusammen in Richtung Ż. Nachdem wir die offene Flur erreicht hatten, wandte mir Frau M. Rem. den Rücken zu und sagte: „Ich muß Sie um eine Sache bitten." Ich unterbrach sie: „Sprechen Sie nicht zu Ende, denn ich weiß, worum es Ihnen geht. Es ist dies eine recht eigenartige Bitte, das weiß ich." Und dabei blieb es.

Eines Tages verkündeten die Sowjets, daß der polnische Złoty seine Gültigkeit verliert und daß man sein Geld bis zum Abend in der Staatsbank in

Rubel umtauschen kann. Da aber hunderttausende Menschen im Besitz von Złoty waren, war der Umtausch im Laufe von sechs Stunden unmöglich, besonders da ja die Arbeiter wie gewöhnlich ihren Arbeitstag hatten. Da einige von ihnen am Vortag von demselben Arbeitgeber ihren Lohn in Złoty erhalten hatten, der jetzt das Geld für wertlos erklärte, forderten sie den Umtausch an der Kasse ihres Betriebes. „Warum wollt ihr das Geld umtauschen", fragten die Politniks. „Weil es wertlos ist." – „Wenn das so ist, wie könnt ihr dann von den Kassen des Sowjetstaates erwarten, daß sie wertloses Geld entgegennehmen?"

Nach dem Abzug der Bolschewiken entdeckte man unter den von ihnen zurückgelassenen Dokumenten (die Mehrzahl wurde verbrannt) Fotoalben des NKWD. Das waren Fotos, die unbemerkt auf den Straßen, im Café, in der Straßenbahn gemacht worden waren. Manchmal war ein und dieselbe Person mehrmals fotografiert, von vorn und von der Seite, am Tisch im Café, allein oder in Gesellschaft. Es waren unterschiedliche Menschen darunter, z. B. junge Frauen mit Kinderwagen, sowjetische Offiziere, und was am seltsamsten ist, NKWD-Männer in Uniform, manchmal von ihren Kollegen als Verdächtige beharrlich fotografiert. Vielleicht handelte es sich auch um eine Kontrolle darüber, mit wem sie sprachen?

Von Lemberg aus schrieb ich mehrere Male an M. K.* in Baltimore. Um ihm eine Vorstellung vom Regime zu vermitteln, schrieb ich als angebliche halbgebildete Jüdin aus der Provinz, die ihn über das Betragen der Kinder informiert. Ein andermal wiederum schrieb ich als geisteskranker Philologe darüber, was ich im mittelalterlichen Tagebuch einer spanischen Heiligen in lateinischer Sprache gefunden habe. Die Sowjets haben das sicher nicht verstanden, aber M. K. und M. B. haben das sicher an die Richtigen weitergereicht. Auf diese Weise habe ich vielleicht zur Meinungsbildung des Onkels Sam über Onkel Josef beigetragen.

---

* Marek Kac.

Als wir im September 1939 bei Karol Kossak Radio hörten, meldete sich eine durch Rührung modulierte weibliche Altstimme. Es sprach eine Französin in einer Weise, wie das nur gute Pariser Schauspielerinnen können. Sie richtete an ihre Bekannten einen Appell, indem sie sprach:

– Je te vois, Roger, tu reconnais ma voix, et toi, Paul et toi Maurice, vous savez bien que je dis la vérité; les Allemands sont des hommes comme vous, ils ont des soeurs et des femmes, des mères et des fils, comme vous; pourquoi se laisser tuer et les tuer; pourquoi.*

Sie sprach in einem deutschen Sender:

– On ne m'a pas appelée ici, je suis venue seule.**

Man hat mich nicht hierher gerufen, ich bin von selbst gekommen.

Dieses Ausnutzen des französischen Pazifismus durch den Jaguar, der sich eine französische Prostituierte engagierte, war einer der scheußlichsten Kriegseindrücke

In das mit Schnee zugewehte Osiczyna kamen keine Gäste. Erst mit dem Frühjahr 1942 begann der sog. „Maler" seine Besuche bei Frau Tosia. Er war ein intelligenter Mensch, zerlumpt und ausgehungert. In ihm erkannte Frau Halina einen der hohen polnischen Offiziere der II. Abteilung. Einmal trat er sogar in Zimna Woda in der Uniform der deutschen SS auf, brüstete sich damit, daß er persönlich viele Juden ermordet hat. Er fuhr bis an die Front und überredete Frauen, daß sie ihm beim Tabakschmuggel helfen sollten. Seine eigentliche Beschäftigung verriet er nicht, und wir hatten keinen Bedarf, uns mit ihm abzugeben.

Mit dem Frühling gelangte nach Lemberg die Nachricht von der massenhaften Deportation von Juden nach Bełżec. Man trieb Alte und Kinder, Frauen und Kranke zusammen, warf sie wie Säcke in die Straßenbahnen und transportierte sie anschließend in die Gaskammern nach Bełżec. Die Bevölkerung regte sich darüber nicht sehr auf. Erstens hatte sie die sowjetfreundliche Einstellung der Juden noch in guter Erinnerung und zweitens gab es genug eigenes Elend. Es begann der Bau eines Flugplatzes in Skniłów. Den Auftrag

---

* (franz.) Ich sehe dich, Roger, erkennst du meine Stimme, und du Paul und du Maurice, seid gewiß, daß ich die Wahrheit sage. Die Deutschen sind ebensolche Menschen wie wir, haben Schwestern, Frauen und Töchter, wie ihr. Warum also sich totschlagen und sie totschlagen? Warum?

** (franz.) Man hat mich nicht herbestellt. Ich bin selbst gekommen.

erhielt die private Firma Hoffman in Lemberg. Das Arbeitsamt schickte auf der Grundlage von Listen aus den Gemeinden an verschiedene Personen Postkarten und befahl ihnen, sich sofort im Büro der Firma Hoffman in Lemberg in der Romanowicz-Straße zu melden. Unser bekannter Arbeiter Helon bekam auch eine solche Karte, und von dem Augenblick an war er ein Sklave der Firma Hoffman. Das Verhältnis der Firma zu den ihr gelieferten Sklaven war nicht anders als das der ägyptischen Bauherren zum Pöbel, der beim Bau der Pyramiden beschäftigt war. Die Aufseher der Firma liefen mit Gummiknüppeln umher und schlugen jeden, ob Frau oder Halbwüchsiger, Bauer oder Intellektueller, der sich für einen Moment ausruhte oder nicht die Kraft hatte, eine schwere Schiene oder einen Stein zu tragen. Die Arbeitszeit betrug zehn Stunden, der Weg zu Arbeitsstelle manchmal vier Kilometer hin und ebenso viel zurück. Auf den Versuch eines Protestes antworteten die Schergen mit Drohungen, daß sie es der Polizei melden werden, die den Widerspenstigen auf der Stelle liquidiert. Helon hatte einen Bruch. Man sagte ihm, daß er mit diesem Bruch arbeiten müsse oder sich operieren lasse. Es waren dort einige tausend Personen beschäftigt, denen man recht überflüssige Arbeiten übertrug, denn der von den Sowjets eingerichtete Flugplatz war völlig ausreichend. Bald war ein Teil fertiggestellt, und so starteten und landeten bald vom Morgen bis zum Abend schwere deutsche Transportflugzeuge, deren Flugroute genau über unsere Villa führte. In der Nacht stiegen vom Flugplatz rote Leuchtraketen in die Luft, die verspäteten Vögeln den Weg wiesen.

Es gäbe wenig Zerstreuung, wenn nicht das Erwachen des Frühlings auf dem Land ein Prozeß voller Unruhe, Wandlungen und Wunder wäre, wo jeder Tag neue Sensationen hervorbringt. Jede Woche verleiht dem Himmel und dem Schnee eine andere Farbe, andere Blumen sprießen aus dem Boden, zuerst die Anemonen, dann die Schlüsselblumen, danach die blauen Leberblümchen. Es kommen immer neue Vögel zurück und erzeugen im Wald immer lautere Geräusche. Wir hatten fast zu viel Zeit zum Betrachten des Frühlings. Weil wir keine Brotkarten bezogen, erhielten wir auch keine „Einladung" von der Firma Hoffman. Die Anmeldung allein gestattete es nicht uns aufzufinden, denn diese Listen waren recht unvollständig und chaotisch.

Am 16. Mai 1942 besuchte uns unser Schwiegersohn, der einige Tage in Lemberg weilte. Frau Tosia gestattete es ihm nicht, im leeren Zimmer im zweiten Stock zu übernachten. So mußte er bei der Nachbarin schlafen. Die

Zimmer oben waren leer, da Frau Szpondrowska mit ihrem kleinen Sohn nach Częstochowa gereist war. Frau M. Laskowska, die Schwester von Frau Halina, war deshalb speziell zu diesem Zweck hierher gekommen und hatte beide mitgenommen. Aufgrund einer sonderbaren Fügung wurde Staś aus den Werkstätten entlassen und reiste einen Monat später mit seiner Mutter ab. Uns tat die Abreise unserer Freunde leid, besonders fehlte uns der kleine Andrzejek. Aber das Osterfest feierten wir noch zusammen mit ihnen. Damals lernte ich eine neue Kunst kennen, das Bemalen bunter Ostereier mit Tinte. Das Geheimnis ist ganz einfach: man muß das Ei geduldig mit punktierten kleinen Kreisen versehen, bis daraus eine Kette entsteht. Diese umhüllt man dann mit andersfarbigen Ornamenten, z. B. mit kleinen Klammern, daß ein Bändchen entsteht usw., usw. Nach zwei Stunden chinesischer Mühsal ist das bunte Osterei fertig.

Der Kuckuck rief jeden Tag vom Morgengrauen an. Damals erblickte ich ihn zum ersten Mal aus der Nähe, aber seine Gewohnheiten lernte ich erst später kennen: Er fliegt immer schweigend und beginnt am neuen Ort sofort mit dem Rufen. In den Sümpfen erschienen Möwen, die einen freudigen Schrei von sich geben, bevor sie sich im spiraligen Flug nach unten fallen lassen. So vermögen sie eine Schar Krähen zu vertreiben und erschrecken sogar den Menschen mit ihrem Schnabel, indem sie sich von oben scheinbar auf ihn stürzen. Das tun sie so lange, wie man sich in der Nähe des Nestes befindet. Im Wald erblickte ich damals zum ersten Mal den gelben Pirol. Sein Gefieder ist gelb wie das des Kanarienvogels, wie das tropischer Vögel und er ist ziemlich groß. Sein Schrei erinnerte mich immer an meinen Freund Jan Adamski, der in Auschwitz von den Deutschen zu Tode gequält worden war, denn er meldete sich immer mit diesem Pfiff, wenn er uns abends unter dem Fenster am Ring in Jasło stehend anrief. Dann lernte ich Sauerampfer zu sammeln, den die Einheimischen hier „Kwasok“ nennen. Es gab davon reichlich, und man konnte ihn leicht für eine Suppe für uns beide sammeln. Später erschienen die Walderdbeeren, die auf dichtem grünem Grasboden inmitten von Gehölzen wuchsen und durch den Kontrast im Gras wie Himbeeren leuchteten. Wir hatten also manchmal solche Delikatessen wie Walderdbeeren mit Schlagsahne. Die Eheleute Grünhut, denen wir unsere Wintersachen nach Truskawec geschickt hatten, haben diese nicht erhalten, und dann verloren wir den Kontakt mit ihnen. Als wir noch in Lemberg waren, wollten sie dahin kommen und mit uns zusammen wohnen, ohne sich dessen bewußt zu sein, daß wir schon nichts mehr sind und uns klein machen und verstecken müssen. Von Janek erfuhren wir, daß Lidka in ihrer ersten Wohnung in Warschau nicht bleiben konnte. Die Hauswirtin stellte ihre Identität in Frage, sogar auch ihren Paß, der 1938 und 1939 mit mehr als zehn Siegeln, Visa und Stempeln versehen worden war. Sie sagte ihr, daß sie sie für eine Jüdin halte. In Warschau hebt sich der Typ ihrer Schönheit á la May Wong tatsächlich gegenüber den masurischen abgeflachten Nasen und breiten Mündern stärker ab als in Lemberg, wo sich das Auge durch das russische und armenische Blut an unterschiedliche, nicht nur armenoide, sondern sogar negroide Typen gewöhnt hat.

Es war ein neuer Gast angekommen, vor dem wir uns fürchteten: der Vater des Herrn Otto, ein Reichsdeutscher aus Krakau. Er war ein Mensch, den Bergson zu den *homo faber**, den Handwerkern gezählt hätte. Ich bewunderte seinen Sohn Witold, wie geschickt und schnell er Klinken, Türbänder, Zaunlatten reparierte, aber sein Vater war unvergleichlich geschickter, trotz seines fortgeschrittenen Alters. Er verstand es, Beete zu bestellen, zu pflanzen, zu hacken, Unkraut zu jäten und war vom Morgen bis zum Abend in Bewegung. Er konnte außerdem selbst Werkzeuge herstellen. Ein von ihm auf einen Stiel eigener Produktion aufgesetzter Hammer war besser als ein gekaufter. Eine von ihm geschliffene Axt war wie neu, und das Hoftürchen ließ sich erst seit seiner Ankunft schließen, wie es sich gehört. Wir sprachen nicht über Politik, aber indirekt über den Sohn erfuhr ich, daß er ihm zuredet, sich als Volksdeutscher einzutragen. Er glaubte nicht an die Morde durch die Deutschen und sah das als polnische Greuelpropaganda an. Es gab bereits hunderttausende Opfer, und daher mußte ich Bergson recht geben, daß ein *homo faber* nicht mit einem *homo sapiens* gleichzusetzen ist. In einem Gespräch mit mir allerdings ließ er erkennen, daß er Zweifel am deutschen Sieg hat.

Im Frühjahr 1942 war bereits erkennbar, daß Rußland noch eine gewichtige Kraft darstellt, daß mit dem weiteren Vormarsch in die Tiefe des Landes für die deutsche Armee die Schwierigkeiten zunehmen. Der furchtbare Winter 1941/1942, der über Erwartung streng und lang war, überraschte den

* (lat.) Der Mensch mit der Fähigkeit, sich Werkzeuge zu schaffen.

deutschen Soldaten und schwächte seinen Mut. Die Kriegserklärung Amerikas an Deutschland im Dezember 1941 war für seine Kriegführung nicht angenehm, denn Japan, das mit Rußland nicht im Kriege war, konnte kein ausreichendes Gleichgewicht herstellen. Aber die Ruthenen, dörfliche Halbintellektuelle und die Milizionäre sagten: „Ach was Amerika! Die paar Juden!" Diese Aussage zeugte von umso größerer Dummheit, da doch die russische Emigration nach Amerika recht bedeutend war und hunderte Bauern die amerikanische Größe und Macht mit eigenen Augen gesehen hatten.

Herr Witold hat Vaters Zureden nicht befolgt und wurde also kein Volksdeutscher. Es gab auch andere Polen deutscher Abstammung, die sich nicht nach den Lebensmittelkarten des privilegierten Volkes drängten. In Rudno gab es sogar einen Mann, der nur schlecht polnisch sprach, aber dennoch tapfer in der Schlange ausharrte, in der die ortsansässige Bevölkerung auf ihre kargen Rationen wartete. *Nota bene* mußte die „höhere Rasse", d. h. die Ruthenen, sich mit den gleichen Rationen begnügen, was sie eigentlich hätte ernüchtern sollen.

Zu den Personen deutscher Abstammung, die sich weiterhin zum Polentum bekannten, gehörte Fräulein Kamilla Speidel. Ihre Familie war seit langem mit der Familie Otto befreundet. Sie war z. Zt. allein in Zimna Woda trotz ihrer zu polnischer Zeit in der Postdirektion erworbenen Rente. Sie war an einem Bein körperlich behindert und fand nirgends Hilfe. Wenn Frau Tosia nicht anwesend war, besuchte sie uns oft und erleichterte uns die spätere Abreise aus Osiczyna außerordentlich.

Im Frühjahr waren von den Bauern, die ins Rzeszower oder Tarnopoler Gebiet nach Getreide fuhren, interessante Nachrichten zu hören. Sie berichteten von bewaffneten Leuten, die sie am Weiterfahren hinderten, manchmal die Schuhe wegnahmen, aber manchmal ohne Schaden passieren ließen. Das waren Verbände ukrainischer Waldbanden. Unter den Mitgliedern dieser Banden waren auch sowjetische und deutsche Deserteure, aber niemand wußte genau, woher sie kommen und was diese Waldmenschen wollen. Ich war auch fast alltäglich im Wald, aber mit durchaus unblutigen Zielen. Beim Suchen von Walderdbeeren traf ich mehrere Male auf einen jungen Habicht, der aufgescheucht nicht schnell genug dem Geflecht der Zweige im Jungwuchs entfliehen konnte, aber er dachte an keine Verteidigung. Einmal war ich recht erschrocken, als ich unmittelbar hinter dem Kopf einen Pfiff wie von einer Gewehrkugel hörte. Es war aber ein kleiner Vogel, der sich im Sturzflug auf mich stürzte und kurz hinter dem Kopf einen Pfiff ausstieß. Dann flog er weiter und setzte sich einige Meter vor mir auf einen Zweig, von wo aus er mich scharf beobachtete. Nach einer kleinen Weile wiederholte er den Sturzflug und zielte dabei zwischen meine Augen. Im letzten Moment drehte er ab. Der Vogel war durch seinen Instinkt gewarnt und auf die Gefahren des Lebens besser vorbereitet als der Habicht. Ich traf ihn auch später noch an der gleichen Stelle an.

In der Schonung konnte man stundenlang, den Himmel über sich, im Gras liegen. Niemand kam hierher, nicht einmal die Förster, und auf dem sandigen Weg in einigen hundert Metern Entfernung fuhren nur die Bauern entlang. Armeeeinheiten oder Autos habe ich dort niemals gesehen, Polizei oder Gendarmerie habe ich dort über siebeneinhalb Monate nicht ein einziges Mal angetroffen. So lange nämlich waren wir in Osiczyna. Wir wären sicher noch länger da geblieben, wenn nicht der Eifer des Gemeindeangestellten Bulat gewesen wäre. Er sollte eine Kontrolle der Bevölkerung durchführen und beharrte darauf, uns auf die Liste der Einwohner zu setzen, womit er uns außerordentliche „Zuteilungen" und andere Wohltaten des Kartenregimes in Aussicht stellte. Vergeblich versuchte ich ihm zu erklären, daß wir bald abreisen. In meiner Gegenwart nannte ihn seine Frau, die sich über seine Dummheit und Feigheit aufregte, einen „alten Muffel". Dieser Pole hatte jedoch Angst, daß ihn die Ukrainer bei den Deutschen denunzieren. Aber eigentlich muß ich ihm dankbar sein, denn er beschleunigte unseren Entschluß zur Abreise. Ich konnte nicht zulassen, daß man mir einen Arbeitsbefehl schickt, weil ich mit diesem nach Lemberg in die Romanowiczstraße hätte gehen müssen.

Dank der Frau Kamie und [Name unlesbar] lernten wir einen gewissen Herrn Staś kennen, der in den Eisenbahnwerkstätten arbeitete. Dieser sollte für uns in Lemberg Fahrkarten nach Stróże kaufen, denn in Zimna Woda wurden solche nicht verkauft. Dann sollte er Eisenbahnern Bescheid sagen, die uns in einen Wagen hineinstoßen, mit uns fahren und in Dębica einen Platz im Zug sichern sollten. Diese Maßnahmen waren erforderlich, denn die Züge waren vollgestopft mit Menschen, besonders mit sog. Schiebern, das heißt Frauen, Bauern, Mädchen aus den Vorstädten usw., die aus Lemberg nach Dębica fuhren, dort Waren zu bedeutend niedrigeren Preisen als in Lemberg einkauften und diese nach Lemberg brachten. Davon lebten sie. Frau Tosia war nicht zu Hause. Wie gewöhnlich hatte sie uns angekündigt, daß sie am nächsten Tag zurückkommt und war dann weggegangen. Die ganze Villa überließ sie meiner Obhut. Sie wollte nicht, daß wir abreisten, denn sie hielt uns für ausgezeichnete und verläßliche Wachleute. Sie selbst aber liebte es, für ein paar Tage nach Lemberg oder Bruchowice zu gehen. In Lemberg hatte sie eine Tochter, die der Vater im Institut von Weigel untergebracht hatte, wodurch sie vor Zwangsarbeit geschützt war.

Aber wir hatten uns entschlossen abzureisen und wollten nicht auf ihre Rückkehr warten. Die von Frau Halina geliehenen Möbel (es waren nicht sehr viele) brachten wir zu Frau Żywiecka, die eigenen Sachen, das Handgepäck ausgenommen, brachte Helon in unserem Auftrag zu Frau Kama. Wir selbst begaben uns mit unserem Handgepäck am 11. Juli 1942 morgens zum Bahnhof. Die Schlüssel zu unserem Zimmer gaben wir bei der mit den Eheleuten Otto befreundeten Nachbarin ab. Im Zimmer hinterließen wir nur die Schlüssel für den Rest der Villa und einen Abschiedsbrief. Wir mußten uns beeilen, denn schon für den 13. Juli kam eine Aufforderung zur Arbeit, was uns Frau Kama mitteilte. Ziel unserer Reise war Stróże. Dort wohnten auf dem einen Kilometer vom Bahnhof entfernten Vorwerk seit März 1941 die Mutter und der Bruder meiner Frau. Seit einigen Monaten standen wir in der Angelegenheit dieser Reise miteinander im Briefwechsel und vereinbarten verschiedene Vor- und Familiennamen. Wir sollten als eine Familie gelten. Das war umso mehr erforderlich, da wir von den sog. Kennkarten wußten, d. h. den durch die Deutschen im Generalgouvernement eingeführten Ausweisen. Sie waren von Anfang 1941 an der Kummer fast aller Einwohner, die Grund hatten, einer Begegnung mit der deutschen Verwaltung aus dem Wege zu gehen.

In den Waggon stieß uns Herr Staś, er selbst setzte sich in das Nachbarabteil. Wegen des großen Andrangs mußte man während der Fahrt stehen. Seit vielen Monaten befanden wir uns zum ersten Mal wieder in solch einer Menschenmasse. Die Mehrzahl davon waren Schieber und Arbeiter. Einer der Letzteren begann einen Streit mit einem Mann, den er als Schieber ansah und drohte, daß in Kürze eine Anordnung erscheint, die das Fahren ohne die vom Arbeitsamt herausgegebene sog. Arbeitskarte verbieten wird. Es begann eine Diskussion, im Verlauf derer jener Mann ein niederschmetterndes Argument verwandte, daß zu der Zeit, „als die Juden in Polen mit der Bahn fuhren, ihnen niemand etwas gesagt habe, aber jetzt, da die Polen fahren, die

Menschen verärgert sind". Auf einer Station stieg ein ordentlich gekleideter, gut frisierter und rasierter junger Mann ein. Er hatte ein mit einem blauen Stern verziertes Zelluloidband über der Schulter und besaß irgendwelche Papiere, die ihn zu dieser Fahrt berechtigten. Er führte eine Diskussion darüber, wie viele Juden die Deutschen in Polen vernichtet haben und ob nicht vielleicht mehr als Polen. Der Gegner, ein Pole, behauptete, daß mehr Polen umgekommen seien. An einer Station stieg auch ein junger Mann ein, der patriotische Lieder von Warschau und den von Deutschen verursachten Verwüstungen sang. Er hatte keine Angst, und die Reisenden gaben ihm gern Złotys. Im Abteil sah ich auch einen Mann mit zwei Kindern, der ständig in Bewegung war, seinen Kindern Leckerbissen aus der Tasche reichte und wie es scheint, sich dessen nicht bewußt war, daß man keinen Fachmann brauchte, um seine anthropologische Zugehörigkeit zu bestimmen. Er fuhr nach Warschau. In der Ecke saß eine Frau, eine Blondine mit Kind. Wenn sie schwieg, sah sie nach einer Bäuerin aus. Ständig wiederholte sie „um Gottes Willen", und man hätte sie nicht identifizieren können, wenn man es nicht gewollt hätte. In Przemyśl sprang im letzten Moment eine Frau auf das Trittbrett des Waggons, an der zu erkennen war, daß sie sich in tödlicher Angst befindet. Man wollte sie nicht hereinlassen, denn es war schon sehr voll. Aber plötzlich erkannte ein Fahrgast ihre Situation und sagte: „Diese Frau muß mitfahren." Da verstummten die Proteste, man hatte verstanden. Diese Szenen, die Drängelei auf dem Bahnhof, unsere mit ärmlich gekleideten, unterernährten, ermüdeten Menschen vollgestopften Abteile beobachteten zwei gut uniformierte Offiziere. Sie schauten geringschätzig drein, wobei sie mit ihren abgezogenen Handschuhen spielten.

Der Jüngere von den beiden war sehr schön. Sie hatten das, was sie wollten: fühlten sich wie die Engländer in ihren Kolonien. Im Kontrast zwischen ihren sauber gewaschenen, Ruhe ausstrahlenden Gestalten und der nervösen, verhärmten Menge erkannten sie den überzeugenden Beweis der Überlegenheit des Herrenvolkes über die Einheimischen. Und in unserem Abteil fehlte nicht einmal ein kleiner Zigeuner, dem das Publikum zusetzte, indem es laut von den Zigeunern als von Dieben sprach. Ich näherte mich ihm und begann ein Gespräch, aus dem ich erfuhr, daß es den Zigeunern nicht erlaubt ist, länger als drei Jahre irgendwo ansässig zu sein. Es ist interessant, daß dieses Volk, das kein Recht anerkennt, das aus Dieben, Landstreichern, Bettlern,

Prostituierten und Betrügern besteht, sich diesem aus uralter Zeit stammenden Gesetz fügt.

In Dębica gestattete man uns nicht, auf dem Bahnsteig zu bleiben, um auf den nach Stróże fahrenden Zug zu warten, sondern zwang uns, durch eine Sperre zu gehen, wo man dann unsere Sachen kontrollierte. Der uniformierte Deutsche vom Bahnschutz wollte meinen Koffer unbedingt allein öffnen. Das war aber unmöglich, denn das Schloß war defekt, und nur ich wußte, wie man es öffnet. So oft ich mich dem am Boden liegenden Koffer näherte, schrie er: „Scher dich weg!" Vor Wut sprach er mich mit „du" an, obgleich er mein Alter sah und sich vollkommen dessen bewußt war, daß er nicht mit einem Menschen spricht, der es gewöhnt ist, daß man zu ihm „du" sagt. Schließlich überzeugte er sich davon, daß wir keine Waren zum Verkauf transportieren und ließ uns weitergehen.

Viele Menschen verloren dabei einen Teil oder alle ihre Habseligkeiten. Allerdings, wie ich sehen konnte, regten sie sich darüber nicht besonders auf. Augenscheinlich war der deutsche Brauch, auf den Stationen und Straßen jenseits des San zu plündern, schon lange Zeit allgemeine Praxis. Auf einem der Bahnhöfe lag auf dem Gleis die Leiche einer Frau, die auf der Flucht vor einem Bahnpolizisten mit einem Beutel Schmalz unter einen Zug gefallen war. Dann befahl man uns, eine Reihe zu bilden, wobei polnische Polizisten mutig mithalfen, beliebige Menschen mit Knüppeln zu schlagen. Zum ersten Mal sah ich polnische Polizei in der Rolle deutscher Knechte. Da erinnerte ich mich an die offizielle These des Herrn Majors über die Rolle der Polizei: Sie sind die Stütze des Staates. Die Zeugenaussage eines Polizisten war auf dem Gericht entscheidend, wogegen ein anderer nicht uniformierter Bürger immer verdächtig war, es sei denn, die Polizei hatte ihm schriftlich seine Loyalität bescheinigt.

In Tarnów verbrachten wir ein paar Stunden. Dort verabschiedeten wir uns von unserem Begleiter, Herrn Staś Sokólski. Wir vereinbarten mit ihm, daß er sich um unsere bei Fräulein Kama Speidel in Zimna Woda zurückgelassenen Sachen kümmert. Das hat er dann allerdings nicht getan, sondern sich darüber beklagt, daß sich für ihn die Reise nicht gelohnt hat.

STRÓŻE

Wir kamen am selben Tage, also am 11. Juli 1942, in Stróże an. Dort trafen wir einen Jungen, der bereit war, unsere Sachen mit einem Handwagen nach Berdechów zu fahren. Unterwegs trafen wir Herrn Tadeusz Cieluch mit Frau, die gerade nach Stróże unterwegs waren. Wir fragten sie nach Frau Szmoszowa, und sie zeigten uns den Weg. So gelangten wir schließlich nach Berdechów. Zum Glück war das Zimmer neben der Wohnung der Schwiegermutter eben am Vortag frei geworden, so daß wir sofort einziehen konnten. Wir mußten das Zimmer nur noch neu streichen und ausfegen. Weder wir noch unsere Wirtsleute, die Eheleute Cieluchów als Eigentümer des Vorwerks, glaubten, daß unser Aufenthalt hier Jahre dauern wird.

Herr Cieluch, der Besitzer des Vorwerks, war zu österreichischer Zeit einer der Gründer der Volksbewegung in diesem Gebiet. Zu polnischer Zeit war er Vizemarschall des Kreises und Abgeordneter des Sejm, als Witos Regierungschef war. Er hatte drei Söhne: Jan, Tadeusz und Artur. Jan war in Krakau Finanzbeamter, Tadeusz und Artur trafen wir mit dem Vater auf dem Vorwerk an. Gegen zwei der Söhne liefen Ermittlungsverfahren wegen Beihilfe zur Flucht polnischer Offiziere nach Ungarn im Jahre 1939. Sie saßen in Nowy Sącz in Untersuchungshaft, wurden dann aber mangels Beweisen entlassen. Jetzt betrieben sie die Landwirtschaft und arbeiteten mit der ganzen Familie auf Vaters Wirtschaft.

Das Vorwerk hatte eine Fläche von etwa 60 Morgen, davon 40 Morgen Nutzfläche. Es gab da genügend, selbstverständlich bäuerlicher Arbeit mit der Sense oder Axt, Dienstpersonal gab es wenig. Dafür arbeitete die ganze Familie, also Tadeusz, Artur, ihre Schwester Zosia, die zweite, älteste, Frau Tokarz (Witwe eines Lagerarbeiters bei der Eisenbahn) und Arturs Frau, eine gewöhnliche Bäuerin. Sie arbeiteten und nutzten ihre Hände bis zu den Ellenbogen ab. Sogar Frau Stefa Cieluchowa, Tadeuszs Frau, die eigentlich Kassiererin bei der Bahn in Stróże war, widmete jede freie Minute dem Garten. Wir wohnten in einem Häuschen, das für das Dienstpersonal des Vorwerks als Wohnung vorgesehen war. Man empfing uns sehr herzlich. Die Verbindungen zwischen Schwager und Schwiegermutter und dem „Hof" waren schon seit einem Jahr hergestellt worden. Es war Herr Stefan Dobrzański,

Bruder des mit Maniuta, der Schwester von Krysia verheirateten Herrn Jan Dobrzański, der für sie diesen Ort ausgesucht hatte. Krysia (Szmoszowa), die Frau meines Schwagers, war im Jahre 1935 gestorben. Herr Stefan hatte in der Armee Herrn Witold Schoenemann aus Stróże als Untergebenen gehabt. Und er eben verwies ihn auf diesen Ort für den Schwager mit seiner Mutter. Herrn Witold und seine Frau trafen wir nicht mehr an. Ihm war bekannt geworden, daß die deutsche Polizei nach ihm fahndet, und daher war er geflohen. Als ihn die Polizei im Hause der Igielskis, seiner Schwiegereltern, suchte, begann sie, seine Ehefrau, Frau Stasia, zu verhören. Das geschah selbstverständlich in grober Art und Weise auf „du". Sie antwortete, daß das Verhör einer Offiziersfrau von Offizieren durchgeführt werden sollte, und wenn sie weiterhin „du" sagen, würde sie sie ebenfalls mit „du" anreden. „Wir können dich einsperren!" – „Dann sperrt mich doch ein!" Daraufhin wurde sie tatsächlich verhaftet und in ein Frauenlager unweit Berlins* geschickt.

Die Frau des Hauses war eigentlich Frau „Dela" Ochalikowa, die zweite Tochter der Igielskis. Ihr Mann war als Offizier in einem Gefangenenlager in Deutschland. Bei ihnen wohnte auch Frau Tosia Michałowska, eine Freundin der Eheleute Ochalik aus der Garnison in Grodno. Ihr Mann war auch in einem Offizierslager, aber einem anderen als Herr Ochalik. Außer den alten Igielskis, Frau Tosia und Frau Dela war da noch der junge Herr Jan Igielski, der vor dem Krieg Angestellter des Kriegsministeriums in Warschau gewesen war. Jetzt wohnte er mit seiner Frau, einer jungen Warschauerin, im väterlichen Haus und arbeitete als Angestellter bei der Holzfirma „Kindler und Red". Zur Familie gehörten zwei Töchter von Witold Schoenemann, Irka, ein erwachsenes Fräulein, und Kocia, die noch in die Schule ging, dazu der zwölfjährige Janusz, Frau Delas Sohn. Ich beschreibe die Familie so detailliert, weil alle ihre Mitglieder zu uns überaus herzliche Beziehungen pflegten. Sie erleichterten uns alles, was möglich war, zeigten uns Einkaufsmöglichkeiten, empfingen uns gastfreundlich, und was besonders wichtig war, sie unterstützten uns in den wichtigsten Dingen, d. h. in den Fragen der Dokumente. Unser unmittelbarer Nachbar war Herr Stanisław Woźnica, ein von den Deutschen aus Koło bei Kalisz vertriebener Landwirt. Er war hier mit seiner Frau und zwei Kindern und beschäftigte sich mit dem Aufkauf von Eiern für

---

* KZ Ravensbrück.

das Ernährungsamt und mit der Erfassung des Gemüsekontingents. Sein Büro hatte er in einem Haus an der Straßenabzweigung, das früher einem Juden gehört hatte. Jetzt war der ursprüngliche Eigentümer nicht anwesend, denn man hatte alle Juden aus den umgebenden Dörfern in Bobowa, dem Hauptort der Großgemeinde, konzentriert. Von Zeit zu Zeit fuhr dort die deutsche Polizei auf und schoß in den Straßen, wobei immer eine Anzahl Personen getötet wurden. Dann veranstaltete sie ein Gelage, zu dem die Juden Tischtücher, Geschirr, Speisen und Getränke liefern mußten. Zum Schluß fuhr die Abteilung nach Gorlice zurück. Die Bevölkerung sah das mit Entsetzen, besonders diejenigen, die Augenzeugen gewesen waren. Manche verhielten sich gleichgültig, andere äußerten sogar ihre Zufriedenheit. Sie waren der Auffassung, daß jetzt der lang erwartete Moment gekommen ist, da der polnische Handel von den bodenständigen Elementen übernommen wird. Ein solcher Kaufmann in spe war eigentlich Herr Woźnica.

Weil es Hochsommer war, gingen wir oft zum Fluß, wo wir uns mit Frau Dela und den Eheleuten Igelski (mit Janek und seiner Frau) trafen. Der Fluß war dicht mit Weiden bewachsen, es wuchsen dort langstielige Steppenblumen, und am gegenüberliegenden steilen Ufer war ein Mischwald. Das Wasser floß schnell über die Steine, die Buschweide, der Thymian und die Pfefferminze verströmten ihren Duft, und wenn man sich auf den Rücken legte und in den Himmel schaute, konnte man meinen, man sei in Jasło an der Wisłoka. Deutsche kamen nicht hierher. Das Bad im Fluß brachte die Augen zum Leuchten, wie in jungen Jahren.

Ein Freund der Igielskis, Herr Ząbek, berichtete uns, was in Jasło vor sich geht. Davon, daß die Deutschen den Marktplatz und die Hauptstraßen gepflastert hatten, wußten wir bereits, denn der Schwager war im Sommer 1941 in der Gegend gewesen. Von Herrn Ząbek erfuhren wir, daß Janek Adamski, dieser nette und intelligente Mensch, treuer Freund, lieber Kumpel und beste Sohn, in Auschwitz zu Tode gequält worden war. Er wurde auf dem Weg zum Bahnhof festgenommen, wo er seinen Onkel vor der drohenden Verhaftung warnen wollte. Später wurde ihm berichtet, daß das Personal dieses Onkels den Deutschen gemeldet hatte, daß dieser eine Waffe, sicher eine Jagdwaffe, in Wolica im Garten vergraben habe.

Ich beobachtete von weitem die deutsche Verwaltung auf dem Lande. In diesem Jahr (1942) hatten die Deutschen noch nicht auf ihre weitreichenden Pläne verzichtet. Ständig fuhren irgendwelche zivilen Herren mit Britschkas oder Autos durch das Land, fotografierten als Abbild des polnischen Elends die Kinder im Dorf, registrierten die jungen Männer mit deutschen Familiennamen, wobei sie nicht nur solche wie Augustin oder Kielor als solche ansahen, sondern auch solche wie Kowal, denn Kowal = Schmied = Schmidt. Es sprach sich herum, daß sie alle gezwungen werden sollen, eine deutsche Kennkarte zu empfangen. Sie suchten auch Pfarrämter auf und suchten in den Geburtsregistern Beweise für den deutschen Ursprung der Dörfer oder der Familien. Sie besichtigten größere Bauernhöfe, sicher um sie später verdienstvollen Frontoffizieren als Belohnung zu übertragen. Diese Pläne gingen unzweideutig aus dem Text von Beiträgen in der „Krakauer Zeitung" über den Weichselraum hervor. Das war jedoch der unschuldigere Teil ihrer Beschäftigung, denn sie verhafteten auch Menschen in Gorlice, Grybów, Sącz und Jasło. In Nowy Sącz residierte der berüchtigte Hamann, ein fürchterlicher Henker, der einen ganzen Stab kleinerer Schurken und Spitzel um sich scharte.

In der Bobower Gemeinde selbst war die Gefahr solcher Verhaftungen geringer, denn hier gab es keine Städte, und außerdem gab es hier einen Menschen, der durch seine Schläue und seinen Mut nicht wenige deutsche Pläne zu durchkreuzen verstand. Dieser Mann war Herr Lasko, der Kommissar der Bobower Polizei. Es ist ihm zu verdanken, daß hunderte Menschen dem Gefängnis, den Folterungen und dem Tode entgehen konnten. Er warnte die Menschen rechtzeitig vor der Gefahr, und der so Gewarnte verschwand einige Stunden vor Ankunft der Schinder. So warnte er z. B. den alten Herrn Cieluch und seinen Sohn Artur, daß ihr Fall von vor einem Jahr wieder aufgenommen wurde und daß er den Befehl hat sie festzunehmen. Daraufhin verschwand Artur, und der „ältere Herr" zog an einen nicht sehr weit entfernten Ort um. Leider hielt er es nicht lange in diesem Exil aus und kehrte trotz wiederholter Warnungen nach Hause zurück. Eines Morgens im Oktober erfuhren wir, daß er verhaftet worden war. Es kam ein gewisser Kubala von der polnischen Polizei, um ihn zu verhaften, schoß aus dem Fenster auf den Flüchtenden und nahm ihn fest, denn dem 75-jährigen alten Mann gelang es nicht, schnell genug das dichte Holz erreichen. In Krakau wurde auch sein Sohn Jan verhaftet. Diese Tatsachen waren für uns sehr deprimierend. Wir wußten, daß auch nach dem Schwiegersohn des Eigentümers, Herrn Garlicki, gefahndet wurde, schon 1939. Aber er konnte noch in dem Moment, als die Deutschen schon anrückten, entkommen. Seine Frau weilte in Zawoje zusammen mit dem Sohn Maryś, der als Oberleutnant aus dem Krieg zurückgekehrt war. Ihre Tochter Lidka und der kleine Oleś wohnten in Berdechów.

Es geschahen immer schrecklichere Dinge. In Rzepiennik, einem Dorf nahe Gorlice, fanden die Deutschen in einer Scheune einen unangemeldeten Arzt aus Krakau und erschossen dafür an Ort und Stelle die ganze Familie. Die Vorbereitungen für den Massenmord an den Juden wurden immer deutlicher. Ein Augenzeuge, der Bürgermeister von Rzepiennik, hat eine solche Massenexekution gesehen. Sie wurde mit der den Deutschen angeborenen Erfahrung und Ordnungsliebe durchgeführt. Die Menschen wurden in zwei Gruppen eingeteilt. Während eine Gruppe exekutiert wurde, mußten die der zweiten ihr Grab schaufeln, die dritte zog sich aus, und die vierte marschierte zum Platz der Hinrichtung. Alte Leute, Frauen, Kinder, Mädchen, alle gingen gemeinsam nackt, denn die Deutschen wollten ihnen auch die Kleider nehmen, nachdem sie vorher schon alles andere weggenommen hatten. Eine weitere Exekution fand unweit davon an der Biała, im Ort Biała statt. Den dortigen Opfern befahl man, Koffer und Taschen mitzunehmen. Die Menschen, getragen von der Hoffnung, daß man sie in ein Lager bringt, nahmen auch Geld mit. Am vorbereiteten Grab forderte man sie auf, es abzugeben und sagte ironisch: „Bei Jehova gibt es kein Bier, da braucht man auch kein Geld."

Ganze Gruppen wurden mit Lastwagen nach Gorlice transportiert und von dort aus weiter mit Zügen mit unbekanntem Ziel. Alle berichteten, daß Bełżec der Zielort ist, wo man irgendwelche Einrichtungen für die Massenvernichtung aufgebaut habe. Die Opfer wurden massenweise mit Autos transportiert, fast ohne Begleitung. Nur neben dem Kraftfahrer saß ein Soldat. Alle wunderten sich, daß die so Transportierten nicht den Soldaten entwaffneten, um dann zu flüchten. Aber die Menschen waren jahrelang mit Drohungen, Zwangsarbeit, Raubüberfällen und dem, was sie gehört und gesehen hatten, so eingeschüchtert, daß sie jeden Willen verloren hatten.

Die Haltung der polnischen Mitbürger war Gleichgültigkeit. Nur diejenigen, die aus der Nähe gesehen hatten, wie unschuldige Menschen in den Tod geführt wurden, verspürten das ganze Grauen dieser unerhörten Hekatombe. Die polnische Polizei hat dabei Blätter ihrer Geschichte geschrieben, indem sie die an den Sammelplätzen zusammengedrängten Menschen in furchtbarer Weise schlug, sie auf Hausböden, in Keller, Toiletten verfolgte und den Deutschen zuführte. Kubala, den ich vorhin schon erwähnte, hat sich durch seine Brutalität besonders ausgezeichnet. Er verstand es auch, sich von seinen Opfern beträchtliche Mengen Gold und Geld zu erschleichen. Ein kleinerer Köter, Krzeszowski, ein in Polna wohnender Polizist, ergaunerte sich ein nicht geringes Vermögen durch Schmiergelder und Räuberei. Es geschah einmal, daß eine Frau etwas Butter ins Getto zum Verkauf bringen wollte. Dabei wurde sie erwischt und danach die ganze Nacht mit einem alten Juden in der Synagoge eingesperrt. Am nächsten Tag führte man sie zusammen mit zwei zerlumpten Juden über den Markt, wo sie von Pfiffen und vom Gelächter des Pöbels empfangen wurden. Ihr Mann wollte sie für einige Tausender von dieser Zeremonie freikaufen, aber das gelang ihm nicht. Die Frau erlitt eine Geistesstörung.

In dieser Zeit, d. h. im Sommer 1942, besuchte uns Basia Zglińska*, meine Nichte. Seit Verlassen Lembergs traf ich mich zum ersten Mal wieder mit Verwandten. Von ihr erfuhr ich, wie die Schwester in Krakau zurechtkommt. Meine Mutter ist aus Krzeszowice nach Zabierzów umgezogen. Irena und Basia besuchen sie dort häufig. Sowohl der Mutter als auch der älteren Schwester** ging es verhältnismäßig gut. Sie erhielten regelmäßig aus Warschau von meiner Tochter Geld. Mit Warschau standen wir in ständigem Briefwechsel und wußten, daß die Tochter mehrere Male die Wohnung wechseln mußte. Freunde meines Schwiegersohnes, besonders Herr Ryszard Matuszewski, haben ihnen manches erleichtert. Aber das Leben war auch dort nicht leicht, und es war gefährlich.

Meine Mutter hatte nicht das rechte Verständnis für die Situation und hoffte immer, daß sie nach ein paar Monaten nach Beendigung des Krieges wieder in ihre Wohnung nach Jasło zurückkehren kann. Selbstverständlich versuchten auch wir täglich in Gedanken die die Zukunft verschleiernde dicke Wolke zu durchdringen. Mein Schwager und ich diskutierten stundenlang miteinander, oft mit Herrn Igielski, mit der Familie Cieluch und mit wem auch immer, über das vorauszusehende Ende des Krieges. Da wir keine

---

* Die Tochter von Irena, der Schwester des Autors.

** Felicja Müllerowa.

Ahnung hatten, wie groß die Produktionskapazitäten der kriegführenden Seiten sind, wie groß die Schäden auf der einen Seite durch die Luftangriffe und auf der anderen durch die U-Boote, kamen wir selbstverständlich über Vermutungen nicht hinaus. Aber ich konnte eines feststellen: die Menschen interessierten sich überhaupt nicht für den Krieg, sondern nur dafür, wie und wann sie selbst aus diesem verdammten Schlamassel herauskommen. Dabei meinten sie, daß die fernen Völker, die Chinesen und Amerikaner, die Afrikaner und Australier, so schnell wie möglich Millionen Menschen und Millionen Dollars opfern sollten, damit wir um so schneller wieder in unsere Mehrzimmerwohnungen und Bäder, zu Torte mit Schlagsahne und unseren Pensionen zurückkehren könnten. Von der Armia Krajowa [Heimatarmee] war damals keine Rede. Als ich einmal sagte, daß jemand nachts jenseits des Baches drei bewaffnete Männer getroffen habe, wurde das als Märchen angesehen.

In den ersten Novembertagen kehrte unverhofft Herr Cieluch aus dem Gefängnis nach Hause zurück. Das war ein freudiges Ereignis. Auf dem Empfang beim Ehepaar Cieluch tranken wir zu Ehren der Rückkehr des „älteren Herrn" hausgemachten Johannisbeerwein. Am folgenden Tag erfuhren wir von der Landung der Angloamerikaner in Algerien und Marokko. Diese Tatsache zusammen mit dem Steckenbleiben der Deutschen im Kaukasus, was Prof. Fuliński vorausgesagt hatte, war schon ein deutliches Anzeichen für die deutsche Niederlage. Aber die Menschen hatten für die Razzien auf der Bahn größeres Interesse. Alle paar Tage erschien die Polizei aus Gorlice oder Jasło, manchmal aus Nowy Sącz und nahm den Passagieren Butter, Eier, Fleisch, Alkohol, gewöhnlich mitsamt den Koffern und Taschen ab. Andere Waren, wie Stoffe, Leder, Garne unterlagen ebenfalls der Beschlagnahme. Selbstverständlich wurden dabei auch Juden herausgegriffen.

Aber in Stróże war ein Mann, der anders lebte als alle anderen. Er hieß Dywan, hatte ein paar Morgen Boden, ein kleines Haus und zu polnischen Zeiten den Ruf eines Diebes. Das war sicher berechtigt, soweit es sich um die Hähne der Nachbarn handelte und um Kohle von der Bahn. Aber jetzt stahlen Gendarmen die Hähne, und Kohle stahlen alle. Nach Dywan wurde als nach einem „Banditen" gefahndet, aber er wohnte in seinem Haus und verließ es nur dann, wenn sich Gendarmen näherten. Wenn man einen Stromgenerator fürs Radio brauchte, verstand er es, einen von deutschen Eisenbahnwagen abzumontieren und sogar schlechte in gute umzutauschen. Am

Vormittag arbeitete er gewöhnlich beim Schlächter in der Freibank. Als einmal der Bahnschutz Licht in der Freibank gesehen hatte, ging er hin, trat ein und erblickte Dywan. Der rief „Leon, hab keine Angst!“, warf den Schlächter auf den Bahnschutzmann, übersprang die am Boden Liegenden, und ehe der zweite Wachmann begriffen hatte, was geschehen war, war er schon weit fort. Ein Schuß traf ihn am Arm, bevor aber die Wachmänner aus dem Staunen erwachten, war er über den Bach in den Wald geflohen.

In dieser Zeit hatten wir oft Besuch von Herrn Stefan Dobrzański aus Krakau. Seine Frau Zosia buk Kekse, und er verkaufte sie dann in den Cafés. Einmal kam er in großer Aufregung. Er berichtete uns, daß mit ihm in der Straßenbahn ein gewisses Individuum gefahren war. Als er ausstieg, stieg dieser Mann auch aus, trat an ihn heran und sagte: „Versuchen Sie nicht zu fliehen, hinter uns gehen bewaffnete Agenten. Sie sind ein Jude, also kommen Sie mit mir. Wundern Sie sich nicht, ich muß meinen Vater an den Juden rächen, den die Bolschewiken ermordet haben.“ Man fuhr ihn zur Polizei und von da ins Getto, wo Fachleute Herrn Stefan untersuchten. Selbstverständlich überzeugten sie sich, daß die Anschuldigung grundlos war. Aber dadurch hatte Herr Stefan die Gelegenheit, das Krakauer Getto aus der Nähe zu sehen. Er sah dort jüdische Polizisten in eleganten Uniformen, die sich in Polnisch bei den Kommandanten meldeten. Es gab da junge Mädchen, die lachend ihren Eltern von ihren Abenteuern berichteten, so wie Teenager schwatzen, als wüßten sie nicht, daß über sie das Todesurteil verhängt ist. Natürlich ging es nicht ohne eine Vernehmung ab, die mit Schlägen ins Gesicht verbunden war. Am Ende wurde Herr Stefan freigelassen mit der Auflage, seine Dokumente vorzulegen. „Du bist zwar kein Jude, hast aber andere Sachen auf dem Gewissen“, wurde behauptet. Herr Stefan fuhr nach Lemberg, um seine Papiere zu holen, dann nach Warschau, ruinierte sich durch diese Reisen und erfuhr am Ende, daß die Einladung zum nächsten Meldetermin nirgends notiert war. Es war nur die übliche Redensart eines Schurken namens Heinrich. Er verlegte seinen Wohnsitz nach Jankowa, sechs Kilometer von uns entfernt.

Eben war Stefan bei uns, und wir saßen auf der Bank unter der Linde, als plötzlich der Bahnschutzmann auftauchte, den Dywan „Bombe“ nannte, mit einem riesigen Knüppel und einem polnischen Polizisten. Sie forderten von Stefan den Ausweis und sagten, daß angeblich auf dem Vorwerk ein Knecht sei, ein Jude. Das war eine Denunziation von Bewohnern aus Stróże, die dem

Ehepaar Cieluch einen Dienst erweisen wollten. Vielleicht war es auch nur Geschwätzigkeit von Trinkern, von denen es in der Bahnhofsgaststätte nicht wenige gab, wo sie beim Gläschen Wodka mit Deutschen Brüderschaft tranken. Zum Glück war Józek, der verdächtigt war, daß er ein Ruthene ist, seit drei Tagen nicht da. Eine gewisse Zeit lang brachte man ihm sein Essen in den Wald, dann verschwand er ohne Nachricht. (Er konnte sich retten.)

Seit Februar 1942, also noch in Osiczyna, hatte ich begonnen, mir wissenschaftliche Notizen zu machen. Es gelang mir nicht, abgeschlossene Arbeiten anzufertigen, denn die innere Unruhe gestattete keine konsequente längere Beschäftigung mit einem Thema. Aber ich notierte die Gedanken, die mir so durch den Kopf gingen.

Hier in Berdechów hatte ich andere Beschäftigung. Mein Schwager hatte einen Schüler, Zbigniew Pająk, Sohn eines Eisenbahners, mit dem er das Lehrprogramm der Abschlußklasse des mathematisch-naturwissenschaftlichen Lyzeums durcharbeitete. Von diesem Unterricht übernahm ich einen Teil. Außerdem übernahm ich auch teilweise den Unterricht für Januszek, Delas Sohn, der die erste Klasse des Gymnasiums neuen Typs durcharbeiten mußte. Ich unterrichtete die humanistischen Fächer. Januszek war ein gelehriger Schüler, besonders in Französisch. Anfangs verlief der Unterricht planlos, denn wir hatten keine Lehrbücher. Dann brachte uns Stefan solche aus Krakau mit, wo er auch noch einige Bücher mit französischen Texten gefunden hatte, die für Schulen bearbeitet waren. Dieser Unterricht brachte uns gewisse Vorteile ein, die Igielskis erleichterten uns den Erwerb von Magermilch. Manchmal fälschten sie die Milch, indem sie Vollmilch von der eigenen Kuh hinzu gaben. Außerdem lieh uns Herr Igielski Geld, lieferte uns Brennholz zum offiziellen Preis usw. Zbyszek Pająks Vater gab uns Karbid und Petroleum und brachte uns auch unsere Sachen aus Osiczyna, was eine beschwerliche Reise erforderte. Die diensthabenden Ukrainer bei der Bahn in Lemberg forderten von ihm die Zahlung von einigen hundert Złoty Kriegstribut. Die Rückseite der Medaille war eine Gefahr für mich, weil privater Unterricht verboten war, und das hätte mir die Polizei an den Hals liefern können. Man mußte sich auch eine Kennkarte ausstellen lassen.

Sowohl die Fotos als auch die Anträge erledigten wir im eigenen Kreis. Herr Igielski gestattete uns nicht einmal Dokumente beizulegen, denn, wie er sagte, „unsere Leute“ müßten in der Gemeinde alles haben, was erforderlich ist. Wir lernten einen gewissen Herrn Szafraniec kennen, der zusammen mit Herrn Laska der Betreuer aller Hilfsbedürftigen war. Er berichtigte in der Anmeldekartei falsche Daten, was z. B. erforderlich war, wenn jemand, wie auch wir, aus dem sog. Galizien im Jahre 1942 den Umzug ins Krakauer Gebiet beabsichtigte. In der Erntezeit mußten auch wir mitarbeiten. Am Anfang war das Binden der Garben für mich recht schwierig, aber irgendwie habe ich es doch gelernt. Dagegen ging mir das Legen in Schichten gut von der Hand. Am Mähen habe ich mich selbstverständlich nicht versucht, denn das muß man von jungen Jahren an üben. Das Harken von Heu war die leichteste Arbeit und bereitete mir viel Vergnügen. Zu Hause gab es auch körperliche Arbeit. Wir mußten mit einer Säge Brennholz sägen und dann mit der Axt spalten. Das war eine nicht allzu schwierige Arbeit, obgleich man im Winter manchmal mehr als eine Stunde dem Holz widmen mußte.

Geld schickte uns unsere Tochter aus Warschau. Der Schwiegersohn holte bei Stajda die Dukaten ab und nahm sie mit nach Warschau. Unsere Tochter schickte uns und der Mutter jeden Monat regelmäßig so viel, wie für ein bescheidenes Leben nötig war. Das war, auf die Währung der Vorkriegszeit umgerechnet und als Umtauschindex die Preise von Mehl, Butter, Eiern und Milch angenommen so viel, wie unser Hauswart verdient hatte und bedeutend weniger als ein Straßenbahnschaffner hatte. Morgens tranken wir Kornkaffee und aßen Schwarzbrot. Dann, als es kälter war, aßen wir saure Mehlsuppe. Zum Mittag gab es Klöße und davor eine Erbsen- oder Kartoffelsuppe. Manchmal gab es anstelle der Klöße Kartoffeln mit Kohl oder mit Eiern, manchmal mit Fleisch. Abends aßen wir Grütze oder Kartoffelpüree, wozu wir saure Milch oder im Sommer Tee tranken, im Winter selbstverständlich Kräutertee.

Der Erwerb dieser Produkte war nicht immer leicht, besonders Fette waren rar. Die Deutschen bestraften über eine gewisse Zeit die Schlachtung eines Schweines mit dem Tode. Die ständigen Treibjagden auf den Straßen und auf der Bahn nötigten die Bauern, ihre Vorräte an Speck zu verstecken und sie nur an vertrauenswürdige Käufer abzugeben. Wir hatten allerdings ständige Lieferanten, und die Cieluchs schlachteten kein Schwein, ohne daß sie uns nicht hervorragend gemachte Grützwürste geschickt hätten. Auch die Igielskis dachten immer an uns, und Herr Szafraniec brachte uns aus

Bobowa ab und zu gewisse „Sonderzuteilungen“ an Mehl, Marmelade oder Zucker mit. Weil wir keine Lebensmittelkarten hatten, mußte Stefa mindestens zweimal in der Woche Brot backen. Sie hatte das ausgezeichnet erlernt, obgleich wir keinen Brotbackofen hatten. Das Leben wäre gut zu ertragen gewesen, wenn nicht die ständig über uns hängende Drohung in Form der deutschen Anordnungen bestanden hätte.

Wenn es einmal eine Woche lang oder zwei keine solchen Anordnungen gab, erschienen gleich Gerüchte, die uns den Schlaf raubten. Es wurde z. B. gesagt, daß alle Polen von größeren Höfen ausgesiedelt werden sollen. Das wäre fürchterlich, denn die Cieluchs und wir hätten den Boden unter den Füßen verloren. Es wurde auch gesagt, jeder Landwirt werde eine „Arbeitskarte“ haben müssen. Die hätten wir niemals bekommen können, wenigstens nicht auf legalem Wege. Der Bürgermeister wiederum gab uns zu verstehen, daß die Deutschen von ihm eine Aufstellung der im Dorf wohnenden Intellektuellen fordern. Wir können ihm allerdings nichts vorwerfen, denn er verstand es immer wieder, sich bei solchen Angelegenheiten aus der Klemme zu ziehen. Alle paar Wochen kündigten die Deutschen eine Aushebung von Zwangsarbeitern an, das heißt, sie machten dem Dorf die Auflage, ein Kontingent an Menschen zur Deportation nach Deutschland aufzustellen. Doch diese Verordnungen zerschlugen sich in vielen Fällen am passiven Widerstand der Bevölkerung und an der Schlauheit solcher Menschen wie der Herr Lasko.

Das Schlimmste war, daß die Deutschen örtliche Spitzel zu Hilfe hatten. In Bobowa war ein gewisser Müller, ein Volksdeutscher, der bei jeder Maßnahme der deutschen Polizei assistierte. Er fuhr oft auch über Bobowa hinaus und rühmte sich, daß er eigenhändig Juden geschlagen habe, die zur Exekution geführt wurden. Wenn er in den Dörfern eine Kontrolle der landwirtschaftlichen Arbeitskräfte durchführte, forderte er, daß ihm ein ordentliches Mahl bereitet werde, wobei er sich nicht mit gewöhnlichen Speisen begnügte. Es mußte Geflügel sein und Wodka. Er zwang gleichfalls die Bürgermeister, daß sie ihm hübsche Mädchen ins Quartier zuführten. In Stróże selbst fand sich ein gewisser Szczypta, ein früherer Postangestellter, der in einer Person die Rollen eines Spitzels, heimlichen Chronisten und Volksdeutschen vereinigte. Unter dem Vorwand der Intervention bei den Deutschen nahm er von den Familien gefangengehaltener oder für eine Deportation nach Deutschland vorgesehener Bauern dicke Bezahlungen in Form von Weizen und Kartoffeln, tat aber nichts dafür. Noch zu polnischer Zeit war er für Betrügereien und Erpressungen berüchtigt. Jetzt hatte er sich entschlossen, eine größere Rolle zu spielen und ein politischer Spitzel zu werden. Auf dem Bahnhof gab es neben den deutschen auch polnische Bahnschutzleute. Ein gewisser Emil, ein früherer Fleischer aus Grzybów, und Marian Proszek, der früher als geistig Behinderter bekannt war und jetzt eine Uniform anhatte, bekannte sich als Diener des Dritten Reiches und überschlugen sich im Enthusiasmus mit den Gendarmen, wenn gefordert wurde, von Reisenden für irgend etwas Strafgelder zu kassieren, Passagiere, die Waren transportierten, zu verfolgen oder ohne Ausweis fahrende Menschen zu verhaften. Dabei erhielten sie von den dümmsten Mitarbeitern der Bahn Unterstützung, wie z. B. vom Portier Serafin. Er übergab der Polizei ein Ehepaar, einen Arzt mit seiner Frau, die aus dem Krakauer Getto geflohen waren. Diese beiden wurden danach sofort an der Straße nach Gorlice von der Polizei erschossen. Auch der Fleischer Durlak zeichnete sich in dieser Weise aus. Diese Köter erhielten für ihre den deutschen Lumpen gewährte Hilfe nicht einmal einen Knochen, denn die rissen ihren Opfern im Keller des Bahnhofs die Kleidung und sogar auch die Unterwäsche vom Leibe und nahmen die vor Todesangst von Schweiß durchtränkten Kleidungsstücke in Besitz. Wenn es sich um Damenunterwäsche handelte, ging diese dann als Geschenk vom Geliebten nach Deutschland.

Wir hatten auf dem Vorwerk eine Beschäftigung gefunden: Wir beschlossen, für Herrn Cieluch einen Plan der ihm gehörenden landwirtschaftlichen Nutzflächen anzufertigen. Ohne Instrumente, lediglich mit Hilfe von Holzpflöcken und einem Stahlbandmaß, erledigten wir die Arbeit. Das dauerte zwar recht lange, denn wir zerlegten die einzelnen Parzellen in Dreiecke und Trapeze und berechneten die Flächen der Dreiecke dann mit der Heronschen Formel. Im Frühjahr 1943 schließlich zeichnete mein Schwager schön mit Tusche den ganzen Komplex nach der Nordrichtung orientiert und numeriert mit Angabe der Flächeninhalte. Der Fehler betrug nicht mehr als 1 Prozent. Dann machte ich mich an die Herstellung einer Sonnenuhr für das Vorwerk. Ich legte das Zifferblatt horizontal, und als Gegenstand, der seinen Schatten wirft, nahm ich ein rechtwinkliges Dreieck mit einer zur Erdachse parallelen Hypotenuse. Ich fand auch einen Weg, der die Ablesung der Lage des Schattens auf dem Zifferblatt aus der Tangenstabelle ermöglichte (Schultafeln von

A. Łomnicki) und berechnete genau die geographische Breite und Länge des Punktes für Stróże. Zum Leidwesen fand ich kein gegen Regen widerstandsfähiges Material, und so blieb die Uhr in meinem Notizheft. Aber den Titel „emeritierter Sonnenuhrmacher" möchte ich in Zukunft auf meiner Visitenkarte sehen. Später baute ich die Uhr unter Mithilfe von Zbigniew Pająk.

Es gab bereits andere Zeichen am Himmel und auf der Erde. Stalingrad hing über Deutschland wie ein Memento. Immer häufiger hörte man von Aktionen der Heimatarmee, von Morden an Spitzeln. Die Deutschen hatten den Gipfel der Raserei erreicht. Sie suchten Spuren, verhafteten, nahmen Geiseln, mordeten, brandschatzten und deportierten. Unter anderem wurde Herr Adam Igielski verhaftet, ein Verwandter unserer Igielskis, Schlosser bei der Eisenbahn, ein vorbildlicher Vater und Ehemann, ein aufrechter Pole. In Grzybów, Gorlice, Sącz und Jasło nahmen die Verhaftungen kein Ende. Die Menschen gerieten in Angst. Selbst konnte ich sehen, wie der Polizist Kubala auf einem Wagen Dr. Luster transportierte, der incognito in einem Dorf bei Stróże lebte. Er fuhr ihn in den Tod. Selbst aber überlebte er ihn um kaum ein paar Monate. Er wurde nach einem Urteil des RP in Nowy Sącz am helllichten Tag auf der Straße erschlagen, kurz nachdem er den Bahnhof verlassen hatte. Der Täter entkam. Als ich einmal zum Schuhmacher Derechowski ging, etwa eineinhalb Kilometer von Berdechów entfernt, hörte ich fünf Gewehrschüsse. Einige Stunden später erfuhren wir, daß da der Polizist Krzeszowski von drei Unbekannten auf seinem Feld unweit des Hauses in Polna erschossen wurde. Die Spitzel wurden von blasser Angst ergriffen. Proszek wurde verurteilt. Ein anderer Polizist erlitt bei der Entgegennahme des Urteils einen Nervenschock und wollte fliehen. Aber die Deutschen gestatteten das nicht. Es war nur noch Szczypta geblieben. Noch war er aktiv, aber er operierte hauptsächlich in Tarnów.

Selbstverständlich berichteten die Menschen über den Krieg, wie sie das konnten. Also schlecht. Infolge schlechter geographischer Kenntnisse wunderten sie sich, daß die Engländer nicht in Danzig landen. Ohne Kenntnis des internationalen Rechts behaupteten sie, daß englische Truppen in der Türkei stehen. Sie wußten nicht, was das Wort „Ultimatum" heißt und behaupteten alle paar Monate, daß Amerika Deutschland ein Ultimatum gestellt habe.

Sie entnahmen den Zeitungen Dinge, die gar nicht drin standen, z. B. daß Japan Rußland den Krieg erklärt habe. Sie glaubten, daß „heute alles möglich ist". Von Strategie verstanden sie so viel, als wäre die Verschiebung von Truppen ein Gruppenausflug mit dem Reisebüro „Orbis". Sie waren der Meinung, daß von Rom nach Wien ein gerader Weg verläuft und wunderten sich, daß die Engländer nach der Einnahme Roms nicht diesen Weg nahmen. Es gab auch intelligente Menschen, aber ich mied sie, da ich sie als gefährlich einstufte. So war also der einzige Mensch, mit dem ich ernsthaft diskutieren konnte, Dr. Knaster in Lemberg. Wir schrieben einander lange Briefe, aber nicht allzu oft, um nicht die Aufmerksamkeit auf uns zu lenken. In diesem Briefwechsel dominierte unser ewiger „Streit", das Problem der wissenschaftlichen Lösung der Probleme des Lebens. Dr. Knaster war der Meinung, daß die Führung eines Krieges eine Frage der Geschicklichkeit ist. Die Deutschen besitzen diese, die Alliierten nicht. Ich setzte stets auf jene Feder, die K. K. beschrieb: Im *varieté knock about** gibt ein Narr eine Schau, er zerschlägt Gefäße, wirft Tische, Schränke und Wände um und stellt sich dann triumphierend mitten in die Trümmer. Aber da erhebt sich vom Fußboden eine kleine Feder. Der Held legt sie auf den Boden und tritt sie mit dem Fuß fest. Doch jedes Mal, wenn er sich ein wenig bewegt, erhebt sich die Feder erneut. Also bedeckt er sie mit dem Schrank. Sobald er aber aus Neugier darunter schaut, fliegt die Feder wieder auf. Wir sandten einander auch mathematische Aufgaben zu, z. B. das Problem der pragmatischen Teilung:

n Partner sollen untereinander ein teilbares Objekt gleichmäßig verteilen („eine Torte"). Eine ähnliche „salomonische" Teilung „der Eine teilt, der Andere wählt aus" macht die Teilung von einer Vereinbarung abhängig, denn jeder hat die Möglichkeit, die Hälfte zu erhalten, ohne Rücksicht darauf, was der Partner macht. Banach und Knaster fanden die Verallgemeinerung für n Partner, was ich bei $n > 3$ für unmöglich hielt.

Ein Trost waren für uns immer die Briefe von Lidka aus Warschau. Ihr und Janek ging es nicht schlecht. Wovon sie lebten, war für mich unerklärlich, aber sie schickten regelmäßig nicht nur uns, sondern auch meiner Mutter Geld. Außerdem sorgte Janek auch noch für seine Familie, d. h. für seine Mutter und Schwester in Krakau. Janeks Vater wurde wegen irgendeiner bedeutungslosen Sache verhaftet und sollte im Frühjahr 1943 wieder entlassen werden. Aber er überlebte nicht. Wir erfuhren auch eine schlimme Sache, die

* (engl.) Farce, Groteske.

Verhaftung von Stasia Blumenfeld. Auch bei ihr war es eine nichtige Angelegenheit, Schmuggel von Alkohol. Auch sie sollte freigelassen werden. Man hatte für sie schon das Mittagessen zu Hause vorbereitet. Statt sie aber freizulassen, überstellte man sie auf Grund ihrer Abstammung in ein Straflager. Ihr ebenfalls verhafteter Sohn kam frei, nachdem er sich mit Tuberkulose infiziert hatte. Sie aber wurde erschlagen. Dr. Knaster teilte mir später mit, daß alles, was Frau Kasia durch den Handel verdiente, an die Heimatarmee ging. Noch schlimmer war, daß es uns nicht gelang, das Ehepaar Grünhut aus Truskawec herauszubekommen. Lidkas Bemühungen zerschlugen sich an ihrem Widerstand. Dann haben wir nichts mehr von ihnen gehört. Nach Borysław, wo meine Schwester* weilte, schrieb ich selten.

Im Frühjahr 1943 lernte ich Herrn Rząca kennen, einen Landwirt mit einigen Morgen Ackerfläche, der fünf Söhne hatte. Drei von diesen wollten lernen. Ich begann den Unterricht im Frühjahr 1943. Zunächst unterrichtete ich alle drei nach dem Lehrprogramm der ersten Gymnasialklasse, später aber trennte ich die beiden Älteren, die den Stoff schneller erfaßten als der Jüngste. Er hatte noch Teile des Lehrprogramms der siebenten Klasse der Allgemeinen Schule nachzuholen, die in der gegenwärtigen Schule im Generalgouvernement ausgelassen worden waren. Mit Herrn Rząca schloß ich einen Vertrag über die Lieferung von Milch und anderen Erzeugnissen zu ermäßigten Preisen. Er erfüllte nicht nur diese Vereinbarung, sondern schickte uns alle paar Wochen Geschenke in Form von Hühnern, Enten, manchmal Speck oder Schinken und dazu in der Saison ständig Gemüse und Obst.

Die Jungen, besonders die beiden älteren, lernten gut. Bei dieser Gelegenheit lernte ich die Schulbücher kennen. Ich konnte mich überzeugen, daß es z. B. für Geschichte jetzt wesentlich bessere Lehrbücher gibt als zu meiner Zeit. In ihnen gibt es in beträchtlicher Zahl herrliche Darstellungen von Kunstobjekten, Gegenständen, Gebäuden, Dokumenten und Geldstücken aus den behandelten Epochen. Zusätzlich finden sich da Quellentexte, aus denen charakteristische Abschnitte entnommen sind. Auch für Geographie gab es recht gute Lehrbücher. Dagegen kann ich dem Lehrbuch von Pawłowski kein Lob aussprechen, in dem z. B. über Wasser- und Kohlekraftwerke viel Unsinn geschrieben steht. Auch die Grammatik und Phonetik von Klemensiewicz ist

* Olga Chwistkowa.

schlecht verfaßt. Der Verfasser hat sich die Meinung Nitschs zu eigen gemacht, der die polnische Sprache als natürliches Phänomen ansieht, eine Einstellung, die grundsätzlich in Frage gestellt werden muß und in der Schule, wo eine korrekte Aussprache gelehrt werden muß, zu nichts führt. Das Lateinlehrbuch von Ewa Appel und Żmigryder-Konopka für die 3. Klasse des Gymnasiums neuen Typs enthält eine solche Menge einzelner Informationen zu jedem Text, so viele historische, philologische und grammatische Erläuterungen, daß für den Lehrer und Schüler eigentlich nichts mehr zu tun bleibt. Ich muß dieses Buch bewundern, habe aber gewisse Zweifel, ob eine solche Aufbereitung des Lehrstoffes nicht am Unterrichtsziel vorbei geht.

Im Jahre 1943 war es uns in der Hinsicht angenehm, daß wir nicht weit von uns Herrn Dobrzański hatten. Er kam zu uns zu Besuch und wir besuchten ihn. Später brachte er auch seine Frau und sein Kind aus Krakau hierher. Jetzt konnte man sich bereits über den Krieg und andere allgemeine Dinge unterhalten. Herr Stefan war guten Sinnes, aber weit davon entfernt, optimistischen Unsinn nachzuplappern. Er ließ sich auch nicht von der deutschen Propaganda vereinnahmen. Selbstverständlich war für uns die Lektüre der „Krakauer Zeitung" die einzige Informationsquelle. Aber sie lieferte uns ungewollt Hinweise darauf, was hinter der Propaganda steckte. Damals, im Frühjahr 1943, war Stalingrad schon Vergangenheit. Der Gipfel der deutschen Erfolge war bereits überschritten, Wut und Enttäuschung waren nicht mehr zu verbergen. Goebbels stand Kopf. Derjenige der drei Jahre lang verkündet hatte, daß eine Mannschaft, die in eineinhalb Stunden kein Tor geschossen hat, das auch nicht in den letzten zehn Minuten nachholt, behauptete jetzt, daß die letzte Schlacht den Krieg entscheiden wird. Den Menschen wurde bewußt, daß Hitler sein Volk in die schrecklichsten Verbrechen mit hineingezogen hat, um einen Rückzug unmöglich zu machen. Selbstverständlich wurden die Pläne von Morgenthau und Lippmann als Beweis für die Blutgier der Alliierten angeführt, aber der durchschnittliche Deutsche wußte schon sehr gut, daß man auf eine Rache gefaßt sein müsse, denn die alliierten Völker hatten allen Grund dazu! In dieser Zeit begann man auch die durch die Bombardierungen eingetretenen Verluste zuzugeben. Wehmütig nannte man Kirchen, Krankenhäuser und Schulen, die von angelsächsischen Bomben getroffen worden waren und bedauerte die kulturellen Verluste. Dabei schrieb man in den Meldungen des Oberkommandos und in Pressekommentaren ständig von planlosen Bombardierungen und von absichtlicher Auswahl eben dieser heiligen Stätten der Religion, Kunst und Wissenschaft. Diejenigen, die die Köpfe kleiner Kinder an den Wänden der Waggons zerschmettert hatten, beklagten sich, daß der amerikanische Pilot aus 3000 Meter Höhe nicht die im Hof spielenden Kinder sieht. Diejenigen, die verkündet hatten, daß die Ermordung der gesamten Menschheit keinen Schaden bedeutet, wenn nur zehn Deutsche übrigbleiben, beklagten jetzt die Verwandlung der Wohngebiete in Schutt und Asche. Diejenigen die den Begriff „politische Ziele im Umkreis Londons" erdacht hatten, mahnten jetzt, daß Hitler schon im September 1939 eine Vereinbarung über eine Begrenzung des Luftkrieges vorgeschlagen hatte. Um diese Mahnung mit der Geschichte in Einklang zu bringen, verschoben sie den Kriegsbeginn um drei Tage. Sie vergaßen ganz einfach, wie sie am 1., 2. und 3. September Eisenbahnzüge bombardiert hatten, von Flugzeugen aus Kinder und Hirten auf den Feldern, sogar Vieh beschossen hatten. Sie vergaßen den Spott über die englischen Flugblätter, die gewarnt hatten, daß die Bombardierung mit Papier zu Ende gehen wird und wirkliche Bomben fallen werden. „Sie werfen idiotische Flugblätter ab, weil sie keine Bomben besitzen." Als aber dann die Bomben kamen, begannen sie wehmütig daran zu erinnern, daß sie einen Waffenstillstand in der Luft vorgeschlagen hatten. Ihr grundsätzlicher Antisemitismus war für sie kein Hindernis, den Arabern Komplimente zu machen, und den Standpunkt der Verteidiger Europas vereinbarten sie mit enthusiastischer Freundschaft zu Japan. Die Fotos russischer Kriegsgefangener mit Unterschriften, die sie als „asiatische Horden" bezeichneten, wurden 1943 durch solche ersetzt, die „friedliebende Völker" zeigten, also Georgier und Kurden in Volkstrachten, die unter dem Kommando deutscher Offiziere munter in den Krieg gegen Rußland zogen. Davon, daß man ihnen die Wahl ließ, entweder den Hungertod zu sterben oder in die deutsche Wehrmacht einzutreten, konnte man nur in direkten Gesprächen mit diesen „friedliebenden Jünglingen" erfahren.

Diese Vergewaltigung des internationalen Rechts kann von sich die Bezeichnung in Anspruch nehmen, die zynischste in der Kriegsgeschichte zu sein. Der Krieg mit Rußland nach Stalingrad erforderte eine Rechtfertigung. Während des Vormarsches, als dem Volk Getreide und Öl versprochen wurde, stellte niemand die Entscheidung in Frage. Jetzt aber mußte man diesen

Krieg mit der Gefahr der sich verstärkenden sowjetischen Rüstung begründen, die von Hitler empfindlich wahrgenommen wurde.

Auf diese Weise diente die Tatsache der Niederlage allein schon als Beweis dafür, daß die Gefahr noch bedeutend größer war, als man es im Jahre 1941 angenommen hatte, was die politische Genialität des Führers bestätigte. Die Rassisten, die polnische Männer für ihre Beziehungen zu deutschen Mädchen gehenkt hatten, waren jetzt mit der Ehe deutscher Soldaten mit Polinnen einverstanden, und statt diejenigen, die polnischen Mädchen für den Flirt mit Deutschen den Kopf geschoren hatten, zu belohnen, wurden diese jetzt verfolgt und gemordet. Auf diese Weise wurde immer deutlicher erkennbar, daß man es mit politischem und ideologischem Nihilismus zu tun hatte, mit einer Bande bewaffneter Räuber, die sich professionelle Lügner hält, um den Dummköpfen im Inland und Ausland die Augen zu verkleistern. Sogar die deutsche Strategie hatte nihilistische Züge, denn nach der Vertreibung der alten Generäle war die ganze Kriegführung nur noch auf die exakte Erfüllung der Befehle des genialen Unteroffiziers eingestellt, der unter Androhung der Todesstrafe befahl, jede Position unbedingt zu halten. Die kindliche Überzeugung, daß derjenige verliert, der kapituliert, also die Umkehrung von Ursache und Wirkung, erfand ein Mittel, um den Krieg noch zu gewinnen: nicht zu kapitulieren.

Die Briefe von Lidka brachten uns immer Nachrichten vom Schicksal Bekannter und Freunde. So weilten Frau Ziemilska und ihr Sohn in Warschau, aber ohne Dr. Ziemilski, der durch Mörderhand umgekommen war. Auch Lulu Oberländer kam um, sein Sohn in Warschau fand Arbeit in seinem Beruf als Weber, die Mutter war nach Krakau gefahren. Auch die Eheleute Skulski, Horowitz und Lila Holzer erreichten Warschau, Lilas Mann jedoch teilte das Schicksal von Millionen. Meine Tochter hatte viele Freunde und Bekannte von Janek Kott kennengelernt. Das waren überwiegend Literaten und Poeten. Erst viel später erfuhren wir vom Schicksal vieler gemeinsamer Bekannter. Dr. Blumenfeld, der das „Laokoon" als Letzter verlassen hatte, erkrankte auf dem Lande an Krebs. Man mußte ihn nach Warschau bringen. Auch mein Cousin Dyk mit seiner Tochter wurde verhaftet, sicher sind beide ums Leben gekommen.

In dieser Zeit, also 1943, begann ich dieses Tagebuch zu schreiben. Meine Frau hatte schon im November 1942 eine Beschäftigung für sich gefunden, an der sie große Freude hatte: Sie begann Englisch zu lernen. Der Schwager hatte einige Bücher, die sie mit meiner Hilfe las. Unter ihnen waren die Novellen von Edgar Allan Poe, ein hervorragender Roman von Walpole und die „Heilige" Johanna von Bernard Shaw. Diese hatten wir uns von Frau Kulinowska geliehen, der Frau des Tierarztes aus Bobowa. Diese junge Frau hatte auch eine große Sympathie für das Englische und schlug mir und meinem Schwager vor, ihr Unterricht zu erteilen. Die Lektionen waren sehr nützlich, denn Herr Kulinowski lieferte uns dafür jede Woche ein Kilogramm Fleisch. In dieser Zeit war Fleisch schwer zu bekommen, denn 1943 funktionierten noch alle deutschen Behörden, das Vieh bekam Ohrmarken und wurde registriert. Es gab sogar eine Zeit, als auf illegale Schlachtung eines Schweines die Todesstrafe stand. Es begannen aber auch schon die Überfälle auf Molkereien und Gemeindeämter. Die Bücher wurden verbrannt, Bauern, die Vieh zum Auftrieb führten, wurden verjagt, Bürgermeister und „Händler", die den Deutschen allzu dienstbereit waren, wurden verdroschen.

Als wir die am Ort vorhandenen Bücher durchgelesen hatten, beschafften wir uns aus Krakau neue. Dabei halfen uns Herr Stefan Dobrzyański, der öfters nach Krakau fuhr, und Fräulein Michałkówna, eine ehemalige Angestellte der Hütte „Zgoda", die 1943 ihren Schwager besucht hatte. Von ihr erfuhren wir, was in Krakau geschieht. Wir waren auf diese Neuigkeiten sehr gespannt. Von Zeit zu Zeit erhielten wir auch Untergrundzeitungen. Manche von diesen, besonders die Behördennachrichten, waren gut redigiert. Einmal erhielten wir das auf hohem Niveau stehende Lemberger „Journal". Aus ihm erfuhren wir, daß die Deutschen auf dem Sandberg in Lemberg hunderttausende Juden ermordet hatten und dann im Herbst 1943 hunderte Italiener und zehntausende Ukrainer, die mit der deutschen Wehrmacht von jenseits des Don nach Galizien geflohen waren. Im Frühjahr 1943 zog Frau Maniuta Dobrzańska, die Frau des Herrn Jan Dobrzański, mit Kindern und Schwester Wanda nach Jankowa um. Von ihr erfuhren wir, das Lemberg zum Dschungel geworden war, in dem Ukrainer die Polen morden, polnische Organisationen die Deutschen und ihre Spitzel und die Deutschen die Juden. Ein Verlassen des Hauses in der Dunkelheit war mit tödlichem Risiko verbunden. Das war die Zeit des großen Rückzugs der Deutschen, der Ende Januar 1943 begonnen und im Herbst desselben Jahres die Bolschewiken an die Grenze Polens geführt hatte. Dort kam der Marsch zunächst zum Stillstand.

Im Winter 1943/44 geschah nichts Entscheidendes. Manchmal hatten wir nichts zu tun, und da spielten wir mit dem Schwager stundenlang Schach. Unser Schüler Zbyszek Pająk war allerdings im Vergleich zu uns um eine ganze Klasse besser. Ich vermochte niemals die Frage zu beantworten, welche geistigen Fähigkeiten auf einem anderen Gebiet als Schach mit dem Schachtalent verknüpft sind. Herr Woźnica z.B. lernte in kurzer Zeit so einigermaßen Schach spielen, bei mir gab es aber seit 30 Jahren keine Fortschritte. Es ist allerdings wahr, daß ich seit meinem 20. Lebensjahr sehr selten gespielt habe.

Als unsere englischen Bücher zu Ende gingen, kam ich auf den Gedanken, daß uns die Tochter aus Warschau welche schicken könnte. Sie kannte dort die Anschrift des Herrn Miętus, und dank der Güte des Herrn Szafraniec erhielt ich diese Sendungen ohne Risiko.

In dem Maße, wie sich die deutschen Armeen zurückzogen, ließ der Verwaltungsapparat in seiner Zuverlässigkeit nach. Die Ablieferung von Milch an die Molkerei, die Zuführung von Vieh zur Schlachtung, die Ablieferung des Getreidekontingents, alles das wurde nachlässig erfüllt, weil man auf ein schnelles Ende der deutschen Herrschaft zählte. So fand auch das Erntefest in Berdechów im August 1943 in optimistischer Stimmung statt. Die ganze Familie nahm Platz, das Dienstpersonal, die gemieteten Schnitter und wir als Gäste, es waren wohl an die 30 Personen, denn es kamen auch die Eheleute Biernat aus Świątnica. Bigos, Geflügel, Bier und Wodka gab es, so viel man wollte. Es gab auch Torte, Kuchen und Tee. Bei den Cieluchs waren die hausgemachten Wurstwaren besser, als ich sie sonstwo gegessen habe. Die Jungen sangen, Frau Biernat wetteiferte mit ihnen, Herr Tadeusz Cieluch und Herr Biernat tranken miteinander Eierlikör, und die besten Schnitter Wilk und Koszyk stritten ernsthaft um den Meistertitel. Neben dem alten Herrn Cieluch saß würdevoll Frau Kruk und wurde vom Bier immer röter im Gesicht. Die Kinder stopften sich an einem besonderen Tisch mit Torten voll. Cieluchs zwei Mädchen arbeiteten in der Küche und reichten die Schüsseln herum. Es gab damals noch nicht die ständigen Besuche der Gendarmen und auch nicht der Quartiermeister. Die einzige reelle Unsicherheit war Szczypta, der durch die Aufdeckung irgendeiner größeren Affäre von einem gewöhnlichen Erpresser zum politischen Agenten aufsteigen wollte. Aber zunächst saß er still.

Besuche der polnischen Polizei kamen jedoch häufig vor. Einmal kamen sie im Sommer in einer größeren Gruppe hierher und trafen eine Gesellschaft vom Gut und uns vor dem Hof auf den Bänken sitzend an, da es ein angenehm warmer Abend war. Kommandeur Lasko sprach auf der Veranda mit Herrn Cieluch, und seine Untergebenen und andere Polizisten von den benachbarten Polizeiposten saßen auf dem Hof. Von jenseits der Landstraße klang Musik herüber. Das war das Vergnügen zum Erntefest bei Herrn L., auf dem auch Dywan schwelgte. Er wußte, daß in nur hundert Meter Entfernung die Polizei war. Er meinte aber: „Die kommen nicht meinetwegen, sondern ihretwegen". Doch bald beschlossen zwei des Wartens müde junge Polizisten, zum Vergnügen hinüber zu gehen. Als sie ankamen, war Dywan selbstverständlich nicht mehr da, denn er paßte besser auf sie auf, als sie auf ihn. Eine Razzia gab es erst am Morgen, aber von den zugeführten Leuten wurden fast alle wieder entlassen. Es ging damals um Gewohnheitsdiebe. Was diese betraf, hatte jedoch Kommandeur Lasko seine eigene Meinung, die er im Gespräch mit einem der Leute des damaligen Abends kundtat: Nicht einmal einen Spitzbuben möchte er den Deutschen in die Hände geben, denn auch ein Spitzbube hat nach dem Gesetz das Recht auf Verteidigung, ein öffentliches Gericht und die Möglichkeit, sich zu erklären. Stattdessen verordnen ihm die Deutschen die Folter und anstelle einer Gefängnisstrafe den Tod!

In dieser Zeit lernte ich einen gewissen Ząbek aus Jasło kennen, der ein Freund der Familie Igielski war. Von ihm erfuhr ich, wie herrlich die Deutschen die Straßen gepflastert, die Starostei mit dem Nachbarhaus durch einen Gang verbunden und die schlechteren Häuser abgerissen hatten. Zum Pflastern verwendeten sie unter anderem den Granit und Marmor von den Grabsteinen des jüdischen Friedhofs. Auf diese Weise konnten die Passanten auf den Inschriften herumtrampeln und mancher konnte unter seinen Füßen die Namen von Bekannten und Freunden lesen. Andere Bekanntschaften machte ich am Wohnort. Durch das Ehepaar Igielski lernte ich die Lehrerinnen Fräulein Brach und Fräulein Stiller kennen. Es waren zwei Damen, die schon lange in ihrem Beruf arbeiteten, aber trotzdem waren sie voller Begeisterung und Hingabe. Neben dem offiziellen, von den Deutschen auf das Lesen des „Ster" reduzierten Unterricht, eines idiotischen Blattes, das auf das utilitaristisch landwirtschaftliche Programm zugeschnitten war, unterrichteten sie insgeheim die Fächer, die zur Zeit von den Schulen verbannt waren.

Unser Schüler Janusz* machte ausgezeichnete Fortschritte, besonders in Französisch, Polnisch und Geographie. Der zweite Schüler, Zbyszek Pająk, erwies sich als talentierter Mathematiker. Seine Schwester, eine hübsche Brünette, wollte heiraten und kam mit der Mutter und dem Verlobten, um uns zur Hochzeit einzuladen. Wir nahmen diese Einladung nicht besonders gern an, denn wir wollten nicht unbedingt neue Bekanntschaften machen. Wir mußten aber einwilligen, um das junge Paar nicht zu beleidigen. Die Hochzeit war gelungen, man tanzte bis zum Morgen. Es gab Musik von einem Geiger und einem Klavierspieler, die jungen Eheleute erwiesen sich als ausgezeichnete Tänzer, und sogar wir beide mit meiner Frau erinnerten uns an diese Kunst, die wir seit 1939 vergessen hatten.

Ein paar Monate danach kam Fräulein Pająk, nun Frau Dziedziak, in einer bestimmten wirtschaftlichen Frage zu uns. Sicher war das ein Fleischangebot, das von uns gern gesehen war. Es war früher Morgen. Ich hatte über dem Nachthemd einen Morgenmantel mit roten Rändern und hohe Schuhe an. Als sie ankam, ging ich wie üblich durch den Park spazieren. Nachdem ich auf die Straße getreten war, traf ich sie wieder und ging dann ein paar Schritte mit ihr, als hinter uns ein Auto mit Polizei erschien. Ich verabschiedete mich von Frau Hanka und wollte auf dem üblichen Weg durch das Wäldchen nach Hause zurückkehren, aber das Auto hielt schon an. In ihm saßen sechs Strolche in grüner Uniform, mit den geschwollenen und geröteten Gesichtern von Trunkenbolden, mit gelben, weit aufgerissenen Augen. Sie hielten Karabiner und Maschinenpistolen in den Händen, und der Bandenführer rief: „Wer ist das? Komm her!“ Ich ging hin und begann zu erklären, daß ich aus dem von der Straße aus sichtbaren Haus komme. „Wo ist der Ausweis?“ Ich zeigte, daß ich unter dem Morgenmantel nur das Nachthemd habe und daß der Ausweis zu Hause liegt. Das überzeugte sie, und so fuhren sie weiter. Nach Hause zurückgekehrt erfuhr ich, daß sie auf dem Wege aus einem zwei Kilometer entfernten Dorf zurückfuhren, wo sie das Haus der Frau Kostrzewa umstellt und ihre drei Töchter und ein Mädchen aus dem Nachbarhaus in ihm verbrannt hatten. Der vierfache Mord war die Strafe dafür, daß der Sohn der Eigentümerin angeblich an einem Überfall auf einen Hof in Jeżów teilgenommen hatte. Später erwies es sich, daß er zu dieser Zeit in

* Janusz Ochalik.

Deutschland zur Arbeit war, so daß dieses furchtbare Verbrechen nicht einmal den Schatten einer Begründung besaß. „Es wurde niemals in diesem Raum so klar und so sauber regiert wie jetzt." Diese Worte kamen mir immer in Erinnerung, wenn die Deutschen eine solche Tat begingen wie jenen Strafzug. Der Anführer dieser Bande, ein gewisser Filiber, kam kurz darauf bei einem Streifzug ums Leben.

Im Jahre 1943 erschienen ununterbrochen Anordnungen, die die Gemeinden verpflichteten, Menschen für den Export nach Deutschland bereitzustellen. In den deutschen Zeitungen hieß das „Werbung von Freiwilligen". In der Praxis verliefen diese Menschenjagden unter Mithilfe der Polizei. Zum Glück verstand es Herr Lasko so einzurichten, daß die Mehrheit der Deportierten als ungeeignet aus Krakau wieder zurückkehrte. Er wählte dazu stets bekannte Tölpel und Idioten aus. Ein Teil von ihnen flüchtete schon unterwegs, und manche konnten sogar von Deutschland aus den Heimweg finden. Aber die Deutschen machten auch Razzien auf der Bahn, auf den Landstraßen und zogen sogar, besonders in den Städten, die Menschen aus den Häusern und Büros in einem Maße, daß allmählich aber effektiv die Menschen aus dem Land herausgepumpt wurden. Die Ziele waren vielfältig: Der Industrie, besonders der Rüstungsindustrie und der Landwirtschaft, sollten billige Arbeitskräfte geliefert werden. Die eigenen Arbeiter sollten zur Ergänzung der Wehrmachteinheiten freigesetzt werden. In Polen sollten diejenigen Elemente eliminiert werden, die am ehesten zu Aufständen bereit waren. Teile der polnischen Bevölkerung sollten vernichtet werden, indem man sie an solchen Orten zur Arbeit einsetzte, die häufigen Bombardierungen ausgesetzt waren. Schließlich wollte man Geiseln haben für den Fall, daß die polnische Bevölkerung zum Kriegsende die im Generalgouvernement verbliebenen Deutschen vernichten sollte. Dieser Vielfalt der Ziele waren sich unsere Menschen nicht bewußt, die am Anfang keine Anstrengungen unternahmen, um sich um jeden Preis vor solchen Deportationen zu schützen. Erst die Überfälle der Heimatarmee auf Bürgermeister, die allzu eifrig solche Sklaven lieferten, bremsten den Diensteifer der polnischen Verwaltung.

Im Jahre 1943 weitete sich die Bestechlichkeit aus, und Mitarbeiter des Arbeitsamtes stellten für Schmiergelder oder lieber noch für Butter oder Speck Bescheinigungen zur Freistellung von der Deportation aus oder vergaben Arbeitskarten, die vor ihr bewahrten. Am sichersten war es, wenn man gar nicht in diesen Aufstellungen, Registern oder Lebensmittellisten eingetragen war. Deshalb ließen wir uns im Herbst 1943 von der Liste für Brotkarten streichen, und an Registrierungen nahmen wir grundsätzlich nicht teil. Damals erhielten wir einen Brief von Janek aus Warschau ohne zusätzlichen Gruß von der Tochter. Darin erfuhren wir, daß Lidka bei einer Fahrt aus Warschau heraus festgenommen und zur Polizei abgeführt worden war. Dank ihrer Kaltblütigkeit gelang es ihr jedoch, wieder freizukommen. Am Tag darauf ging Janek selbst zur Polizei mit den geforderten Papieren, traf aber diejenigen nicht an, die ihn bestellt hatten. Bevor wir aber durch einen weiteren Brief Gewißheit bekamen, daß Lidka keine Gefahr mehr droht, verlebten wir sorgenvolle Tage. Erst ein Jahr später erfuhren wir Einzelheiten davon, was und wie es geschehen war.

Zum Neujahr waren wir beim Ehepaar Stefan Dobrzański nach Jankowa eingeladen. Den Großteil des Weges gingen wir zu Fuß. Auf diesem Empfang lernten wir das Ehepaar L. kennen. Am nächsten Tag, am 2. Januar 1944, mußte ich zu Fräulein Stiller gehen. Sie war am Vortag allein mit der Mitteilung zu uns gekommen, daß sich ein gewisser Herr mit mir treffen möchte. Nach Beratung mit meiner Frau beschloß ich hinzugehen. Dieser unbekannte Gast war ein Herr Zabierowski, der speziell zu dem Zweck gekommen war, um zu erfahren, wer in Stróże gymnasialen Unterricht erteilt. Erst bei dieser Gelegenheit erfuhr ich, daß man sich exakt an die Lehrprogramme halten muß, die Herr Zabierowski auch mitbrachte und die ich da erstmals im Leben zu Gesicht bekam. Von dieser Zeit an erhielt ich monatlich ein Honorar von 300 Złoty, allerdings nur bis Mai. Die zweite Rate händigte mir Herr Zaremba aus, Besitzer eines Gutes in Stróże Niższe, das ich bei dieser Gelegenheit kennenlernte. Er war ein Mann von hoher Intelligenz, ein Polonist und Lehrer am Gymnasium in Cieszyn. In Stróże war ihm die Aufsicht über den Unterricht übertragen, eine Aufgabe, die er gewissenhaft und uneigennützig erfüllte. Endlich konnte man sich mit einem Menschen unterhalten, dem man nicht erklären mußte, daß die Türkei kein Nachbar Ungarns ist und daß die Engländer Sikorski nicht erschlagen haben.

In dieser Zeit waren die Deutschen definitiv in die Defensive gedrängt worden, und ihre Propaganda suchte nach neuen Argumenten. Sie fand diese in Form des Tricks, die Reihenfolge von Ursache und Wirkung umzukehren.

Nachdem sie die Hände der gesamten Bevölkerung mit dem Blut unschuldiger Menschen, Kinder und Frauen befleckt hatten, konnten die Herrscher des 3. Reiches den Deutschen wahre Dokumente vorlegen, die die Vernichtung Germaniens zum Ziel hatten, eines Beschlusses, der tatsächlich von den Alliierten gefaßt worden war und der eine deutliche Antwort auf den fürchterlichen Massenmord darstellte, der sich nicht mehr verheimlichen ließ. Diesen Beschluß aus der Presse und aus Erklärungen von Politikern der Alliierten präsentierte Goebbels mit seinem Stab der deutschen Öffentlichkeit als ein Argument, daß man sich bis zum Umfallen verteidigen müsse, da es keine andere Wahl gebe. Es sei klar, daß der Tod auf dem Schlachtfeld dem Todesurteil durch den Feind vorzuziehen ist und daß der Widerstand mit letzter Kraft immer noch eine gewisse Chance biete, während eine Kapitulation den unwiderruflichen Untergang des ganzen Volkes einschließlich Frauen und Kinder zur Folge habe. Zu dieser hauptsächlichen Bewegung gesellten sich noch kleinere seitliche Strömungen: Die Bombardierung der deutschen Städte diente als Beweis für die Verschwörung des jüdischen Kapitals mit der bolschewistischen Gottlosigkeit, mit dem Ziel der Vernichtung der christlichen Kirchen.

Ich konnte der Freude nicht widerstehen, aus den Zeitungen einige schöne Beispiele der deutschen Propaganda auszuschneiden. So erschien z. B. am 27. Januar 1944 in der „Krakauer Zeitung" ein Beitrag unter der Überschrift: Warum führen die USA Krieg? Gemäß den einleitenden Sätzen haben die Vereinigten Staaten keinen Grund für einen Krieg gegen Deutschland. Der Grund ist im ideologischen Gegensatz zu suchen, in der materialistischen Einstellung der Amerikaner, der dem idealistischen Geist Deutschlands entgegensteht. Natürlich ist der Verbündete Japan ebenfalls als Idealist dargestellt. Amerika fürchtet sich, daß das deutsche Gedankengut die Herzen des amerikanischen Volkes erfaßt, das dann erkennt, wer seine wahren Feinde sind. Und das sind die Kapitalisten, 60 Familien in der Park Avenue. Für sie werden Millionen Menschen in den Tod geschickt. Roosevelt sorgt sich nicht um das Wohl seines Volkes. Er wirft Milliarden hinaus und vernichtet europäische Kulturdenkmäler, erschlägt Frauen und Kinder, um dem Kapital der Trusts und Konzerne hohe Renditen zu sichern.

In dieser Zeit hörte man auf, von der nordischen Rasse zu schreiben und vom ethnografischen Primat der Deutschen. Endlich hatten die Feldwebel in der Umgebung des Führers begriffen, daß diese Melodie in den Ohren der Slawen, Rumänen, Italiener und Ungarn einen fatalen Klang besitzt. Anstelle der Herausstellung der Überlegenheit der Deutschen propagierte man nun die Losung vom Schutz gegen den Bolschewismus, der das „Neue Europa" bedrohe. Allerdings nach einigen Monaten, als auch der Dümmste erkannte, daß die „neue Ordnung" eigentlich die „neue Unordnung" darstellt, blieb man allein beim „Europa" und ließ das Adjektiv aus. Man unterließ es auch, Churchill und Eden als Idioten, parfümierte Rotzkerle, Dilettanten und Ignoranten zu bezeichnen. Die Deutschen hatten ihr Volk gelehrt, die effektiv eingesetzten Sprengstoffe mit anderem Maß zu messen, und die Menge der auf die deutschen Städte abgeworfenen Bomben reichte schon aus, um vor den Angelsachsen Respekt zu haben.

So wurde ganz allmählich aus dem Krieg um Raum für die Herrenrasse ein Verteidigungskrieg konstruiert. In gleichem Maße, wie sich die Fläche der von den Deutschen besetzten Territorien verkleinerte, schrumpfte auch das Maul des Propagandisten. Am Ende erfuhren wir, daß der Krieg durch den Streit um die Autobahn nach Danzig ausgebrochen war, denn nur das hatte Deutschland von Polen gefordert.

In dieser Zeit korrespondierten wir mit Frau Kamila Speidel aus Zimna Woda und unterstützten sie sogar, so lange die Post funktionierte. Sie schrieb uns, daß da furchtbare Dinge geschehen. Herr Witold* war im Lager oder Gefängnis umgekommen wegen des Abhörens von Nachrichten im Radio. Auch seine Frau und Tochter wurden verhaftet. Wir schrieben manchmal auch an Frau Halina Szpondrowska. Ihr Staś war bei ihrer Freundin, Frau Olszewska, in Dębieniec auf dem Land. Aber bald danach starb auch sie von deutscher Hand. Seitdem waren ihre beiden Jungen bei der Mutter. Sie lernten gut, und Frau Halina arbeitete schwer wie gewohnt.

Ich möchte nicht den Eindruck erwecken, daß wir Häretiker sind. Manchmal gingen wir in die Kirche. Mit dem Schwager waren wir zur Beerdigung des alten Herrn Igielski, und da sahen wir die Kirche in Wulczyskie. Sie ist ganz aus Holz gebaut und mit herrlichen Bildern in dunkelrotem und braunem Kolorit geschmückt, gut an den Ton des Holzes und das Halbdunkel der Kirchenfenster angepaßt. Von der Kirche in Stróże kann man Gleiches nicht

* Witold Schoenemann.

sagen. Dieser gotische Bau aus dem 20. Jahrhundert kann als Beispiel für das Sprichwort gelten: *Duo cum faciunt idem, non est idem.* Aus gepreßten Ziegeln und Zement gebaut und zwischen den Katen und den Haufen von Dreck emporragend sieht sie aus, als ob sie zum Bahnhof gehörte, in dessen Nähe sie steht. Und erst das Innere der Kirche verwundert durch die Ansammlung von Häßlichkeit. Alle barocken Vergoldungen, das ganze Flittergold in Form von Sternchen, blauen fabrikmäßigen Malereien, kleinen Säulen und ohne Rücksicht auf die Architektur an die Wände geklebten Bildern, alles das kann man dort finden, daß man sich einfach wundern muß, mit welcher Unfehlbarkeit der Sinn für Häßlichkeit bei den Stiftern, Malern und Architekten gewirkt hat. Wenn ich die Predigten hörte und über den lateinischen Text der Messe* nachdachte, kam ich zur Überzeugung, daß die römische Religion mit der polnischen Psyche nichts gemein hat. Dieser fremde Gott, der in den Sandgebieten der arabischen Halbinsel geboren und im Balsam des römischen Lateins bewahrt wurde, gibt den Gläubigen lediglich noch das Pathos der Distanz, allein noch das Mysterium der Unfaßbarkeit. Die fromme Gesinnung der Bauern, der alten Menschen und der einfachen Arbeiter sucht in dieser Kirche ihren Gott, der sich nur wenig vom heidnischen Gott unterscheidet und mit der katholischen Dogmatik wohl nichts gemein hat. Selbstverständlich denke ich nicht an die jungen Mädchen, die den Kirchgang in den besten Kleidern und modernsten Frisuren als angenehme Pflicht ansehen, denn sie sind nur das Beiwerk dieses komplizierten Geschehens, wie es das gemeinsame Gebet darstellt. Niemals wird das polnische Volk in dem Sinne katholisch werden, wie es das französische oder spanische Volk ist, und die römische Religion wird notwendigerweise steif werden und in ihren Zeremonien verknöchern, die diejenigen nicht verstehen, die an sie glauben und an die jene nicht glauben, die sie verstehen.

Der Priester Boratyński, so wie schließlich auch andere Priester, hält sich in seinen Predigten an die theologischen Texte. Der Ton dieser Predigten ist agitatorisch in dem Sinne, daß viele Argumente, Zitate, Vergleiche enthalten sind. Aber vor allem möchten sie durch salbungsvolle Stimme die Zuhörer von irgendeiner These überzeugen, die in den theogonen Köpfen semi-

* 1943, als diese Eintragung vorgenommen wurde, wurden kirchliche Gottesdienste in Latein gehalten.

tischer Einsiedler ausgebrütet wurde. Die durch das Leben im Elend, durch Arbeit, deutsches Entsetzen, das Schicksal der Familie erschöpften Zuhörer erfahren Linderung schon dadurch, daß sie nichts verstehen. Von einer Lehre der Moral, von den ethischen Problemen, die unbestritten die Realität des Krieges aufwirft, davon, wie sich ein Christ angesichts der Morde, Räubereien, der Lügen und des Terrors verhalten soll, ist keine Rede.

Die Deutschen haben natürlich bemerkt, daß die Beschäftigung der Menschen mit Prozessionen, Bußübungen und Gottesdiensten nützlich sein kann. Die Kirchen könnten auch im wahrsten Sinne des Wortes nutzbringend sein. In Krakau z. B. haben die Deutschen in ihnen Lager von Munition, Benzin und Lebensmitteln eingerichtet, im Vertrauen darauf, daß sie nicht bombardiert werden. Fast gleichzeitig mit der sowjetischen Verbeugung in Richtung der Kirche erschienen in der nichtdeutschen amtlichen Presse fast täglich Beiträge mit frommen Inhalten: Auszüge aus den Lebensbeschreibungen Heiliger, Beschreibungen historischer Kirchen sowie Nachrichten aus dem allgemeinen kirchlichen Leben und dem der Kirchgemeinde. Das alles schrieb man in der Presse in polnischer Sprache. In der „Krakauer Zeitung" behielt man nach alter Art den „über den Dingen stehenden" Ton bei: Die Religion ist für den polnischen Bauern. Das Herrenvolk hatte längst mit diesen ungermanischen Phantastereien Schluß gemacht. Diese Zweigleisigkeit war darauf gerichtet, daß die Mehrheit unserer Intelligenz nicht so gut deutsch konnte, um richtig zu verstehen, was die deutschen Zeitungen schreiben, besonders zwischen den Zeilen.

Am 19. März 1944 bemerkten wir zum ersten Mal größere Militärtransporte: Deutsche Einheiten wurden nach Ungarn verlegt, um dort eine Kapitulation zu verhindern. Einige Tage danach begannen durch Stróże aus Ungarn kommende Güterzüge zu fahren. Sie bestanden aus geschlossenen Waggons, und durch die Gitter der kleinen Fenster oder durch Türschlitze sah man Hände oder Gesichter erschöpfter Menschen, die vor dem Tod noch ein bißchen Luft schnappen wollten. Das waren ungarische Juden, die in die Gaskammern nach Auschwitz fuhren. Solche Züge fuhren mehr als zwei Monate lang. Sie bestanden stets aus 30 bis 40 Waggons, in denen jeweils etwa 70 und bis zu 100 Menschen eingepfercht waren. Anfangs waren es täglich zwei Züge, die durch Stróże fuhren, später waren es in 24 Stunden bis zu zehn Züge, und ebenso viele fuhren leer nach Ungarn zurück.

Die Eisenbahner errechneten, daß auf diese Weise bis zum Sommer über eine halbe Million Personen durchgeschleust wurden. Sie wußten nicht, wohin die Transporte gehen, aber manchmal zeigten unsere Eisenbahner auf die Kehle, und Jungen warfen manchmal Steine gegen die Wände der Waggons. Die Menschen hatten Koffer und Taschen, Geld und Gold bei sich. An heißen Tagen starben die Menschen vor Durst. Da ging dann manchmal ein Soldat aus der Begleitmannschaft mit einem Helm in der Hand die Waggons entlang, und aus diesen fielen Ringe, Münzen, Uhren, Gold. Für solche Bezahlung gab es dann einen Krug Wasser pro Waggon. Es fand sich auch ein Eisenbahner, der an den Waggons entlang ging und die Aluminiumgefäße einsammelte mit der Versprechung, in ihnen Wasser zu bringen. Als er dann genug dieser Gefäße hatte, koppelte er die Lokomotive ab und fuhr davon. Ich nehme fest an, daß dieser Christenmensch, der die Verdurstenden im Angesicht des Todes betrog und ihnen kein Wasser reichte, an Sonntagen vorbildlich in die Kirche ging. Fälle von Aufruhr und Flucht dieser transportierten unglücklichen Menschen waren außerordentlich selten. Zwanzig bequem fahrende und fröhlich zechende Soldaten fuhren zwei- oder dreitausend Menschen über hunderte Kilometer ohne jeglichen Widerstand in den Tod.

In dieser Zeit gingen die Deutschen dazu über, Geiseln zu nehmen. Wie bei allen ihren Handlungen war es auch hier so, daß die Grausamkeit mit der Lüge wetteiferte. Man verhaftete jemanden, wie es der Zufall wollte, besonders in den größeren und kleineren Städten, und schrieb dann Plakate mit Namen und zu jedem Namen ein Verbrechen, z. B. Mitgliedschaft in einer geheimen Organisation, Raub, „Störung beim Wiederaufbau des Generalgouvernements" usw. Das Letztere schrieb man zu den Namen, denen man nichts nachweisen konnte. Die Verhafteten waren gewissermaßen Angeklagte, die mit dem Tode bestraft und zur Bewährung begnadigt wurden, d. h. daß das Urteil nur dann vollstreckt wurde, wenn im Kreis ein Attentat auf einen Deutschen, einen Spitzel oder gegen ein Armee- oder Regierungsobjekt verübt wurde. Auf diese Weise wollten die Deutschen dem Vorwurf begegnen, daß sie diese barbarische Institution der Geiselhaft, die durch die Zivilisation verurteilt wurde, wieder haben aufleben lassen. In Wirklichkeit gab es weder einen Prozeß, noch ein Urteil, sondern die rücksichtsloseste Vernichtung unschuldiger Menschen.

Aber man machte es auch noch anders. Man veranstaltete in den kleinen Städten bei Jasło, wie Kołaczyce, Dąbrowiec, Frysztak, Streifzüge der deutschen Polizei mit Unterstützung von Ukrainern und erschlug an Ort und Stelle zig Personen aus der Intelligenz und verhaftete die übrigen. In dieser Situation war die Existenz des Spitzels Szczypta in Stróże, von dem ich bereits berichtete, gefährlich. Er hatte einen Stab Halbwüchsiger und sogar Kinder, die ihm zutrugen, was im Dorf geschieht. Einmal wurde ihm mitgeteilt, daß in einem der am Fluß liegenden Häuschen, das einem gewissen Mogilski gehörte, sich vier unbekannte Männer aufhielten. Er meldete das dem Bahnschutz weiter. Dieser kam mit einer Gruppe mit Emil Druśko an der Spitze und umstellte unvermittelt das Haus. Als sie begannen Handgranaten durch die Fenster zu werfen, flüchteten die vier Männer und schossen dabei um sich. Aber da wartete schon Emils Maschinengewehr. Zwei konnten fliehen, zwei wurden erschossen. Das waren Dywan und ein Engländer, der wahrscheinlich aus einem Gefangenenlager entflohen war. Die Sieger brannten dann sofort das Haus nieder. Dieser Fall lenkte die Aufmerksamkeit auf Szczypta und wurde später für ihn zum Verhängnis. Ein paar Monate später kamen am Sonntag zu Szczyptas Haus zwei junge Männer mit Goralenhut auf dem Kopf. Einer wartete vor dem Haus, der andere ging hinein und fragte, ob hier ein Herr Szczypta wohnt, der Anträge schreibt. Die Frau, die einen Verdienst roch, antwortete, ja, er sei eben aus Tarnów zurückgekehrt und ruhe sich auf dem Sofa aus. Daraufhin trat der Fremde ins Zimmer und erschoß Szczypta mit mehreren Schüssen. Der Frau verbot er für die nächsten 20 Minuten jede Bewegung und verließ dann das Haus. Auf dem Feld arbeitende Bauern sahen die beiden ruhig in Richtung Osten davongehen. Frau Szczypta wartete aus Sicherheit eine halbe Stunde, dann lief sie zu den Soldaten, die 100 Schritte vom Haus entfernt in der Raffinerie stationiert waren. Die aber sagten ihr, daß sie das nichts angeht. Bevor die Leute vom Bahnschutz eine Fahndung eingeleitet hatten, war eine weitere Stunde vergangen. Die Täter entkamen.

Dieser gelungene Anschlag hatte den Tod von zehn Geiseln zur Folge, wie man in Jasło auf Plakaten lesen konnte, aber die Spitzel überfiel die Angst. Wenn dieses Opfer nicht gewesen wäre, hätte Szczypta zweimal so viel Menschen ins Verderben gestürzt. Es blieben aber noch Emil Druśko und Marian Proszek. Der lieferte bald wieder neue Beweise der Loyalität gegenüber dem 3. Reich. Einmal fuhr ein gewisser Herr Wiatr mit der Bahn durch Stróże, ein Bauernsohn, einer der wichtigen Anführer einer Volksorganisation, ein ernsthafter und verdienstvoller Mensch. Weil man nach ihm fahndete, fuhr er mit einem fremden Ausweis. Proszek, der den Ausweis kontrollierte, hielt ihn an. Und der zu ihm: „Marian, du erkennst mich doch, deinen Kollegen!“ Er darauf: „Klar, daß ich dich erkenne, aber ich sehe auch, daß du mit einem falschen Ausweis unterwegs bist.“ Er lieferte also Wiatr den Deutschen aus, und diese brachten ihn nach Jasło, wo man ihn zu Tode quälte. Er verriet niemanden, denn es gab keine weiteren Festnahmen. Proszek wurde zum Tode verurteilt. Als er das erfuhr, verhielt er sich ein wenig ruhiger.

Aber Emil Druśko wirkte weiter, meist als Mörder. Jemand informierte ihn, daß sich in Stróże auf dem Dachboden einer der von Juden hinterlassenen Bruchbuden ein gewisser Sroka, ein Jude, verborgen hält. Tatsächlich wurde dieser in einem gut isolierten Zimmerchen auf dem Dachboden gefunden, wo ihn eine Dienstmagd versteckte und ihm immer das Essen brachte. Die Dienstmagd konnte fliehen, Sroka wurde von Emil im Keller des Bahnhofs eingesperrt. Dort hetzte er vor dem Tode den Hund auf ihn und folterte ihn. „Ich habe mit ihm wie die Katze mit der Maus gespielt“, brüstete er sich selbst. Da war noch ein dritter Bahnschutzmann, ein Deutscher, ein gewisser Bruno, der in Bobowa auf dem Bahnhof einen Goralen erschoß, weil dieser ohne Ausweis reiste.

Im Frühjahr kam Frau Michalak auf ein paar Tage zu uns. Ich gab ihr damals einige Stunden Unterricht in Klinografie [Chiffre für die Heimatarmee] mit der Bitte, dieses Wissen dem Sohn des Organisten zu übermitteln.

Die Gefahren wurden selbstverständlich nicht kleiner. Noch 1943 mußten wir Frau Michalak bitten, daß sie an Frau Olga Pamm* schreiben möchte, daß Frau Paulina Sz. keinen Briefwechsel wünsche. Es muß gesagt werden, daß Adressaten ausländischer Briefe manchmal von der politischen Polizei eingeladen wurden, wo sie den Zweck und den Inhalt solcher Schreiben erklären mußten. Von der reinen Tatsache des Schreibens solcher Briefe her mußten wir schlußfolgern, daß die Menschen in der Schweiz keine Vorstellung von den Verhältnissen im Generalgouvernement hatten und selbst authentischen Informationen keinen Glauben schenkten. Sie waren einfach nicht in der Lage, sich ein so grausames und zugleich perfides Regime vorzustellen.

---

* In der Schweiz, die Cousine der Frau des Autors.

Im Frühjahr besuchten uns manchmal die Familien von Jan und Stefan Dobrzański mit ihren Kindern. Bei uns fand auch die Feier anläßlich der Taufe der kleinen Agnieszka, Stefans Tochter, statt.

Der Vormarsch der Russen ging im Frühjahr zu Ende. Sie begannen erst am 22. Juni 1944 mit einer neuen Offensive. Da begann die Flucht der Ukrainer und der Volksdeutschen aus den Ostgebieten. Es fuhr ein Zug nach dem anderen, besetzt mit Menschen, Vieh, Möbeln, Getreide und was sonst noch möglich war. Die Polen flüchteten vor den Ukrainern, die ganze polnische Dörfer niederbrannten und niedermachten, und die Ukrainer flohen vor den Sowjets. In den Abteilen der Personenzüge saßen sich Polen und Ruthenen gegenüber, und in dem Maße, wie sich der Zug nach Westen hin bewegte, verringerte sich die Angst der Polen, dagegen begannen die Ruthenen, sich weniger sicher zu fühlen. Unter ihnen waren auch Polizisten und Kommissare in Polizeiuniformen aus den kleinen Städten, es waren darunter auch Flüchtlinge von jenseits des Zbrucz, die schon das zweite Jahr von einer Etappe zur anderen unterwegs waren. Zu den Flüchtenden gehörten auch Wolgadeutsche und polnische Siedler. Viele von ihnen verloren unterwegs Frauen und Kinder, denn oft war es vom Zufall oder vom gezahlten Schmiergeld abhängig, an welchen Zug ein Waggon angekoppelt wurde.

Auf meinen Wegen zum Fluß mußte ich oft an Waggons vorbeigehen, die vor dem Bahnhof angehalten hatten. Die hiesige Bevölkerung schaute mit Groll auf die Ankömmlinge. Sie sprachen zwar polnisch, aber man glaubte, daß das „reiner Mob" sei, d. h. sich tarnende Ukrainer, Volksdeutsche und Spitzel. Alle flohen vor dem letzten Gericht, das sie erwartete. Aber es waren auch richtige Polen darunter, und diese berichteten von ukrainischen Banden unterschiedlicher Art. Sie behaupteten, daß diese von den Deutschen die Waffen bekommen hätten. Bedrohten Polen hatten angeblich ungarische Abteilungen geholfen, aber die deutsche Gendarmerie hatte zu Gunsten der Ukrainer interveniert, so daß es zu Zusammenstößen gekommen war.

Dennoch, verschiedene russische Banden bekämpften die Deutschen. Stellenweise grassierten auch Abteilungen sowjetischer Partisanen, wenn sie auf sog. „Kalmücken" trafen, d. h. aus sowjetischen Kriegsgefangenen bestehende Abteilungen, die nun in der deutschen Wehrmacht ihren Dienst versahen. Sie gliederten diese einfach in ihre Abteilungen ein. Wenn sie auf SS-

Abteilungen oder auf deutsche Gendarmerie trafen, gingen sie diesen aus dem Wege, als hätten sie diese nicht gesehen, was jene natürlich erfreute. Dieses Bild einer Balkanisierung des Roten Rutheniens war eine unschöne Aussicht für ganz Europa.

Wie bekannt, begann die russische Offensive am 22. Juni 1944 und erreichte im Laufe eines Monats Lemberg, bald danach Przemyśl und Jarosław. Im Juli kam Leonard Zgliński* aus Krakau zu uns. Er berichtete über seine Erlebnisse. Sowohl Irena als auch Basia waren erpreßt worden, die Erstere von einem polnischen Polizisten, die Zweite von irgendeinem Banditen. Daran nahm auch eine uniformierte SS-Bande teil, wobei nicht klar ist, ob sie authentisch war. Auf Grund dieser Ereignisse nahm Basia eine Stellung bei einem gewissen Ehepaar Świeżawski an. Aber nun war nicht bekannt, wohin die Świeżawskis aus der Umgebung von Przemyśl abreisen werden und ob ihnen das gelingt. Leonard wäre froh, wenn Basia dort bliebe, wo sie war. Er selbst nahm an, daß er eines Tages zur Übernahme des Kraftwerks gerufen wird. Diese Annahme wurde zur Sicherheit, als es nach dem Attentat vom 20. Juli schien, daß der Krieg jede Woche zu Ende sein könnte, besonders da die sowjetischen Armeen fast ohne Widerstand die Weichsel überschritten hatten. Es drohte die Unterbrechung der Verkehrsverbindung nach Krakau. Deshalb machte sich Leonard nach zweiwöchigem Aufenthalt bei uns, erholt und nervlich entspannt, am 29. Juli auf die Reise nach Krakau. Kurz darauf erfuhren wir, daß sich Basia mit ihren Brotgebern auf das Gut Mylan bei Żmigród begeben soll. Und schon war auch bei uns der Krieg zu hören und zu sehen. Von der Front fuhren Kolonnen von Kraftfahrzeugen zurück, von Jasło aus fuhr ein Zug nach dem anderen Soldaten, Geschütze und Panzer. Der Rückzug war deutlich erkennbar, aber die Post funktionierte nicht mehr. Ein Brief vom 11. Juli 1944 war die letzte Nachricht von Lidka in diesem Sommer. Als am 1. August der Warschauer Aufstand begonnen hatte, war uns klar, daß uns nicht sehr bald wieder eine Nachricht erreichen wird. Diese Erklärung war allerdings für uns keine Beruhigung, denn sie enthielt die Voraussicht auf neue Gefahren.

Am 4. August kehrte ich gegen Abend vom gewohnten Spaziergang nach Hause zurück und blieb auf der kleinen Wiese vor dem Park stehen, um mit

---

* Der Schwager des Autors, Ehemann seiner Schwester Irena.

dem Nachbarn, Herrn Dudzik, ein paar Worte zu wechseln. Er war gerade auf dem Weg zum Bahnhof zu seinem gewohnten Dienst am Block. Kaum hatte ich mich von ihm verabschiedet, da fuhr ein deutscher Motorradfahrer in Richtung nach unten, das heißt zur Polna-Straße, an mir vorüber. Wenige Sekunden danach hörte ich zwischen zehn und zwanzig Gewehrschüsse. Augenscheinlich wurde aus dem unteren Teil des Parks in der Kurve auf den Motorradfahrer geschossen. Auf der Stelle kehrte ich nach Hause zurück, und da ich nur einen dünnen Mantel anhatte, nahm ich einen anderen zur Hand, und dann gingen wir beide mit dem Schwager in Richtung Wyskitne. Die Frauen blieben zu Hause. Dasselbe war schon einige Minuten vorher auf dem Vorwerk gemacht worden: Die Männer trieben das Vieh zu Koszyk, dem nächsten Nachbarn, und die Frauen blieben auf dem Hof.

Wir waren kaum zweihundert Schritte gegangen, da erreichte uns ein Mann mit einem Gewehr. Er näherte sich mir und rief: „Hände hoch!" Hinter ihm gingen einige andere Bewaffnete in halbziviler Kleidung. Der Anführer forderte von mir den Ausweis. Ich zeigte ihm die Kennkarte. Er war *nota bene* der erste Mensch, der sie behördlich in Augenschein nahm. Nachdem er sich überzeugt hatte, daß ihm von unserer Seite nichts drohte, gab er sich in ein Gespräch und bedauerte, daß „der deutsche Schuft entkam". Die Aktion hatte zum Ziel, eine automatische Maschinenpistole zu erbeuten, was allerdings nicht gelungen war. Er machte uns den Vorschlag, daß wir ihm eine Waffe verkaufen, aber wir hatten nichts Derartiges. Dann zog er mit seinen Kumpanen langsam weiter in Richtung Wald.

Wir beide beschlossen, die Nacht bei Herrn Stefan zu verbringen. Ohne länger zu zögern gingen wir über die Felder und kamen in der Dämmerung dort an. Herr Stefan war nicht zu Hause, aber Frau Zofia richtete uns in der Küche eine Liegestatt ein. Am nächsten Tag vormittags kam Stefa zu uns. Sie brachte Brot und etwas Wäsche. Wir erfuhren von ihr, daß bis jetzt niemand auf dem Hof war. Deshalb kehrten wir am Nachmittag nach Hause zurück.

Die Schießerei brachte keine Repressionen gegenüber den Einwohnern. Ein paar Tage danach wärmten wir uns an der Sonne in den Büschen an der Białka, meine Frau las, wie üblich, englische Bücher, und ich übte mich in Untätigkeit. Da hörten wir Schüsse. Die Richtung konnten wir nicht ermitteln. Wir zogen uns an und gingen nach Hause. Unterwegs trafen wir Frau Rząca an ihrem Haus. Sie berichtete uns, daß sie auf der Straße neben dem

Kreuz, also wiederum unweit des Parks, ein flüchtendes Fuhrwerk gesehen hat und anschließend Soldaten, die von Stróże in Richtung Berdechów liefen, aber an der Ortsgrenze von Stróże anhielten.

Zu Hause erfuhren wir, daß Soldaten der Heimatarmee das in Richtung Stróże fahrende Fuhrwerk angegriffen haben. Der Fuhrwerkslenker war die Lehrerin, Fräulein Brachówna, die drei deutsche Soldaten auf dem Wagen hatte. Sie hatten vordem ihre Möbel nach Polna abgestellt. Als die Pferde erschreckt durchgingen, fiel einer der Soldaten unter die Räder und wurde vom eigenen Wagen überfahren. Er brach sich dabei die Beine, der zweite ließ sich entwaffnen, und der dritte floh nach Stróże.

Das Ergebnis war unbedeutend, aber diesmal reagierten die Deutschen. Nachmittags, als ich im nahen Wald Brombeeren pflückte und der Schwager mit dem gesamten Dienstpersonal des Vorwerks bei der Ernte half, rückte eine Abteilung der Gendarmerie an. Sie gingen in Schützenkette durch den Wald und richteten sich dann zum Vorwerk hin. Von allen Seiten umstellten sie das Haus. Der am Fenster stehende Gendarm befahl, dieses zu schließen, und zwei andere gingen in die Wohnung. Sie fragten nach Männern im Hause, und nachdem ihnen gesagt worden war, daß diese auf dem Feld sind, durchsuchten sie die Kleiderschränke. Sie sagten noch, daß kein Anlaß zur Unruhe besteht und gingen davon. Auf dem Hof verspeisten sie eine Menge Brot mit Butter, tranken dazu saure Milch, verkündeten den Grundsatz, „daß man sich gut ernähren, aber nicht aufregen soll" und verschwanden wieder. Zuvor noch taten sie kund, daß sich der Eigentümer des Vorwerks mit der Gendarmerie verständigen und Banden melden soll. Aber der Moment, als sie befahlen die Fenster zu schließen, barg Gefahr für Stefa und ihre Mutter, denn oft schon haben die Deutschen in solchen Fällen die Häuser mitsamt den Bewohnern niedergebrannt.

Eben zu dieser Zeit gab es einen Stillstand bei den Operationen. Obgleich fast ständig Geschützfeuer zu hören war, mal aus Tarnów, dann aus Jasło, war dennoch keine Rückzugsbewegung der Deutschen zu erkennen. Die russischen Flugzeuge kamen jetzt tagsüber, aber sie flogen so hoch, daß man sie sogar bei klarstem Himmel nur selten sehen konnte. Im Herbst 1943 hörten wir manchmal in der Nacht das Geräusch zahlreicher Flugzeuge, die mit Sicherheit nach der Slowakei flogen und dort in den Waldgebieten Menschen und Waffen absetzten. Jetzt hatten die Überflüge zugenommen, aber Bombardierungen und Luftkämpfe sah man nirgends. Das war für uns umso verwunderlicher, da der Bahnhof in Stróże gewöhnlich mit Militärtransporten vollgestopft war, die dann weiter in Richtung Jasło oder Tarnów oder auch entgegengesetzt fuhren. Niemand wußte, was das zu bedeuten hat. Dann jedoch zeichnete sich die Richtung der Transporte nach Jasło ab. Überwiegend gingen sie per Eisenbahn. Am 20. August kam eine ganze Abteilung ukrainischer Polizei bei uns ins Quartier. Es waren 50 Pferde und 100 Männer unter dem Kommando deutscher Gendarmen. Ein deutscher Offizier und ein Unteroffizier wohnten getrennt. Sie wollten mit den Ukrainern nicht mehr als nötig zu tun haben. Es war dies keine Fronteinheit. Sie hatten Bauernwagen, auf denen sie fuhren und ihre Köfferchen transportierten. Sie bezeichneten sich als den „Troß". Ständig schauten sie in den Köfferchen nach, in der Furcht, daß die Kollegen sie bestehlen könnten. Aus diesem Grunde trugen sie auch ständig Revolver bei sich, sogar auch dann, wenn sie in Badehosen im Vorwerk umherliefen. Manchmal schauten sie in die Schützengräben, um die dort Arbeitenden zu beaufsichtigen. Sie benutzten die Revolver auch bei Aktionen gegen Banditen, bei Razzien und zur Befriedung. Sie machten einen niedergeschlagenen Eindruck, da sie erkannten, daß sie ihr Schicksal mit der unterliegenden Seite verknüpft hatten. Ihre Familien hatten sie nach Österreich, nach Deutschland oder in die Slowakei geschickt. Von dort kamen schlechte Nachrichten, denn zum Teil wurden sie zurückgeschickt oder auch in Lagern festgehalten. In den Köfferchen hatten sie Geld, bei Juden geraubtes Gold, Stoffe und andere Beutestücke aus Metzeleien und Morden.

Manche planten die Flucht in den Wald, fürchteten sich jedoch, daß sie von der Bevölkerung als Ukrainer erkannt werden. Auf dem Vorwerk verursachten sie einige Schäden: Sie weideten ihre Pferde im Kleefeld, erlaubten ihnen, Schaden zu machen, schädigten das Getreide in der Scheune, überall hatten sie ihre Wagen stehen, ständig kamen sie in die Küche mit der Forderung, ihnen etwas zu kochen, obgleich sie am Haus eine eigene Feldküche stehen hatten. Auch in der Nachbarschaft weideten sie ihre Pferde nach Belieben, nahmen sich Heu, mähten Klee und drohten mit dem Gewehr, wenn der Besitzer sich wehrte. Unter ihnen waren neben wirklichen Polizisten und Betreuern der Pferde auch Gymnasiasten, Gymnasiallehrer, und einige sagten von sich, daß sie Besitzer bedeutender Güter und Besitztümer seien. Unter den polnischen Ostflüchtlingen gab es Leute, die in ihnen Organisatoren und Täter bei Massenmorden an der polnische Bevölkerung Rotrutheniens erkannten. Das stimmte nicht immer mit Sicherheit, aber es genügte, sich die Mäuler dieser Halbstarken anzusehen, um alles das zu glauben, was man über sie berichtete.

Die Besitzer des Vorwerks waren glücklich, als am 31. August 1944 die ganze Gesellschaft davonfuhr, aber überall Pferdemist, zertretenes und zerfressenes Gras und abgeweidete Kleefelder hinterließ. Wir wurden nachts nicht mehr vom Gezerre der an den Mauern des Hauses festgebundenen Pferde geweckt, auch nicht mehr von den Rufen „Jalny, Jalny" (Jalny war das Faktotum der Kompanie, Pferdeknecht, Intendant und Hauptmakler in einer Person). Aber daran hatten wir keine Freude, denn schon hatten uns entsetzliche Nachrichten aus Warschau erreicht und selbstverständlich keine von Lidka und Janek. Es kam keine Post.

Auf der „Bude" des Herrn Woźnica erschien ein mit Maschine geschriebener Zettel, der der Bevölkerung mit Erlaubnis der Deutschen die Gründung eines Bürgerkomitees meldete, das zusammen mit der polnischen Polizei über Sicherheit und Ordnung in der Gemeinde wachen sollte. Die „Bude" des Herrn Woźnica verwandelte sich sogleich in eine Schenke, und Herr Woźnica machte alles das, was er früher den Juden vorgeworfen hatte: Er verkaufte Bier in nicht ganz vollen Gläsern, kaufte für Wodka von den Soldaten Decken, handelte mit Gold usw.

In dieser Zeit siegten die Alliierten in Frankreich, aber die russische Front stoppte tatsächlich bei Jasło. Anfang September quartierten sich im Vorwerk zehn Soldaten ein, die an der Straße Schützenlöcher für Maschinengewehrschützen gruben. Am folgenden Tag wurden sie plötzlich alarmiert und verschwanden. Am 13. September kam eine aus mehreren Autos bestehende Kolonne, wahrscheinlich mit Munition, schlug im Park eine breite Schneise zur Unterbringung der Autos, und am folgenden Tag verschwand sie. Am 15. September sah ich zum ersten Mal nachts von Flugzeugen abgeworfene Leuchtkörper. Vom 17. bis zum 21. September hielt sich hier eine Reparaturkolonne auf. Ein Soldat dieser Kolonne vergrub im Speicher eine Kiste mit Munition. (Diese Munition lieferte Herr Kossowski später bei der Heimatarmee ab.)

Es fanden Prüfungen statt. Die beiden älteren Rzącas beendeten die zweite Gymnasialklasse. Die Prüfung nach der ersten hatten alle drei und dazu Janusz noch im Frühjahr abgelegt. Der weitere Unterricht erfolgte in der Weise, daß wir den Jüngsten der Rzącabrüder, Tadeusz, mit Dudzik zusammenbrachten, der im Herbst ebenfalls die erste Klasse beendet hatte. Der Schwager und ich erteilten den Unterricht für diese beiden, die zwei älteren Jungen unterrichtete ich allein. Zusätzlich bereitete ich Fräulein Irena Betuchówna in Französisch im Rahmen der 4. Klasse des Gymnasiums vor und begann auch noch Unterricht in Englisch für das Ehepaar Zaremba. Von Zeit zu Zeit führten wir Prüfungen fremder Schüler durch, wobei ich als Prüfender in Mathematik und Deutsch daran teilnahm. Vom 23. Juli an stockten die Zahlungen aus Gorlice. Man fürchtete sich, in Richtung Jasło zu fahren, denn die Eisenbahnbrücken waren vermint. Im Herbst wurden sogar in die Telegrafenmasten längs der Bahnstrecke Löcher für Sprengstoff gebohrt. Das Verhältnis der Deutschen zur Bevölkerung wandelte sich. Bei jeder Gelegenheit forderten sie jetzt, daß wir ihnen im Krieg gegen den Bolschewismus helfen sollen. Die von ihnen geforderte Hilfe bestand hauptsächlich in der Arbeit beim Bau von Schützengräben und anderen Befestigungen. Im Juli wurde begonnen, hinter Biała Gräben zu schaufeln. Sie zogen sich sowohl in Richtung Grzybów als auch zum Fluß hinunter bis nach Tarnów hin. Die Weiden und anderen Bäume an beiden Flußufern wurden entfernt. Auf diese Weise verschwand unser Gebüsch, in dem wir uns oft ohne Furcht vor Überfällen von der Sonne wärmen ließen und Bücher lasen, aber auch der angenehme, beruhigende Anblick des gegenüberliegenden mit Bäumen bewachsenen steilen Ufers ging verloren. Damit waren wir auch noch dieser Freude beraubt.

Einen ganzen Monat lang mußten wir noch auf eine Nachricht von der Tochter warten. Mitte September erfuhren wir, daß Janek in Milanówek weilt, aber seit sechs Wochen nichts von Lidka weiß. Wir nahmen an, daß man sie, wie Tausende andere, nach Deutschland zur Arbeit abtransportiert habe. Am Ende kam eine Karte, daß sich beide in Milanówek getroffen haben. Sie gaben keine Adresse an, sondern forderten uns auf, an Irena nach Krakau zu schreiben, denn dahin wollten sie reisen.

Inzwischen wurde im nahen Jasło die Evakuierung vorgenommen. Alle Bewohner wurden aufgefordert, die Stadt zu verlassen. Jeden, der den festgesetzten Termin nicht einhielt, warf man mit einem Handköfferchen im Verlauf weniger Minuten aus dem Haus. In der verlassenen Stadt tobten sich die Wehrmacht und die SS aus und plünderten alles. Was sie nicht mitnehmen konnten, zerbrachen oder zerstörten sie und hinterließen es mit Petroleum übergossen in der Wohnung. Dann wurden die größeren Gebäude unterminiert, aber die Sprengungen nahmen sie erst im November vor.

Zu Beginn fiel die Aktion mit dem Warschauer Aufstand zusammen und am Ende – mit einer erneuten Umkehr in der deutschen Propaganda. Diese Umkehr begann mit einem Lob des Führers für die Polen, die „spontan, mit Schaufeln und Spaten in den Händen freiwillig zur Arbeit an die Schützengräben gingen, um das Vaterland gegen die bolschewistische Flut zu verteidigen". Das fand seine Fortsetzung mit der Ankündigung des Generalgouverneurs, daß bei den Starosteien Beiräte gebildet werden, die es Polen ermöglichen sollen, beratend tätig zu sein. Zum Schluß wurde verkündet, daß die deutsche Wehrmacht ihr freundliches Einverständnis erklärt hat, polnische Männer als Freiwillige in den „Hilfsdienst" aufzunehmen. Gleichzeitig schlug man fortissimo die Trommel über den Verrat Londons an Polen, das es angeblich auf Gedeih und Verderb an Stalin ausgeliefert hat, und vergoß heiße Tränen über den unglücklichen Mikołajczyk.

Nun konnte man den zukünftigen Sieg schon nicht mehr mit dem Genie des Führers begründen, man mußte sich also eine neue These ausdenken. Von der Überlegenheit der germanischen Rasse schrieb man mit Rücksicht auf die Verbündeten schon lange nicht mehr. Jetzt versuchte man mit einer von deutschen Erfindern geschaffenen Wunderwaffe neue Hoffnungen zu wecken. Jedoch nach der Landung der Alliierten im Juni* machte der Einsatz dieser Waffe nicht mehr den rechten Eindruck. Man blies wieder zum Rückzug. Den Deutschen ist die historische Mission übertragen, Europa und seine Völker vor dem Bolschewismus und Amerikanismus zu schützen. „Die Geschichte würde ihren Sinn verlieren", so schrieb Goebbels, „wenn die Deutschen diese Mission nicht erfüllten."

Neben diesem metaphysischen Argument, das zu erhaben schien, als daß es die in Alkohol, Wurst und andere Realien verliebten Parteileiter ohne Wimpernzucken hätten wiederholen können, mußte man die breite Masse

* Landung der Alliierten in der Normandie.

durch eine kleine, aber deutliche Veränderung des Tones beruhigen: Es ging schon nicht mehr so um den Sieg, sondern ganz einfach um die Existenz. Und da der Krieg aus strategischer Sicht inzwischen den Charakter eines Verteidigungskrieges angenommen hatte, bezeichnete man ihn unter Anwendung ähnlicher Tricks, wie sie die Kartenspieler nutzen, eben als solchen und gab sich den Anschein, daß es schon immer nur um Verteidigung gegangen war. Auf diese Weise begründete man durch eine und dieselbe Bedeutung des Wortes eines und das andere. Diese Evolution hatte selbstverständlich auch einen Wandel im Ton gegenüber den Polen im Gefolge. Die Schläge ins Gesicht auf den Höfen, das Verteilen von Fußtritten an Passanten auf der Straße und der gesamte Umgangsstil der Deutschen wandelten sich. Aber das Programm von Koppe, dem Polizeichef im Generalgouvernement, und die Ankündigung von Senckel, daß kein Stein auf dem anderen bleibt, wenn die Bolschewiken einmarschieren, hatte sich nicht geändert. Die Deutschen erkennen die Alternative „dieses oder jenes" nicht an. Für sie gilt nur „dieses und jenes".

Nach den Massenerschießungen von Geiseln in den Straßen Warschaus und Krakaus, in Niepołomice und im Pawiak brach der Warschauer Aufstand los, und ihm folgte die völlige Zerstörung der Hauptstadt. Ganze Wohngebiete wurden ausgerottet, es gab keine Schonung für Verwundete, Ärzte und barmherzige Schwestern in den Krankenhäusern, viele Tausende wurden nach Deutschland, nach Auschwitz und in die Gaskammern abtransportiert. Das war begleitet von einem Aufruf des Generalgouverneurs, für die Warschauer Flüchtlinge Sammlungen zu veranstalten und von großsprecherischer Hilfe in Form von Lebensmitteln, Medikamenten und Geld, die die Regierung des Generalgouvernements angeblich den Opfern des „wahnwitzigen Unternehmens der degenerierten Warschauer Intelligenz" zur Verfügung gestellt hatte.

Lidka kam mit Janek am 8. Oktober nach Krakau. Janek blieb dort bei seiner Mutter, Lidka aber kam am 22. Oktober zu uns. Frau Garlicka brachte sie mit. Da keine Personenzüge verkehrten, fuhren sie im Bremserhäuschen eines Militärtransportzuges. Soldaten halfen ihnen beim Durchgang durch die Wachposten, die sonst keine Zivilisten passieren ließen. Kurz danach mußte Janek ins Krankenhaus. Er war an Leukämie oder einer anderen Krankheit erkrankt, die die Ärzte nicht zu diagnostizieren vermochten. Nach Lidkas Ankunft erfuhren wir erstmals von ihrem Leben in den drei Jahren der

Trennung, über das Schicksal von Bekannten, Freunden und Verwandten. Dieser Bericht würde ein weiteres Tagebuch füllen. Hier beschränke ich mich auf die für uns wesentlichsten Ereignisse.

In Warschau eine Wohnung zu finden war nicht leicht. Daß es ihnen gelang, verdanken sie Freunden von Janek und der Haltung der Warschauer Intelligenz, von der die Mehrzahl Verfolgten Hilfe gewährte. Insgesamt hielten sich die Intellektuellen an das Prinzip, mit den Deutschen nichts gemein zu haben und sich ihnen, ihren Gesetzen, ihrer Agitation, ihrem Geheimdienst, ihrer Sprache und ihren Anordnungen zu widersetzen. Die Intelligenz boykottierte die Theater, Konzerte und Kinos. Die Befolgung des Prinzips der Isolierung führte den deutschen Plan, bei den deutschen Einwohnern Warschaus nach dem Muster der englischen Kolonisten ein Gefühl der Überlegenheit zu erzeugen, zu einem völligen Fiasko. Im Gegenteil, es gelang, ein Gefühl der Minderwertigkeit zu erzeugen, dem die Deutschen unterlagen, sobald sie ihr Wohngebiet verließen und versuchten, sich mit der Bevölkerung des Umkreises einzulassen.

Finanziell stützten sie sich auf Janeks Handel. Janek schickte uns oder brachte auch selbst farbige Tücher nach Lemberg, die im Getto produziert wurden. Diesen Handel gab er dann auf und begann den Handel mit Gold, speziell mit goldenen Uhren. Er bekam sie von den Herren Rudolf und Julius P. geliefert. Ersterer war der Mann von Irka, der Schwester von Tante Stefa. Sie hatten vom Ehepaar Zipper in Lemberg einen ganzen Koffer solcher Gegenstände wie Uhren, Halsketten, goldene Zigarettenetuis für den Transport nach Warschau bekommen und einen Teil der Waren als Kredit, der nach dem Krieg zurückgezahlt werden sollte. Janek erhielt eine Provision für den Verkauf dieser Preziosen bei Juwelieren, denn die Eheleute P. wollten mit diesen Waren nicht selbst in Warschau umherlaufen.

Wir erfuhren weiterhin, worin der finanzielle Verlust Janeks im Mai 1942 bestand. Er fuhr damals von Lemberg nach Warschau, nachdem er uns am 16. Mai in Osiczyna besucht hatte. Die Münzen und goldenen Gegenstände hatte er in einem Beutel. Mit ihm im Auto fuhr ein gewisser Kaufmann Zaborski aus Lemberg. Unterwegs riet er Janek, den Beutel zwischen den Kissen im Auto zu verstecken, falls sie auf eine Kontrolle stoßen sollten. Als es zu dieser Kontrolle kam, befahl man den Insassen des Autos auszusteigen und durchsuchte alles gründlich. Als die Polizisten gegangen waren, stellte Janek fest, daß der Beutel nicht mehr da war. Als Lidka nach der Ankunft in Warschau von diesem Verlust erfuhr, verdächtigte sie sofort Zaborski der Tat. Janek ging zur Polizei und versprach dieser 30 Prozent der Verlustsumme. Die Polizei fand bei Zaborski die Hälfte der Sachen. Die Signatur auf den Ketten und Kreuzchen entsprach so genau der Beschreibung, daß Zaborski sich zu diesem „Scherz", wie er es bezeichnete, bekannte. Kurz nach Lidkas Ankunft erschien Zaborski in Stróże. Ich wußte damals bereits von diesem „Scherz" und auch davon, daß Zaborski aus Rache gegen Janek eine Anzeige wegen Devisenhandels erstattet hatte. Zum Glück aber kannte er dessen neue Anschrift nicht. Nach Stróże war Zaborski für ein paar Tage gekommen. Er wollte, daß ihm ein Papierwarenhändler aus Lemberg, ein gewisser Piotrowski, eine Bescheinigung ausstellte, daß er, Zaborski, Ziel eines Attentats von Seiten der Ukrainer war. Piotrowski gab ihm diese nicht, weil er wußte, daß Zaborski in Lemberg als deutscher Spitzel berüchtigt und das Attentat wahrscheinlich von der Heimatarmee ausgegangen war.

Herrn Piotrowskis Schwiegersohn, Herr Ing. Kossowski, kannte Zaborski von seiner übelsten Seite, was ihn jedoch nicht hinderte, einigen von dessen phantastischen Erzählungen zu glauben. Zaborski stellte sich als Opfer des NKWD dar. Angeblich konnte er sich als einziger kurz vor dem Eintreffen der Deutschen aus dem Kellerverlies retten, als Lemberger Jüdinnen mit Rotkreuz-Armbinden, wie er behauptete, alle seine Mitgefangenen mit Maschinengewehren, die sie durch die Luken der Zellen auf die Insassen richteten, ermordeten. Zaborski fand diese Jüdinnen und übergab sie der Gestapo. – Ich erwähne diese Geschichte, um zu zeigen, wem und was intelligente Menschen glauben, wenn es Juden betrifft. Derselbe Herr Kossowski behauptete, daß die Bolschewiken nicht mehr als zwei Lemberger Juden deportiert haben, obgleich bekannt ist, daß es einige tausend waren. Am Ende wiederholte er, aber diesmal ohne Bestätigung, die Version, daß der 1938 erschlagene Student der Lemberger Technischen Hochschule ein Opfer der Juden war, die ihn dafür bestraften, daß er die Vorschriften über die besonderen Bänke befolgte.

Lidka berichtete uns von den Schicksalen vieler Freunde und Bekannten. Wir erfuhren, daß Dr. Blumenfeld allein in Lemberg geblieben war, während sich sein Gehilfe, Dr. Ostern, vergiftete und Frau Ostern mit ihrer Tochter nach Warschau geflohen waren. Ein russischer Milizionär holte Dr. Blumenfeld ab und führte ihn in die Pełczyńska-Straße zur Gestapo. Als die Gendarmen ihn mit seinem verbundenen Gesicht sahen, weil er ständig eine Bandage trug, da er durch ein Krebsgeschwür seine Nase verloren hatte, und ihm in die Augen blickten, meinte einer: „Was machen Sie hier, gehen Sie sofort nach Hause!" Der Ukrainer, der für den lebend Abgelieferten eine Prämie erhalten hatte, protestierte. Da versetzte ihm der Deutsche einen Tritt mit dem Fuß und wiederholte Herrn Ignaz, daß er nach Hause gehen solle. Dr. Blumenfeld fuhr danach aufs Land und etwas später, als das Krebsgeschwür sich verschlimmerte, nach Warschau zur Behandlung. Was in der Zeit des Warschauer Aufstandes mit ihm geschah, ist nicht bekannt. Sein älterer Sohn diente in der Heimatarmee, der jüngere Sohn konnte sich ebenfalls retten, aber im Gefängnis bekam er eine Lungenentzündung. Zuletzt war er in Czortków und erlebte dort sicher den Einmarsch der Sowjetarmee. (Er kam ums Leben!)

Dr. Ziemilski fuhr 1942 mit Frau und Schwiegermutter von Lemberg nach Warschau. Die beiden Frauen erreichten das Ziel, er aber in einem anderen Abteil wurde identifiziert, vielleicht durch andere Passagiere denunziert. Er wurde verhaftet und selbstverständlich ermordet. Die beiden Damen überlebten den Warschauer Aufstand, der Sohn Jędruś dient angeblich in der Heimatarmee.

Frau Löwenstein hat mit ihrem Sohn, einem zwanzigjährigen, sehr begabten jungen Mann, zur Zeit der deutschen Okkupation lange in Lemberg gelebt. Eines Tages wurde sie zur Polizei gerufen. Der Überbringer der Nachricht traf sie aber nicht zu Hause an. Es sollte eine Warnung sein, die Frau Löwenstein aber nicht verstand oder vielleicht nicht die Kraft hatte, sie zu verstehen. Sie ging also mit ihrem Sohn dahin und kehrte nicht zurück. Diesen Mord an einer schönen Frau und ihrem begabten Sohn wird keiner, der sie kannte, vergessen.

Frau Achender wohnte nach der Ermordung ihres Mannes mit dem Sohn in Warschau. Selten verließ sie die Wohnung, aber einmal sahen sie Kinder auf der Straße und begannen zu schreien: „Jüdin, Jüdin". In der Nähe war gerade ein blauer Polizist, der sie festhielt und 500 Zł. für die Freilassung forderte. Leider hatte ihre Wirtin nicht das Geld, und ehe man es von Bekannten beschaffen konnte, übergab sie der Polizist, ohne eine Viertelstunde über die von ihm festgelegte Zeit zu warten, den Deutschen. Ihr Kind überlebte.

Ein seltsames Glück hatte Fredek Borowicz. Er lebte mit der ganzen Familie in Warschau und arbeitete in einer Fabrik als Elektriker. In derselben Fabrik arbeitete auch ein Mann aus Posen, der ihm seine Erlebnisse aus der bolschewistischen Besatzungszeit in Lemberg erzählte. Man mußte dort ständig auf der Hut sein, denn überall gab es verkleidete Juden! „Wie denn verkleidet?" fragte Fredek. „Na, sie waren verkleidet als Straßenbahnschaffner, russische Soldaten, Briefträger usw." Also Fredek wurde einmal auf der Straße aufgegriffen, der Spitzel setzte ihn in eine Droschke und aus den Toreinfahrten kamen weitere herbei, die sich dazusetzten. Fredek verlor nicht die Selbstsicherheit und forderte sie in natürlichem Ton auf, sich zu entfernen, denn sie seien auf einer falschen Spur. Auf Befehl des Deutschen, der die Bande kommandierte, hielt der erste Spitzel die Droschke an und zog Fredek ins Tor. Er durchsuchte ihn und faßte sich an den Kopf: „Wie denn, sie besitzen die Frechheit, am hellen Tag durch Warschau zu schlendern! Was soll ich mit Ihnen machen?" – „Mein Leben liegt in Ihrer Hand." Da erwiderte der Spitzel: „In Ordnung!", ging zur Droschke hin und rief: „Alles in Ordnung". So konnte Fredek nach Hause gehen. Auf dem Wege begegnete die Gruppe der Lili. „Warum grüßt Du nicht, erkennst du mich nicht?" rief diese. Der Spitzel fragte daraufhin Fredek: „Wer ist das, wer ist denn das?" – „Meine Cousine!" – „Ich schenke Ihnen auch das Leben der Cousine!"

Bedeutend gefährlicher war die Situation, in der sich ein Jahr davor Lidka befunden hatte. Im Herbst 1943 (ich schreibe das am 8. Dezember 1944) fuhr sie mit einem Bus in ein Dorf, wo sie die Stelle eines Kindermädchens antreten sollte. An der Stadtgrenze hielten Gendarmen den Bus an und forderten die Fahrgäste auf auszusteigen, weil nach ihrer Meinung unter ihnen Juden wären. Gelächter der Fahrgäste, aber die Gendarmen beharrten auf ihrem Befehl und übergaben zwei Personen mit einem Lemberger Ausweis der Polizei. Lidka hätte sich für 500 Zł. freikaufen können, sie wollte aber nicht und fuhr also mit dem anderen Fahrgast zur Gestapo. Unterwegs erklärte ihr der Polizist, daß sich dort ein „Arzt" befindet, der einen Juden sofort erkennt. „Selbstverständlich", sagte Lidka, „denn arisches Blut ist vollkommen anders beschaffen, er wird eine Blutprobe nehmen." Das brachte den Polizisten etwas in Verwirrung. Vor den Deutschen sagte er dann, Lidka hätte „ei wei" gerufen. Im Büro hing das Bild des lächelnden Führers und am Tisch saßen zwei nette blauäugige blonde junge Männer in Uniform. Vor ihnen standen zwei zerlumpte und fürchterlich zusammengeschlagene Juden, die aus irgendwelchen Kellern herausgezogen worden waren und nicht polnisch sprachen. Die beiden Jünglinge musterten Lidka. Einer von ihnen meinte, daß eine Jüdin nicht eine so anmutige Figur und schlanke Beine haben könne. Der andere wiederum faselte etwas von „eurasiatischer Typ“. Der „Arzt“, d. h. der polnische Spitzel, fragte nach der Form der Hostie bei der Kommunion, nach dem „Credo“ und „Ave Maria“. Dann fragten sie nach „Kotowa“, nach dem Ort, der auf der Kennkarte als zeitweiliger Aufenthaltsort verzeichnet war. Lidka erläuterte, daß dies der Stammort ihrer Familie sei, der früher der Familie ihres Mannes gehört hatte, und daß sie selbst eine geborene tatarische Wóycicki ist. Der Spitzel erklärte am Ende, daß keine Jüdin so gut polnisch sprechen könne wie diese Frau Kott. Sie notierten ihre Adresse und forderten sie auf, nach zwei Tagen mit ihrem Mann und den Dokumenten wieder zu erscheinen. Janek ging hin, traf aber die „Kommission“ nicht an. Lidka verließ die Wohnung, Später erwies es sich, daß sie eine falsche Anschrift notiert hatten, denn sie suchten sie danach in der Wohnung, die sie schon lange vorher verlassen hatte. So wurden weder sie noch Janek gefunden.*

Lidka erzählte auch, daß Tadeusz Hollender in Warschau umgekommen ist. Er war den Deutschen als Kommunist denunziert worden, gerade er, der in Lemberg nicht in den Schriftstellerverband eingetreten war, um nicht als Bolschewik zu gelten. Stanisław Saks kam im Gefängnis ums Leben, weil er verdächtigt wurde, ein im Untergrund lebender Offizier zu sein. Die Verdächtigung war aufgrund seines Schnurrbartes entstanden. Frau Ginczanka wurde nach Auschwitz deportiert. Lidka hatte sie in Warschau in Gesellschaft vieler Literaten getroffen. In der letzten Zeit hatte sie bei den Zagórskis ge-

---

* Dieses ungewöhnliche Ereignis verlief in Wirklichkeit etwas anders. Trotz des „Alles in Ordnung“ des deutschen Agenten wurde Fredek zur Kripo in die Aleje Ujazdowskie gebracht, wo er die ganze Nacht in einer Zelle verbrachte. Am Morgen kam derselbe Agent, ließ ihn frei, und gemeinsam gingen sie hinaus. Auf der Straße trafen sie die Cousine, Lila Holzerowa. Fredek tat so, als kenne er sie nicht. Sie aber, die keinen Verdacht schöpfte, rief: „Was denn, du erkennst mich nicht?“ Der Agent fragte nach ihr und sagte unverhofft: „Falls Sie Hilfe brauchen, rufen Sie mich bitte an“ und gab ihm seinen Namen und die Telefonnummer. Nach einiger Zeit wurde der Cousin von F. verhaftet. Da rief F. die ihm gegebene Nummer an. Er sprach mit der Mutter des Agenten, die sagte, daß man ihren Sohn nach Auschwitz abtransportiert habe, wo er ums Leben kam. F. vermutete, daß jener Agent ein Spitzel der Heimatarmee bei der Kripo war.

wohnt, dann bei Jerzy Andrzejewski. Janek schrieb Essays über Conrad, Tacitus und Stendhal und hielt sich mit dem Goldhandel über Wasser, so wie auch die beiden anderen Literaten.

Das Leben der Warschauer Intelligenz verlief in strenger psychischer Isolation von den Deutschen. Die Schaffung dieser geistigen Unabhängigkeit ist das größte Verdienst dieser Kreise im Krieg. An dieser Haltung hatte der Rest der Bevölkerung keinen Anteil. Es war auch überwiegend die Intelligenz, die Juden versteckte, und sie war es auch hauptsächlich, die Kinos und Theater boykottierte. Dafür erfreute sie sich des besonderen Hasses der Deutschen, und in den Reden des Generalgouverneurs klang immer ein Ton des Hasses gegenüber dieser „entarteten" Klasse mit. Die Solidarität erstreckte sich auf alle. Ferdynand Goetel war genau so ein Feind der Deutschen wie Kotarbiński, und Frau Kossak-Szczucka verbarg jüdische Kinder. Deshalb auch rissen die Deutschen immer wieder einmal jemand aus diesem Kreis heraus. Rettinger kam nach Oranienburg*, Hanka Ż. nach Auschwitz, Frau Dora Blum ebenfalls, die man übrigens mit einer anderen Person verwechselt hatte. So schmolz die Reihe meiner Bekannten aus Lemberg zusammen, derer, die im Herbst 1939 bei uns waren: Saks, Knaster, Janek, Adamski, Herzberg, Hollender, Lulu Oberländer. Es gab noch andere Verluste: Lidka erzählte mir, daß Frau Krahelska und Prof. Handelsman in Warschau wahrscheinlich durch NSZ-Leute [Narodow Siły Zbrojne – Nationale Streitkräfte] umgebracht wurden.** Man kann das nicht als Verfolgung von Personen, die dem Feind dienten, oder als Mord im Auftrag des Feindes abtun, denn Handelsman und Krahelska waren ohne Tadel, und die NSZ nahmen am Warschauer Aufstand teil. Es ist dies ein unerhörtes Verbrechen, das die NSZ abzuleugnen versuchen. Prof. Kotarbiński war gewarnt, daß ihm von polnischer Hand der Tod droht, und verließ daraufhin Warschau.

In Warschau gab es einige hundert Zeitungen und Zeitschriften, es wurden sogar Gedichtbände gedruckt. Der Schulunterricht wurde auf dem Niveau

---

* Mieczysław Rettinger, auf der Straße von einem Geistlichen der Union verraten, wurde nach Dachau gebracht, wo er starb, wie T. Drewnowski in den Tagebüchern der Maria Dąbrowska (Bd. I, S. 300) mitteilt.

** Halina Krahelska, ehrenamtliche Helferin und Schriftstellerin, sowie Marceli Handelsman, ein hervorragender Historiker, wurden von den NSZ bei den Deutschen denunziert, daraufhin verhaftet und in Konzentrationslager gebracht, wo sie umkamen.

von Oberschulen und Hochschulen erteilt, es fanden philosophische Seminare statt, und es gab sogar humoristische und illustrierte Blätter. Wirtschaftlich gesehen trug auch das reale Leben den Sieg über das offizielle System davon. Weniger als 5 Prozent der Transaktionen verliefen nach den behördlichen Preisen. Sogar die Deutschen kauften auf dem „Schwarzmarkt" ein, wo man alles erhalten konnte, allerdings zu Preisen, die an den Goldkurs gebunden waren. Auf diese Weise betrug der Index der Kaufkraft des in neuen Złoty ausgedrückten Złoty der Vorkriegszeit bereits 1944 einhundert und mehr. Der neue Złoty mit der Unterschrift von Młynarski war die einzige Währung ihrer Art, die kein Staatsemblem und keine Garantieerklärung enthielt, eine Banknote, die ausschließlich in polnischer Sprache gedruckt war und die Begriffe Generalgouvernement und Reich ignorierte.

Dies ist auch ein Beweis für die hinterlistige Torheit und arglistige Unstetigkeit der Vertreter der deutschen Politik. Sie glaubten, als sie diese Währung emittierten, daß sie die Bewohner des Generalgouvernements, wenn diese nach dem Krieg im Besitz dieses Papiergeldes sein werden, für das sie den Deutschen Vieh und Getreide, Milch und Wolle, Arbeit und Zeit verkauft hatten, mit ihren Forderungen an den in Gottes Namen schuldigen Herrn Młynarski werden verweisen können. Die Regierung des GG bekannte sich, vom „schwarzen Markt" bezwungen, wenn sie das Spiritusmonopol anwies, Wodka auf dem „Schwarzmarkt" für 140 Zł pro Liter anstatt für den offiziellen Preis zu verkaufen. So begann man auch bald in Massen Banknoten mit dem Wert von 100 und 500 Zł. zu drucken und paßte sich damit den riesigen Umsätzen des privaten illegalen Handels an. Der offizielle, auf feste Preise gestützte Handel, hätte nicht einmal 5 Prozent dieser Papiermilliarden gebraucht.

Täglich erfuhren wir bei den Gesprächen mit Lidka vom Tod oder der Verhaftung unserer Bekannten und Freunde. Die Eheleute Krzemicki kamen in Warschau um, weil sie ihre Wohnung nicht aufgeben wollten, obgleich man dort ihre Herkunft kannte. Der Rechtsanwalt Szumański wurde einmal verhaftet und konnte das Lager nach einem Jahr verlassen. Seine zweite Verhaftung überlebte er nicht. Janusz Korczak, der Cousin meines Schwagers Zgliński, kam um. Zusammen mit den Insassen eines Kinderheimes begab er sich ins Getto. Als erkennbar wurde, welches Schicksal die Kinder und ihn dort erwartet, flehten ihn Bekannte an, daß er fliehen möge. Er aber lehnte es ab, die Kinder im Stich zu lassen. Er ging mit den schön und sauber gekleideten Kindern und begleitete sie wie auf einem gewöhnlichen Spaziergang. Mit ihnen bestieg er den Zug, der alle zusammen in den Tod fuhr.

Winawer starb wohl an Herzversagen, und Szenwald kam in der Division von Berling ums Leben. Parnicki gelang es, von Rußland nach England zu fliehen.

Ich versuchte die Verluste*, die die polnische Mathematik erlitten hatte, zu ermitteln. Die darstellende Geometrie und Logik eingeschlossen, betrugen die Verluste durch natürlichen Tod, Deportation, Emigration, Ermordung, unbekanntes Verschwinden 15 Professoren, 12 Dozenten und zahlreiche andere Mathematiker. Ich schreibe das am 13. Dezember 1944. Man kann die Verluste auf 70 Prozent der Produktivkräfte dieses Bereichs schätzen. Das auszugleichen wird unter Annahme politischer Ruhe und guter wirtschaftlicher Voraussetzungen einen Zeitraum von mindestens 25 Jahren angestrengter pädagogischer Arbeit erfordern. Wissenschaftliche Zeitschriften, von denen eine („Studia Mathematica") noch 1940/41 in Lemberg einen Band herausgab, hatten ihr Erscheinen seit 1939 völlig eingestellt. Gleichfalls lag der Austausch mit ausländischen Schriften vollkommen darnieder. Die Bibliotheken waren teilweise deportiert oder ausgeraubt. Die herrliche Bibliothek des Warschauer mathematischen Seminars teilte das Schicksal der Stadt. Über die Bibliothek des Krakauer Seminars weiß ich nicht Bescheid. Von der Bibliothek des Lemberger Seminars weiß ich, daß Herr Orlicz die Hälfte retten konnte, indem er sie 1942 in ein privates Magazin abtransportierte.

Die Verluste an Büchern sind gewaltig. Viele Personen besaßen private Handbibliotheken, die auch verlorengingen. Mein Schwiegersohn und meine Tochter z. B. hatten während des Krieges in Warschau einige hundert Bücher gekauft, die sie beim Verlassen des Hauses zurücklassen mußten. Meine Tochter sah von ihrer Wohnung in Bielany (Szregerstraße 81) vom Fenster oder vom Dach des Hauses aus den Warschauer Aufstand. Sie sah die Detonationen, durch die ganze Häuser in die Luft flogen, Brände, in der Nacht

---

* Die Verluste der polnischen Mathematik (und allgemein der polnischen Wissenschaft) in der Zeit des 2. Weltkrieges wurden niemals in der Gesamtheit abgeschätzt. Dazu beigetragen hat sicher der Umstand, daß ein beträchtlicher Teil durch die Annexion der Hälfte Vorkriegspolens durch die Sowjetunion und die anschließend gegenüber den Polen feindliche sowjetische Politik verursacht wurde. Die Menschenverluste wurden mehrfach u. a. in den „Fundamenta Mathematicae" 33 (1945) aufgelistet. (R.D.).

das Lichtspiel der Scheinwerfer und Leuchtbomben an Fallschirmen, und lernte den Donner von Geschützen unterschiedlichen Kalibers zu unterscheiden. Ihr Mann war im Moment des Ausbruchs des Aufstandes außer Haus und konnte nicht mehr zurückkehren. Dann kam der Moment der Deportation aus Bielany, und sie stand schon mit einem Köfferchen vor dem Haus unter Bewachung eines Soldaten zusammen mit einer Gruppe Frauen. Aber da kamen andere näher, die Butter und Milch verkauften. Diese nutzten die Unaufmerksamkeit des Soldaten, warfen ihr ein Tuch über die Schultern, und so konnte sie sich mit diesen Frauen zusammen unter Zurücklassung des Köfferchens entfernen. Dann brachte man ihr sogar noch das Köfferchen wieder, das nach dem Abmarsch der Restgruppe auf der Straße stehengeblieben war. Janek befand sich auch schon in einem Transport in Richtung Pruszków. Neben dem Zug traf er auf einen Eisenbahner, den er als angeblich Betrunkener an der Hand erfaßte. Dieser verstand sogleich, worum es sich handelt, setzte ihm seine Mütze auf und zog ihm die Eisenbahnerjacke an. Dank dieser Tat blieb Janek bei der Abfahrt des Zuges zurück, und der Eisenbahner erhielt für seine Jacke einen goldenen Ring.

Janek fuhr in der Umgebung von Warschau herum, eine gewisse Zeit lang war er mit Fredek zusammen Mitglied einer Partisaneneinheit.* Lidka verließ schließlich zusammen mit dem Ehepaar Andrzejewski Warschau mit einem kleinen Koffer, der ihr gesamtes Hab und Gut enthielt. Sie übernachteten in den Dörfern, schliefen in Hütten, die von der deutschen Wehrmacht belegt waren, und warteten darauf, daß die Front sie überrollt. Aber die Front ließ auf sich warten, und die Bevölkerung wurde von Dorf zu Dorf getrieben.

Es war wichtig, darauf zu achten, daß man rechtzeitig von der Hauptrichtung der Bewegung abbog, denn diese führte nach Deutschland. Schließlich erreichten sie Milanówek, wo schon lange Jahre Frau Sawicka und Frau Mroczkiewicz (geb. Skulska) wohnten. Dort traf Lidka wieder auf Janek. Nach ein paar Tagen fuhren sie beide nach Krakau, wo Janek Mutter und Schwester traf. Janek erkrankte kurz darauf und kam einige Tage nach Lidkas Abreise zu uns ins Krankenhaus. Nach wenigen Tagen wurde er entlassen,

---

* Eine falsche Information. Das war eine Partisanenabteilung der Heimatarmee unter Führung von Hauptmann Lanza.

aber kurz darauf mußte er noch einmal dahin. Die Ärzte wußten nicht, was er hat, sie vermuteten Leukämie, Paratyphus oder eitrige Lungenentzündung. Seine Schwester, die in der Klinik als Krankenschwester arbeitete, und Frau Wyszomirska kümmerten sich um ihn. Irena Zglińska besuchte ihn manchmal.

Im zweiten Halbjahr 1944 änderten sich die Verhältnisse in unserem Dorf. Die bisherigen Behörden, d. h. die Bürgermeister, Finanzbeamten und „Handelsleute" machten der Gendarmerie verschiedener Gattungen Platz: der gewöhnlichen und der Feldgendarmerie, der ukrainischen usw. Die Hauptaufgabe dieser Gendarmen war das Antreiben der Menschen zu Arbeiten an Verteidigungsanlagen. Sie gingen nach unterschiedlichen Systemen vor: Die einen z. B., die in Gródek stationiert waren, organisierten die Aushebung der Männer von 16 bis 35 Jahren. Einige der Ersteren steckten sie in ein Arbeitslager in Biała. Andere kamen schon mit Wodka und Wurst zur Aushebung und wurden freigestellt. Die Gendarmerie, der auch unser Dorf unterstellt war, hatte ein anderes System. Sie schickte in jedes Dorf zwei Gendarmen als Diensthabende. Diese aßen und tranken auf Kosten der Einwohner und nötigten niemanden zur Arbeit mit Ausnahme derer, die schon vorher vom Bürgermeister ausgesucht worden waren. Viele Personen, besonders minderjährige Jungen und Mädchen, gingen freiwillig. Die Deutschen zahlten 10 Zł. pro Tag, und darüber hinaus teilten sie von Zeit zu Zeit Brot und einige andere Sachen aus, sogar Unterwäsche oder Kleidung. Diese Arbeiten wurden von der Organisation Todt beaufsichtigt. Das waren etwas ältere Männer, manchmal halb Behinderte, die von den Arbeitenden keinen besonderen Elan forderten. Die Zeit wurde mit Rauchen, Unterhaltung, Gängen von einem Feuer zum anderen totgeschlagen. Nur wenn sich Offiziere zur Kontrolle der Verteidigungsanlagen näherten, mußte man sich ernsthaft anstrengen.

Von Zeit zu Zeit organisierten die Gendarmen Streifzüge und fingen Menschen auf Bahnhöfen, in Kirchen, in den Dörfern oder in Zügen ein. Diese wurden in „Lagern" gesammelt. Dort saßen sie, solange sie noch von zu Hause etwas zu essen hatten. Dann liefen sie davon, um nicht Hunger leiden zu müssen. Da sich die Arbeiten auf einen großen Bereich erstreckten, war es leicht zu fliehen. Die Ausweise blieben eigentlich im Lager, aber mit Wodka und Speck war es durch die Hilfe von Gastwirten als Vermittler möglich, sogar diese aus dem Lager herauszuschmuggeln. Die Gendarmen trieben sich überall herum, wo etwas Eßbares zu bekommen war. Sie kamen unter verschiedenen Vorwänden in die Häuser: um an das Getreidekontingent zu erinnern oder um festzustellen, ob an der Tür ein Verzeichnis der Bewohner hängt, oder auch um Quartier zu suchen. Nach Erledigung der Angelegenheit setzten sie sich an den Tisch und warteten, daß ihnen Wodka oder Wurst angeboten wurde. So ein Frühstück zog sich dann bis zum Mittagessen hin und sogar bis zum nachmittäglichen Kaffeetrinken. Solche Besuche hatten den Vorteil, daß behördliche Angelegenheiten glatt zu erledigen waren. Manchmal kamen nicht nur Gendarmen ohne Einladung zum Mittagessen, sondern auch „Landwirte" und andere deutsche Beamte. Das nahm immer mehr den Charakter von Bettelei an. Dieselben Deutschen, die ihre Bauern für vertraulichen Umgang mit den ihnen zur Landarbeit zugewiesenen polnischen Gefangenen mit dem Tode bestraften, traten jetzt als Kriecher auf, die es sich nicht nur an höfischen, sondern auch bäuerlichen Tischen gütlich taten. Auch gewöhnliche Soldaten liefen in den Dörfern umher, um Eier oder Milch zu kaufen oder mit Unterwäsche, Tabak und was es sonst noch gab, zu handeln. Wenn sie in der Gaststätte ihren Wodka nicht bezahlen konnten, verkauften sie Militärstiefel, Autoreifen, und fast täglich gab es Angebote an Munition, Gewehren und Revolvern. Viele von ihnen hatten nichts zu verkaufen, sie bettelten. Sie wurden so unterwürfig, daß manche von ihnen salutierten und sich vor allen Bewohnern verbeugten. Andere traten dreister auf und versuchten es mit Erpressung, wobei sie angaben, daß sie den Auftrag haben, die Einwohnerliste zu kontrollieren oder „Partisanen" zu suchen.

Neben den Deutschen grassierten auch verschiedene Banden unterschiedlicher Zusammensetzung, die sich als kommunistische oder nationale Gruppen ausgaben. Sie bestanden aus Splittergruppen der Heimatarmee, deutschen Deserteuren, verschiedenen aus Lagern Geflohenen und gewöhnlichen Spitzbuben. Zusammenstöße zwischen Deutschen und Partisanen kamen immer seltener vor, denn die einen wie die anderen waren nur auf Suche nach etwas Eßbarem, nach Wodka und auf Raub eingestellt.

Die Auflösungserscheinungen bei den Deutschen wurden immer deutlicher. Sie hörten auf, an den Sieg zu glauben und äußerten das auch laut. Die einfachen Soldaten und sogar die Offiziere waren sich der furchtbaren Blutschuld gegenüber Polen überhaupt nicht bewußt. Vor dem Weihnachtsfest gingen sie von Hof zu Hof und baten für die Soldaten um freiwillige Spenden. In den Zeitungen lasen sie, daß die polnische Bevölkerung loyal an der

„Verteidigung Europas" mitarbeitet. Dem schenkten sie Glauben und stellten sich nicht die Frage, wer das im Namen der Bevölkerung sagt.

Die Deutschen waren zum Teil so naiv, daß einige den Plan hatten, nach dem Krieg in Polen zu bleiben. Das waren diejenigen, die die Niederlage Deutschlands sicher voraussahen. So schien die Zeitungsnachricht, daß im eingenommenen Aachen ein Teil der Besatzung geblieben war und sich an das amerikanische Kommando mit der Frage gewandt hatte, ob sie Weihnachtsgeschenke bekommt, durchaus glaubhaft. Es gab aber auch andere. Der Zahlmeister der Organisation Todt, dem die Verteidigungsanlagen auf dem ihm zugewiesenen Abschnitt unterstanden, kaufte Gold, Münzen und Brillanten und prahlte, daß er seine Dukaten auf den Tisch legen wird, wenn Hitler unter dem Tisch liegt. Bei jeder Gelegenheit gab er den Soldaten Wodka aus und ließ Lieder zu Ehren der Alliierten singen. Gegenüber Polen legte er sich keinen Zwang an, aber gegenüber ihm unbekannten Deutschen war er vorsichtig, und insbesondere der SS ging er aus dem Wege. Er wußte sehr gut, mit welchen Offizieren aus den nahen Kommandostellen man offen sprechen konnte. Aber auch er hatte keine Ahnung, was die Deutschen nach dem Kriege erwartet. Es war leicht erkennbar, daß bei ihnen der Ton der Propaganda aus dem Jahre 1944 wirkte, die in der Verachtung des besiegten Volkes noch eine Nuance entdeckt hatte: Man kann sie verbrennen, berauben, ihre Intelligenz vernichten, ihre Wälder roden, die Fabriken zerstören, dann aber auf dem Erntefest ein paar gnädige Worte sprechen, und schon wird alles wieder gut!

Mitte Dezember 1944 erreichten uns Nachrichten, daß Jasło endgültig dem Erdboden gleichgemacht worden war. Die restlichen Gebäude waren niedergebrannt worden, den Schutt mußten Bauern aus den umliegenden Dörfern zur Seite räumen, damit die Wehrmacht die Straßen benutzen konnte. Auf diese Weise verlor meine Familie im Verlauf weniger Tage ihre gesamte Habe, und mein Traum, einstmals das Alter in unserem eigenen Haus zu verbringen, wurde zerstört. Das im 18. Jahrhundert erbaute Haus wurde nach 200 Jahren zerstört, obgleich es dicke Mauern und mächtige Gewölbe besaß und noch weitere 200 Jahre als Wohnung und Zufluchtsort hätte dienen können. Auf diese Weise, durch die von Rußland verfügte Aussiedlung der Polen in ein Gebiet jenseits des San, verloren wir unsere Lebensgrundlage in Lemberg und Jasło.

In diesem Zeitraum, d. h. im Herbst 1944, verkleinerte sich die Fläche des Generalgouvernements auf die Größe der Slowakei. Die Bolschewiken griffen nach Jasło, Stettin und Warschau, und unmittelbar hinter Krakau und Częstochowa lag die Reichsgrenze. Angesichts dieses kleinen verbliebenen Landes beschlossen die Deutschen, eine Art neuer Politik zu praktizieren. Sie begannen zu verkünden, daß sie beratende Körperschaften bei den Landräten einzuführen gedenken. Diese Ankündigungen wurden mehrmals wiederholt, aber nicht verwirklicht. Dagegen hielt die Zerstörung der Städte und Vertreibung der Bevölkerung aus den Dörfern weiter an. Wenn dieser neue Kurs erfolgreich sein sollte, wäre es erforderlich gewesen, daß sich die polnische Seite dazu äußert, und es fanden sich tatsächlich zwei Schriftsteller, die Herren Skiwski und Burdecki.

Die Deutschen warfen von Flugzeugen die Zeitungen „Gazeta Częstochowska" und „Przełom" ab, die von diesen beiden Literaten herausgegeben wurden. In der Ausgabe 13 (vom November) des „Przełom" konnte man lesen, daß Polen von England verraten worden war. Der Schmerzensschrei über den Verlust der Ostgebiete fand hier vollen Ausdruck. Aber obgleich die Druckerschwärze, das Papier und die Autoren aus dem Propagandafonds bezahlt wurden, konnte man nicht erfahren, wie die Ostgrenze Polens ausgesehen hätte, wenn Deutschland gesiegt hätte. Die Autoren schreiben freiweg über Polen als von einem Land, das in der Politik eine bedeutende Rolle zu spielen hat. Sie geben aber keine Erklärung dafür, warum sie allein das Privileg haben zu schreiben, zu drucken und zu verkaufen und warum der Leser ihrer Zeitung nicht der Gefahr des Konzentrationslagers ausgesetzt ist. Sie schreiben in ihrer Zeitung, wie im alten Polen, d. h. vor 1939, unsere Städtchen und Städte an Sabbat- und Nichtsabbattagen von jüdischen Jüpchen wimmelten und wie unsere Regierung diese Stände der das Leid des polnischen Volkes ausnutzenden Faulenzer toleriert hat. Sie schreiben aber nichts davon, auf welche Weise uns die Deutschen von vier Millionen Menschen befreit haben, von Männern und Frauen, Kindern und Greisen. Sie haben auch nicht den Mut, über das Gas und den Strom als Methode der Überredung von Nichtstuern zur Arbeit zu schreiben. Sie geben uns zu verstehen, daß Sikorski von den Engländern ermordet wurde, schreiben das jedoch nicht ganz deutlich.

Am Ende verweisen sie auf Lemberg, Wilna, auf Weißrußland und Wolynien als von den Sowjets geraubte Territorien. Sie vergessen aber Ribbentrops

Pakt vom Frühjahr 1939, in dem diese Territorien als russische Gebiete anerkannt worden waren, vergessen die nahe Vergangenheit, denken nicht an die Gegenwart, d. h. an den Pakt zwischen Ribbentrop und Wlassow (dem „weißrussischen“ General), in dem die Deutschen die verlorenen russischen Gebiete dem weißen Rußland abzugeben versprechen. So also will uns der Brotgeber des Herrn Skiwski auf einem Territorium von der Größe der Slowakei unterbringen, immer noch, schon im Angesicht der Niederlage, nimmt er uns die Westgebiete weg, und die Ostgebiete, aus denen ihn die Sowjets verjagt haben, schenkt er den Ukrainern, Wlassow oder wer sie nur haben möchte, nur nicht Polen. Und einen solchen verendenden, aber noch gefräßigen und bösartigen Klepper empfehlen zwei polnische Schriftsteller ihren Landsleuten!

Die Situation war damals recht günstig für Agitation dieser Art. Rußland wollte auf die Grenzlinie aus dem Jahre 1940 nicht verzichten. Mikołajczyk gab den Posten des Premiers an Arciszewski ab, der von territorialem Verzicht nichts hören wollte, und England, das in Griechenland Schwierigkeiten hatte und auf heftigen deutschen Widerstand am Rhein gestoßen war, konnte Stalin nicht verärgern, dessen Armeen vor Budapest, in der Ostslowakei, unweit der österreichischen Grenze, in Serbien und vor Warschau standen. Diesen Augenblick wählte der Generalgouverneur Frank, um einen neuen Kurs gegenüber den Polen anzukündigen. Derweil bestand der Kurswechsel bei uns auf dem Lande darin, daß die Gendarmen vom Morgen bis zum Abend tranken. Sie verrichteten ihre Amtsgeschäfte in der Schenke. Ein Antragsteller, der um Befreiung von den Schanzarbeiten bat, brachte der Behörde, die in der Kneipe mit einem Mädchen auf dem Schoß, Wurst in der Hand und Schnaps vor sich saß, Speck. Der Dolmetscher (ein gewisser Szczerbski) schlief nach durchzechter Nacht. Man brauchte ihn auch gar nicht. Der Bahnschutzpolizist Emil erschlug im Suff zwei Männer: Wojtaczek und Leśniowski. Sie waren angeklagt, einem der Mogilskis, in deren Haus seiner Zeit das Quartett von Dywan aufgespürt worden war, Unterschlupf gewährt zu haben. Von anderen Bahnschutzleuten waren sie freigelassen worden, aber Emil Druśko traf sie betrunken unweit des Bahnhofs an und erschoß sie auf der Stelle. Dafür wurde er nach Bochnia versetzt, wo er sich in ein Abenteuer mit Schiebern verwickelte, die, seine Betrunkenheit ausnutzend, ihn mit Messern gründlich bearbeiteten.

Personenregister

❑ A

❑ B

❑ C

❑ Č

❑ Ć

❑ D

❑ E

❑ F

❑ G

❑ H

❑ I

❑ J

❑ K

❑ L

❑ Ł

❑ M

❑ N

❑ O

❑ P

❑ R

❑ S

❑ Ś

❑ T

❑ U

❑ V

❑ W

❑ Y

❑ Z

❑ Ż

Der Verlag dankt für Hinweise und biografische Fakten, die geeignet sind, für künftige Auflagen die Angaben im Personenregister zu verbessern.

FSC
www.fsc.org
MIX
Papier | Fördert gute Waldnutzung
FSC® C083411

Kolibri 360 GmbH
Ferdinand-Jühlke-Straße 7
99095 Erfurt, Deutschland
produktsicherheit@kolibri360.de